U0397447

总主编

阿兰·科尔班（Alain Corbin）

让-雅克·库尔第纳（Jean-Jacques Courtine）

乔治·维加埃罗（Georges Vigarello）

身体的历史

从法国大革命到第一次世界大战

阿兰·科尔班（Alain Corbin）◎主编

杨 剑◎译

修订版

卷二

华东师范大学出版社

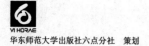

华东师范大学出版社六点分社　策划

关于身体"造反有理"的历史(代序)

倪为国

1

摆在我们面前的三大卷《身体的历史》是法国人为我们讲述身体的那些事儿。

这部洋洋洒洒百万字的身体史书,作者均为法国史学界各个领域的顶级专家学人,他们各有专攻又协同作战,打造了有史以来第一部身体史的巨著。

全书围绕着人们所关注的"身体的问题意识",把身体史铺陈为一个个问题,由一篇篇精湛史论统摄应答,独立成章。时间序列不是本书历史叙述的主线,作者依托现代学术的分类,用打井的方式,每一个专家在自己的领域打一口深井,深入挖掘身体史的"墙脚",细微描述身体史的"细节"。这些专家学人自觉地秉承法国年鉴派史学的原则,不仅仅详细地占有史料,也注意图像、考古、口述、统计等资料的运用,彰显了法国年鉴学派跨学科研究的综合能力。

全书的思考主线可以这样概括:文艺复兴到启蒙运动(卷一),叙述"身体"问题意识的苏醒,身体进入了现代意义上的认知视野;从法国大革命到第一次世界大战(卷二),描述了"身体"问题意识的觉醒,身体进入科学意义上的认知视域;二十世纪:目光的转变(卷三),揭示了"身体"问题意识的自觉,身体自觉地与现代技术联姻,使身体问题步入了日常生活场景。作为一部专题史,作者举重若轻,详略得当,论述精到,文笔轻松,且图文并茂。真可谓是法国年鉴派史学的又一经典文本。

不过,法国年鉴派史学的缺陷也在本书中得到了印证:即轻视政治因素在身体史研究中的主导作用,过分追求叙述方法的标新,甚至对史料甄别屈从于方法。整体叙述过程关注史实细节,导致身体的历史呈现出碎片化的倾向。当然,这是法国史家津津乐道之处。自然,读者也会津津有味。

有人放言当今世界史学界历史虚无主义盛行,法国年鉴派史学当负其责。此话我不敢妄评。但中国史学界的历史虚无主义之风也同样盛况空前,此风是从法国吹来的,还是美国吹来的?

当不属我可非议的。

2

身体,我们每个人朝夕相处,但几乎是"熟悉的陌生人"——为什么不讲人的故事而要讲身体的故事呢?

不错,身体是人的身体。打个蹩脚的比喻:人与身体的关系犹如一枚硬币,币值代表人的精神的话,硬币就是身体。在西语中常言:身体与灵魂(精神);在汉语中常道:身与心。虽说今天谈论精神有点奢侈,但议论身体又颇为尴尬。

一部身体的历史,就是一部身体的"造反"历史,确切地说,或从根子上说,就是身体造"精神"反的历史。此话怎说?

从西语思想史看,可以作这样的概述:在希腊和希伯莱的文明中,身体和精神,或身与心,充满着冲突和紧张的张力,处于一种二元对立。晚近以来,笛卡尔用"我思故我在"终结了身体与精神的约会,用精神"革"了身体的命!在理性和"我思"至上的笛卡尔那里:身体和精神被两分了。身体代表着感性、偶在性;精神意指着理性、确切性。身体因无关紧要被悬置起来,被锁进了理性的抽屉里。从此,身体开始了造反的历史。直到马克思·韦伯和福柯发现了,资本主义精神和现代性是怎样居心叵测地利用身体的造反,而身体又是如何变成既自主又驯服的生产工具时,"身体"才作为一个问题被放上理性桌面。

从汉语思想史看,身与心的关系不紧张,不对立。修身则可养心。中国古人眼里：身体就是世界的图解，即由身体的内在逻辑外化推导世界的图式模样（《易传》就是这样经典的文本）。身与心的关系不是理性与感性的问题，而是实践问题。所以，身体造反缘起有两种：禁与纵。西方人因禁而身体造反，中国人则因纵而身体造反。中国人对于"身体造反"的"规训"，不是源于知识理性，而是来自伦理纲常。

据说，汉语学界有一种日趋认同的说法：西方哲学系意识哲学，中国哲学属身体哲学。这种说法听似颇有新意，但实为西方主宰下的"反射东方主义"。搞哲学这玩艺，有点像玩收藏，要眼力，古的、祖宗的，靠谱些。

3

身体造反，造谁的反，理由何在？ 这里有三个伟人不得不一提：马克思、尼采、弗洛伊德。

马克思从身体的劳动入手，有一重大发现：身体是可标价的，即劳动力。没有"身体"的劳动，就没有财富。劳动产生了财富，劳动力创造了价值。马克思颠覆了整个西方社会思想的思考进路，揭示了身体的劳动所带来的最终秘密：孕育了资本。资本是财富的变异，是劳动异化的果实。马克思也称之为：一切罪恶的秘密。马克思从人的"身体"所建构且依附的社会关系中揭示了身体的"劳动"异化，劳动的异化本质上是身体的异化。这是身体造反的根本动因。

今日所谓"身价"（或美其名曰：财富排行榜）：就是对身体的明码标价，让一切止步于身体。从来没有像今天这样，"致富"成了这个世界的唯一目的和意义，没有人再相信一个社会的进步、财富的累积需要时间的长度，而这与身体的有限时间无法同步，充满冲突和张力。于是身体只能选择造反，以博取身价。

尼采拨开了形而上学的迷雾，提出了自己的道德谱系，直言："身体是唯一的准绳。"尼采点明了所谓思想、精神、灵魂都是身体的产物。身体是第一性的，尼采用身体夺回了灵魂的领导权，造了精神的反。

当然，尼采的微言大义向来是被人误读和放大的，其恶果是他的话成了后现代大师们高扬的一面大旗：身体"造反有理"变成了身体造反总是有理了。那么，尼采的话究竟是什么意思？ 我以为，尼采洞察到了：启蒙运动以后,在工业文明和技术至上的时代里,上帝死了,被人谋杀了,人替代了上帝,人似乎无所不能,且不断地制造出形形色色的所谓思想、所谓理论、所谓精神技术食粮,似乎人人可以追求灵魂的不朽,个个手中握有真理了,却遗忘了"身体"的原罪,忘记了"身体"是人唯一的有限性。"身体是唯一的准绳",尼采是在说,全知全能的人比全知全能的上帝更可怕。我们相信人的所谓"精神",不如确信人的"身体"。在尼采眼里,现代社会形形色色的精神食粮只是在邀请我们身体"受孕"而已,人的所谓精神,乃是身体受邀所孕育形成的一种更高级的形态而已。

弗洛伊德干脆撕下了文明遮蔽身体的所有装饰,第一次将"身体"置于社会历史文明的高度,让身体摆脱了肉欲、低贱、附属的地位,进入了社会思想论域,并在社会人文学科中立足。弗洛伊德用"无意识"的理论,强摁下人的脑袋,提出了身体造反的内在动因;用"本能"理念,让人的身体的自觉让位于身体本身;用"本我"、"自我"、"超我"的概念来表述身体的人和人的身体的区隔。弗洛伊德残酷地揭开了人类身体能量的秘密内核。弗洛伊德的很直白结论,"幸福绝不是文化的价值标准"。

用今人时髦的话总结:马克思眼里,身体是正能量,身体造反的旗号是革命;尼采则把身体视为负能量,身体造反的旗号是虚无主义;弗洛伊德则把"身体"能量视为身体造反的唯一理由。

顺便说一句。法国有个思想家叫福柯,自诩尼采思想的传人,他把身体问题推向极致,他发现了一个秘密:一个人的变坏,社会对其惩戒,只有一个方法,即对这个人的"身体"进行处置:或坐牢,限制身体的自由,或杀戮,消灭身体的存在。精神是虚的。福柯让身体问题在法国学界成为热门显学,德勒兹、拉康、梅洛-庞蒂、阿尔多塞等法国思想家集体出动,争夺对身体问题解释话语权,其实,他们各自从不同角度解释同一个问题,显白说,身体该不该造反?为何造反?造反的理由又何在?《身体的历史》这洋洋洒洒三大卷的字里行间,我们处处可以看到这些法国思想家的影子。理解这一点,对于阅读这部《身体的历史》是颇有意味且颇为重要的。

4

当下有句深入人心的话:科技改变我们生活(其变种广告曰:移动改

变我们生活）。这话既是一种事实的描述，又是一种励志的张扬。

其实，这句话的实质含义是：科技发展总是以满足人们日益膨胀的欲望，助长人们对欲望的想象，满足人们对欲望的宣泄为目标的。这种欲望根植于人的"身体"。

人类的每一次发明创造无不归于理性的胜利，其实，身体才是创造的真正动因。说句大白话，人类的每一次伟大创造，都是头脑依靠身体的好奇而发热所致。恰恰是这种身体的好奇，让人打开一个又一个"潘多拉"的盒子，把人类自身一次又一次逼入一个又一个死胡同。人类只能选择屈服于"身体"。一部科技史，从某种意义上说，既是身体好奇的偶在史，又是一部将错就错史。"环保"，时髦的口号，只是今日人类将错就错，屈服于科技的一个代名词而已。人们用新的技术弥补技术的灾难，这个"错"，源于身体的造反。

我想特别说一句，迄今为止，人类打开的最大的、最激动人心、也是最无法估量的"潘多拉"盒子：互联网的发明。

对人的"身体"而言，这是一场马克思所言的"资本"力量革了"身体"命的大革命。因为互联网这个盒子里呈现出无限的可能性：惊奇不已、惊心动魄、惊恐万状。让人的"身体"在时间和空间上得以虚拟地扩大，爽；身体的欲望可以无时无刻地袒露，很爽；"身体"欲望的边界得到了无限的延伸，更爽。

于是，在互联网的"黑洞"里，培养了一批黑客。精神（知识）的价值（产权）有可能被终结了，法律作为人类最后的一个神话（阿多诺语），已无法阻挡"身体"的造反。精神、灵魂、道德在"身体"的造反中显得如此无力苍白。

这话有些骇人听闻吗？否。我想到了当今科技牛人、苹果的创始人乔布斯在自己的身体消亡前曾规劝年轻人的一句话："我愿意用我全部的技术换取与苏格拉底喝一次午茶的机会。"这话不是励志，被常人忽视。我以为：这是逝者的绝唱。

柏拉图在《斐多》（详见 65d—66e）中虚构了一幕苏格拉底的临终谈话，主题就是关于"精神与身体"问题，苏格拉底总结道：

……

苏格拉底说，"所以一个人必须靠理智，在运思时，不夹杂视

觉,不牵扯其他任何感觉,尽可能接近那每一个事物,才能最完美地做到这一点,是不是?他必须运用纯粹的,绝对的理智去发现纯粹的,绝对的事物本质,他必须尽可能使自己从眼睛,耳朵,以至整个肉体游离出去,因为他觉得和肉体结伴会干扰他的灵魂,妨碍他取得真理和智能,是不是?西米阿斯,这样一个人——如果确有这样一个人的话——才能达到事物的真知,是不是?"

西米阿斯说,"你说得太好了,苏格拉底。"

苏格拉底说,"这个道理启发了真正的哲人,于是他们便彼此劝告说,我们有一个快捷方式,使我们的讨论得出一个结论,那就是当我们还有肉体的时候,当我们的灵魂受肉体的邪恶所污染的时候,我们永远无法完全得到我们所追求的东西——真理。因为肉体需要供养,使我们忙个没完没了,要是一旦生病,更妨碍我们追求真理。肉体又使我们充满爱情、欲望、恐惧,以及种种幻想和愚妄的念头,所以他们说,这使我们完全不可能去进行思考。肉体和肉体的欲望是引起战争、政争和私争的根本原因,并且一切斗争都是因为钱财,也就是说我们不得不为了肉体而去捞钱。我们成了供养肉体的奴隶。因为有这些事要做,我们也就无暇料理哲学。最糟糕的是每当我们稍有一点时间,用来研究哲学,肉体总是打断我们的研究,用一片喧嚣混乱的声音来干扰我们,使我们无法看见真理。这种现实告诉我们,如果想要认清任何事物,我们就得摆脱肉体,单用灵魂去观看事物的本身。"(水健馥译文)

我不知道乔布斯在天堂里是否与苏格拉底共饮午茶,但乔布斯内心明明白白,"苹果"二字就是象征着诱惑。所谓诱惑,就是让一个人无时无刻惦记着。如今在街头、地铁、餐厅……随处可见的是:一个个惦记着做同一件事的人,拨弄 iPad,哪怕只有片刻。让所有咬了一口"苹果"的人,在不同的时间,不同的地点,却用同一个标准化的动作做着同一件事。你的精神想拒绝也不行,身体不由自主地造反。真是一件又怕又爱的事情:网络已经成为我们日常生活最重要的情人。

科学技术是让人向前看，人文学科是教人向后看。科技的种种预言，是在预售未来。这种"预售"就是在透支我们身体的欲望，侵蚀我们生存的自然，直至危及身体本身（如转基因食品的发明）。科技预售未来的恶果是让我们一代又一代人居然学会忘记过去了！没有了过去，就意味取消了未来，止于现在，就止于身体了。

所谓科技改变生活，其实是改变了苏格拉底所企盼的"过有德性的生活"。换言之，在苏格拉底眼里，人的幸福只能通过身体成为灵魂的居所方可获得。也许这是乔布斯自己也没有想到的：苹果一旦被咬了一口，打开的是潘多拉的盒子。

听听伟人卢梭早在几百年前就直言不讳发出的警告："我们的科学和我们的文艺越奔赴完美，我们的灵魂就变得越坏。"这话是什么意思？答曰：灵魂之轻何以承受身体之重。科技和文艺日趋发达的今日，科技和文艺早已成为一桩可以获奖的"买卖"，背后的支配力量是人吗？是人的思想精神吗？当然不是！是资本的力量。也许我们真的应该这样说，人类每一次为自己创造力的嘉奖庆典举杯，酒杯里盛满的是"身体"的血。

诺贝尔如此，比尔·盖茨如此，乔布斯也不例外。

5

亚当与夏娃逃离伊甸园那一刻，预示着人类的"身体"与生俱来渴望自由。自由意味着一种权利，这种权利让身体"造反"有了依靠。

自由，残酷的字眼。无怪乎，亚里士多德说，人天生就是政治动物。这话道出了政治与"身体"的原初关系。以后的政治家马基雅维利、霍布斯、洛克、卢梭都在"动物"前加了两个字：自利，即自利的动物。

当抽象的自由转化为身体的自由时，那身体的"干净"与否自然变得格外重要。小则关系健康，大则关乎自由。于是，有了关系身体健康的洗头、洗手、洗澡、洗衣之术。也有了关乎身体自由的洗冤、洗心革面之说。其中最为重要当属：洗脑。

洗脑是一门大学问。古人曰：教化；现代人称之为：教育学。因为身体有其头脑，头脑通过语言传达使其成为"那个人"具体的"身体"。所以，洗脑本质上是对"身体"的规训。如果说，一个人终究无法阻挡或无力克服身体对自己的造反，那么，对身体的规训，就是克服、忍耐、阻遏、抵御、反抗身体的造反，或是寻找身体造反的正当性。造反要有理呀！

其实，人的一生都在洗脑或被洗脑，或主动洗，或被动洗。网络是如今最大的洗脑场所。洗脑，是身体的一种自觉。西方人的婴儿受洗礼，中国人的"满月酒"，象征着对婴孩——最干净的身体的祈愿。成年礼是人洗脑的开始，葬礼是洗脑的终结。

对于智者来说，洗脑是一生的自觉；对于大众而言，洗脑是终身的自便。也许我们永远需要怀疑或警惕那些自诩独立思考或判断的人，因为这个世界绝大多数的所谓独立思考或判断的人，也是被洗脑洗出来的，他们挂着各种教授、学者、专家、官职乃至院士的名号，他们的思想免疫力往往挡不住身体的诱惑和造反。洗脑，就是提高精神的免疫力，但精神的免疫力和身体的免疫力不是一回事。所以，灵魂的高尚是一回事，身体的卑鄙是另一回事。最聪明、最智慧、最卑鄙的人往往是同一人，弗朗西斯·培根就是经典一例。

自由之轻，身体之重。自由像风筝，身体永远拉扯着它，身体就是自由的限度。自由这种权利，在人类历史上的一场场革命、一次次战争，还有一场场法律的审判中，得到了加码和放大。但再高贵的灵魂都藏匿在卑微的身体里。所以，向往真理是所有人的愿望，却永远只是少数人的游戏。因为绝大多数人是无法克服或阻挡身体的"造反"的。

法国人所书写的这部身体的历史，我们可以视为一种对身体的"七宗罪"：傲慢（Pride）、愤怒（Wrath）、淫欲（Lust）、贪婪（Greed）、妒忌（Envy）、懒惰（Sloth）、贪食（Gluttony）的描述或状告。洗脑，可以阻遏、克制、忍耐乃至放弃身体的造反，但无法根除身体固有的这种"原罪"。

这个世界的不干净，缘于身体的躁动而不干净。这个世界的不安宁，缘于身体的造反而不太平。

顺便说一句。当今世界，洗脑洗得最出色、最干净的当属美国，几乎让所有人的身体只有一杆秤计量"身高体重"，即所谓普世价值。功劳自然归于美国的教育。倘若我们以为，美国是世界上最自由的，那只说对了一半。另一半那是美国人洗脑的功劳。当然，美国人以为：自家人已经洗脑不错，洗脑要洗到他国了，自然到处碰壁……

顺便再说一句，近代以来，中国人的洗脑基本上是失败的。有时放纵洗脑，有时放任被洗脑。其实，衡量一个国家安定、社会健康的标准之一，是看这个社会共同体的成员在对国家、历史、民族、个体意识上的价值偏好有无共识。而这个共识不是从天上掉下来的，是要靠洗脑"洗"出来。身体的历史已经明明白白告诉我们：对绝大多数人而言，不是头脑在指挥身体，而是身体一直在造头脑的反。

"洗脑"，在中国成了一个贬义词，无怪乎有人疾呼：这三十多年最大的失败是教育。中国的教育忘却了教化人的灵魂是教育最大的要义，学校成了仅仅贩卖知识、技术的超市。有知识、有技术而无德性的人，他们的身体一旦造反，自然是更可怕、更危险了。

6

环顾今日之世界的每个角角落落，身体是我们这个世界的基本图景，这个图景的主题就是消费，消费的实质就是身体的消费：理发、美容、护肤、减肥、健身、美食、时装、影院、足疗，乃至医院、妓院。从头到脚，从吃到拉，从绿色环保到食品安全无不关乎身体的需求或欲望。现代女性主义的兴起，本质上，是由男性对女性"身体"的过度消费转化为女性对自己身体的自觉消费。

所谓民生，实质就是关心身体消费的能力，身体消费如何适度又带来幸福感。适度的身体消费就是对身体造反的边界控制。

身体"造反"历史的背后——向我们传达这样一个令人震惊的事实：在今日之世界，资本的眼睛紧紧盯住身体的消费的每个环节，从生到死，从少到老。资本的嘴像祥林嫂一般，在电视、网络、广播、报刊不停不断地鼓动身体的消费，时时刻刻，无处不在提醒和唤起我们身体的欲望。人类的"身体"成就了这个地球的最大的肿瘤，其繁殖力和破坏力是惊人的，这种破坏力远远超过了人类的创造力。人类借助"身体"繁殖了自身，装点了生活，而身体的欲望又正在掏空这个世界。难怪福柯放言，这个世界"身体"造反的最终出口处有两个：监狱和医院。

身体是人有限性的尺度。身体是所有人无法跨越的高墙。这就是所谓身体的政治。

其实,让精神克服身体,让灵魂摆脱肉体,这是古往今来,圣人贤者所终身关怀的。佛教里的"念经",基督教里的"祷告",伊斯兰教里的"斋戒"都在做同一件事:让人有忘记"身体"的片刻而冥想,让"身体"有片刻的宁静而不再造反。

7

耶稣被钉十字架上的是:身体。

作为一种"启示":道成肉身,这是对身体的微言大义。

身体,作为世界上最精致、最完美、最脆弱的艺术品,在不同的时代、不同的社会、不同的地域、不同的族群和性别呈现出不同的样态,述说着不同的故事。身体,既是这个世界精彩奇迹的基因,又是这个世界苦难悲愤的动因。

如果说你有灵魂(思想),身体就是你一生突围的城墙;如果说你想自由,身体就是你一生挣扎的枷锁。当然,如果说你很美丽,身体就是你唯一的谱系……

人的一生行程,身体就是唯一的脚本。

《身体的历史》付梓之际,我想起了国人一句老少皆知的话:身体是革命的本钱。这句话的弦外之音:死是身体的最终作业。不错,惧怕死的欲念,使身体的造反成为一道很正当的练习题。于是,我写下这些关于身体且又是身体之外的文字,以聊补法国年鉴派史学回避或模糊的一个问题:身体的造反也许在日常生活中是非暴力的,但身体史背后毕竟是鲜活血滴的政治史。

我有些悲观,但不绝望。因为身体渴望逍遥,但灵魂或许可以拯救。

是为序。

作者简介

阿兰·科尔班(Alain Corbin):巴黎第一大学名誉教授、法国大学研究院成员。其著作主要有《19世纪巴黎的卖淫现象》(与亚历山大·帕朗-迪沙特莱合作,瑟伊出版社,1981年)、《新婚的姑娘们——性的不幸和19世纪的卖淫现象》(奥比埃出版社,1978年;弗拉马里翁出版社"田野"丛书,1982年)、《大地的钟:19世纪乡间洪亮的景致和敏感的文化》(阿尔班·米歇尔出版社,1994年);其主编的集体著作有《闲暇活动的到来(1850—1960)》(奥比埃出版社,1995年;弗拉马里翁出版社"田野"丛书,2001年)。

奥里维埃·富尔(Olivier Faure):通过会考取得大学历史教师资格,克莱蒙-费朗大学现代史教授(1991—1994),继而于1994年担任里昂第三大学——让·莫兰大学现代史教授。L'UMR5190LARHRA(罗讷-阿尔卑斯地区历史研究室)成员,"排斥、医疗业、社会依存关系"小组负责人。出版的主要著作有:《法国人及其医术》(贝兰出版社,1993年)、《医疗社会史》(经济出版社,1994年)、《治疗法:知识与应用》(主编)(里昂,梅里欧出版社,2001年)、《顺势疗法之社会和文化史》(奥比埃出版社,待出)。

里夏尔·奥洛特(Richard Holt):先由西奥多·泽尔丁指导在牛津大学从事研究,后担任联合王国莱斯特市蒙特福尔大学国际体育中心历史和文化教授。其著作有:《现代法国的体育和社会》(麦克米伦出版社,1981年)、《体育与英国人》(牛津大学出版社,1989年)、《1945—2000年间英国的体育》(与托尼·梅森合作,布莱克威尔出版社,2000年),目前正在准备为牛津大学出版社撰写一部有关"体育与英国的英雄人物"方面的著作。

塞贡莱纳·勒芒(Ségolène le Men):曾长期担任奥赛博馆全国科学研究中心研究员。现为巴黎第十大学——楠泰尔大学当代艺术史教授、高等师范学校文学研究指导教授。曾任多种展览会特别是"法国人的自我描画"(1992 年)、"1848 年:图像的欧洲"(1998 年)和"杜米埃"(1999—2000 年)展览会的委员。发表的著作主要有:《修拉和舍莱——画家、马戏团和广告》(全国科学研究中心,1994 年;再版于 2004 年)、《从雨果到莫奈期间享有盛誉的大教堂:浪漫主义的目光和现代性》(全国科学研究中心,1998 年)。

亨利-雅克·斯蒂凯(Henri-Jacques Stiker):巴黎第七大学"西方社会史和文明"研究室(历史人类学)科研指导教授、国际 ALTER 残疾史协会主席。已发表过的多种著作和文章有:《残疾人体和社会》(奥比埃出版社,1982 年;迪诺出版社,1997 年;英文版译名为《残疾的历史》,密歇根大学出版社,美国,1999 年)。

乔治·维加埃罗(Georges Vigarello):巴黎第五大学教育科学教授、社会科学高等研究院科研指导教授、法国大学研究院成员,他在有关人体描述方面的著作有:《被矫正过的人体》(瑟伊出版社,1978 年)、《洁净与肮脏:中世纪以来人体的卫生》(瑟伊出版社,1985 年;"历史要点"丛书,1987 年)、《健康与病态:中世纪以来的健康与健康的改善》(瑟伊出版社,1993 年;"历史要点"丛书,2000 年)、《从旧式游戏到体育表演》(瑟伊出版社,2002 年)、《美的历史》(瑟伊出版社,2004 年)。

亨利·泽内尔(Henri Zerner):哈佛大学艺术史教授,长期担任福格艺术馆馆长。已出版的著作主要是有关法国文艺复兴和 19 世纪的艺术以及艺术史的历史:《浪漫主义和现实主义——19 世纪的艺术神话》(和查尔斯·罗森合作)(阿尔班·米歇尔出版社,1986 年)、《法国文艺复兴的艺术——古典主义的创造》(弗拉马里翁出版社,1996 年;再版于 2002 年)。

目　录

第一部分　对身体的交叉观察

第二部分　快乐与痛苦:身体文化的核心

第三部分　经过校正、整形和训练过的身体

引　言

　　"令我们感到颇为惊奇的是,在人生的各个年龄,尤其是在死亡临近时,人们可看出身体的种种变化同世上任何一种事物都是相像的。"①然而,这种根深蒂固的奇异现象却与某种十分密切的关系相连在一起,因此,这就要求我们必须对物质躯体和人所特有的躯体作出恰如其分的区别。

　　身体在空间中占据了一个位子。它本身是一个具有躯壳的空间,它有皮肤、嗓子发出的响亮的声波、出汗的气息。这种物质性的肉体可以触摸到、感觉到、注视到。它是他人目光所见并渴望仔细探究的东西。它随着时间的推进而耗损着自己。它是科学探索的对象。学者们摆弄它,解剖它。测量它的大小、密度、体积和温度,分析它的动作,且对它进行研究。但是解剖学家或生理学家眼中的身体与那种其本身具有快乐和痛苦之感的身体迥然不同。

　　从在本书所研究的那个时期开始时获得辉煌成就的感觉主义的观点来看,身体是感觉的场所。人对自身的感觉构成了生命、经验的来源和所度过的时光,所以这就将身体定位于"触动心灵的主观性、肉体和敏感性的范围之内"。②

　　我在自己的身体之内,我不能离开自己的身体。这种持续不断的共

---

① 米歇尔·亨利:《活着的人体》,载《人体》,《放荡的生活》,2000 年 3 月,第 12—13 期,第 13 页;在这极其精美的一期里,所有的文章都向我们提供了这方面的大量内容。
② 让-玛丽·布罗姆:《人体是一种难得的哲学参照对象吗?》,载《人体》,《放荡的生活》,2000 年 3 月,第 12—13 期,第 131 页。

同存在本身构成了思想家们，尤其是梅纳·德·比朗①的一个基本问题。主体——自我仅仅是化为肉身的一种存在；在肉体和自我之间不可能划定出任何间隔。不过，肉体会在睡眠、困乏、着魔、人神和死亡的过程中，或通过这些途径从各个方向摆脱自我的掌控。身体就是未来的尸体。鉴于这一切，所以古老的哲学传统把它看成是灵魂的牢狱、坟墓，身体乃"处于由力量、污秽、昏暗、衰退和物质抗力相混在一起的晦暗之中"。②灵魂和身体结合在一起——而后便是精神和肉体结合在一起——的那些样态则不断引发出种种纠缠不清的议论。

然而历史学家们却对这一科学和研究的对象、对这一具有生产能力和供实验用的梦幻般的身体之间所确立的张力，亦即对"力量和衰弱、行动和情感、毅力和软弱的结合体"③，常常表现出某种漫不经心的态度。因此，本书就是要试图在这种种现象中重新建立某种平衡。使人快乐的身体、受痛苦折磨的身体和梦幻般的身体，至少都会在这种平衡中找到一个与被解剖的或被研究的身体地位相当的位子。

从 19 世纪末开始，我刚刚提到的那种把身体看成是主体稳固领地的传统式区分已经不合时宜了。对身体进行社会管理的意识渐渐得到了世人的认可。从这种文化主义的新视角出发，身体被看成是由内在和外在、肉体和世界之间所形成的某种建构、某种平衡的产物。所有的社会准则、显而易见的日常劳作、相互影响的繁复礼仪、每个人所具有的对普遍风气和行为姿态灵活处理的自由、明文规定的处世态度，以及注视、站立和走动的习惯性方式，这一切共同组成了身体的社会加工厂。自我化妆、自我描画甚至给自己文身（必要时还会自残肢体）以及个人穿着的种种方式，全都是人的类型、年龄阶层、社会地位或企图达到某一社会地位的标记。就连对违规犯法行为的判定也表露出人们对社会和思想意识环境的控制。

---

① ［译注］梅纳·德·比朗，又名玛利-弗朗索瓦-皮埃尔（Maine de Biran, Marie-François-Pi-erre，1766—1824），法国政治家、经验主义哲学家，强调人的内心生活，反对当时流行的外部感性经验所起的重要作用。

② 让-玛丽·布罗姆：《人体是一种难得的哲学参照对象吗？》，载《人体》，《放荡的生活》，2000年 3 月，第 12—13 期，第 134 页。

③ 同上，第 151 页。

对物质躯体和人特有的躯体所作的这种过于粗略的区分,会由于为我的身体和为他的身体之间的区别而变得丰富起来,而且这种区分可能会使人产生某种自我被蓄意剥夺的感觉,产生某种"自己作为主体的优越地位、自己是自我世界的主宰"会被剥夺的恐惧心理。个人常常在自己的体内或通过自己的身体觉得自己受到了伤害和监视,感觉到别人对自己有所期待和排斥。尤其是不久前让-保罗·萨特发现的存在的身体和异化的身体之间的那种张力,那种被他人控制,屈服于权力、别人的意图和愿望的危险,奠定了两性关系的重要地位。本书除了对两性关系在种种身体类型的社会建构过程中的地位给予确定之外,还要指出它的重要作用。两性的结合以及为使这种结合能融为一体所做出的尝试,如同无限的柔情那样会使彼此感情倍增。性敏感部位的互相渗透以及每个人肉体形象的可能结构(个人的形象便是由此产生的),显然处于整个身体史的核心地位。

人的主体性身体和客体性身体、个体身体和集体身体、内在和外在之间边缘区域的多孔状态,随着心理分析学的飞速发展在 20 世纪变得非常精细和复杂。心理分析也已超出了本卷的时间界限。但在目前对人的肉体性探索中,必须考虑到这种参照系的威力,即便它处在缄默无声的状态。身体就是一个传奇故事,是种种心智表现的总汇,是某种以社会言论和象征体系为媒介并随着主体历史的进展,而自我塑造、自我解体、自我重构的无意识形象。这一形象的性欲构造以及所有撩拨它的东西,都属于应进行临床诊断的、有病症的身体之列。诸如此类的全部资料,考虑到可能会出现的年代错误和不易将其编排在一起的难处,因而就不会在我们所要探讨的问题中提出来。不过,如同当代的许多著作一样,随着篇章的进展,尤其在亨利·泽内尔专门论述想象的身体的那些篇章里,我们将会听见这一现象的回声。

显然,阅读本书或许只是对历史事物的一种涉猎,而这类历史事物的内涵都使任何试图对此进行真正综合的做法难以收到成效。有关睡眠和对衰老现象的认识在此丝毫没有谈及。军人的身体、妖魔的显现则留待下一卷再讨论。产妇的身体已在上一卷中描述过。这一卷所涉及的那个漫长的 19 世纪的创新事物十分丰富多彩,因而足可证明人们对身体研究的重点是放在某些具有积极意义的事物进程上的,是放在对解剖—临床医学和颅相学的掌握、麻醉术的诞生、性学的萌生、体操和体育的发展、由工业革命而强行建立的一些新式工厂的出现、身体社会分类学的创立、自我表现的彻底中断上的。但这一切只不过是一些实例而已。此卷只有参看前、后两卷才能完全弄明白。

阿兰·科尔班（Alain Corbin）

第一部分

对身体的交叉观察

医生在身体、解剖学以及生理学方面的知识曾经是什么样的？这些知识是如何构建的，并在那个世纪的进程中又是如何演变的？在虔诚的教士和基督徒看来，身体意味着什么？从这些信仰中产生出了什么样的规范体系？艺术家们用什么样的眼光来看待人体？当某种社会性的虚构人物正在形成并具体化为一系列典型人物形象时，是什么样的顽念和幻想——甚至什么样的焦虑——在引导着艺术家们的这一目光？19世纪有关身体历史探讨的方向均由对诸如此类众多问题的解答所引导。所以，我们一开始就必须来讨论这些问题，最后才能谈及身体的快乐和痛苦。

第一章　医生的目光

奥利维埃·富尔（Olivier Faure）

倘若不借助医学词汇，我们如今就再也不可能去谈论我们的身体及其功能。在我们看来，身体"自然"就是在生理和生物化学活动过程中起主导作用的诸种器官的集合。我们总是根据某种地理学的和医学式的术语来给疾病命名并确定其部位，即使它们同大家所公认的疾病分类学并不完全吻合。

这种借用术语的做法指引着我们对身体的描述和探索，但远非没有什么结果。我们所采用的专业词汇允许我们将身体变成一个可以与之保持极小距离的外在客体，并能够消除它令我们产生的种种不安。因此绝无一人会怀疑这种分析性的解释在制约着对我们身体的监测，它使我们对由医生所监测到的身体的不适症象的关注更甚于其他东西。然而，如若认为我们完全是从医学的角度来解读身体，那就是夸大其词了。许多患者的自我诊断与现代医学知识并不相符，现代医学知识并不清楚患者肝病发作时的那些非同寻常的反应，我们拉芒什海峡彼岸的邻居对此也没有什么认识。至于疾病，它远不像纯粹的生理现象那样能被说清楚和解释明白。由癌症导致的死亡仍然被宣称为"某种病痛"发展的结果。每当要对疾病作出报告时，遗传、生活方式、命运和过失则比纯粹的生物学机制更为经常地被用来作为证据。同人们可能认为的相反，这些态度并不仅仅是那种源出于最遥远年代里的某些非理性信仰的残迹，即不是与某种专业技术人员的、丧失个性特征的医学相抵触的迹象。事实上，它们广泛吸收了最近两个世纪在医疗方面所描述的内容,这些描述把身体看成是某种取决于人的自身环境并能支配自身躯体的种种行为的机体。因此,当代医学对身体的看法绝非是把它简化为一系列由某些物理化学规律掌控的器官、细胞和机制。但也有人会有这样的想法:两个世纪以来,西方医学可能是采用切割身体的方法才会使患者失去了生命,使个人失去了自理能力,当然这种理念也就产生了一种漫画式的意象。如果说,医疗方案已在我们谈论和对自身肉体的感受方式中占据了支配地位的话,那么,这也许是因为它比某种揭秘性的拉丁文《圣经》①对人体所谈论的内容还要复杂。

我们在这里试图将这一医疗方案在社会中建构和传播的一段重要插曲勾勒出来。诚然,医生们在临床之前对身体并非不清楚,但他们却与之保持着一定距离。身体向他们展示出的迹象(症候)并非是他们独一无二的指南。相反,从1750年起,观察在医学中如同在其他科学领域里一样,已经成为最重要的操作手段。身体则是医学的主要对象,即便不是唯一的。如果说,有关身体深深根植于环境这一总的观念还远没有消除的话,那么,在其中还应加上一系列由器官、组织和细胞构成的身体照片,这样的照片越来越准确,但同时也愈来愈局部化。当然,19世纪末的医生们还尚未发现分子,不过,将身体分解成部分的趋向已经完全确立起来了。除这类静态的图像之外,还应加上尔后出现的描述身体功能的摄影胶片。与之同时,病人的总体环境也成为医疗观察的优先领域。在这个领域里,有关医疗方法的论述还从未出版过,尽管18世纪末被重新发现的希波克拉底②在其著名论著《论空气、地点和水》中已经着重谈论过这些因素。引发疾病的环境和总的生存环境为一方,生理学家和定位论者为一方,这两方正在接近,而绝不是相互竞争,它们构成了现代医学的两大支柱,纵然第二方更富有技术性,革命色彩更浓些,并获得了更大的声誉,比第一方更能激发人们的想象力。

以下的论述并非企图对19世纪有关医疗的知识作一全面的总结,也无意对其演变过程进行描述。在这方面,已有一些最新的综合性论述和

---

① [译注]拉丁文"圣经"(Vugate),又译通俗文本《圣经》,最早由圣经学者哲罗姆于公元382年根据各种译本编译而成,之后各种不同的修订本纷纷出现,但长期缺乏一种公认的定本。

② [译注]希波克拉底(Hippocrate,前460—前377),古希腊最杰出的医生,被誉为医学之父。存有60余篇医学论著,统以《希波克拉底文集》的书名流行于世。

卓越的科学史著作。①我们的目的也不是再次回述有关医疗权威和垄断
形成的相对缓慢的进程，②而是要提出有关人员培养、扩展医典的阅读范
围和对身体进行训练的问题。事实上，本卷就身体的各种状况所做的论
述都广泛地受到了医学规范的影响。医生对残疾者、患者、受刑或死亡的
躯体的描述，经常都必须遵从某些拟定的医学程序，不论这些程序的编制
是否按照医学的核心精神。画家和文学家在充分发挥其想象力的同时，
也常常研究解剖学，参观梯形解剖室，阅读医学著作或常常去拜访医生。
此外，人们可以想象到通过阅读医学著作、经常去求医问诊的方式，新的
医学著作可能会给一些出身于愈来愈广泛的社会阶层的个人留下深刻的
印象。然而，若是认为从医学方面所作的描述会以其颇能说明问题的效
力自动地在整个社会中树立自己的威望，这种看法不但是夸张的，而且也
是错误的。如果说医学已成为解读身体和疾病的主要指南的话，那是因
为医学科学是在社会中并在对社会问题作出回答的过程中形成的，而不
是在某种十分微妙的科学领域中炮制出来的。

　　具体地说，就是要指出新的医疗方法对人体的接近是如何在这种由
一些更为强烈的关系所形成的动态中产生和发展的，永远不要忘记这种
接近在改变着人们的观念，并且它自身也在通过医疗实践以及医生和病
人之间的关系而发生变化。归根结底，这种接近在适应医疗的同时，也在
改变着人们对于人体的态度和信仰。我们在这里所选择的不是依次去展
示这三方面（科学、实践和想象物）的知识实录，或是去编制某种难以避免
的踌躇满志的年表，而是选择——去阐述那些围绕现代医学的两种核心
业务活动即临床和生理学的有关身体的科学观念，尽管其中不乏骗人的
伎俩。人们将会逐步看到这些学科距离对人体及其功能所提出的问题作
出无歧义的、全面的回答乃是何其的遥远。事实上，医生们不会忘记，在
那种分解身体以便更好地对其进行描述和治疗的最明显、最为大家所熟
悉的手段的背后，这一身体也是一个有生命的躯体，它是和某种能尽其所

---

①　在这些最近的著作中，有米尔科·D.格迈克重新所作的概论，见其主编的《西方医学思想
　　史》，4卷，巴黎，瑟伊出版社，1995—1999年。有关我们所论及的那个时代，参看本书第2—
　　3卷《从文艺复兴到启蒙时代》，1997年，1999年。
②　关于法国，参看雅克·莱奥纳尔的所有著作，尤其是他的《知识和权限之间的医学》，巴黎，
　　奥比埃出版社，1981年。

能威胁着它的物质与人文环境融为一体的。

1

被探察的身体、被分解的身体、被否定的身体？

对某一专业性的、技术性的医学进行批评在今日是一种有教养的表现，这是因为医生在这种医疗活动中所医治的乃是人的某一器官、某一机能障碍，而不是人，甚至也不是病人的身体。这一重要倾向至少自两个世纪以来就一直在发挥着作用。但它最初绝不是对人漠不关心的证据，而是一种新的人道主义表现。这种倾向即便不能改进治疗方法，但也可有助于增长对人体的认识，除此之外，它的唯一作用乃是把病人降到一个被研究的客体的地位。

这种越来越琐碎和技术化的研究方式便自然而然地落在医疗实践以及医生与病人的关系之上。更为广泛地说，它改变着个人和全体公民的社会关系：自然主义者对人体的描述动摇了哲学家对人类的描述；定位论者的做法对个人同自身的躯体和疾病所保持的种种关系也产生了影响。这些变化尤其因为医学上所进行的与第一次革命相似的第二次革命而显得格外明显。医生的数量则更多，他们现身的机会更为频繁，被拜访的次数也更多，因而他们已经渗透到社会的各个阶层，直至当时他们的影响所不及的地方。

在这里必须要提防两种危险。第一种认为在 19 世纪以前就已经存在某种完全世俗的和纯粹隐喻的向身体的接近。第二种则以为新的医学论述正在彻底清除先前的说法。然而平民百姓长期以来即使以通过和动物频繁接触的方式，对尸体解剖也具备了某种确切的看法。而且，对人体的描述都出自古代深奥的医学知识，认为人体主要是由四种体液（血液、胆质、黏液和黑胆汁）组成，这种描述已经深入人心。人们可以在 18 世纪的通信和私人日记中公开地看到对人体的体液描述乃是医学探讨的主要特征。①人们在那些出于预防而找医生定期放血的农民群体中，或从那些

---

① 关于这个问题，参看菲利浦·里埃德的博士论文《生存与医治疾病：18 世纪日内瓦地区、洛桑和纳沙泰尔对此的描述和实践》，2 卷，日内瓦，2002 年（打字稿）。

根据体液病理观确定体质来将人分类的称谓中也可猜到这样的描述。这些描述虽然已没有什么价值，但并非与那些主要向解剖学和心理学靠近的新趋势没有联系。所有这些描述同对有关环境作用的新论述，以及那些相信遗传或超自然作用的更为古老的信仰，仍然都能和睦相处、并行不悖。

1) 现代医学的诞生

从病人那里收集信息，对此进行认真的研究（临床诊断），确立病症与器官病变（解剖—临床诊断方法）之间的联系，对不论是健康还是病态的（通过解剖和病理解剖学）人体的各个不同的要素（器官、组织和细胞）进行研究，这些业务活动占据了今日医学的核心地位，它们构成了医学各分支学科的主要内容。将这些业务活动向前推进几乎用了一个世纪的时间，即从 1750 年延续到 1850 年。不过，这种演变早已开始了。甚至在 16 世纪以前大量重新出现的对患者的观察记录，早在希波克拉底的著作中就已经出现过。这种观察记录绝非仅仅限于对病症的记录，它还广泛地涉及到解剖学。在希腊化时代就已消失的尸体解剖，自 14 世纪又重新被公开施行，到 16 世纪兴盛起来。[1] 解剖在意大利格外频繁，它可以发现由疾病所引发的解剖性病变。与此同时，一些像西德纳姆[2]和布尔哈弗[3]那样的医生，由于对那些思辨性体系十分厌烦，因而就大肆宣扬应对病症作认真的描述。在西德纳姆看来，"谁要记下某一病历，就必须抛弃任何哲学性的假设，而应当十分准确地记下一切既明白无疑又不掺假的最微小的病症，并在这方面要模仿画家的做法，画家总是极其用心地再现出他试图描绘的人物，直至其最微末的斑点"。这段引文写于 1676 年，其涵义颇为深广。除了培根和笛卡尔的经验主义的影响之外，对画家和医生所作的这一比较向人们表露出医学也具有缓慢改变人的精神世界的特性，这

---

① 关于这一点，参看拉法埃尔·芒德雷西：《解剖学家的目光——西方对人体的解剖与方法》，巴黎，瑟伊出版社，2003 年。

② ［译注］西德纳姆（Sydenham，1624—1689），英国医生。

③ ［译注］布尔哈弗（Boerhaave，1668—1738），荷兰杰出的医生、教授、第一位临床医学教师，对欧洲的医学教育产生过深刻的影响。

种改变自 16 世纪起就使欧洲的精英们处在骚动不安之中。对事物进行观察之所以开始形成,部分原因是由于发现了新大陆以及这片土地上的植物、动物和奇异的人。社会危机的暂时缓和,某些人的富足,宗教控制的部分回落,这一切都使世俗生活和个人的生存增添了更多的分量。在这种背景下,对去除疾病和推迟死亡的关注,就将对病人的关怀或医治的社会要求施加到医生的身上,而盖伦①的医学则不可能适应这一要求。在这种新的科学背景下,那些最富有创新精神的医师和外科医生就会紧跟诸如植物学和动物学这样一些更为"先进的"学科,并接受这种观察方法。

尽管已有一些引人注目的先驱人物,但是临床医学运动只是在 1750 年之后才大规模开展起来。直到那时,医学院对体液医学的迷恋才从理论革新转化为一些非正式的试验。历史学家们则很自然地强调在临床诊断方法制度化中国家的作用。至高无上的君主所关心的是增加人口以提升他们的军事和经济力量,因而对其臣民的健康状况也颇感兴趣。如果说,受到人口增长论和国家财政金融论的启发而出现的那些议题,赋予了对医务职业的监督以及促进卫生事业的发展以优先地位的话,那么,它们本身也表现为对具有创新精神的医生们的一种支持。尤其在奥地利,开明的专制君主约瑟夫二世还建立了维也纳总医院(1784),尔后又创办了医学和外科学院(1785)以及两座医科学校。在这些学校里,培养临床诊断的医务人员是教育计划的重心。法国的君主政体则比较谨慎,它只限于使军队医务部门在培养医师和外科医生方面现代化,它建立了一些供教育用的带有梯形解剖室的医院(1771),允许开办外科学院至善收容所②(1774)。但重要的并不是在这方面,而是在那些自发创建医疗机构的活动中。因此,在伦敦(圣盖依医院、圣托马斯医院、圣巴泰勒米医院),在意大利(帕维亚,1770),在丹麦(哥本哈根,1761),在 1750 年到 1780 年的德国③,在法国的巴黎主宫医院、巴黎广慈医院以及好几座外省城市

---

① [译注]盖伦(Galien,约 129—约 199),古罗马时期著名的医生和解剖学家。

② 奥利维埃·富尔:《公共卫生战略》,见米尔科·D.格迈克主编的《西方医学思想史》,前揭,
第 2 卷,第 279—296 页。

③ 伊莎贝尔·冯·比尔切斯洛温:《教育机构与医疗机构:大学医院和德国社会医疗事业的普
及》,里昂,普勒出版社,1997 年。

医 生 的 目 光

1. 被分解成40个部分的美女，19世纪，蒙彼利埃，理学院博物馆。

　　解剖学自16世纪蓬勃发展以来，就成了向大学生们传授的首要学科。由于没有足够数量的尸体，人们就使用蜡制的去皮人体模型。但在那些科学工作者和现实主义者看来，这些人体模型同那种会使人变得谦卑的与死人有关的遗产并没有完全断绝联系。

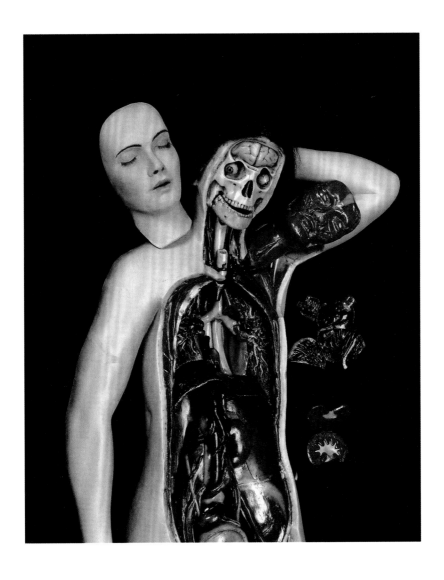

2．子宫模型与窥器，19世纪，巴黎，医学历史博物馆。

3．下面，右侧，泰奥巴尔·夏尔特朗：内克医院的拉埃内克在其学生面前给一位肺结核患者诊断，1816年，巴黎，索邦大学。

4．下图，夏扎尔：给一位站立的妇女作检查，19世纪，巴黎，医学研究院。

在医院里（3），医生们用他们的感官（4），有时则用一些简单的器具——听诊器和子宫窥器（2、3）来仔细察看病人的身体。如若女性的器官具有吸引力（2），那么这种观察就难免会使人"产生羞耻感"。

5．哈伊罗尼穆斯·勒申克希：由约瑟夫二世皇帝建造的医学－军医外科研究院落成典礼，1785年，维也纳，医学史研究所。

6．弗朗索瓦·布肖：上临床实践课的学生，19世纪，巴黎，医学院图书馆。

学医，首先就是要看病人。虽然那些像维也纳外科军医研究院的梯形实验室（5）那样的实验室可使能见度大大增加，但修女们所捍卫的床顶华盖（6）却又是医学目光无所不能的一种障碍。

7．法国的学校之作：按照弗朗兹 – 约瑟夫·加尔的理论用颅相学的征象对颅骨进行了注释，19世纪，巴黎，装饰艺术图书馆。

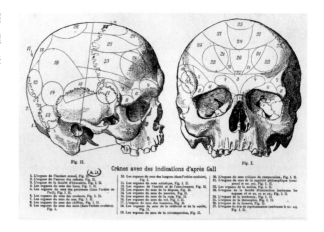

8．弗朗索瓦·尼古拉·奥古斯坦·菲伊安 – 佩兰、广慈医院的法国外科医生阿尔弗雷德·维尔波前去作尸体剖验，19世纪，图尔博物馆。

由于这一场景被长时间地展示了出来（8），因而这种尸体剖验也就成了一种平常的行为。尽管加尔（1758－1829）的理论不乏偏差和极度夸张的成分，但这种以系统检查颅骨（7）为基础的颅相学，在认识脑部的过程中恰恰既是一种大胆的想象，又是一种最基本的步骤。

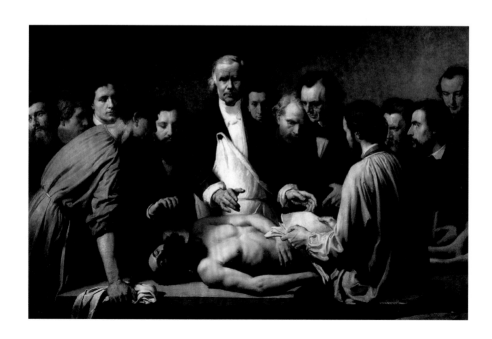

9．亨利·热尔维：动手术之前，或佩昂医生在圣路易医院里讲授他对血管被夹住的发现，1887年，巴黎，奥赛博物馆。

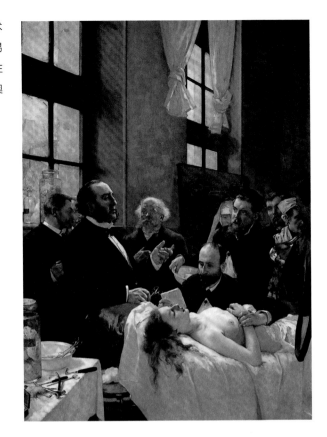

10．吕西安·若纳斯：医生们，1911年的沙龙。

如果说住院的病人把自己完全托付给医生的话（9），那么住在家中的病人就可以依靠其亲人以及无所不在的修女，让他们与医生一道去讨论对自己的治疗，他会毫不迟疑地将这些人召集起来以便获知一些并非始终一致的看法（10）。

11. 马克斯·皮奇曼、罗伯特·科赫在实验室里，1896年，法兰克福，私人收藏品。

　　如果说这位天才的医生——这里指结核杆菌的发现者罗伯特·科赫（1843－1910）——当时一直是医学发现的最重要的杰出人物，那么自此以后他就不再是孤身奋战了。为了"把科学推向前进"，他越来越需要助手、设备和实验室。

12. 斯文·里夏德·贝格：催眠状态的场景，1887年，斯德哥尔摩，国立博物馆。

13. 纳达尔·阿达纳齐奥：狂人们，1900年，版画。

　　"用对理性的崇敬来医治神秘的谵妄症"，这可能就是这幅木刻画的标题（13），它非常清楚地阐明了疯狂和宗教之间模糊不清的关系。从梅斯迈到夏尔科，在医院或上流社会中，对不少人具有吸引力的催眠术仍然是他们激烈争论的对象（12）。

14. 乔治-亚历山大·希科多：用X射线治疗癌症的最初试验，1907年，巴黎，公共救济博物馆。

19世纪初，一个戴高顶黑礼帽的医生在一户有产者家中运用放射疗法医治癌症。从此以后这种尖端技术就逐渐进入医疗领域，而不仅仅是探索性的。

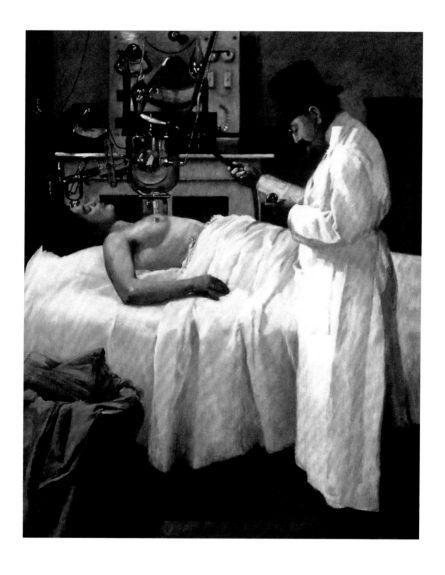

里,由医院的医师和外科医生给自愿听讲的人所开设的医学和外科实践课程日益增多。除此之外,还应加上给助产士学生讲授的实践教育课,此类讲解有时在医院里,有时在一些像库德埃夫人所开办的那类巡回补习班里进行。因此,观察、示范性讲解和实践乃是这类教育的最基本内容。在经过长期的历史争论之后,所获得的成果便是从 17 世纪中期起,与莱顿的布尔哈弗的诊所相反,所有的诊所都不是只介绍一些解释某种权威性教学案例的"疾病分类学的场所",而是对从全部医疗机构所收集到的真正的观察报告进行解说的场所①。

即使如同人们长期所说的那样法国大革命没有建立医疗诊所,但这次革命以及将这次革命的成果编入法典的共和十一年风月法,都规定临床诊断在医学教育和法国医学博士学位考试中是必不可少的。当时有三所医学院委托一些持有医院专门病科证书的教师开设了临床教学课。在那些没有医学院的地方,医院便成了医学教育的主要场所。随着实践活动不断推进,就连那些最基层的外科医生—学徒的职位,由于有了住院实习医生的新头衔,都成了深受欢迎的职位,并且很快就成了步入医疗职业庄严之路的开端。因为这些职位可以让他们长期住在医院里,获得无与伦比的经验,所以此类职位大受青睐,只有通过淘汰率很高的考试才能取得②。因此,人们有时所称呼的巴黎学校就成为 19 世纪上半叶整个欧洲医学教育的样板③。

科学活动和体制结构互相结合赋予医疗观察在医学中一种重要的地位,并且开启了一场无休止的运动,身体将在其中不断以更加细致、更加深入的方式得到探察和分析。

2) 对身体的探察

如果说医疗观察通常是在环境中确立了一个重要的位置,那么,它在

---

① 奥斯马尔·基尔:《欧洲临床医学的诞生(1750—1815)》,蒙特利尔、日内瓦,蒙特利尔大学出版社、乔治出版社,2002 年。

② 《医院的秩序与混乱:医学住院实习生的职务(1902—2002)》,巴黎,公共救济博物馆,2002 年。

③ 欧文·阿克内克特:《巴黎医院的医学(1794—1848)》,巴黎,帕约出版社,1986 年(美国版于1967 年问世)。

医院里则趋向于把注意力集中于病人的身体,不论是活的还是死的。这些地方也确实给医生提供了大量比较易于摆布的身体。医院向贫民开放,但它们和贫民之间却达成了一项心照不宣的合同,"来这里求救的不幸者应为医疗支付他所亏欠的慈善费用"。这一合同也适用于死者的躯体,虽然医院并没有要求得到尸体,但它已在医生的支配之下,医生可以"在疾病战胜医术之后……,对疾病进行追踪直至它所破坏的器官,在受害者的内脏里突然发现它的秘密①"。这两种早已存在而直到此时才分开的方法的结合由此在医院里得以实现。这一在对患者症状的观察和病理解剖学之间所建立的联系,便是临床解剖学。首先,当这两者只限于发现病灶时,它们就不为临床观察所束缚,之后,当它们用于检查患者死前(ante mortem)状况记录时,它们才依赖于临床观察,尸体解剖大量出现,它能更好地对疾病分类学上所定下的疾病实体进行区别和确定,并能揭示出疾病隐匿的后果,从而有利于对疾病的认识。总之,死者的躯体在医学中与生者的躯体同样重要。

普通医生既赞同这种方法,又屈服于客户的压力,但在非得要这样做不可的时候,医生们就要弄清楚疾病的性质,做出诊断,确定医疗方案,而不可能等到患者死亡后再去做。所以他们要寻找一种"能使体内的情况看得出来、不须解剖而又类似于某种尸体解剖的"②方法。当然,对阴道和肛门的探察,则运用探测器、探条和探针,这些方法自古以来就采用过,尽管早已开始日趋没落。对人体内部探察的重新恢复首先是通过比较系统地采用子宫窥器而开始的,雷卡米耶在1812至1835年期间曾对这一器具做过改进。一些从子宫窥器衍生出来的器具则可深入人体的其他腔内:尿道膀胱窥器可探察膀胱;耳镜用于察看耳朵。借助于赫尔曼·冯·黑尔姆霍尔茨③的检眼镜(1851),就可运用光来检查眼睛,使用原始的尿道窥镜(1853),便可利用光来探测泌尿器官,尿道窥镜的发明者德泽尔默

---

① 弗勒里·安贝尔:《论大医院尤其是里昂大医院里的观察报告》,里昂,佩兰出版社,1830年,第5—9页。
② 阿兰·塞加尔:《人体检查的方法》,见米尔科·D. 格迈克主编的《西方医学思想史》,前揭,第3卷,第187—196页。以下紧接着的一整段向其借用的材料很多。
③ [译注]赫尔曼·冯·黑尔姆霍尔茨(Hermann von Helmholtz,1821—1894),德国19世纪最伟大的科学家之一,在医学、生理学、物理学方面都做出了重要的贡献。

预测可将这一器具延长以用来探察消化器官。然而,除了子宫窥器之外,这些器具的使用仍然很有限,几乎还没有越过研发阶段的范围,因为某种技术获得了成功并不能保证立即就可投入使用。

与之相反的是,听诊器的经历、叩诊的成功以及更晚一些时候 X 射线所取得的辉煌胜利,都表明了技术具有最终的辅助性特征。由奥恩布鲁格①于 1761 年提出的叩诊极其简单。据传,它的发明者的唯一才智可能便是将葡萄种植者的技术转而用到人体上,葡萄种植者们是根据敲击酒桶所发出的声音来估算桶里的酒量。这种技术虽然很简单,但它并没有被立即采用,因为在当时的科学背景里,人们还不能对其结果做出解释。这种方法在奥恩布鲁格的时代已被弃之不用,只是在 45 年之后这种方法已臻于完善,科尔维萨②真正掌握了它,并在临床解剖学上大获成功时,它才得到了重生③。

听诊器的完善则更具有漫画式的意味,更能说明问题④。这是因为拉埃内克⑤是科尔维萨的学生,他在研究和改进某种能够更好地窥听人体的方法。所以,这就涉及到一种将声音放大的十分简单的系统装置,据说,他是从孩童游戏中得到启发的,拉埃内克只用一个简单的纸筒,再配上几个“稍加制作的”人工木管,就可更顺利清晰地听到肺的空洞的声音,同时又使自己和病人不至于感到害臊。他满足了许多医生的期待,所以这个器具和方法立即得到了普遍的赞赏。拉埃内克的《论间接听诊》(1819)发表两年之后,便翻译成英文于 1823 年在美国出版,1827 年听诊器又传到了加拿大。

温度计的命运则大不相同。温度计早就制作成功,使用时也没有出现什么大问题,但只是到很晚的时候才被纳入医疗测量仪器之列。正如我们所了解的,温度计使用的前提是必须给予其一系列的数字以意义。只有从 1820 年起路易⑥医生周围的人把数字的(统计学的)方法引进医学

① [译注]奥恩布鲁格(Auenbrugger,1722—1809),奥地利医生。
② [译注]科尔维萨(Corvisa,1755—1821),法国医生。
③ 见斯特凡·J.派茨曼和吕塞尔·C.毛利茨的著作,载米尔科·D.格迈克主编的《西方医学思想史》,前揭,第 3 卷,第 169—186 页。
④ 杰克林·达菲:《用一只较好的眼睛察看:R.T.H.拉埃内克的一生》,普林斯顿,普林斯顿大学出版社,1998 年。
⑤ [译注]拉埃内克(Laennec,1781—1726),法国医生,听诊器的发明者,被誉为胸腔内科学之父。
⑥ [译注]路易(Louis,1787—1872),法国医生。

之后,温度计的使用才可以被设想①。而且测量体温还要求不可把发烧看成是疾病本身,它只能是各种不同病理状态的某种简单的证据。这种变化在医院里经历了一段漫长的临床观察实践。因而对体温最初的系统测量只是自1840年代起才在温德利希②医生的诊所里进行,同样也就不奇怪了③。

测量血压在我们所论及的那个时代的末期仍旧是罕见的现象,这说明诸种社会因素在推广新式测量方法时都起到了作用,并且也表明了一种新式诊断技术为何不仅仅限于将病理揭示出来,而且它还要能为创立病理起到作用。因此,问题主要不是在技术方面。血压测量器是斯蒂芬·黑尔斯④于18世纪制造的,医生兼工程师的泊肃叶⑤又在1820年代末对此进行了改进。从1860年代起,在某些临床治疗中,如在巴黎主宫医院波坦⑥医生那里,量血压就在有条不紊地进行,并将血压解释为各不相同的疾病所表现出的许多症候中的一种。它只有到19世纪结束时,在人寿保险公司的压力下才得到了推广,并对高血压概念的确立作出了贡献。人寿保险公司于18世纪末诞生于英国,在1820—1830年代被引进到法国,1887年它为近百万法国人作了保险。就在这一年出版了《论人寿保险中的体格检查》,这部著作阐述了发现隐匿疾病和评估其发作可能性的种种不同的方法。在最初的预测性医学领域里所提出的种种医疗技术中,量血压便可逐步测定出某种新的危险和新的疾病,亦即高血压。⑦

过了较长一段时期后,伦琴于1895年末所发现的X射线,立即就引起了轰动,整个医学界都沉浸于狂喜之中。这种快得令人吃惊的适应性当然可以用图像受到的普遍欢迎(X射线的发现恰好就是电影诞生的时期)和人们对电的入迷来解释,不过,主要还是因为它在医学领域里立即

---

① 帕特里斯·布尔德莱:《对医疗效力的确定:路易学校的革新及对它的验收》,见奥里维埃·富米主编的《医疗:知识与应用》,里昂,梅里伦的基金会,1999年,第107—122页。

② [译注]温德利希(Wunderlich,1815—1877),德国医生。

③ 阿兰·塞加尔:《人体检查的方法》,前揭。

④ [译注]斯蒂芬·黑尔斯(Stephen Hales,1677—1761),英国生理学家。

⑤ [译注]泊肃叶(Poiseuille,1797—1869),法国生理学家。

⑥ [译注]波坦(Potain,1825—1901),法国医生。

⑦ 尼古拉·波斯代尔-维奈:《动脉的压力:高血压的百年(1896—1996)》,巴黎,马罗瓦纳、安莫代出版社,1996年;又见该作者和皮埃尔·科尔伏尔的《诺克医生的重现:论心血管的危险》,巴黎,奥迪尔·雅各布出版社,1999年。

得到了广泛的使用，全民都用它来防治两种已经确定为社会祸患的疾病——肺病和癌症。①由于对这些病缺乏治愈手段，因而所采取的主要战略依然是提早发现病症。X射线来得恰逢其时，因为它可以发现结核结节和新出现的肿瘤。

人们用医疗器具对人体进行越来越深入的检测，但又始终以更为精巧和细加分解的方法去把握它。除了对人体器官逐个地进行分解之外，还要加上另一种起初是以尸体解剖为基础的人体分解。由于尸体解剖愈来愈频繁，因而就改变了它的性质。在解剖博物馆里，所收藏的单独陈列的各种肢体都堆积在一起，以致这整个景象已不为人们所关注。从18世纪末起，在英国由于有了卡伦②、亨特③和史密斯④，在法国有了比沙⑤这些人的探索，医生们此时便对人体组织进行了研究。几年之后，临床医生们依赖先前自然主义者的研究成果而发现器官组织是由细胞组成的。由于魏尔啸⑥的努力，病理学的研究对象便从器官组织转向了细胞。⑦尽管显微镜已于17世纪制成，但只有从对器官组织的研究在医疗方法中已占据了重要地位开始，它才具有决定性的作用，并且对它的使用也在不断改进。这再次说明只有科学的方法才能创造出器具，而绝不能与之背道而驰。

对某些必须要掌握的特殊技术的引进，对细胞病理学和细胞组织必须要进行的深入细致的科学研究，这些事既不是到处都能进行也不是人人都可做到的。因此，大学课程、医疗实践和医疗活动的场所就开始出现多样化的局面。不过，专业化的出现根本不可能使那些致力于某一专业的医生比他们的同行更加优越。一些与医学无关的专门人员的领域还长期存在，如牙医或疝带制作者，"现代"专业化所涉及到的首先是那些难以医治或略具奇异性的令人讨厌的疾病，如精神错乱和性病、分娩、妇女和

① 帕特里斯·皮内尔：《癌症：一种社会灾难的产生(1890—1940)》，巴黎，梅达伊埃出版社，1982年。

② ［译注］卡伦(William Cullen，1710—1790)，英国著名医生、医学教授。

③ ［译注］亨特(John Hunter，1728—1793)，英国解剖学家、外科医生。

④ ［译注］史密斯(Robert Smith，1807—1873)，英国外科医生。

⑤ ［译注］比沙(Marie François Bichat，1771—1802)，法国解剖学家、生理学家。

⑥ ［译注］魏尔啸(Rudolf Virchow，1821—1902)，德国病理学家、细胞病理学的创始人。

⑦ 奥利维埃·富尔：《医学社会史(17—20世纪)》，巴黎，昂特罗波出版社，1994年。

儿童疾病。那些专门医治这些疾病的医生,他们之所以这样做与其说是出于自己的选择,还不如说是碰巧或出于某种义务的缘故。尽管他们表现出生气勃勃的活力,人们今日也承认他们的种种革新,但他们依然是被边缘化了的人,在那些临床医生的眼里他们只能算半个医生,而临床医生主导下的通科诊断仅仅只能区分外伤和热病而已。在省里的医务学校,人们看到在这个世纪的上半叶一些教师总是从一个职位转到另一个职位。诚然,在这整个世纪里,专业化在医院以及在 1870 年之后的所有医学院里已势在必行,但它在私人诊所里却步履维艰,因为那里只有为数很少的行医者打出某一专业的名号,然而这并不妨碍他们以具有同等资格的医生的面貌出现,不妨碍他们医治一切疾病。①尽管现实如此,医学仍继续表现为一种试图对身体的全部功能和一切不适的症状进行说明的独一无二的科学。

3) 被回避的疼痛?

20 多年来,将这种根据总体及环境来考察个人的整体论医学的新方法,轻率地与那种不断更加专业化的、技术化的和非人道化的、医治器官而不是治人的医学混为一谈,已成为一种潮流。这种指责虽然与时代错误相差无几,但却提出了一个真正的问题。从前面的阐述来看,引进这些新的观念和医疗方法就可能会使患病的人从医疗关系中消失殆尽。

以这一名义对 19 世纪的医生和医学进行责难的理由之一,可能是与他们对病人的痛苦的疏忽或不重视有关。②为了使人信服,这一指责很自然地举出了两位著名医生的声明。

第一位便是韦尔波③,他是以其本人姓氏来命名那种包扎带的不朽

① 乔治·威兹:《19 和 20 世纪巴黎医疗专业化的走势》,见《医学社会史》,1994 年,第 177—
211 页;该作者的《19 世纪巴黎医疗专业化的发展》,见安娜·拉伯杰、莫尔德榮·费因戈尔
德主编的《19 世纪的法国医学文化》,阿姆斯特丹,罗多彼,1994 年,第 149—198 页;《法、英
和美国的医疗指南与医疗专业化》,见《医学史会刊》,1997 年,第 23—68 页。

② 以下的章节有许多归功于罗泽林纳·雷侬的著作《疼痛的历史》,巴黎,发现出版社,1993
年;以及让-皮埃尔·佩太的著作《论疼痛——现代医学对疼痛态度的观察》,巴黎,凯伏尔
泰出版社,1993 年。

③ [译注]韦尔波(Velpeau,1795—1867),法国外科医生。

发明者,1840 年他宣称:"用人工的办法使病人免除疼痛是一种幻想。"第
二位乃是著名的心理学家和实验员马让迪①,他是克洛德·贝尔纳②的老
师,在 1847 年关于麻醉问题的争论中,他从伦理道德方面对此进行了一
系列的谴责。不仅在整个 19 世纪而且直到下个世纪末,人们都持此类立
场,这或许就是医学对人体总的态度的一种标志。直至几年前这样的阻
力还是有目共睹,许多医生还在明确反对给病人使用吗啡,其中包括对临
终的病人,因而这就大大地有助于造成医生们对病人的疼痛漠不关心的
看法。

要想弄明白这种永远消除不了的争端,必须求助于三个至关重要的
因素。第一个因素便是基督教的,尤其是天主教的思想遗产,它认为痛苦
和苦难如同惩罚一样应将其看成是一种恩惠。由于在天主教传统的国家
里人们对使用镇痛剂所持的保留态度比在新教国家里更加强烈,所以这
一思想遗产就显得格外沉重。第二个因素是临床诊断的传统。这一传统
在法国比在德国更加强大、浓厚,因而它可能就是造成对病人的疼痛无动
于衷的另一种原因。事实上,从对临床所作的研究便可在病人的痛苦和
病人对此所作的叙述中看到这种现象乃是诊疗机构的重要因素之一。最
后一个因素便是活力论。它是对这种现象作出解释的最后一个重要因
素。人们对这一学说所作的持续不断的阐释已经大大超越了 18 世纪末
冠以这一名称的独一无二的学派的范围,这种解释不论公开与否,它都把
大部分精力用来阐述非物质事物的发展进程,即生命的活力在疾病的爆
发和恢复健康过程中的作用。深受活力论影响的医生在病人的疼痛中看
到了生命力反应的征兆和治疗过程中一个不可或缺的阶段,因此他就没
有任何理由来反对这种依赖于本能的力量即可恢复健康的临床表现。

当然,现实要比这一概述所指出的更加复杂,尤其是更为多变。似乎
可以确定的是,临床医学取得巨大成功的 18 世纪末和 19 世纪初就是对
病人的疼痛予以重新关注的典型时期。在医生和哲学家看来,这种疼痛
已经有力地摆脱了宗教意义的束缚,它首先是通向认识感官和感觉能力

---

① [译注]马让迪(Magendie,1783—1855),法国生理学家。
② [译注]克洛德·贝尔纳(Claude Bernard,1813—1878)法国生理学家、实验医学的奠基人之
　一,其名著《实验医学的研究导论》对自然主义作家影响很深。

的一种途径,同时也是那些企图对从上帝的创造物的独特地位解放出来的人性进行描述和解释的哲学家们提问的焦点。感知和感觉能力很快就被看成是人所固有的特性。对感觉能力的研究在孔迪亚克那里是哲学思辨的对象,它激励着像阿尔布雷斯特·冯·哈勒①那样的医生兼心理学家,以及乔治·卡巴尼②那样的医生兼哲学家们的研究。在这种背景下,病人的疼痛就成了对感觉能力和疾病研究的核心内容。医生们按照疼痛的强度和形式来进行观察,并将其划分为多种不同的类型。许多医生试图通过以往的病史和心理检查的方式,来捕捉疼痛的部位,描述其表现出来的症状。如果说,作为启蒙运动的核心内容——追求幸福和人道主义——缓解了人的极度痛苦的话,那么,对病人痛苦的重新关注就导致了用正面的道德来对此进行点缀。"因感到疼痛而发出的叫声,我们的心智通过它便警觉到我们面临着危险",根据马克-安托万·佩蒂的说法(1799)③,在"机械师"霍夫曼看来,这乃是驱除某些会引发疾病的情绪的信号,是患者在动过手术之后作出的反应,于是便被广泛看成是人的天性所发出的征象和反应。因此,在那种人性是至高无上的指导思想的时代里,疼痛就是一种有益于身心健康的表现,因而人们尤其不要去抑制它。但卡巴尼并没有走到对疼痛大加赞颂的地步,他只是指出它可能对强健身体会有所作用。

除去人们公开持有的这些立场外,对于病床边的实际医疗情况,那就很难弄清楚了。现所掌握的那些为数很少的材料所显示出的则是某些显而易见的矛盾。在心理学研究活动蓬勃发展之前,医生只有通过病人的讲述才能了解患者的疼痛状况。在这样的对话中,医生不可避免地需要听取病人的讲述,可是,他对病人的讲述却又极不相信,因为他自身带有精英人物对平民百姓的种种偏见,认为平民百姓总是不断地抱怨,不断地夸大他们的不幸,以便从中取利。然而,尽管当时所制定的诉讼法对患者的疼痛感表现进行了具体的说明,但病人的疼痛仍然是医生和病人进行

---

① [译注]阿尔布雷斯特·冯·哈勒(Albrecht Von Haller,1708—1777)瑞士杰出的生理学家、生物学家,有实验生理学之父之称,其重要著作为《人体生理学原理》。

② [译注]乔治·卡巴尼(Georges Cabanis,1757—1808)法国哲学家、生理学家,其代表作为《人的肉体方面与道德方面之间的关系》。

③ 马克-安托万·佩蒂:《论疼痛》,里昂,雷依马纳出版社,共和七年,第90页。

商谈的一个空间。病人总是会最终迫使他的谈判对手承认疼痛的个人特征。对于疼痛的看法,治疗学理论几乎是势均力敌地分成两种迥然不同的应对策略。第一种策略源自希波克拉底,认为人为的引起疼痛要比病人模模糊糊感受到的更为强烈。由此,使用烧灼剂、发疱药和皮下串线排脓法一向都十分时髦。疼痛治疗的方法因其能刺激生命力的意志而得到了加强。这种倾向在使用从中国引进的艾绒疗法过程中而达到了顶点,不过,用棉花取代了艾蒿之后,它就变得更加可怕。这种疗法就是在紧靠原发痛处的皮肤上安放一个棉花筒,将之点燃。这种方法因其做得太过分而受到了批评,也未能取得什么大的成效,这时又引进了另一种来自中国的与之截然不同的医疗方法——针灸,一根根针可能就是一些电导体。

这种派生出来的疼痛理论曾经风靡一时,但并不影响人们使用镇静剂。鸦片是最主要的镇静剂,它也是从东方进口的,从 17 世纪起,主要是使用液体形态的制品,其中最著名的就是锡德纳姆①的阿片酊。相反,对鸦片的有效成分,即 1817 年被分离出来的吗啡的使用,由于既有通过大量可靠实验而过早暴露出来的真正危险,同时又存在着法医的疑虑,所以一上来就出现了问题。法医们所关心的是确保他们的权威,于是就充分表达了他们对中毒的真正担忧。但是,除了艺术家、医生和殖民者作为享乐而使用外,从 1850 至 1875 年,吗啡也在医学中赢得了自己的一席之地②。自 1847 年起,吗啡就紧随乙醚和氯仿之后,用于麻醉,并被大量引入。③

麻醉法的引进传播得很快,并一下子就被绝大多数医生和医学权威热情地采纳,它仿佛就是在直到此时仍对疼痛症候相当关心的背景里的一场革命。其实,有关对乙醚和氯仿的应用研究并非是在医学或是与医学相关的领域里进行的。第一种产品很早就为人所知,第二种产品的定型(到 1834 年才命名)是由一些对医学并不怎么感兴趣的化学家完成的,

---

① [译注]锡德纳姆(Thomas Sydenham,1624—1689),英国著名医师、临床医学和流行病学的奠基人,对痛风的研究成果影响深远。
② 让-雅克·伊伏雷尔:《精神的毒药:19 世纪的麻醉品与吸毒者》,巴黎,凯伏尔泰出版社,1992 年。
③ 关于麻醉,除罗泽林纳·雷依的著作之外,还可参看玛丽-让娜·拉维拉特的博士论文《强有力的特权:为法国外科效力的麻醉术(1846—1896)》,3 卷,巴黎第一大学,1999 年(打字稿)。

用乙醚在人身上进行最初的实验则发生在美国的杂技表演场地里。从此,这样的实验就波及到不完全是医疗职业的领域中,尤其是牙医那里,他们首先使用麻醉剂来消除病人众所周知的疼痛。因此,将乙醚的麻醉特性说清楚完全是为了让有一定社会地位的医生以及科学院不至于反感。但是,最初的试验刚被医务新闻界披露,一些医生就迫不及待地去使用麻醉法,有时他们的做法并不是很谨慎。科学院立即就抓住了这个事物,并以异乎寻常的善意表示了欢迎,因而它很快就得到了几乎是普遍一致的认可,尽管出现了一些事故和难以解释清楚的现象。当然,在医疗职业和医学科学发生危机的情景下①,人们可以得出结论说,掌握某种真正大受欢迎并可使外科医学摆脱其无为处境的这项前景广阔的发现,乃是一种巨大的诱惑。事实上,医生们的关注在从医学上的人体迅速转入到麻醉法的过程中,所想看到的乃是某种骤然出现的对其顾客的要求的关注,患者对疼痛的感觉或有可能会因此而突然降下来。有关病人的压力理论虽然具有精神方面的诱导作用,但却很难得到证实。的确,帝国的战争及其所带来的无穷无尽的苦难,正如那些重要的军旅外科医生的反应所证实的那样,完全可能会转移医生们对患者痛苦的注意力。当然,通科医生的报刊则紧紧抓住了这一发现而不是别的什么东西,这表示它比任何东西能在读者中产生更大的反响。如果说医学上的争论以不偏不倚的方式表明在没有痛苦的情况下动手术是一种明显的进步的话,那么,它也指出了医生们绝没有屈服于病人的要求。况且,病人是被排斥在争论之外的,国家授权予科学院,由它代表国家来评说麻醉究竟是危险还是不危险。从此时起,麻醉法的引进就涉及到病人和医生之间关系的变化,而并非只对病人有利。正如马让迪所指出的那样,麻醉有助于把病人完全交给医生,假如麻醉能够发挥作用的话,这就剥夺了病人对手术的任何监控。此外,麻醉也将病人置于种种危险之中,这是长期不容忽视的,因为据统计在 1880 年代的英国,每进行 4 次麻醉就会出现一次事故。让病人处于对自己面临的种种危险一无所知的情况下,究竟会发生什么样的事则不可预料,那些在麻醉事故发生之后所公开的为数很少的司法诉讼案件,很快就以不予起诉而结束。总而言之,如果说那些动过手术的人因难

① 奥里维埃·富尔:《19 世纪的法国人及其医学》,巴黎,伯兰出版社,1993 年。

以承受的疼痛可能如其所愿地消失并由此而受益的话，那么患者个人的身体及其生命听凭医生摆布的程度就比过去更加严重。尽管如此，那种将绝大多数人的利益置于个人之上的某种医疗行为方式从这时起就可永久地确立起来。

因此，当时的临床医生对病人的痛苦并非无动于衷。病人持久而又积极的参与更为广泛地改变了人们对身体的医学认识。

4) 治疗关系中的身体

虽然人们很想从这些凭经验所作的指责中摆脱出来，但患者地位的消失在医生看来还远没有得到证实。当然，医生同病人的交谈与对病人身体的检查之间就逐步形成了相互竞争的局面，而患者的病历也转变成了审讯记录。医用指南建议医生要向病人提出一些确切的问题，患者只能就这些问题做出简短的回答，而不可让他们任意解释。在这种理想的环境里，对话完全由医生左右。病人及其身体只能向医生提供一些征象，医生可以独自赋予这些征象以某种意义，并将其转换为何种疾病的症状。随着症候学的不断发展，于是就只有医生才能对病状发表看法。此外，病理解剖学的诊断还导致对疾病分类学进行了重新组合。疾病分类学不再依赖于病人所感受到的症状，它可以表达医生所发现的症候。肺痨转变成肺结核的过程就是导致对疾病的医学认识和对疾病的非专业命名彻底决裂的一个最好的表证。在肺痨诊断的过程中，病人和医生之间有某种共同的语言。他们双方都认定这种病的部位是在肺里，其症状便是咳血或吐血。拉埃内克及其继承者曾借助听诊器对结核结节的存在表示过怀疑，但在解剖过程中却又重新发现了它；"结核病"这个词自发现结核结节起就被创造出来了，肺、骨和其他部位的一系列疾病都由它来命名，因为这些疾病在其部位的确定和不同症状的诊断方法上全都一致。病理解剖学则完全剥夺了患者对其疾病的发言权。

但是，由医生来占有被切割的病人躯体的意图，仍然纯粹是理论上的。可惜人们对医生日常的具体实践、他们的真正能力、他们的物质装备、他们在其职业生涯中吸收科学的新生事物的能力，以及对体液医学论要领的抵制方面的情况都知之甚少。最近有人对朗德地区一位名叫莱昂·迪弗尔(1780—1865)①的乡村医生的行医实践所进行的研究,可以使我们对这类事物的复杂性有更进一步的了解。这位医生生于 1870 年,是外科医生之子,曾在巴黎医务学校即临床医疗学堂受过教育,他在其实践中几乎只采用一些为其所掌握和赞同的新技术。他既是昆虫学家又是医生,曾解剖过大量的昆虫,并应司法部门的请求作过尸体解剖。然而,就是这同一个莱昂·迪弗尔,每当他必须要对病人的身体动手术时,只要有可能,他总是叫一个外科医生陪着他。他在这个世纪的中期就热情地鼓励自己的儿子学习运用听诊和叩诊的医疗方法(有证据表明他对这些方法既熟悉又很重视),可是,他本人直到 1865 年行医生涯结束时却似乎从未对这些方法进行过研究。相反,他依然继续按照希波克拉底的建议对病人作检查,并且根据病人的讲述撰写病历。随着他行医生涯的逐步展开,医生所观察到的心理征象就和病人所提供的肉体征象相互交融在一起,但心理征象从不会使肉体征象完全消失。同样,病人的疼痛和主观印象也没有在医生的医疗报告中被去除。除了这个颇被看重的例子所涉及的范围之外,人们还看到诊断技术在很大程度上是多种参考因素和各种各样的遗产相互交汇的产物。因而渴望认识新事物的心情应当与必要的同情心相适应,对已获得的知识的回忆也必须同维持外科学和内科学的不同轨迹相协调一致。

"结核病"这个词用了半个世纪的时间才在全部医学文献中取代了"肺痨"一词,这一简单的事实就使人们在对身体进行的总体医学考察中向这一新研究领域的快速进展提出了疑问。相反,人们可以相信城市里的医学实践并不能完全复现出医院里的医疗活动,即便是从某些物质方面的原因来说。人们都知道上门诊断所需的一些经济和社会方面的条件,这一现象令人想到医生和病人之间的妥协占据了主导地位。由于许多医生所面对的乃是一些有支付能力的顾客,并且又受到极其激烈的竞争威胁,因此就不大可能使顾客接受他们执意不予采纳的东西,否则,就会眼看着失去顾客。或许我们有待弄清楚的乃是,某些已被新技术所吸

---

① 最近,尚塔尔·博纳在其博士论文《义务与实践:自然主义学者和医生莱昂·迪弗尔(1780—1865)》中曾对此进行过研究,该书共 2 卷,巴黎,法国社会科学高等研究院,2003 年(打字稿)。

引、在物质上也有保障的顾客在何等程度上能够鼓励医生采用这些新技术。同时也应当知道究竟有多少人会拒绝接受这些并非没有弊端的医疗方法的检查,这些弊端是:在承受痛苦的极限开始下降时,疼痛感就会更加强烈,即便这类情景并非完全一样;会触犯病人越来越看重的隐私;会伤害病人的羞耻心,纵然种种压在身体和性欲之上的禁忌不顾占主导地位的舆论正在以难以觉察的方式衰落下去。

在涉及到考察这些新观念和医疗实践对身体的认识和世俗行为可能产生过的影响时,若不运用假设的方法,几乎更难作出合理的解说。

谁也不会怀疑,对医疗诊断这一更为频繁、更为社会所赞同的方法的依赖已改变了人们对身体的看法。我们可以想象出在病人和医生的无数谈话中所形成的启蒙医学教育的总体概况:学习一些词以说出疼痛的不同表现形式;学习人体结构方面的知识以说出身体不适的部位;学习有关医疗时间方面的知识以说出疾病的历史。虽然很难对此作出确切的说明,但有关人体和疾病的医学词汇却在不同程度上进入了非专业的话语之中。人们都知道自从米歇尔·福柯等人以来,话语也是一种真实,可以利用它来改变人们的认识和感觉。医疗诊断通过要求病人描述他的疼痛、疼痛的强度和形式,要求他指出疼痛的确切部位以及重述他疼痛过程的历史这样一些方法,就必然加强了对人体不适的关注,接下来就要更加细致入微地去探察身体的不适,因为必须要按照确切的程序将所察看到的症状叙述出来。这样,对人体的更为认真的探察就会进展得比较顺利,因为人体对情感和冲动进行控制会经历一个比较久的过程,而这一过程会迫使患者对身体的种种表现进行越来越认真的监视①。由于既往的病历将病人限制在他对疾病所陈述的范围之内,即便他尚需对自己的陈述进行确切的说明,触犯医疗规范的现象也会因此趋向和缓。这样的任务由陈述者和解释者共同分担,这既是彼此妥协又是产生误会的根由。如果所使用的语汇能逐步成为病人和医生的共同语言,那么,同样的语汇也许就包含了一些真实的情况以及一些不同的解释。俗话所说的痨病成为

---

① 关于这一点,参看诺伯特·埃利亚斯的著作。至于文明的诉讼和治疗事业的普及之间的联系,参看帕特里斯·皮内尔的《医疗事业的普及与文明的诉讼》,见皮埃尔·艾阿歇·达尼尔·德拉诺埃主编的《医疗事业普及的时代:看这头脑清醒的戴荆冠的人》,巴黎,昂特罗波出版社,1998年,第37—52页。

社会灾难和个人摆脱不了的恐惧之后，最终便成了医生所称的肺结核，这种病根据某些外部症候（面色苍白、消瘦、咳血）不出家门就可辨认出来，而无须看到结核结节或杆菌的出现才可得知。至于它的病因，分歧仍然是比较大的。在科赫①杆菌被看成（1882 年）是这一疾病发生的原因之后，它的遗传性根源仍然是一种极其广泛的解释，以致法国医生放弃了将结核病纳入必须要公布的传染病的行列之中。更为可悲的是，医生所诊断出的种种不同的癌症在病人的想象中都聚合在一起变成了某种怪病。由于卫生部不谨慎的宣传，这一咬噬人体的癌症的形象便大肆传布开来，并以其得胜的架势阻碍了对这种疾病的更为确切的描述。

因此，即使在医生们所直接控制的范围之内，要想对患者身体认识的总体变化作出论证，似乎也是一件极其困难的事。

2

身体-机器的重现及其界限

那种试图要弄清疾病机制以及身体功能的雄心壮志，促使某些在临床实践活动中造就出来的医生部分或完全地离开病房而进入了实验室，他们喜欢对人体的器官、组织和功能进行研究甚于对病人的检查。然而，实验生理学惊人的发展所取得的明显成果在没有被忽视的情景下，常常被认为助长了医学的非人道化的趋势，即这种医学从此以后所感兴趣的只是疾病产生的过程以及赋予人体以活力的化学规律，而不是从患者的总的情况、从其所体验到的感受来关心病人。不仅如此，还把人体描绘成"由一组有机成分构成的活机器"，说什么"疾病实质上无非就是一些生理现象而已"（克洛德·贝尔纳），此等说法也就授人以柄以致遭到了责难。这些革命性的断言一经说出，便产生了巨大的反响，如同它们所引发的哲学方面的争论所证明的那样。不过，至少在 19 世纪，这种思想上的震荡无疑对有关人体和疾病的非专业性描述的影响比对临床革命的影响要

---

① ［译注］科赫（Robert Koch，1843—1910），卓越的德国细菌学家，结核杆菌是他于 19 世纪 80 年代发现的，1905 年荣获诺贝尔奖。

小。实际上,如果说克洛德·贝尔纳及其前辈与后继者的实验医学乃是
19 世纪的科学和认识论上的一次革命的话,那么,它对医疗实践和治疗
学的影响则颇为有限。微生物理论也是从实验室和动物实验中产生的,
但它在其有望用于预防性治疗和对其所医治的疾病能说出一个简单的病
因的范围之内,则立即产生了轰动效应。尽管微生物肉眼看不见,但它却
轻而易举地融入了民众的想象物之中,纵然人们对它的描绘与医生们所
表述的不相一致。

1) 身体:"内环境"

我们在这里并不去谈论医疗史,而只限于回顾实验医学在描述人体
功能及对疾病的理解中所取得的一些主要成果,但在此之前,还是要略微
强调一下对这些成果在医学界和公众中的传播所取得的成绩及其限度能
作出解释的重要现象。从 17 世纪第一次科学革命起,实验这个术语的现
代含义乃是源自于物理学和化学。物理学家,尤其是化学家利用动物进
行实验。人人都知道 17 世纪末那次著名的实验,它阐明了长时间呼吸二
氧化碳即可导致死亡的特征。实验生理学正是参照化学实验的方法才取
得了巨大的进展。它的一个最重要的举措便是《实验生理学报》于 1821
年创刊,这家刊物是由弗朗索瓦·马让迪医生在化学家贝尔特莱和拉普
拉斯的支持下创办的。尽管马让迪是巴黎一些医院的医生和该城主宫医
院的业务科主任,但并未获得医学教授的职位,因为他的医疗活动似乎离
当时享有最高声誉的临床实践距离甚远。幸运的是,专门为那些遭到社
会排斥的天才人物提供庇护所的法兰西学院特意为他设立了一个实验医
学的教授职务。他在这个位子上充分发挥了自己的才干,之后又把这一
职位让给了自己的学生克洛德·贝尔纳①。除了为把马让迪选入科学院
而加强了与化学家和其他科学家的联系之外,实验医学活动还得益于它
同实证主义哲学潮流的关系,这个流派自 1840 年起越来越受到人们的推
崇。与基督教科学派的拉丁文《圣经》相反,实证主义并非是科学发现所

---

① 弗雷德里克·L. 奥尔姆:《生理学与实验医学》,见米尔科·D. 格迈克主编的《西方医学思
想史》,前揭,第 3 卷,第 59—96 页。

产生的哲学成果,而是一种有利于科学发现的社会环境。"生物学协会"
成立于 1848 年,它深深地打上了奥古斯特·孔德的强烈印记,它是实验
医学方法的发展以及对其所作阐释进行广泛传布过程中的一个最重要的
机构。雷耶既是这个协会的创办成员,又是拿破仑三世的私人医生,因而
在使实验医学合法化的过程中发挥了极其重要的作用。尤其是,实验医
学因克洛德·贝尔纳在第三帝国时期所获得的成果而得到了世人的认
可,克洛德·贝尔纳还在 1869 年被任命为参议员①。

的确,尽管一如人们时常所指出的在临床医生和生理学家之间存在
鸿沟,但两者之间的断裂并不是根本性的,这种状况的连续性始终存在。
当然,应当承认实验与其说是同临床相对立的,倒不如说它是临床的一个
补充,因为它能"通过变换条件的方式来检验有关因果关系的种种假设,
以暂时缓和自身的不足"。②但是,这是对后天智力活动的一种确认,而并
不是历史范畴内的某种确定无疑的事实。相反,这种连续性便是通过对
人体组织的研究,即通过像比沙那样的临床医疗时期的杰出人物已在进
行研究的组织学而被确立起来。比沙有时研究的是自然状态的人体组
织,有时则使用化学物质对它们进行不同"处理"之后再作研究。

不过,这两条道路相互分离的速度相当快,而那时法国的医学又被当
作世界其他国家的样板。这种分离主要并不是技术性的,而是十足职业
性的。前不久,人们虽然根据临床要求对医学进行了规划,但它在大学教
育课程和教育机构中所规定的辅助性科学里只占有一个极其微末的位
子。对病人的观察实践很快就成了职业等级划分的准则。庄严的医学道
路以不驻院的见习医生的资格起步,继而再升至驻院见习医生的地位,设
立这些职位就是要给见习医生提供机会以便他们能长期陪守在病人的床
边,最后以授予他们医院门诊的职权而到达顶点。在医学院里,为不驻院
见习医生或驻院见习医生而设的临床教授职务则享有最大的声誉。在这
样的环境里,实验性的研究只能在医院和医学院范围之外,在科学院、法
兰西学院和高等师范学校里进行。甚至当这些研究涉及到人的生理时,

---

① 雅克·米歇尔主编:《克洛德·贝尔纳之不可或缺》,巴黎,克兰克西克出版社,1991 年。
② 米尔科·D. 格迈克:《疾病的概念》,见其主编的《西方医学思想史》,前揭,第 3 卷,第
   156 页。

它们所吸引的诸如巴斯德那样的自然科学家就超过了医生的人数。这样的医生被看成是同克洛德·贝尔纳那样在职业上"一事无成的人",克洛德·贝尔纳则被说成是一个成熟晚、确切地说平庸的医科大学生,只是因其手指灵巧才被法兰西学院招募为医学博士。还有一点就是克洛德·贝尔纳的运气格外地好,因为当时准备接纳像他这类人的实验室非常稀少。那时实验室的生活几乎没有什么诱人之处。虽然人们可能是用夸大这些场所的寒酸境遇的方式来更好地炫耀巴斯德和贝尔纳的天才,但那儿的报酬也确实微薄,付出的劳动并没有什么收获,工作的成果也难以确定,他们不愿公开自己姓名的行为是可以肯定的。这些实验者在动物身上做实验,并进行活体解剖,因而也受到了批评。虽然对他们的谴责在法国还没有达到像在英国所出现的那种激烈程度[1],但克洛德·贝尔纳与其妻女之间的冲突却很能使人联想到某种保护动物的新形式已露出端倪,这是一种富有同情心的保护方式,它势必会战胜那种最古老的功利性的保护方式[2]。在这种情况下,人们就会明白临床医生为何不大关心那些正在进行而又与他们相距甚远的事。

职业和组织,并不是对实验医学探索的意义起遏制作用的唯一原因。医疗体系在英国不像在法国那么集中,医学研究可以在私立机构中进行,如著名的布里斯特尔气动医学研究所,化学家汉弗莱·戴维和医生托马斯·贝多斯主要就是在这里使用通过化学方法制作的新型气体,对自己和病人进行实验而闻名于世的。在德国[3],19 世纪初所进行的大学重组就建立在科研和教学紧密合作的基础之上。这种双倍的功能则以通过成立研究班和装备相当不错的研究所而得以体现。当然,像 1823 年的哥廷根,那里的大部分医学院都是一些从事临床教学的学院,不过,它们与一处化学研究所、一家兽医研究所、一个自然历史陈列馆和一座植物园都有联系。因此,德国自 1850 年起就站在医学新动向的最前列,一些像舍恩莱因那样的临床医生很快就使用化学和显微镜来进行分析,这不足为怪。

---

① 尼古拉·鲁珀克编:《从历史的角度看活体解剖》,伦敦、纽约,1987 年。

② 参看皮埃尔·埃里克的博士论文《人类的情爱,兽类的情爱——19 世纪法国的保护性言论和做法》,3 卷,昂热,1998 年(打字稿)。

③ 关于德国的情况,参看伊莎贝尔·冯·比尔切斯洛温:《教育机构与医疗机构》,前揭,第 127—135 页、第 276—286 页。

然而,这些方面的互相结合却阻止不了临床医生和生理学家之间的冲突,此种情景与到处都在发生的对抗颇为相似。

在实验医学研究远未取得无可置疑的成功之前,争论就已经开始了。德国医学界一些年轻的土耳其人于 1842 年创办了《生理医学文献》杂志;并声称:"我们认为根据审慎积累起来的实验资料,试图建立一门实证科学的时刻已经到来了……这是一种使人们有可能弄清楚一切现象和避免实践出现错觉的科学。"[1]马让迪在三年前一篇较为机密的文章中则表露了他更为远大的抱负,他向听众讲述了他的目标:"我想做的,便是和你们一道拟定若干以正确的生理学为基础的基本命题。因此,倘若有时间涉足病理学的领域,我们就会更有能力来做这件事,因为你们将会经常从医治的疾病中辨认出实验者的娴熟技巧,从受到病痛折磨的人身上识别出你们根据自己的意向决定使之遭受同样痛苦的动物。"[2]这样,他在没有等到著名的《实验医学研究导论》问世时,就已要求生理学家独自同时对人体的功能和病灶作出解释,甚至还要求他们去占领治疗学。克洛德·贝尔纳的这部著作于 1865 年出版,他在书中宣称:"虽然医学必然是以临床起步,但临床并不因此就是科学医学的基础……而只有生理学才是科学医学的基础,因为它必须对种种疾病的现象作出解释。"

至少在 1830—1840 年代,生理学家们的纲领更多的是出自于他们根深蒂固的信念,而不是他们所能掌握的证据。因而,由他们的信念出发所取得的丰硕成果乃是后来的事,但不可以此为借口对他们同时代人的某些反应进行谴责。除了那些有地位的临床医生对一些自命不凡的年轻医生的种种尖酸刻薄又大同小异的批评所作出的颇为自然的防御性反击之外,这种对立乃是出于政治和意识形态方面的考虑而被夸大了。那些最早的生理学家的声明常常是出自像鲁道夫·魏尔啸这类医生之手,他们在抨击医疗和社会秩序方面非常积极。1848 年,保守派同那些被视为革命者的生理学家之间的敌意变得更加强烈。这些敌对者的境遇和政治归属本身并不能将这种争论的激烈程度展示出来。克洛

---

[1] 关于德国的情况,参看伊莎贝尔·冯·比尔切斯洛温:《教育机构与医疗机构》,前揭,第 285 页。

[2] 弗朗索瓦·马让迪:《神经系统的功用和疾病之教程》,巴黎,巴依尔出版社,1839 年,罗泽林娜·雷依引自《疼痛的历史》,前揭,第 158 页。

德·贝尔纳倒是一个保守思想相当浓的人,对第二帝国颇有好感,他曾公开提出一些会使不少人有理由感到愤慨的主张①。他从箭毒的效果和肝糖生成机能的实验中吸取经验,竟然对人体和疾病提出了一些不着边际的革命性的界说。即使他对器官破坏的纯化学现象和营养器官即与单纯物理—化学作用不相干的器官构造现象作出了区别,但他照旧断定器官构造现象仍然服从于那些无活力的自然规律,纵然它们还没有被人们所认识。因此在肝制造糖的过程中,糖原转变成糖属于第一种类型的现象,而糖原的产生则是一种"其主要原因尚不清楚的生命行为"。克洛德·贝尔纳在逐步形成的内环境解说中,便从那种带有活力论印记的断言转为某种唯物主义色彩愈来愈浓的阐述。1854 年,他把营养定义为"一种有选择的引力,分子将其施加到周围的环境,从而将那些能构成自身的种种元素吸引到自己身上来"。②同年,他把自己的纲领明确表述为这样一种意愿:"弄明白置身于某一环境中的个人如何顺从自己的命运:生存和繁殖。"几年之后(1857),又说有生命的存在物只是一个接收器,在这里面"所有的组织都摆脱了外界的直接影响,并受到了一个真正的内在环境的保护,这个环境主要由在体内循环流动的体液所组成"。这些体液把物质及其运作所需的条件从外界带进了器官、组织(接下去便是细胞)之中,最后再将其废物清除出去。稍后克洛德·贝尔纳又断言内环境是"器官和营养器官的产物,这些器官的唯一目的便是配置一种各类有机成分寓于其中的富有营养的通用体液"。他的这一看法通过对由神经系统控制的某种机体调节系统的阐述而得到了完善。机体调节系统的运作是由神经中枢指挥,吸收和分泌的启动或停止都是由神经中枢掌控。贝尔纳的这一体系也引发出这样一种命题:"治疗可以通过使用某些有毒物质所改变过的有机内环境这一中介对有机成分发生作用来进行。"在这种观念里,患病和健康的区别已不再是一个性质问题,而是一个按步骤操作的简单问题。

　　这一断言威胁着同时代的所有医疗机构。既然任何一种病从此以后

---

① 　关于以下的一段,参看米尔科·D.格迈克的《克洛德·贝尔纳的遗产》,巴黎,法亚尔出版社,1997 年。

② 　同上,第 127 页。

都和整个人体有关,那么,临床诊断、通过解剖对病变的研究最终就几乎再也没有什么意义了。这种职业观既对实验医学的范式所受到的很有分寸的欢迎,又对其哲学意蕴作出了解释。不过,它的哲学意蕴并非微不足道。1864 年,克洛德·贝尔纳把人体表述为"一种由有机成分甚或由无数联合在一起的基本有机体组成的集合体,它们存在于某种可能富有热量,内含空气、水和营养物的液态环境之中",克洛德·贝尔纳次年在《实验医学研究导论》中说,"人体只是一台活机器",他似乎重复了活力论者所抛弃的笛卡尔的信念,因此给人有机可乘而被指责成唯物主义的论调。但是在其最后的著作中,他又把生命说成是一种联系、一种关系和一种冲突,而不是一种合力,也不是一种机械原理①,这样,他就既远离了粗浅的机械论而又和基督教的本质主义迥然有别。这就是说有关人性和人体的地位问题的争论,是根据某种要比唯物主义者和唯灵论者、机械论者和活力论者之间持续不断争论的情景复杂得多的态势而显现出来。先前的其他种种插曲已向克洛德·贝尔纳表明了这一点。

2) 从精神到心理现象

启蒙时代所获得的临床观察报告,其数量不管如何多,其成果不管多么丰硕,但它绝不可能将支配人体功能并使之从健康状态转入病态的所有秘密全都揭示出来。因此,种种解释性的理论重又大肆出现,并和观察报告相协调一致起来②。病理解剖学的实践活动所开启的一切希望也都落空了。即便格萨维耶·比沙宣称如果"你们剖开若干尸体,将可看到只凭观察绝不可能消除的那种模糊不清的现象就会烟消云散",但他在把生命定义为"与死亡作抗争的诸力量的集合体"时,也承认他所宣扬的这种医疗方法的局限性。他在援引一些含义不明的力量时,也使自己和活力论者的解释站在一起。后者从时间和地域上来说,都大大地超越了在蒙彼利埃围绕博尔德③、巴代④和若干其他人而组成的那个团体。活力论继

---

① 米尔科·D. 格迈克:《克洛德·贝尔纳的遗产》,巴黎,法亚尔出版社,1997 年,第 127 页。
② 奥里维埃·富尔:《医学社会史(17—20 世纪)》,前揭。
③ [译注]博尔德(Théophile de Bordeu,1722—1776),法国医生、大学教授、活力论的奠基人之一。
④ [译注]巴代(Paul-Joseph Barther,1734—1806),法国医生、哲学家、活力论的奠基人之一。

承了 18 世纪初由施塔尔①使之体系化的万物有灵论。施塔尔虽然并不否认全凭经验所确认的事实,但他却把灵魂说成是支配人体的一种力量,而人体的衰退则导致了疾病的产生。活力论的解释摒弃了那种带有极其浓厚的宗教内涵的灵魂概念,它深深地扎根于医学观察之中,在那种既不明确而又未定位的生命力中看到了生命的原动力以及患病和健康的根源。根据这一原理,医疗就应当仅限于维护或激励这种生命力。纵令这种生命力的概念已广为传播,但活力论者的专业取向往往会遭到一些执著于传统的宗教和政治人士的干预。在意识形态争论极其激烈的 19 世纪上半叶,哲学、政治和医学紧密相连,活力论和"反应"论的互相接近引起了剧烈的争执。布罗塞②把一切疾病都统统归结为由唯一的生理学方面的原因即黏液炎症所引起的,因而他的这一著名学说就变成了所有反对教会和君主制度的知识分子重新会聚的集合点。此时轮到他们被说成是唯物主义者,并且由他们而引起了唯灵论的复活,因为唯灵论在顺势疗法③中找到了能使自己得到充分发展的一个场所。

意识形态相对抗的背景说明,观念学者④以及他们的后继者颅相学家已被他们的对手说成唯物主义者。但是他们所传达出的信息的真实情景都是异常丰富而又复杂的。那些从乔治·卡巴尼医生所提出的反映领域中受到启示的观念学者,都在为描述人而开辟道路的过程中作出了巨大贡献,人既不是某种由其灵魂所支配的上帝的创造物,也不是某种仅仅由其感觉所驱动的特殊动物。

由于这种观念学既是哲学的同时也是科学和政治的一种潮流,因而它给自己定下了两个主要目标。在科学方面,那就是要超越启蒙时代所累积的无数的观察报告,以期围绕种种普遍的规律和原理对此进行合理的安排。这一研究意味着哲学(观念一词的本义)要参与其中发挥决定性的作用。观念学的另一个目标便是要构建一门有关人的科学,它能够建立一个

---

① ［译注］施塔尔(George Ernsrt Stahl,1660—1734),德国医生、化学家、燃素论的创始者。

② ［译注］布罗塞(François Broussais,1772—1838),法国医师,他提倡放血疗法,因其所产生的恶果而被人所唾弃。

③ 奥里维埃·富尔:《整合作用和争议之间的顺势疗法》,见《社会科学研究汇编》,第 88—96 页,2002 年 6 月。

④ 关于这一运动,参阅弗朗索瓦·阿佐维主编:《理性的教育:观念学者的文化革命》,巴黎,伏兰出版社、法国社会科学高等研究院,1992 年。

和谐的社会以结束旧制度下的种种不公正现象和大革命的动乱。在卡巴尼以及他那个时代的许多医生看来,医学应当是这种人类科学的主轴,名义是机体论的隐喻要求社会机体也能同身体一样地运作。谁能认识并能医治身体,谁就能懂得和医治社会机体。卡巴尼的医学首先是一种人类学。由于这种医学要求从总体上来认识人,所以它要把人们引向对肉体和精神①(即我们今日所说的心理素质)之间关系的思考上去。观念学者并不像万物有灵论者或感觉主义者那样,不是使这一个从属于那一个,而是从两者互相依存、互利互惠的角度来思考它们之间的关系。感觉即有生命的人的独一无二的属性在建立两者之间的联系时,不仅像感觉主义者已经指出的那样接受外界的印象,而且还接受内在的印象。这样那样的印象便产生出种种对精神和肉体都会发挥作用的思想(理智方面的)以及情感(本能方面的)。这些理论尽管被指责为唯物主义的论调,但却部分地被唯灵论者所认可。梅纳·德·比朗在其论著《肉体与精神关系新论》中,对卡巴尼的同名著作进行了明确回应,也承认人是由不可分割的两部分构成,即由想象联系在一起的有感觉的存在和生机勃勃的力。不过,人具有自由决断的活力,并赋予这种活力以自我的特性②。尽管观念学者的思想具有极其浓厚的思辨色彩,但却具有重要的意义。如若从长远的角度来审视,这种思想就是对心理现象的功能及其对人体的作用所作的最初的思考,它构成了漫长而又丰富多彩的演变关系的最初阶段。此时,它把单个人的统一体的概念,即与那种灵魂和肉体相分离的传统的二元论截然不同的观念,引进到包括唯灵论者在内的大部分知识分子之中。

这一有关精神和肉体之间关系的争论虽有极为浓厚的理论和哲学色彩,但它很快就找到了一些具体的途径和科学观察的方法。大革命之后,种种反常的现象、狂热的举动、犯罪活动和违法行为,都是人们希望通过预防措施和使罪犯重回到社会来予以解决的问题。对这些社会问题的处理既属于科学领域又属于政治范围内的事。在这种背景下,颅相学③就吸引了众多的医师、精神病医生和社会改革者,他们在其中找到了一种以

---

① 乔治·卡巴尼:《人的肉体与精神之间的关系》,巴黎,共和十年(1802)。
② 让·戈尔德斯坦:《慰藉与分类:法国精神病学的发展》,巴黎,制止思维僵化者团体,1991年。
③ 关于颅相学,此后具有决定性意义的著作是雷纳维尔·马克的《颅骨语言:颅相学的历史》,巴黎,制止思维僵化者团体,2000年。

观察为基础并能达到改善个人和社会之间关系的精确的分析方法。弗朗兹-约瑟夫·加尔①(1758—1828)是一位名副其实的医生,但他也和他的同时代人一样对自然进行过观察。从以严格的事实为基础的记录出发——他曾发现其所有记忆力强的同学都有着一双突出的大眼睛——,根据盛行于医学界的解剖—定位病理学说,在对人的习性和官能进行研究时,他使对颅骨的研究形成了一个体系。他从触诊和尸体解剖出发,终于确定在大脑里存在着 27 个功能区,其中有 19 个是人和动物都有的。之后,他便推断出颅骨外部的凹陷和隆凸反映了与之相应的功能区的程度不同的重要性,进而又推断出个人在发挥其相关功能时的程度不同的先天素质。事实上,加尔的理论即便在他的那个时代也是众多解释和非难的对象,但它既不完全是决定论的也不完全是唯物主义的。在加尔看来,人固有的种种资质能够使人监督人和动物都具有的一切冲动。因为他认为人的大脑都有一个超验的区位以及一个宗教情感的区位。而在他的众多弟子看来,颅相学应当与某种能抑制一切危险倾向并能发展一切对社会有益的品质的教育相连在一起。

颅相学在其所处的那个时代里已遭到了强烈的抨击,加之人们又对其进行了一些随机应变和耸人听闻的示范性表演,因而就丧失了部分威信,生理学家不久也因颅相学拒绝对动物进行活体解剖而胜它一筹,所以它很快就遭到了摒弃并被划入荒谬的理论之列。至于从颅相学中可看到某种当时不被人重视、但却又不间断地通向白洛嘉②的种种试验和现代对大脑的种种分析的尝试,这种说法不但完全不着边际,而且还使它本身成为一种纯粹的欺骗行径。历史学家可能只注意到颅相学对七月王朝初期的精英人物,即医学界(布罗塞、昂德拉尔、布依奥之类的人),尤其是早期的精神病医生(福维尔、博代克斯、布里尔·德·博瓦西蒙、法尔雷、德拉齐约伏)和卫生学工作者、慈善家(阿贝特)以及社会改革家(尤其是圣西门主义者),所具有的那种诱惑力的广度和多样性。这种极不协调的表面上的聚拢尤其证实了人们激烈思考的紧张气氛、思想

① [译注]弗朗兹-约瑟夫·加尔(Franiz-Joseph Gall,1758—1828),德国解剖学家、生理学家、颅相学的创始人。

② [译注]白洛嘉(Paul Broca,1824—1880),法国著名外科医生、人类学者,1872 年创办了《人类学评论》杂志,著有《人类学研究》。

的开放以及唯物主义和唯灵论之间所谓的界线的可渗透性。其实,像布罗塞那样所谓的唯物主义者也在这种聚拢中遇到了一些顺势疗法和磁性疗法的同行兼信徒,他们都被认为是深深受到了唯灵论和活力论的影响。真正信奉实证论的共和主义者在这种聚拢中与圣西门主义者的来往则颇为频繁,因为后者所从事的教士和神职活动乃是一项基础性的工作①。说到底,颅相学的命运显示出它从观念学者那里继承了一种力量,并对有关医学的哲学意蕴的种种简单看法提出了质疑。在这个时期,医学至少不完全是唯物主义的,但也没有被分裂成两个敌对的、截然不同的营垒,即一方是唯灵论的活力论者,另一方则是无神论的唯物主义者。

如果说人体和人的这种复杂的相互靠拢在长时期内从总体上来说是有道理的,那么它在精神病医生那里则是一项特别要做的工作。精神病医生似乎在生理学解释和心理学解释之间犹疑不决,不过,他们实际上是将两者结合在一起的,并没有从中看出什么矛盾。皮内尔②由于同观念学者的关系非常密切,因而他首先采用了解剖—临床诊断的方法③,以期在大脑里找到精神病的病灶。他进行了250多次尸体解剖之后,在其1808年的著名论著④中得出结论说,大脑的一切固有的不正常现象都不能对大部分精神病做出解释。他虽然并未放弃通过解剖来寻找谵妄病的其他定位途径的希望,但他所强调的却是对精神病的治疗方法。精神病的治疗方法既非从长期的哲学思考中领悟出来,也非从解剖方法的失败中产生。它的诞生并不令人感到神乎其神,它是从皮内尔在收容所里的治疗实践、从医疗部门总监布森的实验中产生的⑤。当然,精神病的治疗受到了观念学者的思想影响,因为它的目标主要就是对精神错乱者的感觉施加影响,以期这些戏剧性的动作和有趣的感情表露都能对病人的肉体和精神发挥作用。人们曾经看到颅相学对皮内尔的后继者们具

---

① 安托万·皮孔:《圣西门主义者:理性,想象和空想》,巴黎,伯兰出版社,2002年。
② [译注]皮内尔(Philippe Pinel,1745—1826),法国医师、杰出的精神病学者。
③ 多拉·B.韦纳:《理解与医疗:菲利浦·皮内尔(1745—1826),精神医学》,巴黎,法亚尔出版社,1999年。
④ 《有关精神错乱颠狂症的医学—哲学论》,巴黎,共和九年,1809年再版。
⑤ 让·戈尔德斯坦:《慰藉与分类》,前揭。

有多么大的诱惑力呵！这种方法把解剖学的方法和那种相信有可能通过教育对从个人身体上可辨识出的种种能力施加影响的方法结合在一起,这种方法对精神病医生产生了巨大的吸引力,因为它能证实人们已经选择的那些方向是合理的,并会持续得到进一步的证实。由于夏尔科①的坚持,这两者的结合一直在持续。夏尔科学习过生理学和病理解剖学,因而也在医治歇斯底里症患者的过程中把催眠术的方法向前推进了一步,但他在研究病因时并不忽视环境的因素②。这种方法绝不是一个例外,在像夏尔·里歇③(1850—1935)这类人当中也可见到。里歇既是过敏症(由一种可减少免疫力的毒液的特性所致)的发现者,也是一种偏激的优生学的代表人物,此外,他还对一切神秘现象十分感兴趣。这再次足以说明学派和相邻学科之间的界线是无效的,以及人们有关人体和健康的种种医学观念——其中也包括同一个人的医学观念——的复杂性。

3)"外环境"中的身体

由于有了里歇,最终便出现了巴斯德④,他也是里歇的一个忠实信徒。细菌学家们诸多发现的种种插曲、作用以及姗姗来迟的具有解救意义的成果,都是人们十分清楚的,因而我们在这里就只需直接指出,这些发现在改变曾经被完全遗忘的环境对人体和疾病的作用的同时,又使这种作用恢复了何等巨大的活力。由于存在着我们可能会与一个人数众多的蔑视巴斯德的团伙站到一起的危险,所以我们在这里所强调的主要

---

① [译注]夏尔科(Jean-Martin Charcot,1825—1893),法国享有盛誉的精神病医师、现代神经病学的创始人之一。

② 有关夏尔科和歇斯底里症的书籍很多,其中有:雅克·加塞尔的《现代脑科的起源:夏尔科著作中的定位、语言和论述》,巴黎,法亚尔出版社,1995年;米歇尔·博居埃尔,托比·热尔方和克里斯托夫·G·科埃茨的《夏尔科,他那个时代的伟大的医生》,巴黎,米沙隆出版社,1996年;马塞尔·戈歇和格拉迪·斯韦纳的《真实的夏尔科:无意识的不曾料到的道路》,巴黎,克拉马纳—莱维出版社,1997年;尼古尔·埃德曼的《19世纪初至第一次世界大战期间歇斯底里症患者的变化情景》,巴黎,发现出版社,2003年。

③ [译注]夏尔·里歇(Chartes Richet,1850—1935),法国著名的生理学家、病理学家,曾于1913年获诺贝尔生理学、医学奖。

④ [译注]巴斯德(Louis Pasteur,1822—1895),法国享有世界声誉的伟大微生物学家、病毒学家、免疫学家。

是巴斯德的革命已在某种更为古老的人体观念中深深地扎下了根。由微生物所引起的疾病观念在阐明会引起许多疾病的种种有生命的生物体存在的同时，又倾向于把人的机体看成是一个与其他生物体相对立的整体。这种对个体的一元论观念更易于被人接受，这是因为它和某种于18世纪末重新恢复了活力的非常古老的传统再次相结合，并能使科赫和巴斯德时代的社会所面临的一系列挑战得到大肆渲染并使之合理化的缘故。

人体是受宇宙运行影响的宇宙中的一个要素这一思想，至少是和西方的医学一样古老。而人体是宇宙中的小宇宙这一思想又是长达千年之久的医学观念的基石，这一观念按照宇宙是由四种基本元素（气、水、土和火）构成的说法，将人体设想为是由四种体液（血、胆汁、黏液和黑胆汁）构成的。这一思想模式直至18世纪末一直占据主导地位，今日它不但以其残留的痕迹继续存在于那些以体液说术语来表明其特征（多血质的人、肝火旺的人、抑郁的人和沉稳的人）的词汇中，而且在占星术的读物中还可见到，甚至在那种宣扬星宿会对人类命运产生影响的信仰中也还是有迹可寻。这种解释性的思维模式在19世纪仍没有被贬到大众的偏见之列。

实际上，观察性的医学虽然否定了体液理论，但它并没有抛弃人和世界的关系。恰恰相反，它赋予这种关系以一种被认为是无可辩驳的科学基础。传统、理智和新的科学理论都为确立环境医学的支配地位而做出了贡献[1]。由理智所积累起来的资料通过对人和大自然的观察而得到了证实。对疾病的统计使天气、温度和湿度对健康状态会产生影响这一看法得到了人们的认可。在潮湿凉爽的季节里呼吸系统的疾病容易流行，而夏季乃是消化系统疾病滋生的适宜土壤。虽然人们特别注重对大气的观察，但这种观察并不忽视地域和水的作用。18世纪末的观察者们在适当的时候偶尔重读一下希波克拉底的著作，仍可对他们起到指引作用，并能对他们那些注重实际的调查研究以些许理论上的证实。因此那个时期医学地形学特别兴盛，在此类著作中，民众的健康状况似乎就是

---

[1] 让-皮埃尔·库贝尔主编：《法国社会医疗事业的普及（1770—1830）》，见《历史的反思》特刊，1982年。

包围着他们的诸种物理要素（土、天气和水）的一种机械的合力。不过，这种描述都具有某种漫画般的夸张意味。医生们也和启蒙时代的所有精英人物一样，都对社会问题非常敏感，他们把社会风俗引入其对健康和疾病的解释性模式之中①。风俗是对人的各种要素的总称，它把工作环境、居住条件、饮食习惯以及两性习俗和道德风尚，总之，有关人的生存方式都统统聚合在一起。如果说那种占主导地位的对旧制度的不满有助于对外在的种种社会因素的作用进行谴责的话，那么，革命后的新秩序却导致那些已被纳入或希望被纳入新型精英人士之列的医生们低估了由社会新秩序而带来的生存条件的作用。然而，因为临床诊断的革命最终并没有使治疗效果得到明显改善，所以他们就更没有放弃对由环境所引起的病因的研究。这样一来，为了病因学而又大大地忽视了治疗学。那些探索得最多、引用得最多的致病因素都和人的活动领域有关，它们要求在自由社会中已成为核心的个人的责任应发挥作用。于是，一些像维莱梅之类的卫生学工作者出于丑化的用意，居然要工人对他们物质上的贫困和身体的损坏负完全的责任。认为工人们缺乏远见，有时行为放荡，生性懒惰而又唯利是图，常常经不住酒精的诱惑，对于清洁卫生的要求则根本置之不理，心甘情愿地死死抱住一些古老而又危险的习惯不放，他们用自己的双手铸造了他们的可悲境遇。这样的言论在霍乱猖獗时首次达到了登峰造极的地步，面对此类流行病，有人与其说是恬不知耻还不如说是不知不觉地呼吁穷人们要保持镇静，打扫他们的陋屋，多吃些有营养的东西②。如果说命运是由外在环境来支配的观念得到了民众赞同的话，因为他们已习惯于只看到一再发生的灾难所造成的影响，那么，卫生学工作者的意图就绝不会被民众欣然接受。最初的卫生学非但置工作环境和社会不公平于不顾，而且还将其作为控制一切穷人的借口，所以在社会上具有极其强烈的政治色彩，以致不可能获得人们的赞同。

　　由于在巴斯德之前医学可以采用的唯一比较有效的预防措施乃是众

---

① 让-皮埃尔·库贝尔：《昔日的医生，今日的医生：拉维涅医生的情况》，巴黎，皮伯利苏出版社，1992年。

② 帕特里斯·布尔德莱和让-伊夫·罗洛：《极度的恐惧：法国的霍乱病史》，巴黎，帕约出版社，1987年。

多误会的根由,所以卫生学的这种失败就显得更为突出。专门用于防止天花的牛痘接种①,因其先在母牛身上进行天花接种然后再用到人身上证明是有充分根据的,所以它就没有遭到像某些充满了偏见和只关心挽回自己信誉的医生们所说的民众的强烈抵制。医生的责任在牛痘接种的范围内确实是明显的。医疗机构很快就拒绝把种牛痘的事托付给一些像助产士那样与民众相接近的人来照管,甚至达到了荒谬的地步,居然否认牛痘病原菌的可混性,并把种牛痘当成一种与母亲们的意愿相悖的有害的消遣取乐的事,它似乎想尽一切办法来阻止这一预防性措施的传播。不过从另一方面来说,这种预防性措施在操作中也难免会出现一些差错,并且还要被一些非常棘手的技术问题所制约。

如若把巴斯德及其同事说成是从天而降、对处于绝境的卫生学状况了如指掌的大救星,其错误则比贬低他们还要严重。尽管如此,病原菌的发现仍然导致一种新型卫生学的诞生,不过前一个时期的许多先决条件依然残存在其中。由于还不能很快找到(除狂犬病和白喉外)杀死病原菌和防止其繁殖的技术手段,所以巴斯德的革命反而进一步肯定了早期卫生学所提出的预防措施的前进方向。然而,这种斗争却发生了深刻的变化,因为从此以后人们不再去追踪某些已被正式确认并已命名的有生命的生物体,也不会通过企图彻底改变生活方式的途径来促使它们自行灭亡。那些由医生主持的门诊所负责对带菌嫌疑者进行检测,并借助于细菌学的分析方法和 X 射线来检查他们身上的产物,因而这些由医生主持的门诊所仿佛就是与先前那种教诲式的卫生学实行彻底决裂的象征性机构。然而,正是围绕并为了这类"岗哨"而形成了一些将保健与道德和社会监督相混淆的言论和实施方法②,即既对杆菌进行研究又对行为不正常者进行谴责。这种社会卫生学的确立在很大程度上应归功于本世纪末

① 有关牛痘种法最重要的著作乃是皮埃尔·达尔蒙的论著《对天花的长期追捕:预防医学的先驱者们》,巴黎,佩兰出版社,1986 年。较有批判眼光的著作是伊夫-玛丽·贝尔塞的《加热锅和柳叶刀》,巴黎,文艺复兴出版社,1984 年;或是有关地区性的范例则有奥里维埃·富尔的《19 世纪初里昂地区的牛痘接种法:民众的抵制或要求》,见 1984 年《历史杂志》,第 191—209 页。

② 有关防止结核病的著作有皮埃尔·纪尧姆的《从绝望到得救:19 和 20 世纪的结核病患者》,巴黎,奥比埃出版社,1986 年;多米尼克·德塞丁纳和奥里维埃·富尔的《与结核病作斗争(1900—1940)》,里昂,普尔出版社,1988 年。

的意识形态、社会和政治背景，它对公共卫生系统的组织和指导思想都具有持久深刻的影响，但在这里我们对这一点就不作分析了。即便如此，人们担心人口减少、国民体质蜕变衰退这一摆脱不掉的想法，依然在对身体的一元化新表述的产生过程起着决定性的作用。身体成了社会所面临的一切凶险的集中场所，是现在或过去的一切放荡行径的一目了然的实录场所。在这个自称是唯科学主义和实证主义的时代里，这一对身体的具有浓厚隐喻意味的表述孕育并揭示出了那种在遗传发挥作用的过程中重又复苏了的信仰。自远古以来遗传已被世人所公认，它深深地扎根于无可辩驳的客观记载之中，成为人们重新关注的对象，但出现这一情况的主要原因并不是由于孟德尔①定律的发现（1866），因为它的发现当时还不为人所知，况且人们还摆脱不了萦绕在脑际的人体衰退的顽念。这种现象并非仅仅与"广大的民众"有关。一些医生真心诚意地相信他们是在进行无可非议的科学研究，于是便创立了遗传性梅毒理论，它赢得了几乎所有同行们的赞同，也吸引了一些文人学士，最后便以使部分民众，至少是资产阶级中的一部分人感到惊恐不安而告终②。尔后的遗传梅毒理论则断言某家族的始祖能够将梅毒传染给她遥远的后代，并对其他一些已明定为社会灾难的解释也起到了恶劣的影响，如对酒精中毒的解释，它指出酒精中毒也会对那些嗜酒成性的人的后代产生致命的后果。这种摆脱不了的遗传的顽念同对传染的恐惧心理结合在一起，就为公共卫生部门的想入非非和政策作出了辩解，并夸大了它们的作用。此类政策中的优生学虽想竭力取得科学的和保护者的地位，但它却最有可能带有不可告人的念头和不切实际的想法，也是最容易偏离方向的。卫生学是从对单个人的总体看法中产生出来的，它促使了公共卫生的诞生，而公共卫生又把个人纳入一个更大的整体即社会之中，它优先考虑的是社会，其次才是个人。

---

① ［译注］孟德尔（Gregor Mendel, 1822—1884），对现代自然科学作出杰出贡献的奥地利遗传学家和生物学家。

② 阿兰·科尔班：《遗传性梅毒或不可赎救》，见《浪漫主义》，1981年，第131—149页；此文重又收录在《时代、欲望和恐怖：19世纪论文集》中，巴黎，奥比埃出版社，1991年；1998年被纳入"田野"丛书由弗拉马里翁出版社重新出版；又可参阅该作者的《对梅毒的极度恐惧》，见让-皮埃尔·马尔代和他人合编的《面对传染病的惊慌和恐怖》，巴黎，法亚尔出版社，1988年，第337—347页。

结论

　　这一部分以提到优生学来结束有关医学对人体的诸种看法的回顾，这其中或许暗示着优生学乃是在涉及到一种无法抗拒的演变时必然会出现的一个术语。然而，这种想法可能大错而特错了。优生学仅仅是对被纳入世代族系链中的身体的某种看法所导致的暂时性成果。它绝对做不到能将一个时代的那种独一无二的假定性思想概述出来，毫无例外，它甚至连那些创立这一术语的人的全部思考也不能反映出来，就像我们从里歇那里所看到的那样。这一客观的判断可以延伸到这个世纪的全部事件上去。正如人们试图指出的那样，那些对人体的医学描述并非是一个接一个相继出现的，而是彼此共存、互相交织在一起的。把 19 世纪归结为从最具思辨性到最具论证性、从最一般到极个别、从唯灵论到唯物论的某种演变，乃是一种被浓缩了的并被定了向的思维方式的重构。如果说人们为了人的世界而抛弃观念世界的话，那么，就有好几种有关人体的看法曾经激励过这同一代人。那些以观察尸体和活体而取得临床诊断辉煌业绩的医生们，大多数都是活力论者，但从另一方面来说，他们在病因的探索中都把环境的影响放在首要的位置上。即便巴斯德研究所的研究人员所进行的是实验活动，但也不得不去宣扬某些能把他们与最早的卫生学者相靠拢的措施，而且其中的某些人与其说在大叫科学的法则，还不如说在高喊口号（如在酒吧间的柜台上会传染上结核病）。他们这样做就表明他们对身体和疾病的医学观同其他人并没有什么两样，它是在与人类及其情感拉开一定距离的情景下而制定出的科学推理的唯一产物。

　　有关此类科学和政治相互混杂、彼此渗透的例子，我们可以无休无止地列举下去。但我们倒是宁可从中推断出这样一种假设：19 世纪的医学与其说已确定了某种单一的方向，倒不如说它是向一切有可能行得通的领域开放的。逐步展现出来的身体既是细胞的集合体，同时也是由种种物理和化学规律赋予其活力的机体。如果说在 19 世纪末已不再有任何一个医生否认这一新的事实，那么，也没有一个人，甚至连克洛德·贝尔纳在内都不会完全根据某些普遍规律来笼统地谈论生命。即便有些人曾经想过或希望将生命归结为这样的规律，但身体不被自然规律支配的那一部分的作用始终是巨大的，并且它还在不断地成长壮大。当然，在这里能对此作出解释的范围更加开阔，可供选择的余地也更加宽广。医生们所描述的身体仍然是社会性的身体，它部分地是由其所属的家族世系塑造，但又被其所处的物质和社会方面的生存条件所改变，最后也受到了自身的心理影响。对心理影响的确认是很晚的事，在 19 世纪结束时才刚刚露出了端倪，所以它还不是一次彻底的革命，而只能被纳入一长列对肉体和精神的关系所作的思考之中。弗洛伊德的才干在于他将传统的命题颠倒了过来，就有关精神对肉体的种种影响进行了思考。

尽管如此，这种对医学的描述，即把自己的看法强加于社会或说服社会相信这些观点是有根据的，仍然会遭到人们的责疑。如果说医学对人体的看法所获得的成果不可否认的话，那么，人们或许也应当从中看到另一件事即医生们精心密谋的种种效应。人们在这一卷通篇将可看到，我们所借用的医学词语并不在于这些概念的严格性及其演变的坚定性，而是在于它们的可塑性，在于那些犹豫不决、被持续不断的疑虑所困扰的医生们的众多言论之间的矛盾。因此在这种情况下，对人体认识的推动力与其说是来自于医学，毋宁说是来自某种愈来愈被身体所困扰、所迷惑、被弄得惊慌失措的社会。

第二章　宗教的控制

阿兰·科尔班（Alain Corbin）

1

基督教，神灵化身的宗教

19 世纪通常被看成是对世界幻想破灭的时代。宗教活动正在衰落下去。这里不是对那些曾致力于评判宗教虔诚演变①的人所取得的成果重新进行过多探讨的场合。我们仅强调天主教控制的消除——既然所谈及的主要就是天主教——既不是全面展开的，也不是单向进行的。男子的宗教活动虽然当时已成为极少数人的事，但教会却企图依靠妇女来确保它的持久影响。另一方面，从 16 世纪开始出现的充实宗教教义和使教规变得愈来愈严格的举措只是逐步展开的。关于这一点，许多宗教历史学家都认为特兰托主教会议

① 我们在这里只限于按照天主教精神，将对与人体描述有关的内容进行探讨。有关新教在信仰方面之差异的研究，鉴于这方面研究人员的数量相对有限，因此与这部著作所要论及的目标是不相符的。

对于法国来说，我们所考虑的就是已被议事司铎布拉尔，尤其是加布里埃尔·勒布拉系统化了的宗教社会学，以及许多专门研究一些教区的著述。

有关对这些研究成果的综合，我们参考了三部著作：热拉尔·肖尔维和伊夫-玛丽·伊莱尔的《现代法国宗教史》，2 卷，图卢兹，普里瓦出版社，1985 年；弗朗索瓦·勒布伦主编的《法国天主教徒史》，巴黎，阿歇特出版社，丛书"多种多样"，1984 年；菲利浦·儒达尔主编的《从虔诚的基督徒国王到共和时期的政教分离（18—19 世纪）》，见雅克·勒高夫和勒内·雷蒙主编的《法国宗教史》，第 3 卷，瑟伊出版社，1991 年。

上所制定的修行和道德准则﹡在 19 世纪都得到了进一步的深化。

虽然当时已有许多人成为无神论者或不可知论者,但他们仍保留一些年少时听教理课所继承下来的文化残余,这种文化又因他们必须要参加种种祭礼活动而得以维持下来,即便是一些短暂的礼仪庆祝活动,如"节日庆典"①或布道活动,也可起到这样的作用。天主教徒中的优秀人物先前曾经常出入于修道会的寄宿学校,甚至一些规模不大的神学院。如同克洛德·萨瓦尔在谈到第二帝国时所指出的那样,当时人们还在阅读大量的宗教方面的著作。②《以耶稣-基督为榜样》乃是一部长久不衰的畅销书;许多年轻女子都受到过这部著作的熏陶。克里斯蒂安·阿马勒维在阅读了几千本学校用书之后,注意到博絮埃③在被这些书所赞颂的伟大人物中位居第四④。巴黎圣母院里人们挤在一起聆听拉科代尔⑤神父作四旬斋的演讲。招收修女的数量一直到 1860 年代中期均呈现出一条上升的曲线,据克洛德·朗格鲁瓦的考察,选择把自己的一生献给上帝的女子不下二十万人⑥,这还没有将那些组成第三会的虔诚妇女计算在内。⑦这个世纪乃是圣阿尔斯神甫⑧、贝尔纳黛特·苏比鲁⑨和少年耶稣

﹡　这一点乃是特兰托主教会议(1545—1563)决议的特征。

①　作为例子,对宗教最不虔诚的地区利穆赞在"节日庆典"期间仍然要举行宗教活动,尤其在诸神瞻礼节那一天;参照阿兰·科尔班的《利穆赞的古风与现代特征》,第 1 卷,第 624—625页,利摩日,普利莫出版社,2000 年。

②　克洛德·萨瓦尔:《天主教经——19 世纪法国宗教意识的见证》,博士论文,巴黎第四大学,1981 年。

③　[译注]博絮埃(Jacques-Bénigne Bossuet,1627—1704),法国 17 世纪著名天主教教士、主教,主张绝对君主制。

④　克里斯蒂安·阿马勒维:《从奥古斯丁·梯叶里到欧内斯特·拉维斯特时期法国的历史普及(1814—1914)》,博士论文,蒙彼利埃第三大学(保尔—瓦莱),1995 年。

⑤　[译注]拉科代尔(Henri Lacordaire,1802—1861),法国 19 世纪天主教教士,赞成共和制,反对拿破仑三世。

⑥　克洛德·朗格鲁瓦:《女性的基督教:19 世纪设有女修道会长的法国宗教团体》,博士论文,巴黎第十大学,1982 年;尤其是"发展的势头锐不可当"和"宗教团体的蔓延"部分所作的论述,第 1 卷,第 353 页及以下,357 页及以下。

⑦　克洛德·朗格鲁瓦、保尔·瓦格雷:《宗教结构与 19 世纪女性的独身生活》,里昂,天主教历史中心,1971 年;尤其是书中克洛德·朗格鲁瓦撰写的"瓦讷教区第三修会的范例",第 4—115 页。

⑧　[译注]圣阿尔斯神甫(Saint curé d'Ars,1786—1859),原名让·马利·维阿尼(Jean Marie Vianney),据传是一位有超自然能力的、享有盛誉的圣徒。

⑨　[译注]贝尔纳黛特·苏比鲁(Bernadette Soubirous,1844—1879),法国天主教虔诚的女教徒,传说她在卢尔德曾屡次在异像中见到圣母玛利亚。

的泰蕾丝①的世纪。一批批的人在圣母升天修道会会员的带领下赶赴卢尔德朝圣,其规模之庞大令目击者感到惊讶。总之,如若疏忽了天主教对身体的描述和运用所具有的分量,那么就可断定这个 19 世纪、同时也是圣母玛利亚显灵的世纪的身体文化将会是不可理解的。

然而,21 世纪已经与这个同我们相毗邻的时代相隔绝了,但倘若我们对它偏离太过分,那就有可能再也无法理解它。因此,我们必须特别要在情感同化方面作出努力。我们认为一切与身体有关的事物在天主教看来都带有奇异的印记。首先,必须记住基督教与其他两大一神论的宗教不同,它建立在圣子耶稣化为肉身的基础之上,并在圣诞节那一天要对它进行庆祝;这就是把少年耶稣以及尔后基督的肉身置于这个信仰体系的核心地位。母性的痛苦、温情和辛劳,对临终的预感而引发的血汗症以及受酷刑时的恐怖,这一切全都是那些忠实的信徒们据其信仰和虔诚的不同程度而多多少少一再重温的骚动不安的心态和情感,但不管怎么样,它们都与肉体的处境直接相关;并且它们也都是一些与观念相距甚远的感情,它们充其量只对《旧约》中的上帝躯体有所隐喻,或有意赋予它们以某种神人同形同性的意蕴,上帝的躯体如同伊斯兰教真主的躯体一样,乃是一个抽象的、被激怒的、伸张正义的或大慈大悲的人物形象。此外,在天主教徒看来,教会已进入了重新复活、将生者和死者集合在一起的基督的神秘躯体之中。

上帝按照自己的形象创造了人,人体如同上帝所要求的那样既是灵魂的安身之所,也是在举行领圣体仪式时准备接纳基督灵魂的殿堂;这一点便是对人们经常用"神龛"这个词来指称基督灵魂安息的殿堂所作出的解释。凡是洗礼、坚信礼以及临终涂油礼之类的仪式,都表现出了人体有望复活的神圣性。然而,人体一旦沦为尸体的状态,它很快就变成了血脉,按照德尔图良②的说法(博絮埃在其有关死亡的讲道中对此作了说明),它在任何一种语言中只是徒具其名而已;被其所束缚的灵魂获得自由之后,作为躯壳它也就回归到尘土之中。

---

① [译注]泰蕾丝(Thérèse,1873—1897),法国天主教修女,自幼多病且患神经质,24 岁即死于肺病,短促的一生中经过激烈的内心搏斗。

② [译注]德尔图良(Tertullien,约 155—222?),古代基督教伟大的著作家、雄辩家、拉丁语学者,其著作有《护教篇》、《论基督的肉体复活》等。

　　由于人体按照这种张力构成具有少许神性的人，如同基督的降生奠定了基督的仁慈一样，因而就永远摆脱不了恶魔及其诱惑的纠缠。自从犯下原罪之后，人就因其欲念而脱离了意志的控制。他甚至通过将内心深处任何一种意愿宣泄于外的方式来表现自己，就像阴茎勃起和其他种种欲望表露时那种自动显示的情景一样。因此，必须对身体进行控制，必须摆脱它，必须将神灵迎进身体之中——这便是举行坚信礼圣事仪式的意义——方可从这些欲望，尤其是从傲慢、贪吃和淫荡诸欲望中摆脱出来，因为后两种欲望有使人沦为畜牲的危险。藏身于体内的恶魔的干预最终有可能会成为人体的主宰。然而，这样的人体有时会被选来作为圣迹发生的得天独厚的场所。上帝则通过某种似乎是对自然规律的干扰而治愈疾病的方式，极其明显地表现了自己的威力。

　　此外，由于19世纪的天主教徒继承了在17世纪就已开始的对肉体和灵魂分离进行深入研究的成果，又以上述匆匆提到过的所有这类信仰和所描述的内容为参照，所以他们脑海里就充满了基督、圣母、殉教者圣徒以及天使们的身躯形象。

　　19世纪上半期的修行以闻所未闻的力度强调了救世主基督痛苦不堪的身体，其痛苦是用一种极其强烈的现实主义手法描绘出来的。对耶稣受难的刑具的崇拜，尤其是对圣心教堂的崇拜虽说不是从19世纪才开始的，却已达到了直至当时为止从未有过的传播广度和力度。1846年，据两位牧羊人说，圣母玛利亚曾在拉萨莱特出现过，她携带着耶稣受难时的一些象征性器具：受笞刑的鞭子、荆冠、将耶稣钉在十字架上的钉子、插入胸侧的铁矛。对留在圣女维罗尼卡①头巾上的耶稣面部印记崇拜的不断上升（即在登上耶稣受难地的时候，将一方印有耶稣面孔的布块向耶稣展开），大大增强了这一血迹斑斑的面巾一再出现的气氛。这个世纪结束时，在修女圣皮埃尔在图尔所宣传的对耶稣慕拜的影响下，泰蕾丝·马尔丹决心要在利雪城卡罗默罗会修道院里成为少年耶稣和受难耶稣的泰蕾丝。

---

① ［译注］维罗尼卡（Véronique），基督教传说中一名犹太妇女，基督背负十字架走向刑场时，她把手帕递给基督擦汗，收回手帕时她发现上面印有基督的面容，后来人们就据其复制成基督的一种受难面像。

心灵的修炼，尤其是那种在以背诵部分玫瑰经基础上而对痛苦的种种奥秘所进行的沉思默想，从这时起就引导教徒们去反复思考耶稣所遭受的种种酷刑。约在 19 世纪中期四处传播开的在耶稣受难图前祷告①，更增强了此种沉思默想的执着气氛。耶稣所遭受的每个阶段的痛苦都是一幅驱使其信徒们仔细琢磨其肌体逐步受损的图画。1815 年，耶稣会会士让-尼古拉·格罗发表的《耶稣和圣母玛利亚的内心世界》所表现出的某种虔诚和宣扬痛苦有益论的文学，则非常喜欢去描述救世主受难的故事，他身上的鲜血喷涌出来，流淌着，覆盖了全身。这种悲剧感又因相信基督的血会在历史中循环往复而得到了进一步的强化。

在这个解剖临床医学，继而又是生理学取得辉煌成就的时代里，对圣心的崇拜就具有了某些闻所未闻的现实主义形式。基督的躯体被人们描绘着，就这个词的本义来说，它是被摘除了内脏的。基督受难的刑具甚至有时被安置在体内器官的中心部位，从而使观众的思想变得更加混乱；尤其是为了突出心脏而采用摘除内脏的手法，也就是说救世主把他的仁爱赐予他的创造物，奇怪的是这样做似乎并没有使所描绘的基督的生命力受到威胁；在某些图像上，基督还把他的手指伸向他敞开的胸膛。所有的祈祷都在不断地重复能够生活在耶稣的心（理想的庇护所）中这一愿望；一切忠实的信徒们都希望通过对耶稣的伤口进行沉思默想来达到这一目的。

对圣心的崇拜在普法战争和巴黎公社结束不久达到了顶点，这种崇拜在当时附含着官方的用意。国民议会决定建造一座蒙马特大教堂，后来过了很长的时间才得以完成。从事圣职的议员们都到巴雷勒莫尼亚②去朝圣，把法国奉献给圣心③；至于在举行宗教仪式时信徒们长长的队列以及那些颂扬被摘下的圣心的赞歌，就数不胜数了。尽管如此，痛苦有益论从19 世纪中期起还是渐渐淡泊下去了。而无玷始胎的教义和圣母玛

---

① 伊夫-玛丽·伊莱尔对宗教在阿拉斯教区的扩散所作的研究可作为例子：《19 世纪的基督教徒：阿拉斯教区民众的宗教生活（1840—1914）》，里尔，普勒出版社，1977 年，第 1 卷，第 414 页。

② ［译注］巴雷勒莫尼亚（Paray-le-Monial），法国索恩-卢瓦尔省的一个古镇，那里建有一座圣心教堂，19 世纪前去朝圣的信徒络绎不绝。

③ 关于此类朝圣之事，参照菲利浦·布特里、米歇尔·森甘：《19 世纪的两次朝圣：阿尔斯和巴雷勒莫尼亚》，克拉姆西，1980 年。

利亚显现的圣像则使人联想到一种更加高尚纯洁的怜悯,在圣叙尔皮斯教堂①艺术盛行的背景下,对耶稣形象的种种描绘显得更加优美动人。

艺术家们所描绘的从十字架上解下的耶稣受难的躯体或尔后埋入坟墓的尸体,则有待成为一种享受天福的躯体。当然,在天主教徒看来,耶稣复活的躯体的物质性不容置疑。福音书上所描述的耶稣的门徒托马斯将手指伸进十字架上张开的钉子洞口足可证实这件事。但是有关耶稣在达波山峰变容的圣像传说,以及更为明显的有关耶稣升天那一幕传说,对这一享受天福躯体的描述在某些布局上都作了重新安排。但对这些插曲中有关这一躯体的虚构成分所作的限制则是显而易见的。第一执政的顾问波尔达里斯②曾坚持要把耶稣升天节作为四个"被保留的节日"之一③。玫瑰经即对耶稣肉体痛苦的奥秘所作的沉思,也是在心里对这一享受天福的躯体的一种赞美,尤其是对基督王形象的颂扬,许多宗教建筑上的题词也是献给他的。

人们期待很久的无玷教义的公布,是我们所关注的主要方面。绝对的神在一个被烙上了原罪印记的妇女腹中化为肉身,这几乎不可思议。因此,在捍卫玛利亚得到认可的过程中人们采用了一种简单的逻辑推理方法。这便是罗马教皇庇护九世于 1854 年所确认的那种方法。我们要指出的是,这一教义与两性关系无关,也并未暗指安娜和约翰肉体结合的那种神秘的崇高意义,据伪福音书记载,他俩是圣母玛利亚的双亲;而只是涉及到这样一件事,即玛利亚因无玷始胎才避免了淫欲。这一教义刚一公布便立即在虔诚的教民中引起了巨大反响,而且还使玛利亚的身体幻影较之哀痛的圣母玛利亚站在十字架下的传统幻影更令人折服。专门为纯洁的圣母玛利亚建造的建筑物以及为她设立的一些机构,在几年内急剧增加;于是,12 月 8 日很快就成了一个所有宗教学校都要庆祝的节日。

---

① 〔译注〕圣叙尔皮斯教堂(Saint-Sulpice),位于巴黎第六区的一座教堂,17 世纪开始建造,到18 世纪中期才最终完工。

② 〔译注〕波尔达里斯(Jean Portalis,1746—1807),法国律师和政治家,拿破仑一世的政府顾问,《民法典》的起草人之一。

③ 参照阿兰·科尔班:《大地的钟——19 世纪乡间洪亮的景致和敏感的文化》,巴黎,阿尔班·米歇尔出版社,1994 年;弗拉马里翁出版社,"田野"丛书,2000 年,第 119—125 页。

这个免除了原罪的女性身体从安娜和约翰肉体结合的那种神秘意义中诞生，这就更加强化了这个虽然没有发生性关系但却能生育的女性身体的形象。无玷始胎大大丰富了天使报喜这一场面的内涵，当然，如果我们将它同文艺复兴时期艺术家们所一再着力表现的那种场景相比，从其表现的角度来看，是有点逊色的。此外，还有圣母升天这一最难理解的场面，其情况也是如此。

尽管圣母升天会成员所组成的宗教团体进行了紧张的活动，但圣母升天这一幕是否在天主教徒的心目中占据一个比先前更重要的位子，这一点则难以肯定。只有进行大量的调查研究才可对此形成看法。但不管怎么样，圣母升天对描绘被荣光所笼罩的女性身体却具有巨大的影响。那个曾经在腹中接纳过耶稣圣体的女性身体会像其他女性身体一样，有可能会艰难地重新恢复到流血脉的常态，或许也会同她们一样期待着人能死而复生；那种认为圣母会升天的信念之所以被广泛认可，其原因就在这里，但它还不是一种信条。艺术家们常常向人们展示的并不是一个享受天福的圣身自行升向天空，如同耶稣的圣体自行升向天空那样，而是一个完美无缺的、尚未变容的、由一群天使托起因而几乎可以说显示出其自身重量的圣体，天使们将它安置在天堂里耶稣的右侧。

在波尔达里斯看来，圣母升天的巨大意义足可为这一"被保留的节日"定于 8 月 15 日作出解释。如同大家都知道的，它已深深根植于我们的习俗之中。必须要说明的是，在第一、第二帝国时期，人们还极其巧妙地将它和一些帝王们的节日重合在一起，从而在一个时期把这个日子变成了国庆节[①]。

就我们所要涉及到的而言，最重要的便是同耶稣的身体在圣餐中的那种实在的存在相比，圣母玛利亚的身体在 19 世纪的法国以一种易于感知的方式表现出来。她的形体几百次的显现虽都是人们推想出来的，是人们心里所渴求的，却一直萦绕在那个时代的人的脑海中。教会只承认显现了三次，即在萨莱特（1846）、卢尔德（1858）和彭特曼（1871）。那么，

---

① 参照罗斯蒙德·桑松：《8 月 15 日：第二帝国的国庆节》，见阿兰·科尔班、诺埃尔·热罗姆和达尼尔·塔尔达科斯基的《19—20 世纪节日的政治用途》，巴黎，索邦大学出版社，1994年，第 117—137 页。

有关这一既是处女又是母亲的体貌，人们又说了些什么呢？

据萨莱特地区阿尔卑斯山小镇的两个孩子说，圣母玛利亚于 1846 年在马拉尼和马克西曼显现过，如同启示录里的说法一样，他们所见到的是一个悲痛的圣母玛利亚。她那女性的身躯呈现出母亲的体态，出现在辉煌的光轮之中。1870 年，圣母玛利亚又在马延省的一个名叫彭特曼的小村庄里出现过，这一次也是向一些孩子显现的，那时这个地区正面临着普鲁士人的入侵。她的身形清晰地浮现在布满星星的夜空中，其形状和色彩使人想起了新拜占庭时期圣像的形貌和色彩。介于这两个日期之间，1858 年春天，玛利亚曾在一个名曰马萨比埃尔德弯弯曲曲的岩洞里出现过，这个岩洞位于比利牛斯山激流的岸边，当然，对这样的事是不可能用什么证据来加以描述的，但在我们看来，它却具有极其丰富的教育意义。

贝尔纳黛特·苏比鲁所描述的圣母玛利亚，其外貌就像是一个 12 岁的小姑娘。贝尔纳黛特是个 14 岁的牧羊女，一个人口众多的穷困家庭中的长女，因而也是一个"继承人"。圣母玛利亚的身材没有这个女通灵者高，后者的身高为 1 米 40 公分。根据贝尔纳黛特的说法，这位"娇小妩媚"的"小姑娘"的身型，与人们传统上所描绘的经常出没于比利牛斯山的岩洞和泉水边的仙女们非常相似①。

据贝尔纳黛特所述，这个小女孩身穿一件白色的连衣裙，腰间束一条蓝色的带子作为点缀。一条白色的纱巾覆盖着头发和双肩，但她那富于表情的面容却清晰可见。用两朵黄玫瑰装点着的赤裸的双脚晶莹洁白，双手合拢于胸前。就这一描述而言，其身姿与 1830 年向卡特琳娜·拉布雷显现的圣母玛利亚的形貌是不同的。从那枚纪念圣母玛利亚显现并在 1832 年霍乱流行时发行了几万枚的神奇纪念章来看，她的双手伸向大地，那明丽的光芒是从她的手掌心放射出来的②。至于卢尔德的那个圣母玛利亚的整个体貌，则如同贝尔纳黛特勉为其难所作的描述那样，全身

---

① 有关这些观点，参看勒内·洛朗丹的《卢尔德——神灵显现的真实纪事》，第 6 卷，巴黎，P. 莱蒂埃勒出版社，1961—1964 年；也可参看较近时期吕特·哈里的《卢尔德——久远时代里的形体与精神》，阿伦·莱恩，企鹅出版社，1999 年，法文译名为《卢尔德——神灵显现、朝圣和治愈疾病的重要历史》，巴黎，让-克洛德·拉太斯出版社，2001 年。我们在以下的那些章节里均受到这部精美著作的启迪。

② 勒内·洛朗丹：《卡特琳娜·拉布雷真实的一生，巴克街的女通灵者和穷苦人的女仆（1806—1876）》，2 卷，巴黎，德斯克莱·德·布鲁威尔出版社，1980 年。

闪烁着明亮的光辉,而且她在每次显现结束时,惯常的曙光尚未初露。

那个"小姑娘"绽露出微笑,有时却又愁容满面。她的言语很少,却柔和动听,与萨莱特的那个圣母玛利亚的声调迥然不同。当人们问到她的身份时,她用方言说:"我就是无玷始胎者。"在天主教各级教徒看来,这种与最新教义有关的具有决定性意义的说法证实了圣母玛利亚的显现。

对我们来说,最重要的便是圣母玛利亚渐渐地在卢尔德的公共场所反复出现,而且目击证人也愈来愈多。3月4日,贝尔纳黛特不得不冲破7000多人的人群才到达比利牛斯山的激流,而后便赤脚穿过激流,跪在马萨比尔岩洞前,双手紧紧合拢按在念珠上。

据目击者说,贝尔纳黛特的身子成了反映圣母玛利亚身姿的一面镜子。这个年轻的姑娘跪在那里纹丝不动,两眼睁得大大的,紧盯着壁龛,据说那是圣母玛利亚的栖身之所。她的微笑再现出圣母显现时唇边露出的笑容。她的面孔犹如大蜡烛一般呈白色,但某些人却又认为它仿佛是半透明的,因而在那些当时在场的忠实信徒们看来,它证实了那位女通灵者所看到的圣母玛利亚身姿的真实面貌。有时流在她面颊上的泪水宛若清澈的泉水。人们认为她那双合拢的双手与圣母玛利亚的双手极为相似。

那些仔细观察过贝尔纳黛特的身体而又深表怀疑的见证人,从中并未发现任何一点儿非同寻常的迹象。她的面部没有任何眉头紧蹙神情不快的表现,因而他们此时很难断定她会骤然出现什么狂热的精神现象。然而,谦逊、单纯、温柔、毫无倦容以及这位年轻姑娘在其心醉神迷的状态结束后所表现出的那种自我控制的能力,都为这一通灵现象的真实性作出了辩解。它通过使女通灵者的"外貌变得更加地显明突出"①的方式而对虔诚的宗教文化的改造作出了重大贡献。因而在19世纪下半叶,祈祷的姿态便由此而发生了变化。吕特·阿里写道:"处于入迷状态的贝尔纳黛特宁静的身子展现出了一种身体的真实性,它比那些冗长的说教更能改变目击者的人生②。"

但不管怎样,教会对这个纯洁少女般的圣母玛利亚形貌是不可能满

---

① 吕特·哈里:《卢尔德》,前揭,第350页。
② 同上,第15页。

意的。于是,便着手进行一番改造工作,使之与两幅占主导地位的典范圣像相吻合:一幅是一位 14 至 17 岁的年轻姑娘,在天神报喜时接待了大天使的造访;另一幅是圣母玛利亚面朝圣子,其形貌表明她最近已做了母亲。里昂的雕刻家约瑟夫·法比西,即那座被认为会成为卢尔德圣母院官方圣像代表作的作者,成功地对两者进行了折中。在他的雕像上,圣母玛利亚具有一个理想化的年轻女子的身形,她温柔、面露微笑,而又略带冷峭,这与那个时代学院派的艺术非常吻合。

同样,贝尔纳黛特的身形也被运用照相术的方式重新进行了精心的加工制作。她那种被断定为略带粗野个性的本质特征被巧妙地消除了。贝尔纳黛特受到了那些希望能触摸到她的朝圣者的教化和保护,其感情已深藏不露,之后又被送进了内韦尔的卡罗默罗会修道院里,因而也就没有被描绘成做母亲的那种体态形貌。在那些凝视着她的肖像的忠实信徒们心目中,直至去世她始终完全以一个年轻姑娘的面貌而出现。

圣母玛利亚的种种形象,进而更为宽泛地说,对她的崇拜都被人们研究过,尤其是历史学家莫里斯·阿古龙[①]对照玛丽亚娜——法兰西共和国的象征——的战斗历程,对此所作的研究。这种对照在描绘女性身体的历史范围内已被充分地证实是言之成理的,而在政治象征体系的框架内则更合乎事理。由于圣母升天会成员为宣传圣母的种种画像而作出的努力,她头上所戴的花冠清晰地显示出了神权政治的意图。那种鼓励人们在 8 月 15 日进行庆祝的意向也同样如此,其目的是为了抵消 7 月 14 日国庆节的威望,因为这些神职人员把这一天看成是革命暴力达到极度狂热的时刻。

话虽这样说,但圣母玛利亚的显现在 19 世纪的法国仍然是一种大大超越了政治象征体系和政治冲突范围的现象。在虔诚的天主教徒尤其是那些数不胜数的到卢尔德朝圣的信徒看来,圣母玛利亚乃是一位以其肉身出现在比利牛斯山激流边的女性人物,人们可以通过祈祷一个个直接

---

① 参照莫里斯·阿古龙:《战斗的玛丽亚娜:1789—1880 年共和国的形象和象征》,巴黎,弗拉马里翁出版社,1979 年;并参照了就这一主题最近(2004 年 2 月 21 日)在巴黎第十大学所举办的学术讨论会的内容。

与她交流。她间或而又确实的出现同一直在圣餐中出现的耶稣形象自然是完全一致的。因而，我们就要重新考虑由此而产生的那种影响，即圣母玛利亚的身体如此这般地进入历史对身体文化和身体的表现形式即将身体和精神结合在一起的方式所能产生的影响。

这里要提醒人们注意的是：在我们所谈论的那个很快就抛弃了基督教信仰的 19 世纪里，天使的身形一而再、再而三地出现。当然，阿尔方斯·迪普隆所强调指出的这种宗教艺术中的天使图像[①]学的重现，因巴洛克风格教堂装饰艺术的流行已是一件特别明显的事。不过，这种重现并没有随着洛可可艺术的衰落而停顿下来。当时许多教育机构都有为守护天使而作的题词；大量彩色石印画、虔诚的人物形象尤其是庄严的领圣体人物形象、宗教著作中丰富的插图、沙龙艺术以及教堂的装饰，这一切都表现出某个具有依稀可见的性感轮廓的天使身姿在人们心目中所占据的根深蒂固的位子，他是一个负有保护使命的专心致志的伴侣；这一点我们往后还要谈到。

在考察由这一大体上已牢牢扎下根的整个信仰体系所引发的人体实践活动之前，回忆一下有关宗教的思想倾向以及对身体的想象方面最重要的若干资料，是很有必要的。我们将只限于五个方面的资料：一、有关童贞的意义、维护童贞的必要性以及禁欲的危险性的争论；二、针对夫妇的道德神学的种种禁令；三、通过苦修以达到控制身体冲动的实践活动；四、天主教信仰对身体姿态和手势所产生的影响；五、向圣母玛利亚祈祷是患病和残疾的躯体最终的求助途径。因而，修女的身体将会多次成为有助于弄清这方面大致情况的线索。

2

童贞与禁欲

在教会看来，童贞既是由身体的贞洁所确定的一种状态，即"尚未发生

---

① 阿尔方斯·迪普隆：《论神圣性——十字军东征和朝圣、圣像和语言》，巴黎，伽利玛出版社，1987 年，有多处谈到了这一问题。

过任何性行为"的状态,同时也是一种"完全杜绝任何恣意行为或与贞洁不相容的任何的肉体快乐并决心永远坚持到底"①的美德。因此,这一美德"并不在于对身体的支配,而是对心灵的控制;尽管某些无意识的行为会使人失去童贞状态,但仍要力保这种状态完好无损",这些无意的行为即是那类淫荡的行为,也就是说使一个年轻姑娘失去童贞的不道德行为。

这一被如此理解的童贞有助于那些善于保护它的年轻姑娘们去领受某种荣耀的光环。她们将有可能进入那些永远陪伴着基督的天使们的行列之中,进入那陪伴着天堂里的天主羔羊的合唱队之中;这是因为童贞女与伊甸园里喷射着的洁净泉水相似,也就是说,这是一种还没有同它的源头相分离的泉水②。在昂布鲁瓦兹——夏多布里昂在《基督真谛》里详细谈论过的人物——看来,童贞女是没有任何污点的。她的行为由美德所支配,一如天使的行为由其本性使然;童贞"很快会从人那里转到天使那里,接着便从天使那里再转到上帝那里,而后便消失在上帝那里③"。半个世纪之后,医生让-埃内蒙·迪菲尔在颂扬这种至高无上的幸福时说:"童贞女的生命就像天神的生命一样美好;这是一种原初的纯洁,对罪孽一无所知;童贞女的人生如同上帝的永生那般高尚,这是要贬抑肉体、赞美精神,童贞女的人生令人向往,就像人们向往着上帝那样,这是要弃绝尘世、起步迈向天国。"④

由于这些原因,童贞女便是"种种恩泽的源泉"和至高无上的美。她光芒四射。她内在的纯洁无瑕辉映着外表。妩媚,尤其是天真、谦虚、朴实、温柔和坦诚都相互交织于一身;其反面的情景也是如此,罪恶,甚至于夫妇间破坏童贞的行为都会在其肉体上烙上深刻的印记。谁能保护好她的珍宝并能将其心灵内在庭院的门扉关紧,谁就能放射出柔和而又神秘的光芒。

童贞女懂得从不知晓淫欲的圣母玛利亚那里得到启迪,能够祈求她

---

① 罗马教廷禁书目录圣部会议成员、勒芒主教布维埃阁下:《告解神甫的秘密手册,附有供告解神甫所使用的问题集》,重版,巴黎,阿尔莱阿出版社,1999年;下面的引述见本书第14—15页。

② 参照17世纪博絮埃对修女以及有关颂扬贞洁的教诲。

③ 弗朗索瓦-勒内·夏多布里昂:《基督教真谛》,伽利玛出版社,"七星诗社"丛书,1978年,第502—505页。

④ 让-埃内蒙·迪菲尔医生:《自然状态与童贞——对修士独身的生理考察》,巴黎,朱利安·拉尼埃出版社,1854年,第501页。

的保护天使或圣女即主保圣母们代为求情。尤其从 1850 年代开始,对圣母玛利亚崇拜的高涨加强了对虔诚的年轻姑娘们具有很大影响的那些童贞典范人物的控制,并提高了她们在年轻人中间的吸引力。夏多布里昂在这个世纪初就强调指出,许多感恩歌都在颂扬那位奇迹般地把"女人的两种最神圣的身份"——处女和母亲——结合在一起的女人。玛利亚"端坐在比白雪更为明亮的纯洁无瑕的宝座上,⋯⋯倘若她此时不沉醉于美德之中,或许会萌生出最强烈的爱情。"①圣母玛利亚曾以大家都知道的那种光芒四射的方式多次显现,尤其是 1858 年在卢尔德附近马萨比埃尔岩洞的显现,更加鲜明地突出了这一景象。

有人反复谈论过,这些有关童贞的形象与浪漫主义的敏感颇相一致,这种敏感对那些能反映原始的纯洁并易于引起朦胧回忆的事物十分迷恋。的确,浪漫主义诗歌所颂扬的正是那种理想的、纯洁的、像天使那般透明的、虔诚而又善良的年轻姑娘。所以第二帝国时期那么多虔诚的图像全都反映了这种协调一致。②尽管如此,从这个世纪的中期开始,对典范人物的控制还是明显地表现了出来;而浪漫主义在文学领域中亦已丧失了信誉。超凡入圣的信念以及它所导致的非肉体化的愿望特别同 19 世纪下半叶那几代虔诚的人有关,而且它们与那些虔诚的表现方式走向缓和的趋势是一致的。奥迪尔·阿尔诺在谈及修女时曾强调了这一点③。一系列庄严的领圣体图像也都有力地证实了这一事实。

对童贞进行控制的具体表现在当时尤其反映在对菲诺米娜④的崇拜上⑤。这一崇拜来自于这个世纪初的意大利,1870 年代初达到了顶点,其

---

① 弗朗索瓦-勒内·夏多布里昂:《基督教真谛》,前揭,第 487 页以及 1688 页。

② 更为广泛地说,有关对女性的浪漫主义的描述,参照斯特凡·米肖:《缪斯与圣母玛利亚——卢尔德神灵显现时法兰西共和国的女性形象》,巴黎,瑟伊出版社,1985 年。

③ 奥迪尔·阿尔诺:《肉体与灵魂——19 世纪修女们的生活》,巴黎,瑟伊出版社,"历史世界"丛书,1984 年,第 314 页。

④ [译注]菲诺米娜(Philomène),19 世纪初人们虚构出的一位女殉教者,后经大肆宣传便成了人们所崇拜的圣女。

⑤ 有关法国的这种宗教礼拜活动,参看洛朗斯·雷依的硕士论文《圣女菲洛米娜、童贞女和殉教者》,巴黎第一大学,1994 年出版;有关阿尔斯神甫和这位圣女的事迹,参看菲利浦·布特里的《阿尔斯神甫所在地的教士和堂区》,巴黎,塞尔夫出版社,1986 年,并可参看其他一些著作。也不要忘记卡罗兰·福特的《19 世纪法国女性的殉教与谋略——对圣女菲诺米娜的崇拜》,见弗朗克·泰勒、尼古拉·阿特金主编的《1789 英国和法国的天主教》,伦敦,汉姆伯莱顿出版社,1996 年,第 115—134 页。

地位后来由阿尔斯神甫所接替,但后者仍声称人们认为由他引发的一切奇迹都应归功于这位圣女。菲诺米娜极其清晰地显示出这种由圣女而引发的布道所产生的巨大力量以及那种将她与殉教者结合在一起的联系。这位圣女——却是一个想象的人物——从 11 岁起就发誓永远保持童贞。两年之后,她因拒绝戴克里先皇帝的求婚而遭到囚禁和酷刑,最后被斩首。尽管人们用带有金属环的皮鞭抽打她,身上被箭射得千疮百孔,但她在这样的痛苦折磨中仍然能够镇静自若;这是因为一个童贞的躯体在战斗中得到了圣灵的帮助,从而具有一种非凡的力量。

在 1870 年代的许多年轻姑娘看来,菲诺米娜就是一个庇护者。纪念她的像章,她系在身上的象征着童贞和殉教的白、红色腰带,阅读《圣菲诺米娜的使者》以及向她所作的祈祷,都会有助于她们在保护天使和主保圣人合力帮助下战胜恶魔。这位年轻的姑娘和这群天国中的人物都有着紧密的情感联系。对这位光荣的女殉教者的崇拜反映了人们对捍卫和保护童贞这样一些对父母亲和教育者都具有引导作用的概念的操纵。

事实上,一切将童贞神圣化的言论以及由此而引发的所有精神活动,尤其是经常性的忏悔以及它所包含的应不断致力于的内在反省,都不言自明地以确信纯洁的脆弱性和压在这一内在珍宝上的巨大威胁为根据:"一个眼神、一个闪念、一个词和一个手势,都有可能使你们身上最美好的德行失去光泽,甚至枯萎凋零。"[1]因此,捍卫原始的童贞就意味着对有关性方面的事均一无所知,并且对这个问题闭口不谈。

关于这一点,就有必要说几句离题的话。童贞在对女性作独一无二的宗教式的想象中并未占据核心地位。医生、色情文学作家和道德神学专家当时都因某种普遍的诱惑力而走到了一起。色情文学作家所表现的那种女性并不仅仅是从渴望领略初恋的情感、渴望从对生殖器官的庸俗的想入非非以及从对破坏童贞所遭受的痛感(可能也是一种快感的显示)时所感受到的乐趣派生出来的。其实,这方面的全部言论所揭示出的这种想象物乃是由模糊不清的印象和变化多端的华丽诺言构成的。面对着这种超凡入圣的非肉体化现象,这样的女性从另一方面来说则暗示着其

---

① 奥迪尔·阿尔诺:《肉体与灵魂》,前揭,第 151 页。

至在日后的皮肉交易中对自己的举止和态度的一种克制,女性身体一切急剧的变化,从青春期到发育充分的生育期,都要由医生们①作出细致而又善意的描述。至于那些色情文学家,他们所期待的则是女性的童贞被破坏,即处女不再是一个单纯的女子雏形,她已经变得更加坚实丰满、容颜焕发、体型轮廓多姿多彩②。对所有人来说,一想到处女会使人发生这种种巨大的变化,因而童贞就势必会使人对这种形体的变化产生一种既不安而又神往的、常常是焦急的期盼心情。这种处在变化中的人的不稳定性为无法预料的命运的多重性开启了前景。所以,对一部分人来说保护童贞就是一件极其重要的事,而在另一部分人看来,色情教育和色情传授的真实情景才是重要的。

人们所作的一系列严肃认真的研究势必会着重指出教士所表现出的对保护年轻姑娘的始终不渝的关注,尤其是乡村堂区教士的这种关注,在那里对她们进行监视是一件轻而易举的事。19世纪前期那些极其严格的主管教士所表现出的对跳舞的敌视就属于这样的担忧。教士试图在其堂区对年轻人举行的一切节日般的游行活动进行控制,也是出于同样的原因。阿尔斯神甫认为他隐约看见魔鬼溜进了被音乐家引导的年轻人的团队之中。韦尔茨神甫禁止其堂区的教民们跳舞;这使他遭到了保尔-路易·库里埃③的怒斥。让-路易·弗朗德兰曾列举了大批特别专横严格的神甫或主管教士的姓名④。其中有一个拿着他的小型望远镜大胆地登上钟楼监视牧羊女。我们将会看到教士们对人们所期待的一切有性感体征的女性的敌视态度。让·福里曾提到过达恩省的一个神甫的警惕性,他一边在其教堂里的柱子之间大步走来走去,一边纠正那些过分诱人的年轻女教民们的举止行为或发型⑤。在这个世纪即将结束时,布埃昂-桑

---

① 参看下文第 184 页(原书页码为第 185 页)。

② 参照米歇尔·德隆的《关于萨德及其作品》,伽利玛出版社,"七星诗社"丛书第一卷,1990年,第 1139 页注释 1。

③ [译注]保尔-路易·库里埃(Paul-louis Courier,1772—1825),法国研究古典著作的学者、反君主制的政论家。

④ 让-路易·弗朗德兰:《16—19 世纪农民的爱情》,巴黎,伽利玛、朱利亚尔出版社,"档案"丛书,1975 年。

⑤ 让·福里:《达恩地区的教权主义与反教权主义(1848—1900)》,图卢兹,图卢兹-勒米拉叶大学出版社,1980 年,第 274 页。

塞卢瓦的姑娘们就是在这位神甫先生的陪同下度过星期天下午的,他竭力使她们得到消遣娱乐,领着她们散步,使她们免遭种种的诱惑①。许多堂区都有年轻人的社团,有时还有圣母会成员的队列出现。有些机构是专门为保护平民百姓的女儿而设立的。人们确信青春期与结婚相隔的那段时间里充满着种种危险,此时的"大姑娘"遭受到种种强有力的诱惑,应当要特别注意控制自己的身体。我们再重复一遍,这种信念是同医学上对女人的描述相吻合的。

事实上,医生从总体上来说在这方面是同教士的言论相一致的。那些能顶得住青春狂潮的袭击、能抑制因身体的变化而激起的感情冲动、能控制自己放荡不羁想象的姑娘们,都可避免许许多多的罪恶和疾病。这样的姑娘能够把自己保护得完好无损的身子托付给她们的丈夫,所有这一切都必定会使她们能始终忠贞不渝,也必定能使她们成为幸福的母亲。因此,强奸一个处女在神学家看来就是一种特别严重的错误,强奸是法医们在性暴力方面所关注的主要对象。关于这一点,我们应注意到那个时代的许多专家的忐忑不安的心情,他们都强调指出很难甚至不可能绝对有把握地检查出童贞被破坏的迹象。法医们承认,某些姑娘们的处女膜即使没有发生性关系,有时也会消失。相反,另有一些姑娘则很会对她们已经失去童贞的标志进行曲解和欺骗②。

若试图对决意保护童贞的结果进行量化,那就是荒谬的想法。童贞的保护涉及到种种极其不同的群体,她们随着环境、职业、社会地位、兄弟姐妹中的排行、地区规范、个人魅力、对宗教的虔诚以及体质(按照那个时代的医生的说法)的不同而不同。妇科病和性病理学临床专家们的观察报告使人意识到,巴黎工场里的女工大部分是在 17 至 19 岁之间失去童贞的③。不过,还是有一些已大大超过这一年龄的姑娘仍是处女,她们能如此成功地保护童贞的诸种原因,人们却很难搞清楚。在法国南方历史悠久的家族中,对女继承人的童贞的保护比对其年幼的妹妹们以及从别

---

① 玛丽-约瑟·加尔尼什-梅里:《生活在布埃昂-桑塞鲁瓦地区》,博士论文,巴黎第七大学,1982 年。

② 19 世纪上半叶所有的法医论著都强调突出了这一难点。

③ 阿兰·科尔班:这是有关 19 世纪性行为这一正在进行撰写的著作的临时性结论。

处来的女仆们更为注重①。在许多对宗教虔诚的地区,教士所认为的那种"轻佻的姑娘"、"害群之马",即那种一旦经不住引诱者所施展的花招而失身者,不仅仅是失足过一次的问题,而是被看成是一个习惯成性的道德败坏者,从而在她那个镇上的年轻人中间臭名昭著。她的行为有可能还要在狂欢节时被公布于众。

　　总之,在 20 世纪所开展的性革命之前,保护童贞对大部分年轻姑娘来说,是人们一直所关注的事。家庭的悲剧,甚至悔恨、谴责、婚姻契约的失效,都会落到那些过早地沉湎于恣肆妄为的肉体享乐之中的女子身上,即使她们没有怀孕。尽管性道德有双重的标准,但某些年轻男子也很重视自己的童子之身。人们在某些私人日记中可看到为这种事而担忧的反映。

　　为保护童贞而操心、珍视贞节和清白、确信童贞女的灵魂会得到拯救,这一切都有助于青少年坦然地接受死亡。阿尔斯神甫不会为他周围虔诚的姑娘们的死亡而伤心。1848 年 1 月,"图尔的圣人"莱昂·巴班-迪篷为自己的女儿昂莉埃特的去世而感到安慰,因为他想到她是"带着洁白无瑕的身子在斗争前"死去的。她的女儿还不到 15 岁,是被伤寒夺去生命的,当时刚刚有人来向她求过婚。他认为"人们只有在他的孩子的灵魂拯救得到确信时"才能成为父亲,于是他便要求他的教女"对昂莉埃特的幸福进行沉思冥想"。一个月之后,莱昂·巴班-迪篷给他的一位亲戚写信说,"我的纯洁的女儿已永远成为耶稣的亲爱伴侣";这种事还导致他于 1848 年 12 月 11 日对一位朋友宣称,"昂莉埃特的死使他与上帝建立了亲戚关系"。②

　　如果说除了极少数几个例外,从总体上来说,对待嫁姑娘们的保护并未引起争论的话,那么,在 19 世纪上半叶也不可能再有任何对象会像延长童贞和禁欲带来的功德或危害引起如此激烈的争论了。当然,这是与神职人员有关的事。

---

①　伊丽莎白·克拉维利和皮埃尔·拉梅松:《难以实现的婚姻——17、18 和 19 世纪热伏当地区的强暴与亲属关系》,巴黎,阿歇特出版社,1982 年。

②　奥迪尔·梅代-托洛:《一个普通的在俗教徒:"图尔的圣人"莱昂·巴班-迪篷(1797—1876)》,博士论文,巴黎第一大学,1991 年;图尔,埃罗出版社,1993 年。所有引文均从第 56—58 页抽出。

18 世纪中期开始进行的那场争论,是由教士可不可以结婚这样的问题所引发的①。1758 年,议事司铎德斯弗热出版了一部著作,其书名确切地表达了它的内容:《结婚的好处与现时的教士和主教娶一位信基督教的姑娘对身心健康大有裨益》。1781 年,雅克·戈丹神甫发表了一部题名为《教士独身的弊端》的著作,这部书广为传播,为那些赞同教士结婚的人提供了某种论战的重型武器。

戈丹得出结论说,人的本性"会按照自己所遇到的障碍的大小而获得新的力量……人们都知道无经验会激起多么大的想象力。只需一次快感超出我们的自身之外,就足以赋予它以无穷的内在魅力,那只是人们在快活之后才领悟出来的……一般说来,未婚者的想象比较卑秽,其言论比已婚者更加淫荡";然而,"人之本性似乎把其生产同类者的义务作为第一笔债强加于每一个人"。除了各种魅力的介入之外,在这些以上帝所赋予的、独一无二的理智所感知到的一切权利为基础的论据之上,还应加上那些属于历史范畴的论据。在《福音书》的文本中从未提及禁欲的义务。圣保罗的使徒书信读本使人看到大部分使徒均结过婚。独身者人数上升的势头乃是社会衰退的明显特征。

1791 年 11 月,莫尔南镇的神甫安托万·弗朗歇对自己的斗争进行了颂扬。他自担任神职起,对待女管家的态度就很粗暴,之后就不断地更换她们,以免屈服于肉欲的危险。这样,到 49 岁时,他就决定和最后一个女管家签订合同。他写道,尔后,"我们终于发生了夫妻般的行为,这对我俩都是有益的"。

在大革命期间,正如在执政府和帝国时期所建立的与教会和解的那些档案所证实的那样,有不少于 6000 名教士都结了婚,至于修女,姑且就不说了②。有相当数量教士的婚姻并非完美无缺,尽管如此,这一问题在

---

① 关于这次争论,参照贝尔纳·波隆热龙的《启蒙时代的神学和政治(1770—1820)》,日内瓦,德罗出版社,1973 年,第 192—198 页;并参照最近保尔·肖普兰的《大革命初(1789—1792)罗讷-卢瓦尔教区有关教士结婚的争论》,见《16—20 世纪的基督教徒与社团》,载《安德烈-拉特雷耶中心通报》第 10 期,第 69—94 页,2003 年。有关戈丹神甫著作中的引文我们是从这篇文章借来的。

② 克洛德·朗格鲁瓦和 T. J. A. 勒高夫:《大革命的战败者——已婚教士社会学的标志》,见《法国大革命历史的新道路——马蒂耶-勒费弗尔讨论会论文汇编(1974)》,巴黎,1978 年,第 281—312 页。

19 世纪上半叶仍然是人们讨论的热门话题。

　　大部分医生考虑到应让所有器官都能很好地发挥作用,于是便在其著作中对教士们的独身生活表示惋惜。他们谴责恪守贞节的誓言。他们的大量资料(这里只宜介绍其概貌①)都是以瘰病、癌症、器官病、宗教团体内女性经期紊乱的经常出现(按其所说),以及这个阶层里的人早死的现象为基础而写成的。他们反复思考那种极其罕见的男子性欲亢进症案例,某些教士可能就是受害者②,因此,他们对不论是哪一种性别的手淫所进行的抨击有时是以教士的实际情况为依据的。那些告解神甫由于提出了一些很不得体的问题,因此他们就会被怀疑同女忏悔者之间保持着某种暧昧关系。总而言之,在大部分学者看来,神职人员的身子过分纯洁就是一种危险的反常现象,这样的学者也就因此而被列入了启蒙哲学继承者的行列之中。

　　一些信仰天主教的医生则对这些学者进行了回击。但较好的回击便是其中的一些人返回到了修道院里,苦修会会士德布雷纳就是这批人中的佼佼者③。那些临床医生则从另一方面对其论敌的观察报告提出了异议,并且还提出了他们自己的统计数字。他们详细地叙述了贞节的种种好处,竭力证明修女和其天国的丈夫的婚礼是多么美好,这种联姻没有被一些与某种情欲补偿有关的毫无意义的顾虑所困扰,因而它可能就是肉体和精神的平衡和充分发展的源泉。不管怎样,肉体必须听命于精神,躯体必须屈从于灵魂。

---

①　19 世纪上半叶的一些博士论文可作为这类丰富多彩的专题文献的例子,其标题本身就清楚地表明了它所确定的意向:E. 拉布罗尼的《论妇女性快感缺失与过度的种种危险》,博士论文,巴黎,共和十四年,第 549 号;A. 康格兰的《论独身生活》,博士论文,巴黎,1838 年,第 214 号;F.C. 凯斯内尔的《禁欲对控制兽性之影响的研究》,博士论文,巴黎,1817 年,第 201 号;J.M.F. 贝尔蒂埃的《对性快感的生理和医学考察》,博士论文,巴黎,1821 年第 39 号;J. 布斯盖的《论把结婚看成是治疗疾病的一种手段》,博士论文,巴黎,1820 年;J. 韦利埃的《长期节欲论》,博士论文,巴黎,1814 年,第 201 号;《医学科学词典》(庞科克)中的一些条目也可作为例子,如福德雷撰写的《结婚》、罗尼撰写的《男子性欲亢进症》。

②　尤其是布封所转述的拉雷奥尔附近的科尔神甫的情况,参照罗尼的《男子性欲亢进症》。

③　这方面的例子,有亦已提到的让-埃内蒙·迪菲尔的巨著《自然状态与童贞》,以及由皮埃尔. J.C. 德布雷纳专门为这一问题所写的那些章节:《从其与生理学和医学关系的角度论道德神学——专论神职人员的著作》,布鲁塞尔,旺德博尔出版社,1844 年(第 4 版),关于"完美童贞状态"的争论,第 99 页以及以下。

3

夫妇义务

有关极端的偶发事件的苦痛或好处的争论,除与男性关系更大一些之外,如同围绕独身的争论一样,是按照同样的方式和理由展开的。这一争论必然会促使我们简要回顾一下在基督教徒看来抑制性冲动是必要的理由。正如人们所说,教父们的启示录,尤其是奥古斯丁的启示录,是以与欲望相关的淫欲在身体上的表现不受压束为根据而作的,其目的是要使淫欲成为由罪过而导致的不容置疑的结果①。从圣保罗教义的角度来看(《哥林多前书》,第七章),童贞状态被认为要比维持性关系更高一层。耶稣的一生足以证明这一点。但是保罗又认为,宁可结为一对美满的夫妇而不要彼此热恋;在神学家们看来,这是使一对由互相尽责的义务连接在一起的夫妇避免受到惩罚的一种方法,因为一个人若是沉湎于淫荡、通奸或婚外情就势必会招致惩罚。尽管道德神学极其错综复杂,尽管生理学的种种发现在这种缓慢行进中起了作用,但受罗马教廷赦罪院所操纵的基督教徒们②仍然还在坚持一些简单而又牢不可破的禁令:夫妇两人发生肉体关系是为了生育,而不是企图获得片刻的肉体快感。夫妇应该避免采用任何导致节育的手段和任何注重情欲的行为如鸡奸、口交或相互间的手淫③。他们必须尽可能地避免产生某种自我满足的欲念,因为这有可能会使自己忘记肉体关系的目的。

相反,夫妇两者任何一个都不应拒绝其伴侣,否则,就有被通奸或婚外恋所引诱的危险。但还存在着一个有争议的要点,那些重要的神学家,如勒芒的主教布维埃阁下、托马斯·古赛阁下或德布雷纳神甫都对此进

---

① 我们不可能把奥古斯丁学派的论著目录都一一列举出来。按照中世纪神学家们的看法,有关夫妇间的淫荡和性行为,可参看卡尔拉·卡扎格朗德和西尔瓦纳·韦克歇奥的《中世纪的重罪史》,巴黎,奥比埃出版社,"历史丛书",2000 年;并可看看新版《论夫妇的快乐》,由让·阿蒙译成法文,取名为《夫妇的幸福》,巴黎,帕约出版社,2001 年。

② 与 19 世纪的神学家、罗马教廷赦罪院和节育有关的争论,这方面最主要的著作仍是让-路易·弗朗德兰的《教会与节制生育》,巴黎,弗拉马里翁出版社,1970 年。

③ 有关医生和神学家之间的配合,看看下文第 169 页(原书第 166 页)。

行过争论。如果妻子正等待着已怀上一个形貌如上帝的小生命这一神秘事儿的到来,但她凭经验又知道其丈夫已决意要发生已中断了的性行为,而此时他又处于情感炽烈期,那么她到底应当采取何种态度呢? 对此人们的意见虽然不一致,但似乎大部分神学家都倾向于持宽容的态度,或者毋宁说取调和的态度。妻子不应当冒那种可能会驱使自己的丈夫犯下更严重错误的危险,即诱奸一个未婚的女子,或更糟糕的是诱奸别人的妻子。

现在还有一个附带问题:即使妻子已预感到丈夫会犯错误,那么已自愿同意的妻子是否应当很小心地避免这种肉体的享乐,因为她已经确切地知道这种享乐对可能或很可能会怀的胎是有影响的? 大部分神学家建议应当避免这种肉体的享乐,但德布雷纳神甫却以生理学上的发现为理由替妻子作辩解,因为在他看来,科学亦已证明在发生性行为的过程中某些女人是无力躲避这种肉体享乐的①。

无论如何,对自我的控制和对由约瑟与玛利亚这对夫妇所设定的夫妻典范进行颂扬,就会导致人们认为夫妇间发生偶然事件是有益的,因为这能确保生出一群孩子,当然,只要夫妇任何一方不向对方提出尽其义务的要求。

因此,即便人们已将天主教有关肉体结合的启示粗略地勾勒出来,但仍不应当按照我们 21 世纪的感悟程度来看待它。怀孕的强烈的神秘性②、已被公认的母亲身体的神圣化、对夫妇间的忠诚和对两人相互馈赠(按照《圣经》的用语)的颂扬,这一切仅仅形成了一个独一无二的肉体;信基督教的夫妇房间里的气氛,一张顶部常常置有一个耶稣像的十字架的床有时靠近跪凳,虽则没有过分渲染色情气氛,但却能赋予肉体的结合以强烈的激情,对于这一点我们必须要予以重视,如果我们不想犯下心理学上的任何时代错误的话。

我们还应补充的是,那个时代的神学家在这方面并不谴责那种旨在有助于夫妇肉体结合获得成功的事前磋商。他们赞同快感的反复出现。

---

① 关于这次争论,参看上述所引皮埃尔·J.C.德布雷纳的《论道德神学》,见第 5 章“论夫妇间的手淫”,尤其是第 184—187 页。
② 参阅下文第 155 页(原书第 152 页)及以下各页。

他们允许人们有情爱姿势的某种自由,并建议人们采用那种不妨碍后缩动作的所谓正常性行为的姿态。他们中的某些人甚至赞同性高潮最慢的一方(常常是女方)在另一方获得快感时,也应设法使自己获得快感。此外,从这个世纪的中期开始,某些神学家开始把爱情也看成是两性关系的目的之一;让·古里就是一例,所以在 1850 年他就被纳入阿尔方斯·德·利古里①思想系列的人物之中。

那么,究竟有多少对夫妇为了遵从神修导师或普通的告解神甫的指令而能如此控制自己的冲动呢?这很难说清楚。不过从许多妇女经常求助于告罪亭的情况来判断,在我们看来最主要的便是她们在不断地想起这些行为规范。从道德神学来看,信仰天主教的夫妇若是企求性行为绝对的自由放纵,那就是一种极坏的做法;尤其是因为他们在作忏悔时所吐露的真情实意之中包含着悔恨,并因为这种内心的直白犹如坚定的决心那样,紧接着的便是对自己的惩罚,即便这种惩罚非常轻;他们不会忘记这种犯罪感的重压对那些放纵自己无视既定行为规范者所感受到的激情而产生的影响,尽管有人认为情欲是由于触犯行为规范而滋长起来的。

4

禁欲主义的立场

"我们的最大敌人就是我们的身体②,"阿尔方斯·利古里写道。人们把 19 世纪上半叶道德神学的淡化趋势归因于受了他的影响,这是颇有道理的。在阿尔斯神甫那里可重新见到"这种冷峻的利古里主义",他把自己的身体看成是"自己的尸体",他确立了"禁欲主义的立场",这也是 19 世纪许多基督徒的立场。对于精英人物来说,单单避免淫欲也许不够。重要的是要"不断与自己的本性和身体作斗争",而在这同一时期,与启蒙时代有接续关系的人类自然史和医疗科学却在大量散布相反的信息。

---

① [译注]阿尔方斯·德·利古里(Alphonse de liguori,1696—1787),那不勒斯人,天主教教义宣传者、道德神学家。
② 奥迪尔·阿尔诺引自阿尔方斯·德·利古里的《肉体与灵魂》,第 136 页。

"有关身体的修行究竟有些什么要求呢?"德西雷·格拉利亚于 1884年问道,他曾为慈善修女会写过一些精神指南方面的东西。接着他便说道:"我们对它怀着多么大的深仇大恨呵,它所要求的一切乐趣,我们统统都不予满足⋯⋯①"

正当躯体和灵魂、肉体和精神的分离日趋深化时,这个时期便承继了在 17 世纪出现的那种断裂现象。然而,人们在 19 世纪却找不到与之相同的神秘主义倾向和要求苦修的欲望。关于这一点,就与我们有关的那个时期而言,最重要的就是要竭力将那些纯然属于特兰托宗教会议结束不久所制定的戒律范围内的东西和所革新的东西区别开来。我们就从这个视角出发,来考察一下仍在女修道院里通行的修行活动。它们便是为那些虔诚的人提供的常常是难以接受的极端化样板。

修女们的那种穿着就是为了否定那个必然会趋向腐朽的身体。奥迪尔·阿尔诺写道:"人们隐隐约约地不愿把肉体和自身合为一体;他们用衣服将身体掩藏起来,就像用裹尸布将其裹着一样,因为这样他们就感到自己如同隐藏在一个自己极想摆脱的肉欲环境里。"②不过,修女们的服装并非因此而像老虎钳子那样被设计出来。她们的服装并不掩蔽女性的体型。服装的上身部分贴紧身子,呈现出匀称的身材;唯一的要求便是必须戴上面纱以及能将头发覆盖起来的一切东西,那是从朴实庄重的角度考虑的;这也是奥古斯丁在 5 世纪大力恢复的一种古老要求。

修道院里悄然无声。在那座从前经过朗塞神甫改造过的特拉伯大苦修院里更是万籁俱寂。1847 年,夏多布里昂应其神师的要求,曾对这种极度的宁静气氛重新深思过。他在浪漫主义灵感和崇高美学思想的启迪下,赋予了它以新的涵义③。在别处,还有人对"大范围的寂静"和"小范围的寂静"进行了区分,前者指夜间四处弥漫的那种静谧,后者则彰显出了人们日间活动的那种气氛,它是在休闲时刻或由上司任意给予的休假期间断断续续出现的。宁静是自我控制的一种修炼方式和特征。它能增强人们抑制冲动的能力,避免思想分散,有利于内省,有助于作祈祷。当

---

① 奥迪尔·阿尔诺引自阿尔方斯·利古里的《肉体与灵魂》,第 135 页。

② 同上,第 68 页。

③ 阿兰·科尔班:《对静默无声的历史起到了促进作用》,见《现代欧洲的信义、忠诚和友情——罗贝尔·索泽纪念文集》,图尔,1995 年,第 51—64 页。

然,它还能使人避免喋喋不休的闲聊、恶言中伤和神思不定的心态。它证明了一切行动都必须要合乎规则。它是人生准则的基础之一。

禁食与宁静是协调一致的。它有利于在食堂里沉思冥想。它也证明了冲动是可以抑制的。节制膳食"作为精神生活的一个基本条件①"是非得要这样做不可的。在那座大苦修院里,肉、鱼、蛋以及香料、奶油和糕点均禁止食用。在圣诞节前的四星期和四旬斋期间,饮食制度则更为严格;修道士们在禁食的日子里一天只能吃一顿饭。当然,其他宗教团体的规则并没有这么严格,人们一般可根据各地的习惯灵活掌握。

我们不可能对禁食和节制饮食,也就是说就有关人们对圣体食物的态度进行详细的考察,它们虽然独立于圣餐之外,但却能使人们为进圣餐作好思想准备,并且它们也是和进圣餐的内涵相吻合的。事实上,那种担心会亵渎神灵的恐惧一直对领基督圣体的仪式形成了某种重压。禁食和苦修有助于消除这种恐惧,这是因为"一旦身体不受酷刑折磨,灵魂就会出问题②"。

穿粗毛苦修衣和对自己进行惩罚的习俗在 19 世纪的修道院里广为流行。星期五是基督受刑和死亡的纪念日,那一天许多修道士和修女都对自己施行鞭笞。这类苦修活动还蔓延到所有的寺院里,并涉及到数量众多的不入修会的教士,他们都以阿尔斯神甫以及那些像圣母院的讲道者、多明我会修士拉科代尔那样投身于紧张生活之中的修士们为榜样,进行修行活动。许多虔诚的妇女和少女,尤其是那些最近皈依基督教的女性,都穿上了粗硬的苦修衣。乔治·桑在青少年时代曾是《以基督为榜样》的一个虔诚读者,那时她是奥古斯丁派修女院的一名寄宿生,她从另一个角度感受到了这种神秘主义的狂热气氛。她在自传中吐露说:"我脖子上戴着一串用金银丝编织的念珠,以代替粗糙的苦修衣,她擦破了我的皮肤。我感受到了我的点点血滴的凉意,但这不是疼痛感,而是一种惬意感……我的身体已失去了知觉,它已不复存在了。"③

尽管如此,这些修行活动在当时仍然有一系列的注意事项予以限制。

---

① 奥迪尔·阿尔诺:《肉体与灵魂》,前揭,第 121 页。
② 同上,第 135 页。
③ 乔治·桑:《我的人生经历》,巴黎,伽利玛出版社,"七星诗社"丛书,1970 年,第 1 卷,第 965 页。

在修道院里,修行活动必须得到院长的允许,而且必须要极其秘密地进行。在修道院的禁区之外,告解神甫的言行不应过分;那些禁止女苦修者进行此类忏悔活动的人数量很多。我们已提到过的那位声名卓著的德布雷纳神甫曾是一名医生,后来才成了苦修会会士。他声明自己不赞成苦修。此外,我们不应把这类苦修与那种属于医生当时所称的嗜痛癖——做爱疼痛感——混为一谈,后者在这个世纪末(1886)受虐色情狂这一概念传布之前就已经存在了。这些虔诚的基督徒对自己的肉体极不满意,因而一心想通过折磨肉体的方式来陪伴忍受痛苦的救世主。自我鞭笞与对痛苦的奥秘的沉思默想是不可分离的;它同那种在心灵修炼的范围内备受推崇的想象力相一致。我们应避免过快地把此类行为说成是医疗行为,把它看成是病理学上的现象。

尤其是因为在 19 世纪人们对这方面的过火行为甚至神秘主义十分反感。一般说来,这个时代的忠实信徒们都在寻找和上帝之间的某种与以往不同的关系,而先前的那种关系是把诸如让·德·拉克鲁瓦①或阿维拉的泰蕾丝之类的人物引入其心醉神迷的境界,把他们引进感官在夜间所出现的幻景之中。

那些编写人生规则和虔诚教材的作者以及神师们,对任何极端行为都持怀疑态度,相反,他们强调的乃是那些有关日常应节制运用感官的训诫,因为这些感官被看成是魔鬼进入的大门。"与之有关的感官的一切功能,都被可能是由功能所引起的种种内在反应所制约"②。修道院里的修女们都竭力控制自己的动作、调整自己的情绪,力图使初学修女们抑制冲动和急躁情绪。不断地要求她们必须自我克制。坐或站的姿态、走路的方式都必须控制得当。"动作、节奏、骚动不安的根源和感觉所提供的东西"③,都是她们要永远保持警惕的对象。人们祈祷的姿态应严格规范化,其神态必须始终通过双手这一唯一可见的身体部位和面部显示出来。至关重要的是要避免表现出种种类似于向别人示意某种亲热的神情。

关键的问题则在于对五官的控制。考虑到目光的危险性,应当努力

---

① 〔译注〕让·德·拉克鲁瓦(Jean de la Croix,1542—1591),西班牙卡尔默罗会修士、神秘主义者、神学家。

② 奥迪尔·阿尔诺:《肉体与灵魂》,前揭,第 141 页。

③ 同上,第 87 页。

克制自己想看别人或被别人看的欲望。当然,任何猥亵的目光都必须避免,应尽可能地不要盯着别人看。修女不可看自己的裸体,而应当忘掉自身的形象。她不能使用镜子。同样,她也不可有喜闻香味的癖好。相反,她却可以寻觅臭味,尤其是当她暗示出要完成某一善举的时候。

傍晚,背诵晚祷文就是为睡眠的纯洁无邪做准备,并为防止夜间被恶梦缠绕而作祈祷。对于修女以及全部基督徒来说,睡眠能使他们回忆起死亡的形象,卧榻会使他们想起坟墓的形象,匆忙的闹钟会使他们想起死而复生的形象;修士们应睡粗硬的卧床的戒律便是据此而制定的,这一点我们还可在医生的笔下看到①。

总之,在 19 世纪,尤其是这个世纪下半叶最显著的特征,便是信徒们过分注重于那种能使身体"受到痛苦折磨的统筹安排",大家都在寻求通向上帝的条条"小径",此种情景便是这个时期末促使少年耶稣的泰蕾丝如此修行的一个重要因素。修女面临如此巨大的痛苦,她应当不但能忍受而且还要毫无怨言,不流露出任何一点儿情绪。她甚至可以拒绝减轻所遭受的痛苦,这其实是一种隐秘的与救世主相结合的方法。当死亡来临身体虚弱不堪时,隐修院的某些修女在期待灵魂升天节到来的过程中还表现出某种欣喜的神情。

除了所有这类戏剧性的搏斗之外,平常还要不间断地进行甘愿屈从和弃绝自我的修炼。强使自己的肉体遭受这些小小的牺牲乃是"效法圣徒以累积成最大痛苦"的一种方法。克洛德·萨瓦尔②指出,对自我牺牲作出估算与那个时代的精神是不相一致的;仿佛这就是为储蓄、为某种形式的资本积蓄即对精神的投资而投入的一笔款项,以确保自己能够永恒得救;因而修行活动是以愈益深刻细致的反省、常常配以带有悔罪性的忏悔以及频频出现的领圣体仪式为基础的。

由于告解神甫和神师的影响,由于人们通过阅读虔诚文学而开阔了眼界,因此由修女们所推举的典范人物传布的强劲势头就在寄宿学校和整个社会范围内减缓了下来。我们再重复一遍,这种虔诚文学尤其在第二帝国时期获得了巨大的成功,那些反对教会干预公共事务的人的怒气

---

① 参看下文第 167 页(原书第 165 页)

② 克洛德·萨瓦尔:《天主教经——19 世纪法国宗教意识的见证》,前揭。

便是由此而来的,他们指责教士,认为妇女之所以屈从于其影响完全是由他们一手造成的。

然而,不论是对修女,还是对那帮虔诚者,人们却不无理由地强调指出了这样一种悖论,即正如让-皮埃尔·佩太所写的:"为身体而操心以及对身体的排斥均以专横的方式,将这种对那个可耻的、未被理解的、深受折磨的、实际上又是无处不在而又具有进攻性的身体形成威胁的欲望,最后安置到修道院里了事①。"至于奥迪尔·阿尔诺,他则断言:"人们本想在整个白天放弃对身体的控制,但最终却又赋予它一个令人难以置信的位子。"②

让娜·昂德洛埃则从人类学色彩更浓的角度提出了一个同类型的悖论。让我们马上就来看一看她的分析。她在对 19、20 世纪静修会的修女们作了细致的调查研究之后写道:"那种为了加强精神生活和内心生活而必须抛弃身体的修道院生活,却是身体的某种日常活跃的、象征性存在的场所。"③这一怪诞的断言对让-皮埃尔·佩太和奥迪尔·阿尔诺所表述的那个悖论来说,既是一种支持而又显示出了细微的差别,它是以一些用双手像做祈祷那样所制作的虔诚物品为基础的,这种祈祷"就像对身体本身的一种修炼"。让娜·昂德洛埃补充说,从那时起,"修道院的艺术就和肉体不可分离";信徒们所制作的某些艺术品表达了"肉体和灵魂合二为一和神灵化身的思想,它们使人重又回到了肉体这一基础之上"。④

在初学修女正式入会的修道典礼仪式(着修道服)上,须将要求入修道院的女性的头发解开,使其呈散乱的发绺,将其剪去后集中放在一只银盆里。至少直至 1880 年左右,修女们就用这种材料制作了一系列小物品:十字架、花环、首饰和表链。某些修女甚至还成功地制作了一些风景画。

从人种志方面所作的调查研究揭示出,修女在许愿的时刻还制作了一个象征着自己的小娃娃。那就是制作一个用纱布永远蒙着的身子,其

---

① 奥迪尔·阿尔诺:《肉体与灵魂》的"前言",前揭,第 11 页。
② 同上,第 143 页。
③ 让娜·昂德洛埃:《塑造人体模型——基督教修女的圣物盒、编制品和蜡制塑像》,博士论文,法国社会科学高等研究院,2002 年,第 102 页。
④ 同上,第 281 页。

蜡制的面孔反映了那种永远不变的、毫无生命气息的身体。修女通过给一个赤裸的身子穿上衣服（注定永远不会脱下来）的方式，表示她已失去了生育的功能。这个娃娃通常是放在一个象征着修女的小修室的"单独盒子"里；这可使她必要时在这个盒子里展示一下进行苦修的种种器具。

幽居在修道院里的女性在制作花边物品即贞洁象征的同时，其传统的职责之一便是把一些被复制出的人物，尤其是一些人物的骨片用衣服覆盖起来，其目的是为了把肉体的行迹引进那些人们所崇敬的人物形象之中。这种为表现肉体的存在而花费的心思在与人物同样大小的肖像画上达到了顶点，修女们给它们穿上真正的服装，并把在教堂内圣人遗骸盒里展出的部分骨骼遮蔽起来[1]。在 1905 年为阿尔斯神甫举行了列福仪式之后，他的遗骸便是这样展示出来的。巴克街小教堂的卡特琳娜·拉布雷、贝尔纳黛特·苏比鲁、少年耶稣和受难耶稣的泰蕾丝，则以个人色彩不太浓、如同天使那样的神态展示出来，她们"仿佛沉睡着，双目紧闭，头部略微侧向一边"[2]，一只手放在另一只手上或是紧按在念珠上。这种作品具有 19 世纪那种风行一时的蜡塑艺术的特征[3]，它比任何东西都更为清楚地向那些着迷的观众表明了在那个时代虔诚的基督徒想象中身体的意味深长的涵义。

当然，我们很难（这并非是我们在这里要谈的话题）深入了解那些意志极端薄弱以致承受不了修道院里那种严酷修行方式的人的痛苦。关于这一点，我们知道自从《查尔特勒修道院的看门人——本笃会修士布格尔所写的自己的故事》（1741）或狄德罗的《修女》出版以来，更不用说萨德的作品了，色情文学一再坚持将其女主人公置于修道院的禁区。这种无以复加的违规现象——因为在神学家看来，在这些场所的皮肉交易乃是一种亵渎神灵的行为——其目的当然是想使读者的感情燃得更加炽烈，如同那些详细描述处女被一伙人蹂躏的场景所起的作用那样（《索多玛的120 天》）。

对档案所作的细致研究表明，性行为确实在旧制度下的女修道院里

---

[1] 伊夫·加内：《对巴黎圣徒之遗物崇拜所作的考古——从大革命到今日》，博士论文，巴黎第四大学，1997 年。

[2] 让娜·昂德洛埃：《塑造人体模型》，前揭，第 81 页。

[3] 参阅下文。

发生过,但并不像这种色情文学所描述的那么明目张胆。格维纳埃·莫尔菲举出以下的事作为例子:她发现 18 世纪在尼奥尔城的七座女修道院里一共记载了 16 位修女怀孕、4 位修女被强奸的报表;于是作者得出结论说,对于大革命时期亦已结婚的大部分女性来说,肉体关系乃是公开的事儿,按照她们的说法,这并不怎么令人向往。的确,在 356 位已婚的修女中,后来只有一位声称她曾被性欲所驱使过①。相反,在大革命时期结婚的教士中,却有 30% 的人声称他们发生性关系是出于爱情的缘故②。

菲利浦·布特里是一位有幸看到过阿尔斯档案的人,他介绍了修女玛丽-佐埃的案例,它并不怎么富有挑逗性,但却能使人更易于隐约看到一个充斥着情欲的身体在这种场所作的斗争可能会是个什么样子③。对这种案例的研究对我们来说,首先就是一种能使人回忆起有关在忏悔室里所吐露的内心秘密的更为广泛的材料——同时还可从另一方面了解到这种类型的档案柜只是在教堂里逐步安置的。19 世纪是一个庄严忏悔的世纪,不论是有关日常的忏悔还是那种能对自己进行更为深入反省的全面忏悔,其情景都是如此。自从马西农④于 18 世纪初在其有关忏悔圣事的布道中,以极其精辟的心理分析阐述那些训诫以来,自我反省的修行方式和监听由反省者所导致的身体冲动的方式便传布开了,特别是在虔诚的女性群体中更为盛行。由道德神学炮制出的重罪和小过失,偶犯、重犯和惯犯之间的确切区别,已成为比较熟悉的东西了。我们在后面谈及到肉体和性生活的历史时,对于其与新环境中的文化相适应的那种过程是不可能避而不谈的。

玛丽-佐埃向阿尔斯神甫吐露内心秘密这一例子是属于或许被视为某种咨询范围内的事,却可引导她想到她正在被罚入地狱,并可使人们能更

① 格维纳埃·莫尔菲:《法国大革命时期结婚的修女》,见吕克·卡普德维拉、索菲·卡萨涅等著:《面临变化的人类——从中世纪至今的男性和女性》,雷恩,雷恩大学出版社,2003 年,第243—255 页;更为宽泛地说,可参看该作者的博士论文《普瓦提埃教区上帝的侍女与法国大革命》,巴黎,法国社会科学高等研究院,2003 年。

② 关于这一主题,参看格扎维埃·马雷夏尔:《法国大革命时期结婚的教士》,3 卷,博士论文,巴黎第一大学,1996 年。

③ 菲利浦·布特里:《对 19 世纪忏悔的思考》,见《梵蒂冈二世时隐居神父们的忏悔方式》,巴黎,塞尔夫出版社,1983 年。

④ [译注]马西农(Jean-Baptiste Massillon,1663—1742),法国教士、修辞学教授。

好地领会种种还在神学家那里颇为时兴的对罪行的区分。菲利浦·布特里强调指出，瓦纳城一个宗教团体里的一位修女屡屡犯下多种淫荡的罪行。她14岁时因其一个行为不端的叔父而失去了童贞，16岁时，即在寄宿学校里度过两年之后，又再次失身于他。她在其父母身边生活得很不如意，于是便决心遁入修道院。然而，一个教士在其初学修女时却诱奸了她。她所作的一次全面的忏悔才使她有三次没有再犯下此类过失。她虽然发了誓，但某些不可救药的"恶习"却又使她不能遵守她那个修道院的教规。这种经常重犯的罪行即使用全面忏悔的方式也不能使之根除。总之，玛丽-佐埃在其青年时代的人生中，从初学修女到修女，从没有尊重过人们所要求的那种贞节。更糟糕的是，她还向阿尔斯神甫吐露了她的一个最严重的罪行，即把自己对罪行的招供转变为一种愉悦。玛丽-佐埃吐露说："我常常说出我的过失，因为我在谈论这些阴暗的事时会感到某种愉悦。"[1]事实上，忏悔对于教士和女忏悔者来说，都是一种会引起身体骚动不安的机会。关于这个问题，所有的宗教教材都嘱托告解神甫要特别小心谨慎，某些家长则抱怨告解神甫对他们的向其求助的女儿教的太多了。

多亏了克洛德·朗格鲁瓦的研究著作，我们才非常清楚地了解到大多数修女都生活在一些活跃的宗教团体环境里：她们都是一些女教师、看护病人的修女以及为穷人或老人效劳的慈善工作者。然而，在这种社会环境中，尤其是涉及到减轻他人身体的痛苦时，她们并不试图传授自己的切身经验。在这里有必要将两种事区分开来：一种是为减轻病人的痛苦而给予的关怀；另一种则是死亡来临时而给予的援助和为善终而作的准备，以及发出某种希望和安慰的信息，由这些所构成的一整套宗教仪式活动，都会使临终者的某种和谐的幻觉显示出来，它与那种在女修道院里占主导地位的萦绕在人们心头的二元论是有区别的。

我们还应注意在临终者的床头可能会发生的冲突。修女的陪伴、关心其教徒得救的教士不断的出现、将临终圣油敷在死者身体各个部位的仪式，有时与日益发展的医疗手段对死亡处理的那种过程会进行竞争，安娜·卡罗尔[2]最近曾对这种医学上的处理方式进行过描述，她的描述还

---

① 菲利浦·布特里：《对19世纪忏悔的思考》，前揭。
② 安娜·卡罗尔：《医生与死亡》，巴黎，奥比埃出版社，"历史丛书"，2004年。

渗透着自由思想家的那种战斗精神,这是比较少见的。

5

沉思冥想和崇敬的姿态

就我们所知,除了种种苦修之外,有关天主教的礼拜活动对身体文化的影响方式,人们谈论的却很少。某些姿势和动作均直接表现出了身体的状态。但在做弥撒时,在为忏悔作准备时,在经常举行的崇拜仪式的场合里,在基督教团体里对某教徒进行惩罚时,长时间下跪会使双膝变得僵硬,直至结成老茧。这种下跪可使教徒们养成能忍受某种姿势和某些非自然伸展动作的习惯,但是不应当过分匆忙地执意将其纳入那些被历史学家们所谴责的惩戒措施之列。下跪或双膝跪拜与祈祷互相协调一致,它意味着遵从神意,与之相随的便是祈求上帝的宽恕。因而在许多的社会行为,如引诱、请求宽恕等等中,人们都可看到下跪之类的举动。

简单的下跪或许并没有什么深意,但却是不可忽视的,它能迫使人们练成一种阳刚之气,迫使人们能为那些有义务支持自己的年岁高的人去进行冒险活动。由于为使祭典礼仪活动有节奏地进行而须做出种种繁复的伸屈动作,所以下跪就使教士们的脚和鞋子都变了形。

从更广泛的角度来说,除修道院之外,天主教的礼拜活动还能促使人们对自己的动作进行抑制,对自己所感觉到的信息的关注和接收的方式进行控制。浸在圣水缸里的右手做出十字架的示意动作,就是为在教堂和宗教活动室里进行冥思静修作准备的。菲利浦·布特里所指出的那种在习惯于高声说话的乡村居民那里很难做到的低声说话的方式,在静修时非得要这样做不可。①举行礼拜活动——除对修道士的一切惩戒之外——其本身便是叮嘱人们从幼年起就要进行一种耐得住寂静的训练。无疑,这还不是反复教导人们对身体进行更为严格训练的时刻。孩童们要学习双手合掌。他们不得在教堂里及其附近狂奔乱跑;对于那些唱诗

---

① 引自菲利浦·布特里的博士论文《阿尔斯神甫所在地区的教士和堂区》。

班的儿童来说则更应如此,他们已养成了由礼拜仪式舞台场景所要求的控制自己身体的习惯。成年人的动作应当缓慢有序。要抑制自己的感情冲动,乃至要管住自己的眼神。祈祷时必须聚精会神,这应由身体的姿态表现出来。更为明显的是,崇敬的姿态击退了任何骚动不安的心绪,以纹丝不动的神态表现出自己心思的高度集中。向圣餐台缓缓前进寓含着某种在沉思中行动的艺术、某种拒不接受感觉信息的特别有力的表现方式。在所有这些方面,专门为修女们阐述的种种禁令都是一些典范文章。持续不断的朝拜活动的传播和频繁的领圣体的习俗,无疑在这个世纪的下半叶强化了这些戒律。

那些将这种仪式活动的时间划分出节奏的信号,①能使人们获知一切与整个团体有关的指令以及必须要听从的有关身体姿态的指令。宗教团体仪式队伍活动的展开——反对教会干预公共事务的斗争最重要的现象之一——显示出这些戒律已获得了成功。关于这一点,人们必须将这些对信仰的集体演示和这个世纪末各个城市里出现的越来越多的种种比较混乱的队伍和游行示威②对照起来看。

天主教的祈祷和礼拜活动使人联想到教徒们的姿态,它们在人们用圣职人员的虔诚之类的词语所指称的事务中已达到了顶点。教士和信徒相较而言,他们更是把这种身体文化的种种要素深深地植于自己心中。听圣职人士讲解变体的奥义*、每天必读日课经、经常带着日课经散步、在祭坛前祭祀和祈祷的姿态、在降幅和赦罪仪式上的姿态,所有这些举动都必须要表现出某种与这些姿态相一致的全神贯注和自我克制的神情;至于应保持教士在讲道台上的雄辩姿态,或者那些自我炫耀的高级教士在献出让人亲吻的主教戒指时应保持的某种从容不迫的姿态,那就根本不用去说了。

---

* 据基督教义所说,面包和酒这样的物质在领圣体仪式中就变成了耶稣—基督的真正的肉体和血液。

① 阿尔方斯·迪普隆(《论神圣性——十字军东征和朝圣》,前揭)对礼拜仪式的时间和只有祭礼庆祝所特有的那种典礼仪式的时间进行了区分。

② 里摩日城提供了一个对此类种种比照极富表现性的剧场:参看弗朗索瓦兹·洛特曼有关"炫耀"圣物的全部著作,以及约翰·梅里曼的《红色的城市里摩日——革命城市的形象》,巴黎,伯兰出版社,1990年。书中描述了游行队伍经常在这个城市里来来往往、纵横交错的情景。

宗 教 的 控 制

1．法国画派：圣心，19世纪，私人收藏品。

在19世纪广为流传的数不胜数的耶稣圣心的图片中，这一幅特别优美，它略微去除了为了寻找"神圣的内脏"而侵入基督肉体之中的意味，这种做法既象征着耶稣受难的痛苦，也体现了他对每一个信徒都能得到赎救的爱；这里的小荆冠、十字架和火焰般的热情即表现了这一含义。

2．停住！耶稣的心就在那儿！19世纪末，虔诚的图像。

1871年的失败和巴黎公社起义不久，对圣心的礼拜随即而得到了强化。这幅朴实生动的小画唤起了人们对基督主宰世界的渴望。它可能还隐含着对反教权主义和自由思想的一种抨击。

3．保尔·德拉罗什：圣维罗尼卡，19世纪，巴黎，卢浮宫。

对痛苦奥秘的沉思默想以及对耶稣受难图的庆祝仪式都把耶稣受难的故事置于１９世纪虔诚者文化的核心部位。在基督走向各各他刑场时，维罗尼卡用手帕擦了擦基督的面孔，于是在这块手帕上便留下了耶稣的面容。德拉罗什在这里是把她对这种回忆不堪忍受的形象描绘了出来，这种回忆由于这一激动人心的圣物的存在而得以持续下来。

4．让·贝罗：基督受难图，1912年的画展。

让·贝罗的这幅画有力地象征着20世纪初反教权斗争的激烈场面。在一对爱嘲弄人的上流社会夫妇身边，一个小学教师唆使其学生向正在受到一群吵闹不休的人之攻击的基督扔石块。对面，一些虔诚的孩子、一位修女和一些领圣体者正在聚精会神地祈祷，而一位年轻的母亲正在把她的婴儿伸向救世主。

5．勒塞夫：圣母玛利亚1830年7月31日向圣女卡特琳娜·拉布雷显现，1835年，私人收藏品。

1830年，那些革命的日子结束之后，圣母玛利亚这次向卡特琳娜·拉布雷的显现——其纪念品被保存在巴黎巴克街的小教堂里——开创了玛利亚显现的形象，它有助于重新描绘19世纪法国信徒们激动的心情和姿态。人们看到了圣心教堂里圣母玛利亚的这一形象及其双手所放射出来的亮光。

6．圣母玛利亚在萨莱特山上向两个牧羊童显现，19世纪末，佩尔兰推出的图片。

在圣母玛利亚的几百次显现中，由于请求显现的信徒常常属于乡间的民众，所以教会只承认3次，在萨莱特的显现即是其中之一。在这个阿尔卑斯山的小堂区，两个孩子梅拉尼和马克西曼很肯定地说他们看到了一个痛苦的圣母，她戴着耶稣受难的刑具。这次显现激发了许许多多人前去朝圣的势头。

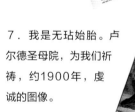

7．我是无玷始胎。卢尔德圣母院，为我们祈祷，约1900年，虔诚的图像。

无 玷 始 胎的教义颁布4年之后，圣母玛利亚就以这种守护神的形象在比利牛斯山激流岸边的一处岩洞里向贝尔纳黛特·苏比鲁显现。这位年轻姑娘纯朴的外貌和身体的姿态，似乎反映出了圣母玛利亚的外貌和姿态，因而最终使大众信服，人们在连续好几个星期里目睹了这一事件的反复重现。

8．圣贝尔纳黛特·苏比鲁在祈祷。

贝尔纳黛特的幻象在得到教会承认之后，在被送进卡罗默罗会修道院之前，她就强制自己接受了严格的肉体修炼。在她那些经过精心摄制的照片上，她势必会无止境地表现出由圣母的显现而引发的激动心情，同时又避免给人一种她在长大的印象。

9．路易·让莫：第一次领圣体，19世纪，里昂，美术博物馆。

在19世纪，对保护年轻姑娘并维护其心灵纯洁的关注一直萦绕在听忏悔的神甫、女教育者和医生的心头。这里在第一次领圣体仪式中所提及的对童贞的颂扬，必然会使羞耻心的种种表现展示出来，并对种种诱惑的行为形成了压力，然而却又给了色情文学以一种启示。

10．圣女菲诺米娜，童贞女和殉道者，19世纪的魔术师。

圣女菲诺米娜是年轻姑娘童贞的守护者，对她的崇拜源自意大利，尔后在法国得到了迅速传播，尤其是在阿尔斯本堂神甫的推动下。事实上，这位年轻的童贞女是因为拒绝了罗马皇帝戴克里先而遭到了杀害，但她的命运只是虚构的，教会在一个世纪以后才予以承认。

11．马里于斯·格拉内：接纳阿尔巴诺一个年轻的初学修女加入罗马圣克莱尔修道院的合唱队，19世纪，巴黎，卢浮宫。

这位要求加入修会的年轻姑娘在为其正式举行的入会典礼仪式上，把在举行仪式期间剪下的头发献出来。对她来说，日常的苦行生活、持久地控制自己的激情和弃绝肉体的满足从此以后便开始了。

14. 亨利·巴孔：圣诞节祈祷，1872年，私人收藏品。

这是一种被宗教史学家多少有点儿忽视的材料：运用虔诚修炼的方式而制作的人体模型；在举行宗教仪式期间，首先必须在教堂里进行肉体修炼。尽管在这里有一些很厚的垫子而确保了舒适，但异常的寂静、跪拜以及手的修炼动作所展示出的那种沉思默想的神态都表明了这种做法对修行者起着支配作用。

12-13. 修女们制造的小匣展示出了修行小室的内部情景，蓬-圣-埃斯普里，加尔宗教艺术博物馆。

卡罗默罗会的修女为了很好地表现出她们弃绝红尘和抛弃肉体的决心，就制作了一个表现自己形象的人体模型，它只露出了双手和面孔。这种人体模型被安置在一个小修行室里面，而这种小修行室则饰以一些虔诚的图像，有时则饰以一些修行的器具。人们在这些小匣子里也可看到一些手工纺纱杆和筐篮，里面盛放着一些可制作人工花朵和念珠的材料，或镶嵌用的圣物的碎片，这些东西都要求修女们用手来做，因而它们就和日常的家务工作一道在修道院里维持了某种物质性的持久存在。

15．乔治·克劳森爵士：正在祈祷的年轻的法国农妇，19世纪，伦敦，维多利亚和艾伯特博物馆。

　　在离优美地带的堂区很远的地方，有关肉体的修行并非不太严格。但这种修行在乡村的教堂里可能是比较困难的；这两位直接跪在祭台脚下石板上的正在祈祷的年轻农妇的姿态使人想到了这一点。

16．法国画派：年轻的诺曼底女人，1830－1840年，巴黎，装饰艺术图书馆。

　　个人内心深处的这种虔诚也显示在身体上。在这幅1830年代的石版画上，这位年轻的诺曼底女人跪在那里，双手合拢放在胸前，在她那间洋溢着勤勉气氛的小卧室的僻寂之中，自发地采用了她自童年起所学到的那种深思默想的姿势。

17．亚瑟·休斯：就寝的时刻，1862年，哈里斯博物馆和美术馆。

　　许多家长都很认真地关注为各种年龄的孩子入睡诵读而准备的晚祷经。从种种真实性来看，这幅完成于１８６２年的拉斐尔前派的画所描绘的乃是一个新教徒的家庭。画中所涉及到的这种礼仪和对身体修行的反复灌输当时和所有基督教徒的家庭都有关。

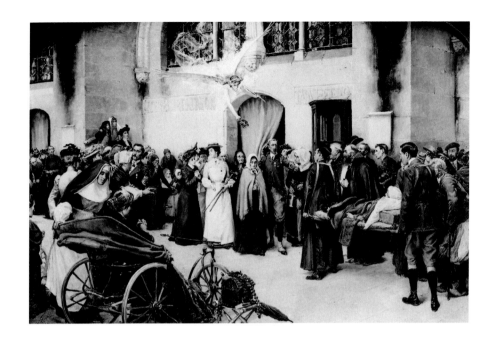

18. 圣地亚哥·阿尔科斯和梅加尔德: 卢尔德的一处圣迹, 1903年的画展。

　　20世纪初, 正当反对教会干涉公共事务的斗争加剧时, 天主教徒们则通过群众的示威游行来予以反击。在卢尔德, 卧床不起的病人挤在一起期待圣迹出现的盛大场面, 使贵族成员们有可能表现出某种自我炫耀式的牺牲精神, 从而使他们承担起了属于仆役们所做的工作。

6

怜悯和对奇迹的期待

最后,天主教按照福音的启示嘱咐它的信徒应以怜悯之心来看待那些受苦或贫穷者的身体,丝毫不应对他们身上的污点感到不快,不应顾忌种种乐于助人的举动可能会给自己带来的危险。由教士中最显贵的人士和教皇本人在复活节前的星期四给他们举行的濯足礼,乃是对最卑贱者给予这种关怀和同情的一种象征。

从 1862 年起,在卢尔德这一奇迹出现的巨大的戏剧性场所里所开展的慈善活动,以其强烈的反响压倒了由虔诚的天主教徒所表现出的一切其他的怜悯方式。这是因为那些平时被抛到社会边缘而又被人视而不见的病人和垂危者都站在舞台的最前列③。

那些神灵显现的奇迹都属于民众向圣徒医者和"灵泉"圣水求医的传说之列④,自从这类奇迹出现之后,患者就大量地涌向马萨比埃。但要想教会承认这些奇迹出现的真实性(1862)以及已经发生的圣迹是否确有其事,尚需要时间。由德·加雷松兄弟最早记录的多少有点儿确切的那些奇迹,稽查署的医生们从 1883 年起就对此进行了仔细的审核。

对我们来说,最重要的是卢尔德从此变成了残废者、患者甚至临终者的闻所未闻的集聚地,他们经常是由专列火车从四面八方运来的,希望在这里能够奇迹般地医好自己的疾病。这种前所未有的大批涌来的人群有时使那儿的广场就像是激战后的战地医院。不论他们的病况如何,这些社会地位各不相同的不幸者均要忍受炎热和旅途劳累的煎熬。他们从车站被运往通常是临时性的收容所时,有的是由人背着,有的用独轮车推着,有的用担架抬着,情况最好的是躺在铁路公司的四轮运货马车里或手推车里。一些从事慈善事业的男男女女把他们运往泉水池边之后,再把他们浸入寒冷而又混浊的水中,他们赤裸着的身体颤抖着,神情十分恐

---

③　吕特·阿里:《卢尔德》,前揭,第 335 页。
④　参照保尔·勒普鲁:《虔诚与治病的圣徒》,巴黎,法国大学出版社,1991 年。

慌,但心中却又满怀着希望。从水池里出来之后,患者和残疾者都力图使身上的泉水尽可能保持得长久一些。

总而言之,一切就如同那些组织者们希望将这些患者的身体及其畸形丑陋的部位展示出来以使他们相信奇迹会出现那样在进行着,科学对他们来说显然是无能为力的,他们强烈地表现出了需要得到上帝赐予受苦受难的人类的那种超自然的帮助。而那些因病卧床不起的朝圣者们,则"用尽自己最后的力量以模仿受难的耶稣,作出基督被钉在十字架上的姿态"。①至于那些抬担架的人,他们把病人浸入水中时,也"似乎感触到了强烈的肉体疼痛和不幸"②;然而,吕特·阿里却指出,人们不可过高地估计此类感受的心理作用。

在这个巴斯德革命的时代里,水池子里极不卫生的状况激起了那些反对教会干预公共事务者们的愤怒。必须要说的是,在卢尔德的人群中当时就有许多人是化脓性溃疡或脓肿的受害者,患者的身体布满了脓疤。救世圣母院的修女们(经常在贵族中间招收)在圣母升天会的小修女们的协助下,面对这些患者表现得很勇敢,既不厌恶也不怕传染。朝圣的气氛促使她们做出了忘我的英勇行为。她们在这里一方面充分发挥了女性的作用,使日常的博爱举动长期地持续下去,同时又强迫自己完成一些需要很快变换角色才能进行的任务。事实上,她们在卢尔德从事的脏活一般是由属于这个团体的家庭仆人来做的③。吕特·阿里写道,这些妇女是被那种"既具有强烈的本能而又常常沉醉于其精神的有组织的基督教团体的理想化观念"④所驱使的。对男人来说,尤其是救世圣母院接待处的男人,他们则专门负责运送病人和将他们浸入水中。

在卢尔德,"患者的痛苦……把人们的头脑搞得乱七八糟,即便是短暂的"。在各地诸如此类的场地里,"宗教信仰则是通过身体而表现出来的"⑤。此外,许多参与者的脑子里都有一些同利奥十三世的启示新通谕

---

① 吕特·阿里:《卢尔德》,前揭,第 335、351 页。
② 同上,第 382 页。
③ 安娜·马尔丹-菲吉埃:《女仆的地位——1900 年巴黎女性的仆役身份》,巴黎,格拉塞出版社,1979 年。
④ 吕特·阿里:《卢尔德》,前揭,第 291 页。
⑤ 同上,第 381、383 页。

的精神相吻合的有关团结一致和社会和谐的表现形式。

不管怎样,最重要的依然还是治愈疾病的问题。疾病被治愈的现象主要是突然发生在患者被浸入冰冷的泉水中和圣体瞻礼仪式进行的过程中。在以往的年代里被圣迹治愈的病人的出现,不论是在火车里还是在仪式队伍的行列里,都会使那些受到病痛折磨的患者燃起更大的希望。

患者被圣迹所治愈首先与身体的历史有关。它要求"与之有关的个人要充分发挥自己的一切情感和身体方面的能量"。瘫痪者"在多年不能动弹和遭受痛苦之后重新开始走路"的举动,"会导致历史学家不再把身体直接看成是某种哲学或语言上的抽象物,而看成是一种充满着内在张力的实体"①。此外,患者被圣迹治愈的事例有时会发生在很远的地方,它们常常作为集体的奇异现象而被描绘出来,这些奇异现象对患者的家庭、熟人甚至朝圣者整个群体都是一种鼓舞。与在医院里被降到被动的物的地位并处在医生目光监视之下的歇斯底里症患者不同,那些患者,尤其是那些在卢尔德被圣迹治愈的患者却引发了人们的同情、赞赏甚至某种形式的敬重。

为确定病愈是否由圣迹所致,稽核署要求它要能将疾病彻底根治,并要在瞬间完成,康复的状态要能持久不变,而且和以往的任何原因都没有关系;总之圣迹治病其含义即指某种不受自然规律所支配的能使身体发生变化的时机。在受惠者看来,圣迹治病就是患者对自身存在的一种巨大的感受,在病体治愈之后,他们感觉到了自己的重生,仿佛是死而复活似的;可以这么说,他们从此之后就非得要去获得一些全新的人生经验不可。

幸运的是,有关这方面的激动人心的故事非常多。我们注意到治愈一词在修辞学上的演变从另一个角度阐明了这一概念的文化上的相对性。人们对档案资料所作的仔细分析,尤其是勒内・洛朗丹以及吕特・阿里所作的分析,都可以使人隐约看到身体的那种骚动不安的现象,它常常以去除痛苦的方式而在顷刻间发作起来,类似于伴随驱魔仪式的进展,躯体所出现的那种骚动不安的情景②。

---

① 吕特・阿里:《卢尔德》,前揭,第45—46页。
② 同上,第426页及以下。

当然,神灵的显现、圣迹治愈患者的现象,以及一切地方性的、教区和全国性的朝圣活动,都是人们批评、讽刺和争论的对象,要是在这里对此作出分析,那就会使篇幅拉得太长。我们必须坦率地指出,卢尔德的神灵显现与通灵论的大肆流行和阿朗·卡代克的影响达到顶点均发生在同一个时期。更为重要的是,当这种圣迹的舞台背景展开时,唯科学主义、实验医学正在取得辉煌的成绩,夏尔科正在硝石工场展出歇斯底里症发作时患者的身体状态,而自由思想也正在确立它的支配地位[1]。因此,卢尔德是以向 19 世纪的科学挑战的姿态而出现的。许多医生以及紧接着他们的左拉(在其 1893 年的重要小说中),都把比利牛斯山激流岸边所发生的事件看成是群体性歇斯底里症发作的广阔的戏剧场景。在 1897 年组织的宗教仪式队伍中虽然有 40 来个卧床不起的患者响应了皮卡尔神甫的号召——他命令他们站起来回到他那里去——然而,这一仪式活动的开展却为那些蔑视朝圣活动的人提供了一些论据。

尽管如此,人们的态度还是在这个世纪即将结束时发生着变化。除了这些谈论圣迹治愈患者的资料之外,还增加了由催眠术、心理暗示以及一切被称作无意识的行为所提供的大量的档案材料。自然主义这颗明星正在黯淡下去。宗教和精神探索的意义又使人们产生了新的疑问。许多学者最终认为卢尔德的圣迹治愈患者的事都属于某些能引导人们对心理现象和身体的相互作用以及将二者结合在一起的相应的本质进行重新思考的神秘莫测的过程。

吕特·阿里对卢尔德的"被圣迹治愈的患者"的档案材料进行了耐心的分析之后,才弄清楚当时某些占主导地位的有关身体和灵魂相结合的思想模式一直在吸引人们对此进行反复思考的原因;这一发现与 19 世纪下半叶专门研究有关"自我"之历史的曲折进程的一切著作[2]紧密相连。

---

[1] 雅克琳·拉罗埃特:《法国的自由思想(1848—1940)》,巴黎,阿尔班·米歇尔出版社,1997年。

[2] 尤其要参看雅克琳·卡罗瓦的《催眠状态、提示和心理分析——研究对象的想象》,巴黎,法国大学出版社,1991年。

第三章　艺术家的目光

亨利・泽内尔（Henri Zerner）

1855 年 10 月 5 日，德拉克鲁瓦①正在迪耶普度假，他带来了一份有关摄影和绘画方面的材料以供自己思考，他在日记里写下了这样一段话：

> 我认真地研究着自己带来的这些画；兴趣盎然而又不知疲倦地观看这些拍下的裸体照片，这是一种奇妙的诗篇，我按照它来学习解读人体，此类人体照片所透露给我的东西较之那些粗制滥造者们所杜撰的东西要多得多。

我们在这里并不关注摄影在德拉克鲁瓦的思想中所能占据的地位，而是要指出两件事。首先，德拉克鲁瓦完全醉心于摄影的透明性。就在他这番话的行文之中，他以观看照片开始，可结束时所看到的却是人体。在他看来照片仅仅是被拍摄下来的事物的替代品。其次，艺术家们对人体十分神往：这种人体即是男人的身体（我们将会看到德拉克鲁瓦此时的思想有点落后），它本身就已经是一首"诗"。这是一种易于读懂的、本身就富有表现力的人体。

---

① ［译注］德拉克鲁瓦（Eugéne Delacroix，1798—1863），法国 19 世纪浪漫主义大画家，其画作上承文艺复兴以来的威尼斯画派、伦勃朗、鲁本斯等大师的优秀成果，下启雷诺阿、莫奈、高更等画家的艺术风格。

再有,在转入 20 世纪时,年轻的保罗·克里①也写下一则日记,确切地记下了自身的强烈感受:

> 我们 3 月 6 日(1902)来到克莱奥·德·梅罗德雕像的脚下,无疑,她是我们所能见到的最美的女人。每个人都熟悉她的头。但必须要先看到她那充满活力的脖子。它纤细,颀长,像青铜一般光滑,没有太多变化,肌腱细长,有两条接近胸骨。如此的胸骨和锁骨(都归因于赤裸的胸廓所致)。她的腹部被紧紧包裹着,以致和所有裸露部位都极为协调。令人较为遗憾的是我们无法看到她的胯部,因为某种奇异逻辑的若干效果必须借助她那精湛的动作技巧在这个部位上表现出来,比如,她在平衡身体重量时即是如此。相反,她却将自己的可以说是裸露的双腿呈现出来,而且也将她的那双曾以精细优雅的手法修饰过的双脚展示了出来。她的双臂是古典式的,如果说略嫌纤细了一点的话,那么由于它们具有较多的变化且富有活力,因而在其中又增添了诸关节彼此相连的某种动态感。在双手的比例和机制中再次细致地展现出了这个高贵肌体的美和智慧。
>
> 必须细细地观看她,仅仅指出她的一些大致情况是不够的,然而却又找不到任何感人的、词义相当的语言来表现她(她给人的并非是性感)。她的舞蹈动作就在于能轻盈地将其优美的体态轮廓展示出来。然而却未能显露出内在的精神,未能表现出个性特征,她所展示出的仅仅是绝对的美而已②。

我们从这种自发的评述方式中清晰地领悟到了智力的一切基本要素。这个年轻人在这座著名的人体雕像面前所产生的激动心情无疑是真诚的、发自内心的,但是在其表达过程中,有些措辞如"绝对的美"或"高贵肌体的智慧",却透露了其中隐隐存在着某种在传统中长期形成的思想资源。近代

---

① [译注]保罗·克里(Paul Klee,1879—1940),瑞士杰出的画家,其画作和绘画理论对现代派艺术家影响很大。

② 《日记》,皮埃尔·克洛苏斯基的法译本,格拉塞出版社,1959 年,第 97—98 页。

通过文艺复兴继承了希腊人有关人体的形象，并把它理解为这是人体唯一真实和忠实于自然的形象。然而，这种显然是由各部位连接而成的人体形象是于公元前5世纪在希腊最后被确定下来的，它是一种精神的创造物，是分析的产物，是通过对话人的观察而形成的；不过，这种观察是在某种有关人体既有机又机械的特殊观念指引下进行的，但不管怎样，它并不是人体可能会有的唯一形象。最近，人们为了向西方展示那些最奇异文明的艺术而在卢浮宫里设立了一些展厅，我们只要到那里去走一走就会明白了。

人们可能会寻思19世纪的艺术家们对待人体的态度是否会有某种独特之处呢？总之，人体在西方艺术中始终扮演着最重要的角色，"历史画"这一概念的起源一直要追溯到莱昂·巴蒂斯塔·阿尔贝蒂[①]，追溯到他赋予这一概念在历史中所起的重要作用，这一概念建立在人之形象的那种至高无上性的基础之上。但是，我们认为自18世纪即将结束起人体便获得了某种新颖的表现手法。那么，这究竟是一种重新发现还是一种创造呢？人体在文艺复兴时期乃是人们为之感到强烈振奋的对象。从乔尔乔涅到丁托列托所画的那些伟大的裸体威尼斯人，标志着这种激情已达到了顶点，但是梅姆林[②]的《贝萨特拜》或丢勒[③]的《亚当和夏娃》却表现了一种普遍的激奋昂扬的情绪，至于莱奥纳多对解剖学的探索或米开朗基罗所想象的人性，那就更不用去说了。他们把观察和想象结合在一起，以期把人体变成一个特别有利于想象的场所。但是这个时期结束之后，就艺术家而言，他们所熟记的那种人体就常常被某种无遮掩的人体所取代。这种已被体系化的人体就是思想或行动的支柱；它属于众多表现手段之列，或许它还居于其中的核心地位，不过，它只有在极少的情况下才具有某种自身的价值（但这并不妨碍人们把委拉斯开兹[④]的《维纳斯》、基多·雷尼[⑤]的《参

---

① ［译注］莱昂·巴蒂斯塔·阿尔贝蒂（Leon Battista Alberti，1404—1472），意大利文艺复兴时期一位多才多艺的人文主义者，既是诗人、学者、理论家，又是建筑师。

② ［译注］梅姆林（Hans Memling，1430—1494），15世纪下半期一位多产的杰出画家，其风格对后人颇有影响。

③ ［译注］丢勒（Albrecht Dürer，1471—1528），文艺复兴时期德国最重要的油画家、版画家和理论家。

④ ［译注］委拉斯开兹（Diogo Velazquez，1599—1660），西班牙17世纪著名画家，对法国19世纪的印象主义画派颇有影响。

⑤ ［译注］基多·雷尼（Guido Reni，1575—1642），17世纪意大利著名油画家、版画家、新古典主义的先驱人物。

孙》或鲁本斯的《黑特·佩尔斯根》纳入伟大的人体诗篇之列）。

近代的艺术家们继承了极其沉重的传统，它将希腊、罗马的遗产和过多的犹太基督教义方面的东西都积聚在一起。一方面，人体是一个小宇宙，是微型世界的真正代表；另一方面，由于它是按照上帝的形象塑造出来的，因此它就像是对神的外貌的一种回忆。但是在基督教传统中，还必须考虑到神灵化为肉身的观念，这种观念把身体说成是人的暂时性、偶然性及其衰亡的标志；相反，人体复活的教义都导致神学家们产生了某种"享受天福的圣身"的观念，也就是说，它不会腐烂，这一看法对那种自文艺复兴以来把"美好的天性"和裸体看成是艺术中的一种样式的观念的形成产生了影响。

或许正是这种传统的重压、这种象征性的超负荷以及它可能引起的焦虑不安，才在 19 世纪的艺术家那里形成了人体观念的独特个性。换句话说，他们可能已意识到自己对人体的传统观念产生了质疑；这种质疑长期以来都是隐而不露的，但到这个世纪末却在像高更那样的艺术家身上表现了出来。我们想起了他曾为被库蒂尔①画室的习艺处境所激怒的马奈而欢呼："至少在夏天人们可以到农村去学习作裸体画，因为看来裸体画乃是艺术的起步，也是艺术的至高点。"②这句俏皮话不论真实与否，但却清楚地表明了对身体的描绘不被任何言论所拘囿已在人们的心目中占据了一个根深蒂固的位子。然而，要想弄清楚这一情况，就必须要追溯到温克尔曼和莱辛。

1

理论的确立

问题并非是要在这里详细地重新谈论形式主义的真正缔造者莱辛的思想，而是要提醒人们注意一下他对造型艺术中的叙事手法所持的反对

---

① ［译注］库蒂尔（Thomas Couture, 1815—1879），法国学院派画家，印象派画家马奈的老师。

② 这段话由安托南·普鲁斯特转述，见《爱德华·马奈——由巴泰勒米出版的回忆录》，巴黎，H. 洛朗斯出版社，1913 年，第 17 页。

立场。他并不完全排斥叙事性手法，但只有在行动(阿尔贝蒂的"历史画"所涉及到的)能把多样性引进像绘画这样的艺术之中的情况下，才承认它的合法性，因为艺术上的形式主义有使绘画趋向呆板和单调的危险：叙事性手法可以对不同年龄和不同处境的人的身体状态作出说明。莱辛对绘画的叙事性手法的批评，尤其他所提出的"意味深长的瞬间"的观念，迅速地引起了人们的讨论，特别是在法国，然而实际效果却使叙事性手法得到了加强，至少暂时是这样的。不过在莱辛看来，艺术的理想乃是表现完美的人体，如同宙克西斯[①]的海伦画像那样，当然这幅画亦已遗失了，因此，这样的评论乃是想象性的。但至少他的这种看法不可能不隐隐约约地留存在人们的记忆里；不管怎样，女性裸体画将会成为 19 世纪最重要的主题之一[②]，我们还会比较详细地谈论。

　　当莱辛把一幅不可企及的、可以说其真实性难以确定的画说成是典范之作时，温克尔曼却为艺术家们提出了一些非常具体的样板作品，因而他的著作就起到了补充的作用，这些作品便是：《观景殿的躯干》(很可能就是海格里斯之类的神话人物)，尤其是《阿波罗》，他对此所作的一番描述依然异常精辟，还有近代的《埃克弗拉西斯》这样的典范作品。如果说人们可能会在 19 世纪女性裸体画极受欢迎的想象中看到莱辛的理想重又复苏的话，那么，温克尔曼关于男性身体所发表的言论就立即引起了巨大的反响。温克尔曼是一位具有独特才智、颇有吸引力的人物，自《论绘画和雕刻中对希腊作品的模仿》出版之后，他就给整个 19 世纪反复出现的论争注入了活力[③]。温克尔曼不仅仅是作为一门学科的艺术史起源的理论家，而且他还以其巨大的想象力把艺术本身的特征表述得十分明晰。他的那些观点经常出现在人们的艺术思想中，远远超越了所谓的新古典主义——也许这一称呼稍欠恰当——的范畴[④]。

　　如果人们回想起《论绘画和雕刻中对希腊作品的模仿》是在德累斯顿

---

①　[译注]宙克西斯(Zeuxis)，公元前 5 世纪末古希腊最著名的画家之一。

②　《拉奥孔：论绘画与诗歌的限制》，柏林，1766 年；法文译本 1802 年出版于巴黎。

③　约翰·约翰森·温克尔曼：《论在绘画和雕刻中对希腊作品的模仿》，(莱比锡?)1755 年；法文译本《论在绘画和雕刻中对希腊作品的模仿》出自于莱昂·米斯之手，巴黎，奥比埃出版社，"外国经典作品双语丛书"，1954 年，再版于 1990 年。

④　参看《理想的美》中雷吉斯·米歇尔对这种称呼的异议，展品目录，巴黎，卢浮宫，1989 年，第 7 页。

写的,那时对于古代艺术,这位审美家只看了保存在萨克森首府的少许作品,那么,就会明白温克尔曼的希腊理想在很大程度上是源自于想象的。对他来说希腊始终是一个乌托邦,即便后来定居在罗马时,他实际上也没有从这个伟大时代中看出任何一点儿希腊的特色,但这并不妨碍他对希腊艺术和罗马艺术作出彻底的区别,也不会影响他说出前者优于后者的看法。这一判断尽管遭到了皮拉内斯①的反对,但仍然长久地留在人们的记忆里;皮拉内斯的亲罗马立场同样也是建立在纯粹意识形态基础之上的,因为他没有接触过有参考价值的希腊作品(除见过帕埃斯图姆的那些寺院之外,并没有看过别的东西,但他却把它们看成是爱特鲁利亚人的、因而也是意大利人的寺院)。

温克尔曼在其著作里详细阐述了希腊艺术中有关男性身体美的真正奥秘。在这里必须要强调指出那种曾经引起过巨大反响的观点(如同人们将会看到的那样):这就是关于朴素美和优雅美,以及雄健的身体,换言之,像《观景殿的躯干》中所展示出的那种富有男子汉气概的身体,和在温克尔曼看来是属于完美的典范作品②的《阿波罗》中的优雅美之间的区别。他高度赞赏由年龄的差异所形成的种种不同的美的类型,他写道:"不过,美还是宁愿和青春年少结为一体:最崇高的艺术便是由此产生的,这就是将美好年华时的体型描绘出来。"

温克尔曼并不满足于声明希腊艺术的优越性,他还对此作出了阐释。他在希腊的气候中以及在男性身体完全裸露的传统中,尤其在奥林匹克运动会举行之际,看到了希腊艺术家们之所以具有优越性的诸原因之一。不过,他也猜想到希腊人比近代社会里的人具有更为完美的体型,并将这种完美性和雅典社会制度的政治自由紧密地结合在一起。这些思想已在《论绘画和雕刻中对希腊作品的模仿》中露出了端倪,因而很值得我们将其中相当长的一段话引述出来:

  我们中间最美的身体同希腊人最美的身体可能极少相像,

---

① [译注]皮拉内斯(Grovanni Piranése,1720—1778),意大利素描家和铜板画家,对新古典主义艺术风格的形成和发展具有重要影响。

② 关于这一点,参看阿历克斯·波茨的精辟分析,见《身体与理想——温克尔曼和艺术史的起源》,纽黑文,耶鲁大学出版社,1994年。

如同伊菲克勒斯与其兄弟海格里斯很少相像一样。希腊人从幼年起就感受到柔和明净的天空对其产生的影响，但他们很早就进行的形体训练则赋予他们这种高贵形体的雏形。以一个斯巴达青年的情况为例，他由一个男英雄和女英雄生下之后，在婴儿时期就不用襁褓包裹，从 7 岁起就直接睡在地上，童年时就开始练习战斗和游泳。你再把他和我们时代里的一个骄奢淫逸的年轻人相比较一下，而后你就会作出判断，艺术家会在二者中选择哪一个作为年轻的忒修斯、阿喀琉斯或巴克科斯之类人物的模特儿（原型）。根据希腊某画家对这个英雄的两种不同的形象塑造所作的判断，如果是按照现代的模特儿创作出的忒修斯，那他就是一个在玫瑰花丛中培育出来的忒修斯；倘若按照古代的模特儿创作出的忒修斯，那他就是一个在强劲有力的环境中成长起来的忒修斯[1]。

他后来在其《古代艺术史》中则更加充分地发挥了这些思想，同时又强调突出了优雅美以及这种美和自由之间的联系[2]。他的这些著作很快被译成了法文，传播也非常广泛，并引起了争论，其反响乃是经久不息的。

2

裸体画

虽说衣服原则上用来保护和掩蔽身体，但它也用来突出身体线条和彰显体型轮廓[3]。实际上，被描绘出的穿着衣服的人体所能传达的肉感，要比那种多少始终是理想性的裸体画要强烈得多。大卫[4]似乎有意要玩

---

[1] 约翰·约翰森·温克尔曼：《论在绘画和雕刻中对希腊作品的模仿》，前揭，第 99—101 页。

[2] 约翰·约翰森·温克尔曼：《古代艺术史》，德累斯顿，1764 年；法文译本于 1766 年在巴黎出版。

[3] 参看安娜·赫伦德：《透过衣服察看》，纽约，瓦埃金出版社，1978 年。

[4] ［译注］大卫（Jacques-Louis David，1748—1825），法国新古典主义重要画家，对浪漫主义、现实主义和学院派的绘画艺术都有很深的影响。

弄这种有点儿反常的对比,以便对种种样式作出非常明确的区分:与穿上便服截然不同的裸体适合于历史画,而服装在肖像画中是颇为合适的,这位画家在其整个职业生涯中都以其才华从事这样的肖像画。我们来细细地看一看儒贝尔的肖像画(蒙彼利埃,法伯尔博物馆):那过分臃肿的肉体紧撑着衣服;上衣和背心上的纽扣绷得紧紧的;粗壮的大腿完全塞满了短裤,短裤上的折裥在裤子前面开口周围辐射成扇形;所有这一切都向人们暗示着这个躯体的重量、结实以及由日常生活环境所造成的一个真实人体的所有特征。《贺拉提乌斯兄弟的宣誓》中的那些身躯虽然不是裸体,但看起来要比儒贝尔的身体清楚得多,儒贝尔只有面孔和双手是不加掩饰的;不过,这些肖像并没有使人产生相同的缺乏活力的印象。总的来说,有人责难大卫——对他本人的责难要比其继承者少一些——宁可描绘雕像而不是描绘人物,这是不公正的,相反,人们都清楚大卫一直坚持艺术家始终要按照活人模特儿来作画,他在《贺拉提乌斯兄弟的宣誓》这一画作中成功地做到了能使人感觉到血液在皮下流动的情景。不过,与此同时那种"美妙的自然"的观念也是经常在其脑海里出现,人们可以说这指的就是一些穿上衣服的裸体,即完美的非真实的人体;这是一些生机勃勃但却具有某种理想性活力的人体。这一特征在大卫的历史肖像画中表现得非常明显,但这并非只是其人物轮廓和面部表情的个性化特征,简言之,不是由相似性的作用所造成的,而是由某种不同于真实人物的基本观念所致。

这一有关裸体(盔甲、肩带和军鞋当然不计在内!)作战的武士的观念,表明在其历史画中对人体看法的想象已达到了何等程度。《莱奥尼达斯》是一幅最富有"希腊"风格的画,画中的那些男人和青年男子之间的同性恋一目了然,那种旨在掩饰性部位的艺术手法以一种间接肯定的方法呈现出来。大卫置那种不应将这些部位展示出来的禁忌于不顾:莱奥尼达斯的性器官只被他的剑鞘半遮着,而且那个青年男子又把他的军鞋系在最显眼的地方,这就说明了一切。然而,另一个男子正好是处于画面的右侧,他和其兄长在相互抚摸,他的性器官故意用其剑鞘完全遮蔽起来,如此一来,就对其勃起的性器官既具有掩饰又起到了暗示作用。所有这些做法纯粹出于对历史人物的名誉考虑,因为历史画中的人体已被改变了形态,它们不为日常生活的禁忌所制约。裸体画可以说就是历史画的一种象征,它必须要参照历史,因而就有触犯礼仪的危险。

裸体画从来没有像在 19 世纪那样得到精心的培植,而 19 世纪又是一个过分害羞的时代①。相反,在日常生活中,人体从未被如此细心地掩藏,尤其是女性的身体。人们不仅将身体掩藏起来,而且还助长了某种视肉体为丑陋的文化,至少在男性方面是这样。莱昂·德·拉博尔德曾对某种心态进行过描述,它仿佛就是温克尔曼对古希腊所想象的那种情景的反面:

> 上流社会的人和商人都乐意自己肥胖、笨重、行动不灵活,粗壮的身体裹着一件外套;他们把这种体态的变形看成是自己社会地位的一种特征;在他们看来只要不是很丑就不会损害自己的社会地位——这是由艺术所引起的后果——人的体形就成了某种比乳齿象的体形还要陌生的东西。这是一种恶性循环,因为从此人们就不是以冷漠的心态去看待裸体画了,它会给人以强烈的印象,从而道德上合乎情理的顾忌也就与对人体的研究形成了对立②。

裸体画和穿着便服的人之间的对照当时正是由于这一弊端而充分地展示出来。那么,是否有必要提醒人们注意画中的人体永远不是真实的人体呢?同时,对人体的描绘是以我们自身的实际经验作为参考的,而这种经验并不仅仅是视觉方面的,它还利用了所有的感官;人体是有气味、有重量、有硬度的。我在这里只请人们回忆一下伏尔泰在《老实人》的开头所作的那番描述:"……居内贡德年方 17,容貌艳丽,青春焕发,体态丰盈,撩人心弦。"一个艺术家要描绘人体,会有多种可能性:他可以更为精确地求助于视觉,但他也可以运用多种手法向人们暗示对肉体的较为全面的感受。古典理论所强调的乃是艺术品和对象之间的间隔,然而,这种理想在 19 世纪却遭到了某种要求缩短这种距离,要求人物形象向真实、

---

① 尤其要参看让-克洛德·波洛涅的《羞耻的历史》,巴黎,奥里维埃·奥尔庞出版社,1986 年。
② 莱昂·德·拉博尔德:《1851 年万国博览会》,法国委员会第 6 组第 30 评审会文件汇编,工艺应用,巴黎,皇家出版社,1856 年,第 991 页。

艺术和自然靠拢的意愿的抵制。浪漫主义的理想就是要消除艺术和生活的界限:观众在看到人物形象时应当和真实人物相接触时一样,会产生同样的反应。从吉罗代①到热罗姆②,由于皮格马利翁③的传说确立了艺术品和真实事物之间的差异可能会消失的命题;因而这一传说就特别同艺术家们的作品有关,并引起了对其作品的纠缠不清的说法,然而,对艺术家们来说,尤其重要的乃是他们应当严格遵守艺术和真实事物之间的距离这一法则。

裸体画作为一种样式在大卫周围的人中间却具有某种未曾预料到的重要意义:绘制"裸体画",也就是说,按照自然形态描绘裸体模特儿乃是美第奇别墅④里寄宿生们的一种义务,法兰西研究院当时总要把那些罗马奖的获得者送到那里去。某些人还给他的画作取上一个题名,如大卫本人于1778年提交的那幅裸体画就取名为《赫克托耳》。大卫的得意门生德罗埃⑤于1784年提交的一幅异常大胆的画作则取名《垂死的竞技者》,又以《受伤的武士》而著称,画面所表现的是一个刚强的男子汉形象,姿态紧张,非常出色地表达了他所经受的痛苦。更有甚者,人们站在这幅栩栩如生的画前,画面上就会透现出某种简单明了的知识即在这幅画中没有任何文学性的或确切的叙事作品作参照,艺术家只需一个人体就可将其意图表现出来。画面上伤痕有所忽略,或不管怎样伤痕极不明显,则完全是为了增强这个人物的感染力,因而他整个躯体所表现出的痛苦仿佛是内在的,而不是肉体上的⑥。吉罗代因其于1791年完成了《恩底弥翁》这一画作,在1793年的画展中获得了巨大的成功,从而使一种温克尔曼所称赞的裸体画得到了世人的认可,这种风格的裸体画随后便在绘画

---

① [译注]吉罗代(Girodet-Trioson,Anne-louis,1767—1824),法国浪漫主义运动早期画家,大卫的学生。
② [译注]热罗姆(Jean-léon Gérôme,1824—1904),法国学院派著名画家、雕刻家。
③ [译注]皮格马利翁(Pygmalion),据希腊神话中记载,他是塞浦路斯的一位国王,因制作了一位少女雕像并爱上了她,爱神阿佛洛狄忒便赋予雕像以生命,于是他俩就结为夫妇。
④ [译注]美第奇别墅(Villa Médicis),1574—1580年建于罗马,为枢机主教美第奇的住宅,1801年被拿破仑收购,两年后成为法国艺术学院在罗马的总部,也供罗马大奖获得者使用。
⑤ [译注]德罗埃(Jean Drouais,1765—1844),法国历史画家、新古典主义的先驱人物之一,大卫的学生。
⑥ 正如托马斯·格罗在其精彩的分析中所正确指出的,见《大卫的画室——竞争与大革命》,巴黎,伽利玛出版社,"历史插图"丛书,1997年。

领域里大量出现。这就再次涉及到画派即"裸体画"创作的问题，不过，裸体画此时已更加彻底地成为一种画了，因为画家已将第二个人物形象，即乔装成西风神的厄洛斯引进画中。吉罗代是一个具有文学才智的人，受过很高的教育，他不但赋予这幅裸体画以一个神话式的题名，而且还为画家们尤其是普桑①曾经时常探索的一个主题设计了一种新颖的、具有强烈特色的样式。这样一来，吉罗代就和普桑在进行着较量。塞勒涅女神（即狄安娜，月亮女神）对那个英俊的牧羊人恩底弥翁十分钟情，她总是在其熟睡时赶来凝视他。吉罗代的非凡想象力则在于他仅仅通过抚摸着酣睡中的恩底弥翁疲惫之身体的月光来表现这位女神。厄洛斯乔装成西风神，他促使月亮女神产生出这种爱情，他拨开了茂密的树枝让日光射进来。这位女性化的恩底弥翁的体形呈曲线，皮肤光滑，体态轮廓柔美，他是一种将温克尔曼的优雅美的理想推到极致的新型的引发情欲的人物形象。他面朝观众，在月亮女神的迷人月光下和厄洛斯的狡黠微笑声中，陷入了自我沉醉之中②。

这种类型的青年男子命运极佳。大卫本人自 1793 年创作《巴拉之死》就采用了这一类型的形象，画中所表现的自由的道德-政治这一主题再次得到了充分的肯定，这一主题可追溯到温克尔曼。其他一些范例则比较暧昧，很像是在可称之为大卫的艺术领域里由性别辨识的烦恼而引发出的种种征候。作为大卫出类拔萃的弟子，年轻的安格尔③在《阿喀琉斯接待阿伽门农的使者》中对这一现象作出了某种确切而又全面的描述，这幅画使他获得了 1801 年的罗马大奖。布莉泽伊丝④这个女人乃是各英雄争夺的赌注，她被弃置在远景的阴暗处，那是画家以叙事手法所作的一

---

① ［译注］普桑（Nicolas Poussin，1594—1665），法国 17 世纪大画家，以古典主义精神反对巴洛克的浮华风格，对大卫等画家具有很大的影响。

② 托马斯·格罗（《大卫的画室》，第 163—165 页）认为吉罗代以一种死后的竞争精神构思了他自己的、与德罗埃的《受伤的武士》截然相反的恩底弥昂。不管怎样，可以肯定的是这两幅完全不同的画如同男性躯体的两个极端的形象那样，一个呈现出雄劲有力的英雄形象，另一个则是女性化的、淫荡的形象。我们不妨顺便回想一下，1790 年大卫的另一个学生法布尔曾展出了一幅题名为《亚伯之死》的衰弱无力的裸体画，这幅画既是理想的，又是色情化的。

③ ［译注］安格尔（Jean Ingres，1780—1867），19 世纪法国新古典主义画派的领袖人物，美术学院教授、院长、院士。

④ ［译注］布莉泽伊丝（Briséis），荷马史诗《伊里亚特》中被阿喀琉斯所俘的年轻貌美的女子。

种提示，而男人们之间所耍弄的一切伎俩都展现在最显要的部位上。安格尔对从青少年至老年人的各种类型的人体都作了出色的区分。人们尤其会注意到帕特洛克罗斯①那种近乎漫画式的突出髋部的姿态，毫无疑问，这是那种女性化的青年美男子型的体形特征。由此可见，正如所罗门-戈多正确指出的那样，各种性别角色的区分是在男性群体里被恢复起来的，而女性则被这个群体排斥在外。②

大卫画派并非是 18 世纪末艺术革新独一无二的熔炉。英国雕刻家约翰·弗拉克斯曼于 1793 年出版了一部根据《伊里亚特》的插图而作的版画集，1795 年出版了《奥德赛》插图的版画集，之后，又根据那些时至但丁的古典传统的伟大作品而创作了另一些版画集。这都是一些被称作"单线雕刻"的式样全新的版画。弗拉克斯曼从希腊陶画得到启迪而创作了这种画，画面上的一切全都用曲折的线条表现出来，既没有阴暗部分也没有隆起部分。如同希腊古典艺术中曲线轨迹的显现被简化到最低限度一样，突出人物形象就是一切；但在弗拉克斯曼那里，人物形象却是非实体性的，是抽象的，是一些人体的观念。韦尔纳·布施曾正确地指出过，弗拉克斯曼在画作中心部位所创立的那种空白的一个重要结果，就是为想象和幻想打开了大门。③这一点正是这一极具个性特征的艺术力量之所在，由于瑞士画家海因里希·菲斯利（温克尔曼思想的宣传者、拉瓦特尔的朋友和译者）和诗人兼艺术家威廉·布莱克所发挥的作用，这种艺术便在英国兴盛起来。

尤其是布莱克，他给人体的观念提供了某种极其新鲜的东西：他在神秘主义的伟大传统中培植了某种精神性的肉欲主义。其艺术中的线性化手法同弗拉克斯曼的手法一样严谨，不过，在弗拉克斯曼给想象留下的空白处，布莱克却用某种奇异的淫荡、某种并非自然界的而是他自己创造的东西来取代它，其结果就是英雄人物的辉煌身躯既是抽象的又是强壮结实

---

① ［译注］帕特洛克罗斯（Patrocle），《伊里亚特》中的人物、阿喀琉斯的好友。

② 阿比盖尔·所罗门-戈多：《骚动不安的男子：绘画中的转折点》，见《艺术史》第 16 卷，1993 年 6 月，第 2 期，第 286 页及以下；并见该作者的同名著作，纽约，泰晤士-哈德森出版社，1997 年。

③ 韦尔纳·布施：《18 世纪末浪漫主义运动中对绘画的新界说》，见该作者和玛格丽特·施图夫曼主编的《浪漫主义风格的标志（1790—1830）》，科洛涅，2001 年。

的,于是它便成了天使般飘逸的、原始形态的身躯,有时几近于畜类,就像那个用四足走动的尼布甲尼撒①一样。布莱克的艺术世界充满了种种纯属想象但却具有某种奇异活力的,甚至有时具有某种骚动不安的强烈情欲的人物。这种从古希腊继承下来的人体各部位的连接技法、这种绘画式的分析法,是专为视觉而描述的某种易于理解的人体,布莱克通过对自然的观察将这一方法从其最初固定的位子上解放出来,使其成为完全属于自己的一种绘画语言。同样,他还在其作品中创造出某种富有个性特征的、极其复杂的神话(那些注释家们仍在颇为费力地对此进行解析),他借助这一艺术样式把人体的图解式语言解放了出来,使它为无拘无束的想象效力。

　　将女性裸体画置于19世纪艺术的核心地位,从而使其成为美的象征,安格尔所作出的贡献比任何人都要大。他在大卫画派里刚一掌握了某种极其有力的知识之后,很快就与之拉开了距离,以致在各艺术团体看来这一突如其来的事如同一种叛逆行为。安格尔虽然自1801年就获得了罗马大奖,但他到美第奇别墅领奖的日期却被推迟了5年,因为那里的钱柜空空如也。当他终于离开巴黎时,这位26岁的青年已不再是一个初出茅庐的新手:他的艺术已极富个性特征,他将会激起人们的反感;他的师长们更是感到不安,因为他的强烈个性会使他对其学友产生巨大的影响。他所完成的每一次学院派的绘画习作似乎都是一种挑衅。他还把《浴女瓦尔班松》(取画中主人之名)作为裸体画提交给学院。他非但没有采用学院派作女性裸体画的惯用手法,还对那种裸露的背部作了探索,原先那种裸露的背部关节很少连贯,线条虽然流畅,但没有非常鲜明突出的阴暗色调,因而几乎没有隆起的部位。他的探索使学院派的期望落空,推翻了它的惯用技法。安格尔作为标志学业结束而提交的那幅颇具特色的画则更为严重:《朱庇特与忒提斯》的主题是一个女人对一个男人表示温存以期得到他的宠爱,这样的主题被认为对于一幅巨型历史画来说是完全不恰当的。至于其表现手法——过分夸张的线条、解剖学上不可容忍的肢体变形以及完全藐视透视法——,它只会更加引起那些学院派评审员的反感。安格尔的独立自主,姑且不说其怪癖的性格,则集中表现在女性形象上;忒提斯的脖子

---

① ［译注］尼布甲尼撒(Nabuchodonosor),巴比伦国王(公元前605—前562)。传说巴比伦空中花园就是他下令修建的。

异常发达(就像是得了甲状腺肿),形体扭曲得很严重,以致连左、右腿也分辨不清,这一切都有助于把这个女性的身体变得抽象、有间隔、奇异、同时又肉欲特强。总之,这就是肉欲本身的一种表白。在其50年的绘画生涯中,从创作伊始到在1819年画展上遭嘲笑的《土耳其后宫高贵的姬妾》,从1840年创作的《土耳其后宫的女奴》直至1863年著名的《土耳其浴室》,安格尔对女性躯体的这种独特观念在一些始终新颖又始终相似的画作中反复出现。在《土耳其浴室》中,一个满载荣誉的80岁老人借用自己的《浴女》画为自己备受虐待的青年时代报仇,因为他从前在和女人搂抱的当口总是受到嘲笑。人们可以把这种对某个阶层的淫荡想象中的任何一个女性,看成是对大卫的《莱奥尼达斯》的一种偏执的颠倒。

尽管他们都有一些共同点,但安格尔的创作同一贯无视自然和活人模特儿的布莱克完全不一样。相反,安格尔的人物形象虽然表面上有些怪诞,但他却是按照模特儿和精确的观察而致力于绘画工作的。他本人曾宣称:"我不作理想化的画。"的确,他不是从标准化和某种合乎规范的自然事物的角度去寻找某一理想性的人体。相反,他倒是着重突出种种个别的特征,并将其提炼得更加精纯,必要时对其进行夸张。他是一个充满激情的观察家,拒不研究那种能教给人一些概略性知识的解剖学。因此,他是最伟大的肖像画家之一。人们或许从其女性形象的塑造中对其创作方法会了解得更清楚一些,因为在这种情况下他所想象的东西要少于他所见到的女性躯体。在《阿克隆的战胜者洛摩罗斯》中,战败者的躯体几乎完全是根据大卫的《萨宾女人》中的某一形象复制出来的,这是安格尔出于一种明显的竞争念头才这样做的;安格尔曾参照大卫最出色的画作之一中的典范形象对这一人物重新仔细地审视过,从画中所得出的结论是,在人物造型上同他的导师相比,这个人物形象更抽象(具体可感的东西不多、线条较多、几何形轮廓的东西较多),也更具个性化。

3

模特儿

当巴尔扎克于1831年创作《玄妙的杰作》的第一个文本时,大卫画派正处于日薄西山的境地,而浪漫主义则取得了辉煌的成就,于是围绕女性裸体画便形成了有关艺术创作的种种观念。在巴尔扎克所叙述的这则寓言中,弗朗奥菲就是一个直至死亡仍没能成功地使其创造物活起来的失败了的皮格马利翁。这个故事的要点之一便是模特儿的作用问题;所有的奇异现象都是由这个年迈的画家要寻找一个模特儿、一个完美的女性躯体而引起的,他的目的是要使《美丽的努瓦泽西》达到尽善尽美的高度,这是他终生为之奋斗但却又始终未能完成的一幅裸体画。巴尔扎克对节制欲望以及性冲动和艺术创作之间的关系颇为敏感。吉莱特是年轻人普桑的情妇,同时也充当他的模特儿,她答应为这个年迈的画家弗朗奥菲摆姿势,弗朗奥菲则同意让人看他的《美丽的努瓦泽西》——他的情妇,除了他之外,努瓦泽西从没有被别人的目光玷污过。吉莱特一下子就明白了答应做他的模特儿就意味着放弃对普桑的爱情。至于这位老画家,由于没有能成为皮格马利翁第二,于是便在去世前把他的画毁掉了。

在整个 19 世纪,模特儿在艺术创作和那个时代人们的想象中曾起过非常重要的作用,因而它也是文学中一再出现的一个形象。爱弥儿·德·拉贝多尼埃曾为巴黎艺术界所熟悉的这类模特儿画过肖像①。当时对模特儿的需求量很大,由于集中在巴黎的艺术家数量有了惊人的增加,因而模特儿为艺术家摆姿态作画便成了一种真正的职业。那些最受青睐的模特儿都以其非同凡响的体质才得到人们的赏识,当然,也要凭借他们从事这项职业的经验和智慧,某些模特儿甚至把自己看成是艺术家名副其实的合作者。那些描述这一职业的种种烦恼或艺术家的沮丧的轶事趣闻数不胜数。有人曾描述过安格尔的一件轶事,他被一个女模特儿所激怒,于是就粗暴地将其辞退,之后又去恳求她回来。

这类生来就适合作模特儿的人的遭遇并不令人惊讶。对于艺术家来说,这不仅仅是一个观察真切体形的问题,而且还涉及到因逼近真实的人体所引发的激情。吉利科②在谈到一匹马而非人体模特儿时曾对这一点作过说明,不过,人们都知道他和这个动物之间有着强烈的情感联系。他

① 《法国人自画像》,巴黎,第 2 卷,1843 年,第 1—8 页。

② [译注]吉利科(Théodore Géricault,1791—1824),法国浪漫主义画家,尤其善于画运动中的马。

在画《冲锋陷阵的轻骑兵》时,有人每天都把一匹马牵到他的画室里。他说这对他作画并没有很大的帮助,但是"我在凝视着,这就使马的形象在脑海中重现了出来"①。德拉克鲁瓦在其年轻时的日记中,有时就会记下在模特儿摆姿势的场面结束之后他曾有过的爱情奇遇。卢浮宫那幅名曰《罗丝小姐》的绝妙女性裸体画,这样一幅令人激动不已的精美作品,就是画家和模特儿之间那种亲密无间的同谋关系的必然产物。后来,德拉克鲁瓦就避免按照活人模特儿来作画了。他已获得了足够的经验可以将任何个性特别强烈的人物内化于自己的心灵之中,尤其是那种目光呆滞略带伤感的女性类型,他凭其想象可以自如地将她再现于画面上。但是,除了少数人物之外(应当将《自由引导人民》列入其中),他的画中人物并没有产生如同他根据受到青睐的模特儿所描绘的人物呈现出的那种风格独特的效果,不过,这种独特的艺术效果却又常常损害了人物形象在总体中的和谐一致。因此,他的《阿尔及尔的妇女》完全属于反映人物内心世界的作品,以致未能使人产生某种人体魅力的强烈印象;尽管画上展现出异国的情调,但画中的女人却几乎没有被色情化。

威廉·本茨是一位具有杰出才华的丹麦画家,但在 28 岁时就过早地去世,他的一幅画即《一位雕刻家(克里斯顿·克里斯顿森)在其画室里依照活人模特儿作画》(1827,哥本哈根,国家美术馆),从主题上确立了艺术家、作品和某种奇特的强烈氛围之间的三角关系。模特儿可能是一个年轻的军人,而并非一个职业模特儿,他摆出一副拳击运动员的架势,以使其成为一尊能安置在画架上的雕塑作品。画家对场景作了精心安排,使作品和模特儿从极不相同的角度都能看到。雕像的比例和模特儿的比例稍稍有些不吻合,但从彼此相互依存的关系来看,两者姿态的一致性则没有任何疑问。模特儿那种标本式的但又生气勃勃的躯体以及转变为作品中那种呆滞又永恒的形象,与这位年轻雕刻家(在 1806—1845 年间,克里斯顿森比本茨要年轻)不灵活的身躯形成了极其鲜明的对照,年轻的雕刻家仿佛正在修改人物的姿态。另一方面,放在右端工作台上的一尊有关节相连的、部分被覆盖着的人体模型,与这位雕刻家的身形则成了某种奇

---

① 这是安托万·蒙福尔在其向克莱芒提供的回忆录中所转述的内容,参看《热里科》,展品目录,巴黎,国立博物馆联合会,1991 年,第 312 页。

异的呼应,不过,这尊女性躯体模型也在与维纳斯·美第奇雕像(或制品)进行对话。此外,本茨还插进了古代风格和现代风格的对照:搁板上放着一尊非常醒目的未成形的半身雕像,其外观隐隐约约地透现出古代的风格,它在最终定稿的画作中便变成了令人瞩目的现代肖像。在这幅复杂的画作中,艺术与自然和人造物形成了对照,这不仅表明了模特儿和作品之间的距离,而且还传达出从真实事物那里所获得的丰富经验。这位画家并非要展示模特儿的裸体形象,就像在许多描绘某个艺术家画室的画面上所表现的那样,而是让模特儿半裸着,其衬衣下垂到裤子上。他很善于将那种由模特儿的生气勃勃的肉体所引发的激情传达出来。

4

想象中的真实

安格尔的艺术创作活动仅仅是浪漫主义可能会走的道路之一;在这次伟大的西方文化运动中,同样极富独特个性的其他艺术家却使他们的艺术转到了“现实主义”的方向。尽管这个术语是那么含糊不清和疑点重重,但它依然是不可缺少的。对现实的感受本身便是无定形的,它只能借助于想象才可使自己的形象确定下来。

西奥多·杰利科为这种现实主义方向开辟了广阔的道路,因而他在这个世纪一直是人们反复提起的典范人物。自这位艺术家于 1824 年去世后不久,《美杜莎之筏》就从未离开过卢浮宫那些显眼的小展台,它是紧随大卫的画作之后忠实于历史画传统的作品。然而,除了这种传统色彩甚少的主题(所表现的是一起海难的悲惨结局,而后又转变为一场政治丑闻)之外,杰利科的独特之处主要在于他使对身体的存在、对真正人体的感受达到了最深刻的程度,不论这些人体是死是活。身体隆起的部位极其雄劲有力,精确无误的观察,不将身体的轮廓勾勒成柔软无力的形态,与人等身(或稍许大一些?)的躯体使人产生的那种逼真印象,这一切都有助于产生强烈的真实效果。然而,却常常有人指出这些伟岸强健的身体并不怎么真实,因为当时那些遇难者已有 13 天没有吃到食物,经受了最残酷的生存条件的煎熬。画家本人很可能已感受到了历史画以及他在大型展出画中遵守的宏伟风格对其的束缚。在一些与创作《美杜莎之筏》同属一个时期的不太雄浑的画作中,他提出了一种较为激进、新颖而又令人异常困惑的人体观念。斯德哥尔摩收藏的《被砍下的头颅》、蒙彼利埃收藏的《形体解剖的碎块》,这都是一些被过度描绘的作品,以至人们不可能将它们简单地归结为只供人做练习用,它们是在有力地抵制任何将其纳入那个时代的种种艺术传统之中的解释。不管怎样,这些真正的画并没有采用《美杜莎之筏》的作者所尊重的那种规则,但也可能他在这幅大型画中是违心地这样做的。在这里,人的身体不可避免地会使人想起那种传统意义上的具有自然死亡本性的身体。

库尔贝①是杰利科所构想的现代风格的合法继承者。他宣称人确实只能创造他自己所处的那个时代的历史。更重要的是,这种历史并非是英雄人物和政府部门的功绩,而是所有人和每个人的功绩。这一纲领表面上看来简单,但实行起来却极其困难,甚至是自相矛盾。大家都同库尔贝一样,不会抛弃艺术精英主义的传统、艺术的不朽性以及一整套与“历史”的英雄主义和理想主义观念相适应的表现手段。

我们在这里可以将他与奥洛雷·杜米埃②作一比较,据说杜米埃那时正在着手描绘某种“人民的、为了人民的、由人民创造的”历史。但这样的用语仍是华而不实的,因为杜米埃夹在人民和资产阶级中间,其态度却非常地暧昧不清,他试图以人民的名义来表达自己的看法,但恰恰是资产阶级才能使他生存下去。他所描绘的那种漫画人物就是法国革命时代和英国工业革命的产物,是深深扎根于民众想象之中的新的人物类型,但同“美术”之间也明显存在着某种默契,在像吉尔雷③那样的英国漫画家和以杜米埃为首的法国画家那里可以看到对相关画作或雕像的大量引用,即是明证。杜米埃的《爱丽舍中的贺拉提乌斯兄弟》或特拉维埃的令人惊奇的《战胜者赫丘利》,只有当人们意识到那是参考了大卫的画或那不勒

---

① [译注]库尔贝(Gustave Courbet,1819—1877),法国现实主义画派的创始人,创作了大量的反映现实生活的作品,巴黎公社时期曾任艺术家协会主席。

② [译注]奥洛雷·杜米埃(Honoré Daumier,1808—1879),法国杰出的政治讽刺画家、石版画家和油画家,风格独特,具有强烈的现实性和批判性。

③ [译注]吉尔雷(James Gillray,1756—1815),英国著名漫画家,以讽刺英王乔治三世和拿破仑的连环画而著称。

斯博物馆的赫丘利雕像时,它们才是真正滑稽可笑的。要想弄懂诸如此类的引用,就需要有一定的文化,而人民大众正缺乏这种文化。

再说,杜米埃还同漫画的某些方面保持着一定的距离。在这个世纪的转折关头,吉尔雷画了一些几乎总是很怪诞的人物,他们不是肥头大耳就是骨瘦如柴,因此他的艺术明显与新古典主义形成了对立局面,即成了新古典主义滑稽可笑的反面。杜米埃对人体的形态改变得不多,而且也很少这样做;这是一位毫不宽容的编年史家,由于他对所表现的人物几乎没有什么夸大,所以更加可信。他很善于生动地描绘某种非常合乎情理的人物,但不是借助准确而又详尽的细节描绘来达到,而是因为他对合情合理的动作有着准确无误的判断,能毫不迟疑地只用几笔就将其勾勒出来,这种手法就像是出于本能,不过,它必须以画家对烂熟于胸的人体有深刻的了解为前提。杜米埃利用下等人的放纵行为来展示人类的丑陋现象和滑稽可笑的动作,以期创造出某种不乏雄心壮志的批判性艺术。事实上,《1834年4月15日的特朗斯南街》并没有丝毫的讽刺意味或幽默。其场面是悲剧性的,是杜米埃在异常激动的情境下用强有力的笔法再现出来的。那具直躺着的尸体属于伟大艺术的华丽风格之列;这位艺术家可能回想起了德拉克鲁瓦不久前在《1830年7月28日》中所构思的那具尸体。《自由引导人民》是他向7月革命所敬献的礼品。但是,杜米埃所描绘的人体更加真实,更富有雕像般的美,在思想上和杰利科更为接近。此外,由于他感到自己在采用石印法的新闻报刊范围内很受束缚,所以就把一部分才华用在绘画上,不过,这几乎完全是以个人的方式进行的,但也使他从那种艺术所惯有的束缚中解放出来。他的绘画作品都是一些遗作。

库尔贝这个肯定细心观看过杜米埃作品的自学成才者,他的现实主义并不仅仅在于某种形象化的编年史创作,而在于他能为某一极其复杂的事物创造出一种富有隐喻性的相等物,因为他并非完全是依样画葫芦。在严格遵循现实主义的年代里,他试图通过《画室》来为自己确定这个"阶段"的创作内容,同大卫一样,人物形象、人体毫无疑问在其心目中占据了首要地位。他为自己所规定的目标就是表现在普通生存条件下的血肉之躯。用丑陋的东西或者更糟的是用随便哪个人来创造美,但不予以美化,这或许是人们对一个明显渴望继大卫、安格尔和德拉克鲁瓦们之后确立其地位的画家所提出的最难办的一件事。库尔贝试图完成的一件壮举便是取消间距,不仅通过描绘能使人看到对事物所感受到的丰富内涵,而且还要能将其传达出来。

库尔贝在创作《碎石工》时,不仅重续了杰利科的艺术手法,而且还走得更远。他把历史画的规格尺寸用在一个远比《美杜莎之筏》这个悲剧性主题更不可接受的主题上。他在其巨大的画布上描绘了两个养路工的形象,他们同真人一样大小,并肩而立,其躯体不加掩饰,甚至有点儿自我炫耀,但并不做作。他们是并未露出真面目的两个无名氏:这是对贫困的一种简单的客观描画。这两个人物的身上缺少一件衬衣,若是有一件微微敞开的衬衣,就可显露出漂亮的体型和部分裸露的身体。这种形体展现的效果对画意的表达非常重要,这一效果是由画面上的张力暗示出来的,即左侧那个童工显然在卖力干活,而人们所感受到的却是一个穿着打补丁的衣服、脆弱而又累垮了的老人躯体。

《浴女》这幅画曾在 1853 年的画展上展出过,其风格更为精妙细腻;库尔贝并不隐瞒他试图描绘一个脱去衣服的身体而不是裸体的想法,这个妇女的衣服被挂在一根树枝上,其现代特色极其浓厚,是人们非常熟悉的,因而她肯定不是一位仙女。埃德蒙·阿布写道,“这与其说是一个女人,还不如说是一个肉体形态的躯干、一个用树皮包裹着的身体”[1]。但是,这个女性身体与古典主义理想并没有什么区别,但也并不相似,它和鲁本斯[2]所推崇的那种风格没有很大不同。差别与其说是形式上的倒不如说是若干细节上的,犹如脂肪组织上呈现出的那种过分鲜明的迹象,它主要体现在表现手法和技巧上。鲁本斯的表现手法(在这方面德拉克鲁瓦是步其后尘的)则是一目了然,他的笔法能使绚丽多彩的光浮现出流动的效果。库尔贝是用某种晦暗的色彩作画,他的画仿佛年久发黑而又干硬,人们觉得可以触摸到它。他还无节制地使用调色刀,以致他的同时代人把他比作用调色刀涂颜色的泥瓦工。在学院式的机构里,画作确实是一种占优势地位的艺术表现形式,但绘画艺术作为一种绘画行为、一种把

---

① 由弗朗斯·博雷尔引自埃德蒙·阿布的《模特儿或吸引人的艺术家》,日内瓦,斯基拉出版社,1990 年,第 148 页。

② [译注]鲁本斯(Peter Paul Rubens,1577—1640),最伟大的弗拉芒画家之一,对西方艺术的发展具有深远的影响。

多彩的颜料涂在画纸上的行为，它在这样的机构里却又被看成是次要的、几乎是下流的。直到1863年，法兰西研究院所管辖的美术学校仍不教授绘画艺术，只教素描，而素描本身则被看成是艺术家的智力活动。那时在画作中，所有一切提醒人们注意或强调突出绘画的行为、画家本人的独特风格和绘画材料的东西都是不可信的。库尔贝的形式主义就在于使绘画艺术这一令人蔑视的方面得到了人们的重视。由此便引发出了有关绘画的类似于隐语的含义，仿佛绘画的材料、画中的人体就是所描绘的人体的物质性表现。

当然，这一含义只是在《浴女》中才体现出来。人们应以对这件伟大的作品进行抨击的那种讥讽心态来审视它。我们这位肥胖的女市民前去浸泡在一条很不像样的小河里，她身边有一位萎靡不振的女仆陪伴着，她们两人之间靠交换手势来进行联系；但被激怒的德拉克鲁瓦却拒不承认他懂得这种手势交换的含义。"这两个人想说些什么？"而杜米埃是明白的。在那些观看画展的人所作的讽刺画中，有一幅便对其进行了讽刺：那个着装仿佛艺术家的人物，正在责怪一个戴着一顶象征性大礼帽的怪里怪气的参观者："得啦，资产者可不是这副德行……但你们至少得佩服这个库尔贝①！"这幅讽刺画中人物的手势就是《浴女》中人物的手势，不过，要从稍许不同的角度来看。在库尔贝的画作中，那个女仆看着她的女主人正在惊叹不已，而女主人则以某种谦逊的不予赞同的方式回应着。显然，对库尔贝来说，这是对"大型画作"中有关手势夸张的一种滑稽的模仿，这在杜米埃的石版画中乃是预料中的事，但在库尔贝的画作中却令人困惑不解，因为这幅画的尺寸——大画布、与人等身的裸体——恰恰就是他在掌握此类方法的同时又对此进行嘲弄的那种大型画的尺寸。

在1853年同一画展中展出的《角斗者》仿佛是《浴女》的男性对称之作，但其策略是不同的，因为它没有滑稽模仿的效果。而且，这也是库尔贝唯一一次对男性裸体特别感兴趣；相反，他却常常以一些极其不同的手法重新回到对女性裸体画的创作上；他甚至为土耳其外交官卡利·贝伊画了两幅迥然不同的女性裸体画，这位外交官先前曾购买了安格尔的《土

---

① 这一石版画发表在1865年6月22日的《喧噪》漫画杂志上。又见德尔泰耶的《插图画家—雕刻家》，第3447期。

耳其浴室》。《世界的起源》几乎是女性器官的一种临床实录。《睡眠》则绝然不同,它可以命名为"奢华、宁静和情欲"。画中所展现出的莱斯沃斯人的爱情是色情文学艺术中男性诸种想象的一种概况。此外,为了使这些追求享乐的美妙绝伦的肉体相互搂抱在一起(和1853年展出的那个肥胖的浴女是多么的不同!),库尔贝揭示出了公认的礼仪所禁止暴露的一些多毛部位,同时又采用了那种与学院式的平滑而精细的技法相接近的表现手法;相反,那些豪华的、现代色彩咄咄逼人的次要东西却以浓墨重彩对此进行了描绘,不过笔触细腻而精确,它们使画面的色彩显得异常强烈,从而产生了如同幻觉一般的效果。

德加①乃是这一人体现实主义传统的名副其实的继承者;不论是打呵欠时嘴巴半开的紧绷状态,抑或熨烫衣物的妇女按在熨斗上的手臂施压的姿态,没有人比他更能使人感受到人体的机械性能。他的目光一再凝视的那些女舞蹈演员们常常使他心醉神迷,他不仅能将她们的机能动作,而且还可把她们在闲散时的疲乏和那种身体上的不适表现出来。这尤其体现在他1880年代所创作的那些女性裸体画上,不仅如此,这些画还提供了某种从未见过的对女人的看法。这就涉及到那些不爱外出的非常不幸的姑娘们,她们忙于照料自己的身体;她们心胸不宽,或者说缺乏同情心,但又并非没有异国情调的幻想;当画家阐明女人的身体是唯一重要的资本这一无情的现实时,他的目光是不宽容的,但也带有同情心。因此,这些女人对她们所能触及的、抚摸的、揉擦的身体都具有非常清醒的认识。人体的姿态(这里不是指模特儿摆出的姿态)以及与裸体画的惯常规则绝对无关的种种观点,有时却使人对这种人体产生了某种令人十分困惑却又始终可以理解的看法。那些最出乎意料、最奇特的阿拉贝斯克舞姿②就是从一些人们非常清楚、感觉极深的熟悉姿态中产生出的。德加将日常生活中奇特的东西推向了极致。他作油画时通常喜欢使用晦暗的、粉末状的颜料。这一颇富个人特色的表现手法引起了人们的注意,它在观众和所表现的对象之间起到了中介作用:同库贝尔画中的情景一样,

① [译注]德加(Edgar Degas,1834—1917),法国擅长表现人物动态的艺术大师,其取材广泛,既有历史的,也有现实生活中的。

② [译注]阿拉贝斯克舞姿(Arabesque),芭蕾舞的基本舞姿之一,单腿直立,一臂向前,另一腿往后抬起,另一臂扬起,使指尖到足尖形成尽可能长的直线。

这种大胆明快的表现手法对所描绘的对象的真实性是一种可靠的保证。

5

视觉现实主义和摄影

这类形式的艺术并不是这个世纪中期对人体的真实进行遐想的唯一形式。人们还看到另一种类型的现实主义，它可称之为视觉或视网膜现实主义，它不是强调对象特征的物质性和不透明性，相反，它只要转动一下透明的底片即可。观众只要观看所表现的事物就行了，而不会或极少想到什么表现手段。

从1839年起，摄影术的发明与迅速发展立即深刻地影响了艺术和视觉的习惯。在暗室中制作图像的化学录像方法很快就具有正、负两方面的价值。在一段非常短暂的惊奇、赞叹、有时是疑惑的最初时期结束之后，艺术团体就拒绝承认一些用机械方式制作出来的图像的任何价值；但与此同时，这种方法表面上的无人性却又赋予所拍下的照片以一种确实的、无可争议的真实价值，赋予真实以十分清晰的透明度。可以简单地说，由此便产生了两件事：一方面，照片对艺术家来说可以是实物的某种取代物；另一方面，所拍下的逼真图形的那种光滑、持续不变和详尽的表面却又成了忠实于现实事物的一种标志。

就有关人体的描绘而言，第一点特别明显，我们曾看到德拉克鲁瓦本人也在通过照片来仔细研究人体。从这个世纪中期开始，人们就拍摄了数不胜数的模特儿照片，有男性的也有女性的，从单纯的照片到底片应有尽有，如人们在美术学校里所拍摄的戈唐奇奥·马尔科尼，这些照片主要是为这个学校的艺徒们而拍下的[1]。学艺的年代结束之后，画家们也经常使用照片以便简化自己的工作，并且还可避免为活人模特

---

[1]　关于这方面的话题，参看《19世纪的裸体画——摄影师及其模特儿》，展品目录，巴黎，法国国立图书馆—阿赞出版社，1997—1998年；也可参看安德烈·罗耶埃的《摄影的权威——摄影与资产阶级的能力(1839—1870)》，巴黎，勒西科莫尔出版社，1982年。这部著作涉及到了摄影在科学尤其在医学上的应用，在作者看来，人们对此从来未发生过争议。人们在硝石工场里为夏尔科所制作的那些照片在今日仍然是众所周知的。

儿摆姿态的场景付出巨大的费用;不过,这是一种不光彩的、偷偷摸摸的做法①。

第二点也并非没有什么意义。我们今天都非常清楚地意识到摄影不是对可见物的不偏不倚的记录,而是专门为运用视觉将某些景象安排妥当并使之固定下来而发明的一种装置的产物,这些景象全然是外部世界的。此外,摄影师还应进行选择,做出许多决定(对动机、取景、光线、感光乳剂、曝光时间都要做出选择,至于所有同冲洗照片有关的事就更不用说了),因为照片上的图像都取决于这一切。但是,在照片显现出来之后,人们在上面所看到的却是对某一毋庸置疑的真实事物的一种不可否认的实录。人们对照片、对它的那种特有的逼真性是绝对无条件地信赖,以致绘画作品本身也受到了它的影响。一些画家有时则在精微逼真和细节的准确这一自己的领域里与这一新技术展开了竞争。然而,这类表现方式,不论是照相装置还是某种全新的技术所产生的效果,最终却总是难免不给人一种真正的身体存在的印象,但它又很容易在某种幻觉般或魔幻般的感觉中变动不定,因为这是对某一非物质性的纯粹表象所产生的一种印象。只有当艺术家通过对形象的构建将观者心目中的物质性包含进去,将所感知到的人体状态的等同物包含进去,这样的一种表现方法才能把对真实的某种感受传达出来。

约在 1850 年,当库尔贝进入现实主义阶段时,英国拉斐尔前派的那些画家以及同情者们正在竭力恢复 15 世纪的艺术现实主义,它给人的印象是通过对世界进行"朴实的"描绘,也就是说不遵循惯例来揭示世界的真实情景,此种真实就好比是人们所能想象出的新生儿脑子里所出现的幻象。这些年轻人(约翰·伊弗雷特·密莱司②1850 年年仅 21 岁,威廉·欧勒梅·亨特③

---

① 有关画家使用照片的种种事例,艾伦·施安夫(《艺术与摄影》,伦敦,1989 年,第 1 版为 1968 年)所列举的几个例子,事实上画家们对此的理解常常比人们所能想象的要深刻得多。一个给人以深刻印象的例子就是纳达尔的一张照片,它表现了一个在热罗姆的《弗里奈》中摆姿态的模特儿的形象,直到西尔韦·奥贝纳发现这张底片是由热罗姆预订用来绘制他的这幅画为止,人们一般都把它看成是纳达尔在效法热罗姆过程中的一种独创(西韦尔·奥贝纳,见《19 世纪的裸体画》,第 46 页)。

② [译注]约翰·伊弗雷特·密莱司(John Everett Millais,1829—1896),英国画家,拉斐尔前派的奠基人之一,曾任皇家艺术科学院院长。

③ [译注]威廉·欧勒梅·亨特(William Holman Hunt,1827—1910),英国画家,拉斐尔前派的重要画家。

也只有 23 岁)当时创作了一些雄浑有力的作品,画上的每个细节都参照原型细心地研究过。不管是历史人物方面的,如密莱司的《基督在其父母家中》(1850),或亨特的《一个改变信仰的英格兰家庭使一个基督教士免遭德鲁伊教祭司的迫害》(1850),还是像《坏头领》(1851)那种类型的场景中,他们画中的人物都是对其亲近的人所画的一些肖像,这就给他们以一种异乎寻常的坚强信心。比他们大几岁的福德·马多克斯·布朗①并不属于这个团体,却可能是这一艺术样式中最强有力的人物,他在这类画作中顽强地将一切事物均描绘得极其详尽无遗。《英格兰的最后一人》可以用"对英国的最后一瞥"来表达其意,画中所表达的乃是移民们上船去澳大利亚的一种令人揪心的景象;不仅其中极小的细节描绘得栩栩如生、非常准确,而且那些人物也仿佛在挤压着我们的空间。

　　这种通过事物确切的外貌来使人回想起真实的情景,同时也是能使人回想起事物外表特征的方法,同爱克②的画中或 17 世纪荷兰画中的情景有点儿相像,这种技法在法国由于经过了像梅索尼埃③之类的艺术家的探索也发展起来了,梅索尼埃乃是微型画的一位高手;这种小尺寸的艺术风格使他的画增添了一种诗意的疏离感,因而收藏家们给予了高度的评价,但同时这也意味着他画中的人物缺乏真正的实在性。德国人阿道夫·冯·门策尔作画时也用一种与之颇为相似的表现手法,不过,他却取得了一些更令人信服的成果。尤其是门策尔在其画中常常将一些彼此分离的人物在画纸上进行组合,每个人物都被描绘成某种刚劲有力、富有暗示性的隆起形象,由于其艺术视点出人意料,因而人们似乎感到这些人物如同真正的人体那样侵占了我们的空间,这样一来,他的画就获得了一种令人惊奇的张力。他最出色的画作之一《脚》乃是现象学的一种伟大成就,这是一只被斑点污损得极其严重的脚;细节上临床般的准确性和那种视点——当然是艺术家对人体的视点——结合在一起,就产生了一种令

---

①　[译注]福德·马多克斯·布朗(Ford Maddox Brown,1821—1893),英国画家,其风格同拉斐尔前派相似。

②　[译注]爱克(Jan Van Eyck,1395 年之前—1441 年之前),弗拉芒画家,继承了细密画的传统,后期则走向了写实主义的道路。被认为是 15 世纪北欧最好的画家之一。

③　[译注]梅索尼埃(Ernest Meissonier,1815—1891),法国油画家,以表现历史和军事题材而著称,技法细致、严密。

人难以忍受的痛苦印象,并通过某些严谨的描述手法也使人想起了对身体的真实感受。

然而,诸如此类的画作极其稀少,一般说来,这种细节栩栩如生的样式却又成了某种肤浅的千篇一律的东西,从而转变为人们有时所称的那种学院式的现实主义。

6

"还是维纳斯,永远是维纳斯……"

大家都知道,1863 年是 19 世纪艺术中的一个关键性年份,这一年德拉克鲁瓦谢世,美术学院进行改革,被拒之于美展门外的画家们举办画展。人们当时目睹了一场有关裸体画的真正论战。就在这一年马奈将其《草地上的午餐》在被拒之于美展之外的画家的画展上展出,也是在这一年他创作了《奥林匹亚》,但并没有展出。卡巴奈尔①的《维纳斯》是这个画展上所有此类学院式裸体画中最惹人注目的一件作品,这幅画由皇帝买下。杜米埃毫不隐讳地对这些裸体画进行了冷嘲热讽,他借用一位没有一点儿美女气质的老太婆责问一个长舌妇的口吻说:"这一年还是维纳斯……永远是维纳斯! ……好像女人长得就是这个样子!② ……"安格尔曾为这类光滑的躯体提供了一件典范之作,躯体上既没有一点儿高低不平处也没有长毛的地方,身上所有的孔都被细心地封死。这种对女人的看法是无法理解的,是某种愿望的象征,却被学院里的人所选定,并对此进行了系统化。这在安格尔那里原本是一种纯属个人的、怪诞的看法,但却被普遍推广成为一种共同的理想。其不同之处主要在于如何来处理这一问题:学院派的画家采用了视觉或照相式的现实主义以抑制他们的想象;安格尔的画虽然也是光滑的,但其表现手法却极其强劲有力。它们由于采用了迥然不同的技法,因而使对象的特征保持了某种强烈的不透明性,这种不透明性使人们

---

① [译注]卡巴奈尔(Alexandre Cabanel,1823—1889),法国画家,学院派艺术特征的典型代表人物,在当时享有极大的声誉。

② 此石版画刊载在 1864 年 5 月 10 日的《喧噪》漫画杂志上;又见德尔泰耶的《插图画家—雕刻家》,第 3440 期。

不可能轻而易举地弄懂画面上所表现的意境。此外,安格尔的艺术长期被看成是艰涩的,是专门供行家们看的,他只是到很晚的时候才受到了广泛的欢迎,而且主要是多亏了其画作的复制品,因为这些复制品使其画作稍微简化了一些、稍微易懂了一些,就像是加了注释似的。而卡巴奈尔的画则缺乏精神面貌,他这样做可想而知是为了迎合那些养尊处优、心满意足的顾客的需要,这些画作是在明目张胆地弄虚作假。他画的维纳斯平躺在绿水碧波上,仿佛是躺在土耳其式的长沙发上;她双目几乎闭着,但又不完全是闭着的;她意识到人们在注视着她,但她丝毫不使观者的目光感到局促不安,她向观众呈现的既是一种非现实的而又具有肉体性感的躯体。这位画家并非没有才华,甚至也不缺乏创造能力:那种极其明丽而又轻柔的色调是新奇动人的。在次要部分上,笔触遒劲且生动灵活;构图相当巧妙;人物的姿态能使人想起那些最伟大的历史裸体画,尤其是安格尔的《宫女与奴仆》,但卡巴奈尔显然是参考了模特儿而对其人物形象做过加工润色的:人体关节的连接会令人信服,细节引人入胜。卡巴奈尔能在惯例和观察之间找到一种巧妙的平衡,以使人们能回想起那位遥远的爱神以及某个可由其完全自由支配的画室里的模特儿。

马奈的《奥林匹亚》向顾客提供了一种完全不同的人体:既不丰满,也不萎靡不振,但却又是一种神经质的、少许固执的人体,人们从中可以感觉到隐藏在结实但并不发达的肌肉下面的胸廓骨架,这是一种都市现代人的白皙的躯体,也是一种具有某一真实面容的躯体,人们可以从中认出维克多琳娜小姐。作者必定参考过提香的《乌尔宾诺的维纳斯》,但这种参考的意向并不十分明显;我不认为非得要在这幅画中看出某种对文艺复兴时代作品的滑稽模仿的意味不可,而是应看到对那种声称继承了文艺复兴时代的艺术风格的学院派传统的批判。人们在将《乌尔宾诺的维纳斯》和乔尔乔涅的《入睡的维纳斯》作比较时,曾断言提香那时所画的是一名交际花的肖像,但却又很难确切地说出此画究竟作于什么时期。马奈绝不可能不知道这种解说:总之,如果说他在1863年已有了一些经验的话,那他是在做着提香早已做过的事。这幅画虽然被1865年的画展所接受,却引起了极其强烈的反响,获得了轰动性的巨大成功:除了少数几个像左拉那样的捍卫者之外,人们都在兴奋和愤怒之间摇摆不定。

学院派艺术和独立派艺术之间的争论因《奥林匹亚》而达到了顶点。

应当强调指出这一争论属于意识形态方面,它是通过伦理和美学语汇来表达的。马奈正如他所做的那样,以反映真实的名义来从事绘画。《奥林匹亚》的轰动结束两年之后,马奈在 1867 年博览会之外举办个人画展时,请人印出了一些上面附有"画真实,让人去说吧"这样一种座右铭的信笺。有人在研究对《奥林匹亚》的种种攻击时,发现画中所描绘的东西被看成是错误的、淫秽的和被歪曲的。由于这幅画在许多人看来是虚假的,而博得里和卡巴奈尔这类人的维纳斯反倒是较为真实的,所以马奈的这幅画就使人感到很不以为然。但随着时间的推移,一切都转到了另一个方向上。人们对此有何想法呢?《奥林匹亚》所表现的内容客观上不是更真实一些吗?那些最重要的准则都属于两个范畴,一方面所指的是形式和构图,另一方面即是表现手法和逼真性。至于形式,奥林匹亚的躯体则更为个性化,因而无疑它更忠实于模特儿的外观体形(即在这一情景下的维克多琳娜·梅朗),但是古典主义理论的信徒们或许会说真实和偶然的现实其意义并不一定相同。就表现手法而言,学院派的完美和照相式的逼真相近似,这种逼真性在那些年代里被看成是真实。至于色彩,就很难说这两个系统中究竟哪一个的色彩更真实,因为即便画家能成功地确切再现出模特儿的皮肤色泽,但他的画作上却不一定能准确地呈现出这种色调。画中所描绘的东西是相等物的一个复杂的系统,它对观众的效果依赖于作品内在诸色调之间的关系,或者说,其依赖的程度比对一种颜料和某一在自然界所看到的富有特殊地方特质的色调之间的关系的依赖有过之而无不及。显然,这涉及到两种同样都是惯用的表现体系,但两者相互对立,因而属于不同的意识形态之列;但反过来这并不意味着两者都具有同等的价值。相反,对作品的接受,也就是说对作品的感知方式,显然取决于作品的布局以及观者的视觉习惯和智力素质(这就是为什么人们今日要把视觉感知即视觉生理素质,同英语世界最新的一个词汇 visuality[直观]所指称的东西,即由文化传统所决定的那种视觉清楚地区分开来)。那些习惯于欣赏某种光滑的、照相般精细之作的沙龙里的观众,都对那种与之相差很大的作品非常反感。现代观众由于习惯于印象派的画,把它作为一种准则,因而就认为那个时代的学院派的画作是虚假的,纵然他们也很喜爱这样的作品。这意味着我们按照日常的经验来观看人体的方法,其本身已受到了我们的文化传统的影响,也就是说,它特别受到了我

艺术家的目光

1. 雅克·路易·大卫：菲利浦－洛朗·德·儒贝尔的肖像，18世纪，蒙彼利埃，法布尔博物馆。

　　这幅朗格多克地区财政官的肖像并未完成，很可能是因为模特儿于1792年去世的缘故，虽然人们有时把这幅画的时间稍稍提前了一些。尽管它并未完成，但这个肥胖男人的体型特征在那件难以包裹其身体的衣服的衬托下，却得到了有力的表现。

2. 欧仁·德拉克鲁瓦：名叫"罗丝小姐"的女性裸体画，19世纪，巴黎，卢浮宫。

　　这种学院式的习作在德拉克鲁瓦的作品中是颇为少见的，从女性伸展的躯体上可看出其笔致极其细腻。

3．雅克·路易·大卫：约瑟夫·巴拉之死，18世纪，未完成，阿维尼翁，卡尔维博物馆。

应国民公会之请，这幅描绘大革命烈士之一的画作无疑并未完成，但没有理由认为大卫曾企图给这一与温克尔曼的理想极其相符的年轻人的裸体穿上衣服。

4．安娜·路易·吉罗代–特里奥松：熟睡的恩底弥翁，1791年，巴黎，卢浮宫。

这幅名画是吉罗代–特里奥松作为学院式的绘画习作而创作出来的（美第奇别墅的一位寄宿生"送往罗马的画作"），在1792年的画展上展出时获得了巨大的成功，并确立了男性人体的一种新的理想美。

5．亚历山大·卡巴奈尔：维纳斯的诞生，1863年，奥赛博物馆。

拿破仑第三在1863年画展上购买的这幅画乃是学院派艺术最著名的作品之一；这一年马奈在被拒之于美展之外的画家的画展上展出了《草地上的午餐》，他所绘制的《奥林匹亚》在1865年的画展上获得了轰动性的成功。

6．让–奥古斯特·多米尼克·安格尔：阿喀琉斯接见阿伽门农的使者，1801年，巴黎，国立高等美术学校。

这幅画使安格尔获得了罗马奖，它仿佛是对大卫的教导和他自己受到温克尔曼的启迪而形成的对人体之新古典主义看法的一种概述。

7．对泰奥多尔·热里科画的仿作：被砍下的头颅，鲁昂，美术馆。

　　这是一幅少许缩小了一些的复制品，但从某种极其奇异的构图来看，它非常忠实于原作，原作保存在斯德哥尔摩。此画是热里科在1818－1819年绘制《美杜莎之筏》期间所作，它曾多次被可能是热里科周围的年轻画家们所模仿。

8．让－奥古斯特－多米尼克·安格尔：朱庇特与忒提斯，1811年，埃克斯昂普罗旺斯，格拉奈博物馆。

　　这幅画是画家在学习期间的最后一幅习作。它被指责为越轨，因而官方审查人员极不愿接受这幅画，他们特别对忒提斯躯体的种种变形进行了非难，但随着岁月的流逝，安格尔却使人们不得不接受他的有关女性的理想。

9. 威廉·布莱克：尼布甲尼撒，1795年时为版画，1805年左右，又按照水彩画法多次上色印制成铜版画，明尼阿波利斯，艺术学院。

布莱克把这个《圣经》中的人物（《但以理书》4:31－33）描绘成一个半兽形的身躯，他可能象征着被感官所支配的人类。

10. 詹姆斯·吉尔雷：卡隆船，或"一切才识之士"最后的一次旅行，1807年，牛津，新学院的校长和学生赠送。

这些可辨认出的人物躯体的变形乃是与吉尔雷以无可匹敌的才华所作的政治讽刺画极为相符的一种暴力的象征。

11. 居斯塔夫·库尔贝：碎石工，1849年，1945年被毁坏，德雷斯顿，资深名家油画馆。

此画在1850－1851年的画展上展出，是库尔贝最激进的现实主义作品之一。

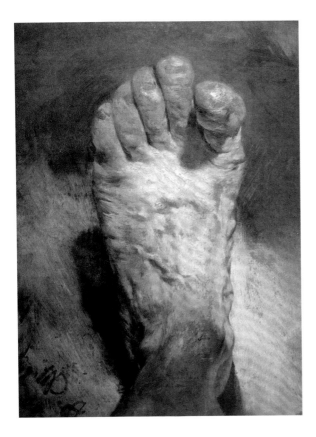

12．阿道夫·冯·门策尔：艺术家的脚，1876年，波鸿，艺术馆。

门策尔可以说在这里对自己的脚提出了一种现象学的看法。他使这幅画成为19世纪表现人体的最强有力的作品之一。

13．让·德尔维尔：柏拉图学园，1898年，巴黎，奥赛博物馆。

在这种象征主义运动富有特征的梦幻似的景象中，既有肉欲的东西，也有非物质的因素。

14．威廉·欧勒梅·亨特：保护遭到迫害的德鲁伊特教教士的基督教徒，1850年，牛津，阿什莫尔博物馆。

对体型的细致观察和人体外表的几乎幻觉似的逼真之处，是拉斐尔前派最初几年现实主义的特征。

15．福德·马多克斯·布朗：告别英国，1860年，剑桥大学，菲茨威廉博物馆。

迁往澳大利亚的移民对英国最后一瞥的激动心情是用一种视觉现实主义的语言表现出来的，画面上种种事物的特征则以极其罕见的细腻笔致而得到了描绘。

16．威廉·本茨：一位雕塑家（克利斯顿·克利斯顿森）在其画室里，1827年，哥本哈根，斯塔滕斯艺术博物馆。

本茨英年早逝，他在好几幅画作中致力于表现艺术家在画室里所感受到的特殊环境。

身 体 的 社 会 形 象

1. 欧仁·德拉克鲁瓦：自由引导人民，1830年，巴黎，卢浮宫。

　　以法兰西自由女神的寓意为核心，德拉克鲁瓦运用浪漫主义类型学的方法描绘了一群街垒上的民众，但他在重新采用这一方法之惯例的同时又将其打乱。

2．Ch．克罗伊茨伯格：尚弗勒里《现代漫画史》扉页上的画，巴黎，当蒂，1865年。

　　这一受到奇异和怪诞图案传统启迪的书名框饰，把七月王朝时期资产阶级的那种三位一体的典型人物罗贝尔·马凯尔、马耶尔和约瑟夫·普律多姆搬上了画面，尚弗勒里将他们和现代三位漫画家杜米埃、特拉维埃和莫尼埃结合在一起。

3. 无名氏：马耶尔先生的日常事务，巴黎，让迪，无日期（1832年前后），圣雅克街大众图片制作业，巴黎，卡尔纳瓦莱博物馆。

这幅版画乃是巴黎大众图片制作业向更广泛的民众提供的有关马耶尔这个典型人物的一种变形的样态。

4. 格朗维尔：马耶尔在圣体瞻礼仪式队伍中，1830年，南锡，艺术博物馆。

格朗维尔是最早描绘马耶尔的画家之一，这个人物尔后便成为特拉维埃最喜爱的典型人物。这个主角因其富有特征的驼背体形和侧面视点所凸显出来的矮小身材而与观看宗教仪式队伍的人群有着明显的区别。这个人物和酒桶的结合是对革命时代漫画的一种效仿，之后它一直就是用图像表现街头民众的讽刺性表现手法之一。

5．夏尔－约瑟夫·特拉维埃·德·维里埃：夏尔、路易、菲力浦、亨利·迪尼多内·马耶尔。共和二年果月七日生于巴黎，百合花勋章和七月十字勋章获得者，文学家聚会的咖啡馆以及多种学者协会的成员，1831年，巴黎，卡尔纳瓦莱博物馆。

特拉维埃在下图中突出表现了在"专横的资产者"统治下马耶尔的颇富特征的身形，他对官方人士庄严的立像样式进行了滑稽的模仿：黑色燕尾服和领带、手杖和饰有标志的大礼帽。

6．格朗维尔：卡隆船，为"继但丁的地狱篇之后的克拉克的地狱"那一章所作的版画插图，见塔克西尔·德洛尔的《阴间》，巴黎，富尼埃出版社，1844年。

格朗维尔对德拉克鲁瓦的《但丁的船》这幅画的主题采取了这种将人物变形的手法，把即兴喜剧中的著名人物的形象和街头的观众集中在一起；他在画幅中间的近景上，把马耶尔插在自我漫画像和那个丑角人物之间。

7．亨利·莫尼埃：普律多姆先生式的自画像，1869年。

这幅羽笔自画像阐明了典型人物的样式和资产者的立像样式之间的关系，它展现出业余演员亨利·莫尼埃的个性最终同他的人物约瑟夫·普律多姆的个性在多大程度上合二为一，这从其肥胖的身形、心满意足的姿态、资产者的服装、戴着眼镜的面孔上表现出来……但也不要忘记还有那种与梨的形状相似的投影图。

8．艾蒂安·卡尔雅：与普律多姆先生相似的亨利·莫尼埃，1870年，巴黎，奥赛博物馆。

同第7幅插图画一样，卡尔雅所拍摄的这张照片展现了莫尼埃－普律多姆的形象。这个人物的坐姿（即便从其四分之三的部分来看）、他的角锥形的身材和照片底部的空白都显示出了这张照片参考了安格尔所画的《贝尔丹先生的肖像》。

9．奥诺雷·杜米埃：——贝尔特朗，我热爱工业……你要是愿意，我们创办一家银行，但那可是一家真正的银行！……要有资本，上亿的资本，上千亿的股票。我们要使法兰西银行垮台，我们要让银行家们统统破产，等等。我们要让所有的人都陷入困境！——对，可是宪兵呢？——你真蠢，贝尔特朗，难道他们还会逮捕一个百万富翁吗？《漫画轶事集》中的系列版画1，《喧噪》漫画杂志，1836年8月20日。

如同在街头杂耍艺人用以招徕观众的滑稽节目的表演一样，杜米埃的这组系列漫画中的第一幅版画描绘了罗贝尔·马凯尔和贝尔特朗这两个极易辨认的人物。通过这种表明人物个性的题词式的对话，这幅石版画便成了受到弗雷德里克·勒梅特尔的回忆所启发的一种真正的戏剧场景。

10. 旁边，奥诺雷·杜米埃：培养了那么多的学生，这还是令人高兴的！……但这又使人厌烦……太多了……会有竞争（……），《漫画轶事集》中的系列版画76，《喧噪》漫画杂志，1838年3月11日。

在《漫画轶事集》中的系列版画临近结束时，罗贝尔·马凯尔和贝尔特朗观察着大街上行人中的那些典型人物，他们为整个社会都"被马凯尔化"而感到欣喜。

们的视觉文化的影响。

　　某种不受束缚的、生动活泼的艺术与那种公认的文化之间的断裂情景，是由艺术上的浪漫主义观念所造成的结果，它把艺术作为一种与现存政权相抗衡的革新手段。然而，这一思想本身很快就成了一种众所周知的神话，由此便导致了 20 世纪的艺术出现了混乱不堪的局面，在这个世纪里，除了极权体系里的人之外，所有先锋派的人士都是由这一占主导地位的文化飞快地一一挑选出来的。

7

象征主义的身体

　　象征主义有力地给 19 世纪末打上了深刻的烙印，为 20 世纪的美学留下了某种具有决定性作用的印记，它至少是部分地从浪漫派的理想主义中骤然涌现出来的。作为一个文学流派，这一运动的某些轮廓颇为清晰，马拉美是这一运动的理论家和最全面的代表人物；然而，当人们一谈论到造型艺术时，事情却又显得异常地模糊不清。不过，仍可以将某些观念或某些倾向确定下来。象征主义无疑是从人们对那种可能被置于实证知识之中的那种希望感到失望而产生出来的。在象征主义者看来，一切事物和人的物质存在无非是某种表象而已；精神性的真实乃是深藏不露的、神秘的，它仅仅存在于那些表象的后面，不可能被直接感知到。象征主义的美学与其说是描述性或标示性的美学，倒不如说是一种暗示性的美学。在象征主义艺术家看来，情感、直觉胜过感知。他们相信梦幻而不相信理智。至于人体，它只能是一个遮掩物，是某种神秘莫测、无法认识的真实征兆。

　　我们将那些属于象征主义领域的千差万别的艺术家们分成两极，一极是个性刚毅者，可称之为有文学天赋的人，因为这一极的人执着于那些常常有点儿难以理解的主题，他们一般运用学院派的艺术方法将其表现出来，居斯塔夫·莫罗①是这一潮流完美的典范人物；另一极便是一种源

---

① ［译注］居斯塔夫·莫罗（Gustave Moreau，1826—1898），法国象征主义画家，以绘制神话和宗教题材的色情画而著称，是抽象表现主义的先驱人物。

自于现实主义先锋派的潮流,它对造型艺术的探索更为感兴趣,但这只是一种笼统的说法而已。像奥迪隆·雷东①那样的艺术家,其创作才能首先是在造型艺术方面,他为自己的画起了一些文学味很浓的名称。对他来说,身体即是一种话语。为了表现某一功能,他会毫不犹豫地把身体各部位拆开。在其初期的重要作品中,有一系列石版画便取了一个意味深长的名称——《在梦幻中》(1879),在一块名为"视觉"的画板上描绘了一只在空中俯视着的巨大而又明亮的眼睛。在其作品中,常常会画上一个不是被砍下而是被分切开的脑袋,它意味着思维。诸如此类的主题同浪漫主义的支离破碎的断片并非没有关系,但在他的这些作品里隐喻却压倒了换喻(杰利科的《被砍下的头颅》暗示着截肢,而雷东的那些被切开的脑袋则是某种几乎与语言相接近的思想的形象化表现)。

在英国,拉斐尔前派的画家们和他们那个圈子里的艺术家们,为了某种可称之为象征主义的艺术而抛弃了1850年代的反学院派现实主义。尤其是伯恩-琼斯②,他的风格具有这样一种绘画艺术的特点,即将某种精细刻画的技法用于一种完全反自然主义的艺术之中(运用线条技法、以单线条构图、毫无节制地使用虹彩般的色调),因而在这样的艺术作品中,人体可以说就成了非肉体性的东西:那些在某种梦幻般的气氛中变幻不定的既非真实而又可信的人物,便是欧洲象征主义典范人物中的一种类型。因此,在这类众多的艺术家中,某些加入蔷薇十字会③的艺术家便运用学院派现实主义的"魔幻式的"传统,以展示出人物的内心世界。在许多其他作品中,我想提及一个例子,即比利时画家让·德尔维尔的《柏拉图学园》(1898,奥赛博物馆),画面上有一群体形瘦高弯曲、两性莫辨的青少年聚集在某个貌若基督的柏拉图之类的人物周围。这幅巨画上的颜料看上去呈黄色,而画面上的那些人物则是不真实的。这种重又返回到寓意和神话上去的做法乃是那些具有文学倾向的象征主义艺术家的特征,但在某些艺术家那里这种回归却动用了一些较为坚实的造型艺术的表现

---

① [译注]奥迪隆·雷东(Odilon Redon,1840—1916),法国象征主义派画家,是超现实主义和达达主义的先驱人物。

② [译注]伯恩-琼斯(Burne-Jones,1833—1898),英国画家、工艺美术家,继承了中世纪浪漫主义的风格。

③ [译注]蔷薇十字会(Rose-Croix),17世纪最初诞生于德国的一种神秘主义社团。

手段。法国的居斯塔夫·莫罗和皮维斯·德·夏瓦纳以及瑞士的费尔迪南·奥德莱,对人体所阐发的那种看法既极具个性特质而又意味深长。尤其在奥德莱那里,髋部过分突出的女人、有点瘦削目光炽烈的青年男子都是一些十分奇特而同时又极具吸引力的人物形象:某种奇特的东西能使艺术家将人和事物的内在神秘性展示出来。

某些像保罗·高更那样的艺术家则以模仿性愈来愈少的,或更确切地说反照相式的艺术为指向,与事物的真实性相较而言,视觉现实主义只能捕捉到事物的表象。然而,这类先锋派艺术家却是现实主义的继承者,他们意识到那种与纯粹表象相对立的物质性。高更在西方艺术的"魔幻式"传统之外寻找典范作品时,终于对人体得出了某种脱离传统准则的看法,但它同时又暗示着人体的重量和可触知性。用暗示来取代描述乃是象征主义纲领的核心内容。先锋派艺术家由于受到了那种直接作用于听众以激起其情感的器乐典范作品的启迪,便走向了某种愈来愈彻底抽象化的道路。在万不得已的情况下,他们就不再去表现其形象对观众发生作用的人体,而是运用一些纯粹的造型艺术手段(轮廓、线条和色彩)来表现某种能直接通过观者的身体反应对观者及其身体发生作用的形象,以将观众内在的情绪引发出来。只有到 20 世纪,人们才从象征主义的理论中汲取了这些最新的成果。

8

罗丹

在上述这几个篇章里我们很少谈及雕塑,尽管人体乃是雕塑艺术最重要的主题。19 世纪虽然出现了大量的雕塑作品,但用德加的话来说,人们可以在公园里树立一些标语牌,然而却"禁止在草坪上安置雕像"。虽然他在法兰西学院享有声望,但那个时代的雕塑同绘画相较而言,却是黯然失色的。此外,波德莱尔也认为雕塑是一种物质的东西太多、太缺乏活力的艺术,以致难以表达现代人的情感。19 世纪的雕塑作品很少能使今日的广大观众为之感动,尽管人们最近作了很大努力以期重新发现它的魅力。不过,有若干作品还是值得一提的:现实主义潮流正在开始形成时,克莱森热①的《被蛇咬的女人》(奥赛博物馆)在 1847 年的画展上曾引起了一片哗然,因为这位艺术家被怀疑使用了真人塑模。这尊稍许有点儿淫荡的雕像确实不是一件引人注目的作品,但塑模问题却引起了人们的关注。事实上,采用活人肌体的印模古已有之,这种方法到 19 世纪已臻于完善,并毋庸置疑地风行一时,其用意是要将一些著名人物的具有纪念性的部分肢体保存下来,不论是被奉为神明的卡斯蒂利奥内伯爵夫人②的双腿,拉歇尔③的脚,或是维克多·雨果的手,都是出于这一目的。虽然这种对世俗人士肢体纪念品的制作对当时的人来说并不是一个问题,但雕塑家在艺术上采用印模的方法却像照相术那样失去了信誉:这是由不光彩的机械手法所致。但对一些按照这种方法制作出来的扣人心弦的作品的重新发现,尤其是拉奥弗罗瓦·肖曼的作品,都表明在采用印模制作过程中完全能够展示出作者的想象力④。由于运用了对人体进行切割的方法——因不可能将整个人体模塑出来——,由于采用时而会有的某种异乎寻常的姿态,由于那种能将直至皮肤的纹理都烙下的印模的令人不安的精确性,因此这类雕塑作品比起留给我们的那些较为传统的、平淡无奇的作品更能激起人们的想象⑤。

卡尔波的《舞蹈之神》是夏尔·加尔尼埃为巴黎歌剧院的正面定做的一座群雕,1869 年落成时同《奥林匹亚》一样引起了一场轩然大波⑥。在那个时代,这些过分真实、肉欲过浓的身体的性感(例如,人们指责那只按在背部使肉欲得以平息的手的细节),被认为对于一座所有人都能看到的公共纪念性雕像来说,是不能容许的。这件作品被人泼了一瓶墨水而受到了毁损,上面形成了一处很大的污迹。这座群雕被判定必须要从歌剧院的正面移走,并且为了取代它,人们还定做了另一座较为合适的群雕。然而,卡尔波的作品最终却从未离开过它的基座,这种极富活力的舞蹈,

① [译注]克莱森热(Jean Clésinger,1814—1883),法国雕刻家。
② [译注]卡斯蒂利奥内伯爵夫人(comtesse de Castiglione),意大利文艺复兴时期社交界的一位贵妇。
③ [译注]拉歇尔(Rachel,1820—1858),法国杰出的经典悲剧女演员,其演技极受推崇。
④ 参看展品目录《与皮肤相类似——19 世纪的实物模型》,巴黎,奥赛博物馆,2002 年。
⑤ 同上。
⑥ 此文献资料被重新收集在安妮·瓦格纳的著作《让-巴蒂斯特·卡尔波:第二帝国的雕塑家》,纽黑文,耶鲁大学出版社,1986 年,第 6 章。

这些围绕那个纵向跃起的舞蹈之神即一个青年男子而跳着异常动人的圆舞的性感女子,均深深地镌刻在众人的记忆之中。这件作品从没有从现代艺术的经典中消失过。

然而,雕塑即便取得了若干非凡的成就,但只有依赖罗丹它才占据了艺术舞台的前列。这完全是里尔克①的著作所产生的效果,我们顺便提一下,那时他是这位雕塑家的秘书。虽然诗人于1903年出版的这部很长的符咒般的著作看上去或许文学味太浓了一些,但通过对这部被作者置于一个漫长历史背景下的著作的耐心研究和透辟的分析,仍然可以洞悉它的内容:

> 他的语言乃是人体……而这种人体之美可能并不逊于古代艺术的人体,它或许还具有某种更为雄浑的美。这种生命的活力在两千多年间通过他的双手将人体保存了下来,他为人体而工作,对其进行反复推敲和细心诊断。绘画艺术魂牵梦萦的始终是人体,他用光装点之,让晨曦渗透其中,并用自己的全部柔情和满腔狂喜将之包围着,像抚摸花瓣那样将之触摸着,人体宛若置身于波涛之上任其驱来赶去——然而,他所隶属的那种造型艺术却对他仍旧不了解②。

因此,里尔克把罗丹看成是自古以来第一位真正的人体雕塑家,但同时又是一位用其生命和艺术长期创造一种迥然不同的现代人体的雕塑家。

里尔克还用迷人的语言提及在《地狱之门》中发生着变化的人:“有的人体倾听着,如同面部表情所显示出来的那样;有的人体在狂奔猛冲着,仿佛用手臂在投掷着什么似的;有的犹如连绵不断的人体、花环和植物的枝蔓;有的好像是一串串人形的沉甸甸的葡萄,罪恶的甜汁在脱离了痛苦的根之后便在这些东西中升腾起来。”③诗人也适当地指出了在这个想象

---

① ［译注］里尔克(Rainer Rilke,1875—1926),举世闻名的德裔奥地利作家和诗人,是西方现代派文学的奠基人之一。
② 赖纳·玛利亚·里尔克:《全集·散文》,第1卷,巴黎,瑟伊出版社,1966年,第378—379页。
③ 同上,第395页。

的世界中两性间的新型关系,人们已不再把女人限制在她所起的情欲对象的作用之中:"这依然始终是两性间永无休止的战斗,但女人已不再是被驯服的或温顺的动物,她同男人一样充满着欲望,生气勃勃,他们似乎为探索各自的灵魂而采取了协调一致的行动。"①

人体仍是罗丹最主要的、几乎是唯一的主题。在标志着这位雕塑家已臻成熟的《青铜时代》(或按其最初的题名应称之为《战败者》)和被作家协会于 1898 年拒绝的巴尔扎克雕像之间,罗丹勾勒出了一条能准确概述其从现实主义的独立艺术向象征主义演变的轨迹。

正像一个世纪前德鲁埃②在绘画中所做的那样,罗丹通过《青铜时代》对富有表现力的人体传统进行了革新;大家都知道这位雕塑家曾经物色过非职业的模特儿,以免陷入陈规陋习之中;他的一位统领一个通讯连的军人朋友向他推荐了 9 位年轻人,罗丹在其中选择了奥古斯特·奈特,这个聪明的小伙子是弗拉芒人,罗丹可以和他一道工作,因为他能听从罗丹的意见;从这时起,这位雕塑家就不是要模特儿摆出事先确定的某种姿态,而是宁可让其自由地变换姿态,细心地观察他,以便捕捉某些从未见过的状态下的人体。这件作品一经完成便立即引起了轰动。那隆起的部位如此动人、如此精确,其效果如此真实,以致这座雕像在 1877 年的画展上展出时,罗丹被怀疑使用了真人印模(如同 1847 年克莱森热所遭遇到的情景一样);他不得不为此而作辩护,在我们看来最起作用的则是一系列珍贵的照片,这是罗丹为自己作辩护在其本人指导下由马科尼拍摄的,有关模特儿的这些照片上的姿势都可见之于雕像上的那些确切的姿态,它可以使人们察看到艺术家的创作情景。从其职业的角度来看,我们似乎觉得罗丹重新采用了古希腊人所设计的那种少年雕像(Kouros)的艺术,他是在探索真实性和表现力的极限。

之后,这位雕塑家就超越了那种稍许刻板的现实主义,从而消除了素描或习作与成品之间的差别,一如马奈和比他早得多的康斯太布尔③在绘画中已做过的那样。《行走的人》最初是为制作雕像《圣约翰的说教》而

---

① 赖纳·玛利亚·里尔克:《全集·散文》,第 1 卷,巴黎,瑟伊出版社,1966 年,第 394 页。
② [译注]德鲁埃(Jean Drouais,1763—1788),法国历史画家,新古典主义早期领袖人物之一。
③ [译注]康斯太布尔(John Constable,1776—1837),英国著名风景画家,追求真实,其作品对法国浪漫主义画家颇有影响。

准备的一件习作。《青铜时代》刚一结束，罗丹就在 1878—1880 年一直从事这项工作。据罗丹本人说，他所构思的这个极富活力的人物形象的模型，源出于一个到巴黎寻找工作的名叫皮格纳特利的意大利农民。罗丹可能把他带到了画室，让他登上了基座。这个汉子毫无经验，两腿站着，犹如圆规的两只脚（也就是说，体重完全由两腿支撑着，没有在《青铜时代》里仍非常明显的那种传统的对应程式①）。罗丹可能将他固定在这一反传统的姿态上，从中看出了一个正在行走着的人（而事实上，这却是一种妨碍行动的姿态）。这件作品也许到后来才采用了宗教的主题。至于习作中的那个人物形象，它既无手臂也无脑袋，只是到后来才得以扩充，才和成品稍微相符一些，由此它便成了一件独立的作品②。罗丹有意将那些非常明显的塑造痕迹都留存了下来，这种表现手法所起的作用有点儿像身上所穿的衣服，里面人体的真实情景可以非常准确地猜出来，而表面上的逼真性看来几乎始终是不自然的。

　　在此期间，罗丹还设计了巴尔扎克的纪念性雕像，这是作家协会于 1891 年定做的。罗丹此时正面临着一些自 18 世纪以来就争论不休的问题：有没有必要将巴尔扎克以英雄般的裸体形象展现出来，他本人的体貌是否很不适合制作这样的形象？有没有必要仍让他穿着现代服装，这种服装一般被看成是寒酸和粗俗的，或是按照传统的方式让他穿上带有褶裥的宽大衣服？罗丹为这座雕像的创作花了很长的时间，甚至为了塑造面容他还动用了一些活人模特儿，但只留下了一些用达盖尔照相机拍摄的有关面容的照片。在大量有关整体和部分（头部、上半身，等等）的雕塑习作中，最出色的一件已展露出了那种独立作品的形貌，这便是裸体的巴尔扎克，他双臂交叉，站立着，那姿态犹如挑战，人们曾把它比作角斗者的姿态；这个结实、肥胖、身材矮小的男子汉给人的印象是，精力充沛，具有令人惊奇的肉体魅力，如若将大卫所画的那幅儒贝尔的肖像去掉衣服，这尊塑像就与之有点儿相似。

---

① 　[译注]对应程式（contrapposto），最早起源于古希腊的一种雕塑程式，以用于确立人体各部位之间的平衡与和谐。

② 　按照克拉代尔·朱迪托的说法，这件作品完成于 1905 年，而据塞西尔·戈德沙伊德所说是从 1900 年起开始制作的，但他并未提供这一说法的依据，不管怎样，在巴尔扎克塑像完成之后和 1907 年之前这段时间里，这件作品业已浇铸成铜像，并向外展出。

　　至于这一问题的解决,我们都知道罗丹最终如何给他的人体习作穿上了一件在石膏水中浸过、护着双臂的室内便袍。于是这尊雕像便成了一件绝妙之作。这神奇的一笔正是由于抛弃了完美、拓展了这种与纪念性雕像相适合的探索性成果所致,当然,到雕像的最后完成是要付出巨大努力的,但是它却保存了原属于草图的那种强烈的暗示意味,而这又恰恰是因为没有任何东西被凝固在雕像之中。它的效果便是某种兼有体质和精神风貌的巨大魅力的效果,仿佛那无穷的力量突然涌现出来似的。这一真正改变了形貌的人体由于其非常出色地展现出了内在的灵气,因而就与那些有关这个矮小、肥胖、有点儿滑稽可笑的人物的体貌材料完全不相干了,原先的那个人物用作漫画要比用来作庄严的颂扬更为合适。这是罗丹按照自己的方式提出的一种理想观念,但与卡诺瓦①之类的人的观念则迥然不同。总之,没有任何一件艺术品比它为 19 世纪到 20 世纪的过渡打下更深刻的印记。

---

① ［译注］卡诺瓦(Antonio Canova,1757—1822),意大利杰出的新古典主义雕刻家,曾担任过拿破仑宫廷的雕刻师,对法国的雕刻艺术有很大的影响。

第四章　身体的社会形象

塞贡莱纳・勒芒(Ségolène Le Men)

　　德拉克鲁瓦在 1831 年的画展上展出了一幅巨型油画,立即引起了轰动和公愤①,这就是《自由引导人民》②;画中的一个女性寓意人物即是自由女神,她身边有一位头戴大礼帽、手持步枪的男子和一个挥舞着手枪的巴黎儿童,她面朝观众神情凛然,身后是一群起义者;她在翻越一处街垒,街垒的底下躺着一个半裸的男人、一个瑞士警卫和一个王室卫队的披甲骑兵的尸体。德拉克鲁瓦的这幅画乃是一位伟大的艺术家对七月革命所作的战斗性回应,它属于 1830 年画派的那种新式的历史画之列,故而必须以某种基于人体语言的符号学体系为前提,即通过围绕在一个体现民族理念的女性人物周围的多种人物形象来表现巴黎人民的语言体系。但是,德拉克鲁瓦也会将清晰易辨的各种人物类型搞乱:那个头戴折叠式大礼帽、身穿皮围裙的男子究竟是资产阶级还是工人?头戴弗吉尼亚帽的自由女神则被批评家们说成是与奥古斯特・巴比埃③的《讽刺诗》中那种"丰乳健壮的女人"相似的人物,她腋窝里长着毛,这同寓意和女神形象都不相符合……面孔从云中显现出来的那种方式使人想起了魔术幻灯投射

---

① 尼科斯・哈德齐尼科洛:《德拉克鲁瓦的〈自由引导人民〉首次亮相》,载《社会科学研究会刊》第 28 期,第 3—26 页,1979 年 6 月。

② 进入画展时手写记载的标题为《7 月 29 日》(卢浮宫档案),而艺术家则将其画作命名为《7月 28 日、自由或街垒》,参看埃莱娜・图森的《德拉克鲁瓦的〈自由引导人民〉》,展品目录,巴黎,国立博物馆联合会出版,1982 年,第 45 页。

③ [译注]奥古斯特・巴比埃(Auguste Barber,1805—1882),法国作家和诗人。

出的光线效果①。画中的那个儿童可在同一个画展上让隆的《小爱国者们》（卡昂，美术博物馆）中找到，他站在离圣母院钟楼不远的地方，从远处就可以看到，这自然会使人联想到雨果的那部历史小说中的小学生让·弗罗洛。

德拉克鲁瓦的绘画以对社会和政治的理解作视觉的解读基础，因而与大众息息相通，他使绘画扭转了方向，这种视觉解读方式是在 19 世纪上半叶慢慢地形成的。它在戏剧、绘画和文学领域里都得到了认可，一般说来，在各个精神领域里它是按照漫画家和插图画家从 1820 年起逐步创立的那种借用了各种各样的视觉隐喻的方式而形成的。这个世纪的下半叶人们对此进行了开掘和不断的推进。因此，为了能使德拉克鲁瓦画中的这个典范人物延续下去，那个儿童在《悲惨世界》中便变成了加弗罗什……之后，加弗罗什则变成了蒙马特高地上的布尔博②。"人物类型"亦成了小说中的人物，到这个世纪末他终于成了新闻界的口头禅。为了对诸种"人物类型"的塑造作出说明，按照某种与传统的寓意画像艺术有区别的并以服装、外貌和同代人体态的观察为基础的一种新人体语言的建构，我将选择在 19 世纪上半期出现的三种漫画式的男性人物类型：马耶尔、普律多姆和马凯尔③。

根据亨利·詹姆斯④的说法（T. 克拉克曾重新采用过这一说法⑤），当

---

① 约尔格·特拉热：《自由显现的节日——欧仁·德拉克鲁瓦眼中的大革命》，载《艺术杂志》1992 年，第 9—26 页。

② ［译注］布尔博，法国画家布尔博（Francisque Poulbot，1879—1946）所创作的蒙马特尔高地一带与之同名的流浪儿童的典型人物形象，他诙谐幽默，对世事持冷嘲热讽的态度。

③ 对罗贝尔·马凯尔的分析肇始于展品目录《杜米埃（1809—1879）》，巴黎，国立博物馆联合会，1999 年（法文版）渥太华，国立艺术馆，2000 年（英文版）。在一次讨论会期间，应埃利阿娜·安戈蒂之请，这一分析在 2003 年 7 月作了介绍；这次讨论会与这件作品的展出有关，并涉及到巴西人对 1844 年的罗贝尔·巴凯尔所作的重新解释，画作展：《都市喜剧：从杜米埃到波尔图—阿雷格里》，圣保罗，韦达索·阿尔芒多·阿尔瓦尔·庞蒂多出版社，2003 年。

L. D 这一缩写参照了杜米埃的石版画作品目录，见卢瓦·德尔泰耶的《19 和 20 世纪插图画家—雕刻家，杜米埃》，巴黎，在作者的家中，1925—1926 年版，第 20—24 册附录；在 1930 年版的画作目录中为第 29 册附录。

④ 亨利·詹姆斯：《漫画家杜米埃》，1890 年发表于《世纪杂志》，1890 年第 17 合订本，第 402 页及以下；后又重刊刊载在《漫画家杜米埃》中，埃莫斯，宾夕法尼亚，罗达尔出版社，1937 年；此书又再版于 1954 年。

⑤ T. J. 克拉克：《十足的资产者——1848—1851 年法国的艺术与政界》，伦敦，泰晤士、哈得逊出版社，1973 年；1982 年再版。

那种"优柔寡断"的形象使资产者国王路易-菲利浦①的个性丧失殆尽，以致将其纳入植物界时，另一种相反的方法即个性化的方法则强调突出了对七月王朝时"专横的资产阶级"的神化。因此，几年之内出现了马耶尔、约瑟夫·普律多姆和罗贝尔·马凯尔这样一些完全有身份、有名有姓的人物，这种做法就使这些人物与小说人物相靠拢了，在这些小说人物之中被集体的想象所接受的有卡西莫多②这样的人物，他是马耶尔的同时代人，他很快就进入了具有讽刺性的浪漫主义著名人物之列；也有像唐吉诃德那样的人物，即塞万提斯的英雄人物，罗兰森、约翰诺、格兰维尔、南特伊和多雷都对这个人物进行过重现解释，而杜米埃则重新把他看成是第二帝国时期宏大的绘画系列作品中艺术家们所创造的一种悲喜剧色彩兼有的讽喻性人物类型。

这些虚构的人物"类型"同一些个人肖像漫画颇为相似。继那个优柔寡断者的种种骗人的花招和虚幻的作用之后，这些人物类型就具有了某些真实人物的鲜明特征，并因漫画变成了喜剧性人物，由于他们都属于戏剧和石印风俗讽刺画领域里的角色，因此就有助于造成这样的声势。这些人物出现得如此频繁，其原因就在于他们既是一些"具有独特个性的人"又是"漫画式的人物"，这里我们重新采用了贺加斯③于1743年在其版画《人物个性与漫画》中所提出的那种美学区分④。艺术批评家尚弗勒里⑤提醒人们注意

① ［译注］路易-菲利浦(Louis-Philippe,1773—1850)，1830年8月登上法国王位，他为了巩固自己的权力，在君主派、社会党人和共和党人之间搞平衡，结果把法国搞得一团糟，不得不于1848年退位。在漫画家的笔下，他是一个极其无能的优柔寡断的国王。
② 关于《巴黎圣母院》(1831—1832)中卡西莫多与漫画理论之间的关系，正如雨果在《克伦威尔·序言》(1827)中所特别表述的那样，参看我的文章《维克多·雨果与漫画》，载讨论会论文汇编《维克多·雨果的目光》，巴黎，桑德赫出版社，2004年。
③ ［译注］贺加斯(William Hogarth,1697—1764)，英国油画家、版画家和艺术理论家。
④ 这幅著名的版画以两种笔致对个性特征(把现实中种种不同相貌的人物的脑袋聚集在一起，以表现出他们的滑稽可笑的丑态)和漫画手法(自达·芬奇和卡拉齐以来一些艺术家喜欢使用的画技)作出了区分；它用在贺加斯的论著《美的分析》作者签名的书页上；贺加斯第一个回溯了这一画法的最初来源，他提到儿童画和粗略勾勒的人像示意图是一切漫画的开端。
⑤ 尚弗勒里(1821年生于拉昂，1869年卒于塞夫尔，原名朱尔·于松，绰号弗勒里，之后又改为尚弗勒里)与1840年代的那些过着放荡生活的作家、艺术家们为伍，同波德莱尔、库尔贝颇为接近，他是多卷本《漫画史》的作者，是研究富有浪漫色彩的小花饰、民间图画和具有革新意味的陶瓷的历史学家，之后又成为塞夫尔手工工场的主管；他又是现实主义的小说家、短篇小说家，曾为库尔贝的画作过辩护，并是"现实主义"一词的捍卫者。他的证词是极其重要的，因为他非常熟悉漫画家们的社会环境，并撰写了他们的漫画史。关于这个问题，可参看安部吉雄的《一种新颖的笑的美学——1845和1855年之间的波德莱尔与尚弗勒里》，见《文学院年鉴》(东京，中央大学)，1964年3月，第18—30页；吕斯·阿贝(转下页注)

由他们三人组成的一个整体,他在其 1865 年的《现代漫画史》①中写道:
"不管出现什么情况,虽然别的一些讽刺性人物形象肯定会像马耶尔、马
凯尔和普律多姆那样相继出现,但这三个人物类型将作为 1830 至 1850
年这 20 年间资产阶级最忠实的代表而继续存在。"他正是围绕这样的人
物类型及其创造者特拉维埃、莫尼埃和杜米埃而制定了这部著作的写作
计划。这三个人物形象都被罩上了一道光环,他们赫然出现在这部著作
带插图的封面上,他们的下面则是一些四散的猴子。

对七月王朝时期资产阶级的这三类"神圣主人"所作的这种刻画,表明漫
画是如何渗入基督教灵感所主导的图像领域之中的,它滑稽地模仿着基督教
绘制图像的方法,以便既从中得到启示而又对其进行嘲讽。由于这种刻画同
这些被七月王朝英雄化的"典型人物"有其连续性,因此他就把在传统社会中
由神圣的主人所承担的那种对个人(通过赋予从日历上抽出的某人的名字以
虔诚的形象的方式)和集体(通过赋予行会群体以虔诚的形象的方式)的辨识
功能移入了漫画领域之中。这三个体貌上极易识辨的人物全都是男性,他们
表明富裕的中产阶级已在当时流行的对社会描绘的艺术作品中占据了优势
地位。这三者中的每一个都是与资产阶级庞大社会群体有区别的部分人的
化身,资产阶级中那种优柔寡断者所呈现出的乃是一种最普遍、最不确定的
寓意性特征,从国王的形象直至芸芸众生都带有这一特征。

有关这三个人物的塑造与使之家喻户晓的三位艺术家乃是密不可分
的,它把漫画和石版画插进了戏剧甚至即兴戏剧的领域之中,因而此时那
位曾经将司卡潘②和庞达隆③引入法国雕刻中、刻画驼背和舞蹈者的艺术
家卡洛④,重又成了风云人物。事实上,这是一些应根据情况对之进行识

(接上页注)莱斯和热纳维埃夫·拉康布尔合著的《尚弗勒里,为人民的艺术》,巴黎,国立博
物馆联合会;《奥赛博物馆档案材料》,1990 年;《尚弗勒里和波德莱尔的目光——热纳维埃
夫和让·戈拉布尔所介绍的作品,内附克洛德·皮舒瓦的〈波德莱尔和勒里的友谊〉》,巴
黎,埃尔曼出版社,1990 年(初版为 1973 年);尚弗勒里和乔治·桑的《论现实主义·书信》,
由吕斯·阿贝莱斯编辑、拟定和介绍,巴黎,桑德赫出版社,1991 年。

① 尚弗勒里:《现代漫画史》,巴黎,E. 当蒂出版社,1865 年(和 1878 年),第 14 页。

② [译注]司卡潘(Scapin),16 世纪意大利即兴戏剧中的滑稽人物,常以侍从或仆人的身份出现。

③ [译注]庞达隆(Pantalon),16 世纪意大利即兴戏剧中的典型人物,他贪婪、狡猾,但又常常
被人所骗。

④ [译注]卡洛(Jacques Callot,约 1592—1635),法国油画家、版画家,其讽刺、怪诞之作对后人
颇有影响。

别或对之产生反感的人物,他们经过了戏剧性的处理便成了种种社会角色的代表,因而司卡潘这一人物的隐喻很快就被批评家们引进来为己所用①。这三种角色除了各自所代表的不同社会地位之外,他们所具有的共同点便是他们总的意图和典型性格能为漫画家们所批判的社会作出总体性的解释——这乃是使他们和那种"优柔寡断者的癖性"相接近的最重要的一个特征。

1

马耶尔与驼背

第一个出现的人物便是马耶尔,这是一个外貌犹如猴子似的、好色的驼背小矮人,也是一个很适合做大量改变的人物,但他的寿命却最短。他如此短暂的存在,在《101 人的生平录》②里那则宣布马耶尔死亡的"讣告"中曾被提及过:他的传记始于 1829 年,到 1832 年即那个优柔寡断者诞生的那一年便终止了,即便这个人物在人们的记忆和速写中还留存了很长的一段时间。根据尚弗勒里的看法③,正是因为罗贝尔·马凯尔这个人物被创造出来、稍后又被引入漫画之中,他才不得不消失。然而在一部分人看来,在那些讽刺性报纸上马耶尔的风行一时是被那些优柔寡断者们的时兴所取代的,而在另一部分人看来,那是被菲利篷④反对菲利浦的斗争的政治肖像漫画所取代的,像这样来看待这一问题很可能更正确一些。

---

① 例如,在约翰·格朗-卡尔特尔的《风俗与法国的漫画》的前言中,亨利·里约奈对马耶尔和普律多姆所作的详细论述,1888 年。该作者在这部著作中还对罗贝尔·马凯尔以及从昂戈夫人到卡代-鲁塞尔的 19 世纪的其他一些典型人物作了描述。

② A. 巴赞(又叫阿纳依·德·罗库):《死者传略》,见《巴黎,或 101 人生平录》,巴黎,拉德优卡出版社,1832 年,第 3 卷,第 361 页。(该书仍然是研究马耶尔这个典型人物的最珍贵的论著之一,作者是一位研究路易十三的历史学家,他也在《不可名状的时代,巴黎概述(1830—1833)》中专对此作了详细论述,该书分 2 卷,8 开本,巴黎,1833 年)。

③ 他引用了 1859 年《巴黎公报》上的一篇文章。

④ [译注]菲利篷(Charles Phillipon,1806—1862),法国杰出的漫画家、石版画家、自由主义的新闻记者。他于 1830 年创办了政治讽刺刊物《漫画》,1848 年又创办了《嘲讽日报》,对路易-菲利浦进行了辛辣的讽刺,把他描画成一只梨的形状。法语"梨"这个词有贬义,意为优柔寡断的人、易于受骗的人、傻瓜。

马耶尔虽然与特拉维埃这个姓名有关,但他仍然是集体的产物。①。这个骤然充满了活力的人物是由菲利篷的漫画"工作室"和民间表演的氛围、城市的喧嚣和装腔作势的人相互交织在一起而造成的②。波德莱尔在回顾时曾提到,他在自己的戏剧和讽刺理论的启示下,曾从马耶尔这个人物的塑造中提炼出了一种散文诗,在他看来,滑稽演员勒克莱尔的表演,即民间对那种学院式表现人物的传统手法的一种颠倒,使特拉维埃联想到了塑造马耶尔的念头:"在巴黎有一种从相貌上来判断类似于丑角的那种演员,被称之为勒克莱尔,他奔波于城郊小咖啡馆的露天剧场、酒吧间和小剧院里。他扮演一些滑稽可笑的人,他在两支烛光之间不断地映现出那张会变换出各种感情的面孔。这就是《国王的画师勒布朗先生的情感特征》这一小册子中所说的。这个捉摸不定的丑角演员虽然比那些怪僻的社会集团中的人所想象的还要平凡无奇,但他却是一个异常伤感的人,被狂热的友情所左右着。除了自己的研究和从事滑稽表演之外,他把时间全部用来寻找朋友上,他只要酒一下肚,便立即涕泪纵横,这是因孤独而流下的泪。这个不幸者具有一种不受任何偏见所影响的巨大力量,具有滑稽表演的巨大才干,他模仿的驼背惟妙惟肖,人们简直会误以为真:那布满皱纹的额头,那双宽大而又极其干瘦的爪子,说起话来乱叫乱嚷,口齿不清而又啰啰嗦嗦。特拉维埃曾经见过他。他俩还满怀着七月里伟大的爱国主义激情而呆在露天;一个明晰的思想突然降临到特拉维埃的脑海里:马耶尔被创造出来了,于是这个不安分的马耶尔便在巴黎人民的记忆中长期地说着、叫着,高谈阔论,指手画脚③。"

如果我们注意到④登场的时间顺序,那么,显而易见,这个被看成是

---

① 正如对他的这一创造本身所具有的种种不确定性所表明的那样,在其笔下,他对自己的姓氏所作的拼写变化多端,形式也是丰富多彩。

② 朱迪丝·韦切斯莱在其著作中着重指出了这种为街头戏剧表演者所具有的特征,他强调突出了漫画、戏剧表演和手势动作之间的关系;参看朱迪丝·韦切斯莱的《人类喜剧——19世纪巴黎人的相貌特征与漫画》,芝加哥,芝加哥大学出版社,1982年。

③ 波德莱尔:《法国的几位漫画家》,见《现时,欧洲杂志》,1857年10月1日;重载于《艺术家》杂志,1858年10月24和31日;最后又被收在《美学管窥》一书中,米歇尔·莱维兄弟出版社,1868年"七星诗社"丛书。

④ 犹如克里伏·F.热蒂和伊丽莎白·梅隆所论述的那样(前者见克里伏·热蒂和S.纪尧姆的《格兰维尔——独特的画风》,展品目录,南锡美术馆,1986年11月—1987年3月;后者见《万能的马耶尔——对一个法国人物肖像的使用和滥用》,伯尔尼,佩太·朗格·A.G.出版社,1998年)。

特拉维埃所创造的粗野放肆的小驼子是由多人塑造出来的。这个放荡不羁的侏儒马耶尔是一个小资产者的形象，身穿一件礼服，头戴一顶"不可名状的时代①"的大礼帽，他的先行人物是由伊萨贝②塑造的，其形象已在1820年反拿破仑的漫画③中被确立了起来；马耶尔的形象在特拉维埃④、格朗维尔⑤和菲利篷⑥那里，最初于1829—1831年以石版画的形式出现在《体型与漫画》之中；巴尔扎克对这个人物的最早分析⑦，便引发出了有关这个人物的大量虚构的⑧、不加改变的⑨和戏剧性的作品。正如尚弗勒里所指出的那样，"这个人物的塑造雏形经过了一个个人的手才确定下来，终于形成了这种十分鲜明的个性，到特拉维埃和格朗维尔那里则达到了完满的程度，以至于他像生存过似的，仿佛他曾经是一位大家都熟悉的人物，一个可以摸得到看得见的人物，似乎只要陈列他的艺术馆不改变方向，他的相貌也就不可能改变⑩"。马耶尔现象看来完全是由那种向蓬勃发展的形象文化开始转向时而产生的效应所致：正是这同一个人物由众多画家的笔以不同的表现手法所造成的影响力度的增大，才使他在同时代人看来就像是一个与他人交错而过的真实人物⑪。

　　马耶尔盛行的时期正好是浪漫主义最强劲的时期，是《艾尔那尼》以及

---

①　参看本书第 119 页注②。

②　[译注]伊萨贝(Jean Isabey,1767—1865)，法国杰出的细密画家，曾受到过路易十六和拿破仑的恩宠。

③　[关于马耶尔和年轻的妻子]，见让-巴蒂斯特·伊萨贝的《滑稽性画册》，1820 年，梅隆曾重新提到过其中的第 28 幅画像，并进行过评论，见第 81 页。

④　特拉维埃的第一幅石版画是在 1830 年 1 月 27 日提交的(伊丽莎白·梅隆：《万能的马耶尔》，第 83 页)。1831 年 1 月特拉维埃开始发表《马耶尔的笑话》。

⑤　1829 年加文字说明的那幅图画《马耶尔的表兄弟》，参见上述所引梅隆著作中的第 29 幅画。

⑥　在菲利篷的系列画作《戴假面具的人群》和格兰维尔的第一幅版画之间所确立的某种联系用到了马耶尔的身上，见上述所引热蒂的著作，第 82 页。

⑦　巴尔扎克：《个别人的统计：马耶尔先生》，载《侧影》，1830 年 9 月。克里伏·热蒂曾在其论著《时至 1830 年的 J.J.格朗维尔的绘画》中对此文作过评述，斯坦福大学，1981 年。

⑧　匿名的或由特拉维埃、罗比拉尔、格朗维尔、德拉博德、杜米埃、尼马、布盖等署名的 300 幅石版画，均由彼此竞争的漫画出版者奥贝尔和马尔蒂内-奥特科尔售出(参看上述所引梅隆的论著，第81 页)。

⑨　F.C.B.：《马耶尔先生真正的、滑稽的、放纵和万能的历史》，巴黎，泰利·热内出版社，1831 年。

⑩　尚弗勒里：《现代漫画史》，前揭，第 195 页。

⑪　如同音乐家帕格尼尼的情景一样，见《魔术师帕格尼尼》，载《费加罗报》1831 年 5 月 9 日，第 3 页；在前引梅隆的著作中曾引用过此文，第 33 页，注 38。

尔后的《逍遥王》的创作时期，也是《巴黎圣母院》于 1831、1832 年获得巨大成功的时期。马耶尔如同缪塞以华丽的笔触所描述的那样，是一个"世纪之子"，他和卡西莫多一样是以一个奇形怪状的畸形人形象出现的，他是对理想美的一切准则的一种挑战："马耶尔先生是一个典型：正是他在这一周里能使那些游手好闲者们发笑：瞧，这个奇形怪状的脑袋！这就是拉瓦特尔①所称赞的驼背！他可能就是剧场的经理或者警察局长。如同克莱奥梅尼的维纳斯是雅典所有青年女子的一切美所构成的那样，这个畸形丑陋的典型人物则是由自然界一切畸变的东西所组成的。双目像癞蛤蟆，色迷迷的；两手长长的犹如猿猴；两腿脆弱仿佛是克汀病患者。种种奇丑的缺陷，种种道德和肉体上的怪异现象，所有这一切便是马耶尔。这就是现时代的第欧根尼；这就是一种被理想化的腐化堕落者的形象，他蹲在墙角里，他躺在一张杂乱不堪的桌子上将一只脚搁在一个妓女的膝部转动着，另一只脚放在一种雌火鸡块菌的汁里；这就是一个从妓院走出来的面部消瘦、脸色发青的一家之主；这就是一名国民卫士，一次爱国主义的宴会就可以使他萌生出杀人的念头；这就是一个人人要把他碎尸万段的、不被人理会的、可怜的卑鄙小人，他一直呆在小酒馆里，即便死亡在即。"②

缪塞依次描写的"一家之长"、再生的"第欧根尼"和"国民卫士"这个人物典型，经过格朗维尔的手又出现在参加圣体瞻礼仪式的混杂人群中的一只酒桶上，或者他闯进了巴黎的沙龙，但他这种不合时宜的闯入却又得到了容许，因为他是个时髦人物③。马耶尔是一个喜欢嘲弄别人的人，他的面貌反复出现在极其不同的背景里，于是他就充当了人民集体发泄情绪的工具，从而取代了七月王朝时期全部虚幻事物所投射出的形象："马耶尔是一个典型人物；马耶尔就是你，马耶尔就是我。他就是我们所有的人，他和我们年轻的心、我们古老的文明、我们永恒的性格反差结合在一起，我们都是一些没有胜利的战胜者、炉边高谈阔论的英雄，我们用脚尖站立起来以使

---

① ［译注］拉瓦特尔（Johanne Lavaler，1741—1801），瑞士作家、新教牧师和观相术的创立者。

② 缪塞：《神奇的回顾》，载《时代》1831 年 3 月 7 日，第 2 页；在上述所引梅隆的著作中曾引用过此文，第 93 页，注 33。

③ 《圣体瞻礼队伍中的马耶尔》，16.7×19.1 Inv877637，1830 年，这些画由热蒂翻印，见此画集第 214 页，第 167 编号；并见第 230—231 页，第 178、178A 编号，这些是为 1830 年 12 月 16 日出版的《漫画》中的石版画而准备的，其中有一幅乃是《预告马耶尔先生的来临》……，这幅版画巴尔扎克曾作过解析。

自己变得更高大,我们戴着眼镜开枪射击;我们都是一些崇高的狂人、骨瘦如柴的巨人、神情庄重的小丑、见风使舵的老手、一本正经的滑稽可笑之人;我们把嘴巴一直咧到耳根,龇牙大笑,但却从不咬人。"①

由于其丑陋的形貌具有可塑性,所以马耶尔就可成为怪诞浪漫主义理论的一种象征,他通过其引进的那种将所扮演的人物动物化的方法,通过一对吵吵闹闹的很不般配的夫妇形象,通过人物所属的某个与庞奇②(《喧噪》和《庞奇》为当时的主要漫画报)相类似的典型家庭场景,并运用某种表演手法将漫画人格化。

他按照相面术和骨相术的规则,以猴子般的举止玩弄人与动物之间共同之处的游戏,有关相面术和骨相术的种种传统上的关键性问题,因为有了比较解剖学和在博物馆传授的自然史而在当时得到了更新。这种猴子般的举止为这个人物在形体和精神方面的稳定性发挥了作用:特拉维埃有一个兄弟是插图画家、植物园里的制图员,由于这一关系,他"不仅给马耶尔配上了一个猴子面具,而且还使他增添了一副极其好色的神情,因为驼背诉诸语言不可能比猴子运用尽人皆知的动作会使人们产生更多的羞耻感。"③如此一来,马耶尔便两眼圆睁,目光炽烈,笑容满面,或是一副嘲讽的神情,鼻子短而扁平,耳朵上面毫毛丛生,他对自己这种既不雅观又缺乏风度的形体却感到非常满意。

他的身形常常和一些取自时兴版画的体态优雅的年轻女人组合在一起,而同那种纨绔子弟的身形则绝然相反。马耶尔和那个轻佻的年轻女子所配成的就是一对极不相称的夫妇,是人们大声嘲笑和风俗漫画一贯攻击的对象。有关马耶尔的漫画的喜剧性常常体现在淫秽或色情的方面,与 18 世纪的色情画传统一脉相承,那时的色情画市场与漫画市场紧密相连④。这种性欲能量的过剩被看成是生命需要的一种标志,其用意

---

① 《马耶尔先生》,《费加罗报》1831 年 2 月 24 日,第 1 页;梅隆曾在其上述所引著作中提到过,见第29 页。

② [译注]庞奇(Punch),原出于意大利傀儡戏中的一个滑稽可笑的狡诈人物,17 世纪传到法国后便与法国的"驼背、傻瓜"之类的人物融为一体。

③ 尚弗勒里:《现代漫画史》,前揭,第 195—196 页。

④ 正如詹姆斯·居诺在其论文中有关对菲利篷的评论所指出的那样,见詹姆斯·居诺《夏尔·菲利篷与奥贝尔出版社;1820—1840 年巴黎漫画中的商业、政务和公众》,博士论文,哈佛大学,1985 年(亨利·泽尔内指导)。

是为了应对 1832 年霍乱肆虐时所造成的白骨遍野的局面。其实,格朗维尔正是在他的同一本速写画册里记下了一些文字游戏的清单(其中就有关于"天主教人士"在这方面的示范作用),创作了他的死神舞,勾画出了马耶尔关节灵活转动的骨骼①。

马耶尔与《逍遥王》中的小丑特里波莱、《巴黎圣母院》中的主人公"驼背、独眼和瘸子"卡西莫多乃是同时代人,但他最终却同假面喜剧中的驼背小丑,即与法国小丑相当的那不勒斯的"长鼻驼背小丑"交错而过。"长鼻驼背小丑、假面喜剧中的小丑以及庞奇,可能都是马科斯和普里阿普斯②这两位先辈的子孙;我认为马耶尔是从这一代畸形、滑稽和无耻的人中产生出来的,直到现在人们都把特拉维埃看成是这一类人的创造者。"③雨果 1832 年对比斯达这一帮人的刻画就是受到此类人物的启迪④,因此,他在谈论这些人物时就像谈论伊索那样⑤,格朗维尔则把此类人物归为"卡隆⑥船"上的另一些具有普遍性的人物类型,他们的变化是在其《但丁的船》里发生的⑦。

最后,马耶尔又扮演起种种滑稽可笑的角色,这些人物既对他进行百般嘲弄,又使他出了名,成了大家喜闻乐见的人物:据巴尔扎克说,这个人物是宽厚的,他任凭那些人随心所欲地捉弄。巴尔扎克在其第一篇报刊文章中曾介绍过这个人物⑧,但马耶尔模棱两可的形象在当时的石印艺

① 塞古莱纳·勒芒:《卡尔纳瓦莱博物馆中的格兰维尔》,巴黎,巴黎博物馆,1987 年。

② [译注]普里阿普斯(Priape),古希腊宗教中的繁殖之神。

③ 尚弗勒里:《现代漫画史》,前揭,第 195 页。

④ 比斯达这个人物与之相类似。维克多·雨果(所画的比斯达):《比斯达到姑娘们那里去》、《比斯达觊觎一位美丽的姑娘》、《比斯达朝那个冒犯过他的顽童的屁股踢了一脚》、《比斯达在法兰西学院里领诗歌奖》、《比斯达获十字勋章并高呼:国王万岁!》(手中拿了一个梨)、《比斯达站岗,把那些共和党人称作该死的猪猡》,1832 年,共 6 幅棕色墨水羽笔画,9.5×12CM。法国国家图书馆,手稿 Nafr13355fol24—25。收藏器目录为罗贝尔和汝尔内所编,第 35—36 页,Massin142—3。展品:《维克多·雨果的画作》,伦敦,维多利亚和艾伯特博物馆,1974 年(展品目录为皮埃尔·乔治所编),n°74,第 98 页。展品:巴黎,小王宫,1985 年,n°84;展品:《博大精深的人维克多·雨果》,巴黎,法国国家图书馆,2002 年(目录由 M. L. 普雷沃主持所编),n°74,第 98 页。

⑤ 雨果在《悲惨世界》中写道:"巴黎有一个像伊索之类的人,他就是马耶尔。"

⑥ [译注]卡隆(Caron),希腊神话中在冥河摆渡亡灵去冥府的神。

⑦ 格朗维尔:《卡隆船》,这幅版画是为"继但丁的地狱之后的克拉克的地狱"这一篇章所作的插图,载《阴间》,巴黎,富尼埃出版社,1844 年。

⑧ 巴尔扎克:《个别人的统计——马耶尔先生》,载《侧影》,1830 年 9 月。

术作品中都可见到,如在一幅作品中,他在撕碎那些攻击他的漫画①,而在另一幅作品中,他自己却又成了一名漫画家。

他是一个具有双重性的人物形象,人民大众都认为他具有驼背们所能承载的世上一切缺陷的那种能力,但他自己也是个"驼背",这一点在骨相学的时代可以用多种方式加以理解。他如同宫廷里的侏儒和小丑那样,既是人们嘲弄的对象,又是愚弄别人的人:因此,他在法国文化中开创了那种起源于英国的小丑行业②。他是滑稽可笑的,但他却拥有能运用粗俗俚语在任何场合下说出真实情况的优先权,他所使用的这种语言可将他归并到革命著作中所提到的迪歇纳神父③的同一个行列之中④。在七月革命前后,在某个"典型人物"的斡旋下,他答应代表众人作第一次发言,伊丽莎白·梅隆曾对这次发言的多方面含义作过阐述。作为一个时事和日报的评论员,他对一切都进行过干预,他无处不在;正当漫画家们所关注的首先就是头脑简单的国王或中庸政府中的某些著名人物时,他那种一吐为快的欲望充斥了整个心头,这标志着一个新型演员的出现,纵然这个人物此时尚未定型,舆论对他的看法还在摇摆不定。

这种形象塑造的多义性既是马耶尔的丰富内涵又是他的局限,这个人物具有某种以表现性或漫画艺术为基础的同一性,但他的含义却又极其丰富多彩,变幻莫测。他在一幅石印艺术作品中,曾按照官方大人物形象的惯常举止对资产阶级的国王进行了滑稽的模仿⑤。在另一幅作品中,他手持一只小望远镜又成了旺多姆圆柱顶上的一名小小的下士⑥。

---

① 伊波利特·罗比拉尔:《猪猡艺术家们,救火!……恶棍们,救火!……他妈的,救火……长毛小猎犬们,救火。救火!!! ……》,1831年,在上述所引的梅隆的著作里曾采用过,第14幅插图。

② 在电影上出现之前,这个丑角将是这个世纪末(如在舍莱的广告画中)和美好时期的诸关键人物之一。

③ [译注]迪歇纳(Duchêne),法国戏剧、笑剧中的一个颇受大众欢迎的人物,自大革命起,可以说他就成了广大民众的代言人。

④ 人们在这个世纪末的无政府主义者费利克斯·费内翁的某些艺术批评文章中重又看到了这种笔调。

⑤ C.J.特拉维埃:《夏尔、路易·亨利·迪尔-德奈·马耶尔共和二年果月7日生于巴黎,百合花和七月十字勋章获得者,文学家聚集的现代咖啡馆和若干其他博学之士学会的成员》,1831年。

⑥ C.J.特拉维埃:"这太棒了……我认为他们对……我有看法,同他们的共和国在一起,我就看不到她了",1831年,梅隆在其著作中重又采用了这幅画,即插图第123(也可看有关这一题旨的不同的变体画,见书中第122幅插图,马耶尔在此画中取代了圆柱顶上的拿破仑的小雕像;并见第121幅插图,在此画中,马耶尔注视着一尊拿破仑的小雕像,它被安放在他所重新回到的那个房间的壁炉台上,他摸着自己头盖骨的隆凸部位,自以为他和拿破仑颇为相像)。

他在别的地方还代表巴黎人民,但这种街垒上的人民因被路易-菲利浦所欺骗①而成了"傻瓜"②。

作为民众的代言人,他这后一种化身出现得最为频繁:他是最初模拟街头民众(因为那时城市里的喧嚣声络绎不绝)的那些典型人物之一,例如,他所扮演的人物中有他同时代的巴黎儿童,有捡破烂的人;这个人物后来又成了特拉维埃所选定的主题。正因为如此,许多与之有关的漫画都对地面上的街石和街角的尽头作过描绘,它们的外观与这种驼背的躯体形成了相互呼应的关系,而墙上则贴满了一些能使人想起这个地方花花绿绿景象的招贴画,其中有一幅便是描绘由哈乐根③所做的另一种类型的隐喻性表演④。

一个以丑陋、兽性化和畸形为特征的人物的这一令人厌恶的个性和这种二重性,有可能会使马耶尔与那些表现同巴黎贫民区有联系的种种社会典型人物的漫画作品相接近,特拉维埃也属于这种街区的居民⑤。在这两种情况下,喜爱石版画的富裕民众就会借助于漫画的滑稽性,把它作为一种表达自己内心慌乱和不安的手段。

2

普律多姆先生

对驼背马耶尔的解读已成为特拉维埃的专长,但他的这种解读并不

---

① 有几幅漫画表现了马耶尔站在一只与自己一般高的大酒桶的旁边,这一象征性的物体使人想起了有关大革命的种种漫画(米拉波—酒桶)、街垒以及人物与酒神的亲缘关系。

② C.J.特拉维埃:《唉,你这傻瓜恶棍,你为什么不是真理?》,1832年,梅隆在其论著中重又采用了它,即第111幅插图,居诺在《夏尔·菲利篷与奥贝尔出版社》中也采用了这幅画。

③ [译注]哈乐根(Harlequin),意大利即兴喜剧中的一个滑稽可笑的人物,其性格不断地发生变化,到最后变成了一个不拘小节但无害人之心、不进行报复的丑角。

④ 尤其要参看格朗维尔的画:《士兵们,注意,你们前面有一个人》,1831年,线条用石墨勾勒的墨汁羽笔画,南锡,艺术博物馆。

⑤ 詹姆斯·居诺:《七月王朝时期书画雕刻艺术中的讽刺与社会典型人物》,见彼特拉·泰纳-德斯查特朱和盖布里欧·魏斯贝格主编的《七月王朝时期艺术的通俗化》,剑桥大学出版社,1994年,第10—16页;法文译本:《暴力、讽刺和社会典型人物》,见马利亚-泰雷扎·卡拉齐奥洛和塞古莱纳·勒芒主编的《插图——肖像评论——全国科学研究中心讨论会论文集》(GDR712),巴黎,克兰克西克出版社,1999年,第285—309页。

能使由不同作家和艺术家所表现的这个人物在反复出现的过程中保持一致性；与驼背马耶尔完全不同的是，普律多姆先生则是一个始终可以辨识的人，他的身份固定不变，并最终以其创造者亨利-博纳旺蒂尔·莫尼埃①(1799—1877)所给予的身份而得到了世人的认可，他从 1830 年起就一直陪伴着这个人物。在莫尼埃的死者生平中，保尔·圣维克多对一条堪称令人难以置信的消息作了这样的客观描述："这个典型人物具有如此巨大的力量，以致吞食了他的创造者，他与其创造者已融合在一起，已合二为一。亨利·莫尼埃由于不断操纵普律多姆先生，不断地塑造、剖析这个人物，因此，他就与之混为一体，融化在一起了。这个人物的面部表情吞没了面孔，他个人的磨炼使他原来的声音变得模糊不清。造化赋予他一个罗马皇帝的头颅、提比略②或加尔巴③的上半身；但是，这种恺撒式的长相由于被其习惯性的滑稽举止所干扰，因此最终和那种他经常所勾画的约瑟夫·普律多姆的威严形象极为相像。两者的步态一样庄重，他俩都有一个同样垂到大下巴的威严的鼻子，都有同样的一种介于男中音和男低音之间的深沉嗓音，都同样呈现出一副若无所思、宽厚而又威严的神情。不论这是他的一种经久不变的故弄玄虚的神态，还是一种真正的本性，他似乎已经接受了他所代表的人物的种种观念，严肃认真地说着他的人物的话语。他处变不惊、面色阴郁，露出一副使人困惑不解的镇定自若的神情，冲着你们的脸说出一连串和谐悦耳的长句和格言……这个大胆的唤神召鬼的巫师如同德国古代叙事诗中的魔法师那样，却又被他自己创造的那个具有吸引力的傀儡人物所控制和征服。"④

莫尼埃成为自己笔下的人物这一变化，他在近半个世纪所具有的这种双重身份，似乎已作为一种固定的看法得到了世人的认可。因此，尚弗勒里对莫尼埃作为演员、作家和画家所经历的这一现象作了这样的描述："这个喜剧演员的身上处处都蕴蓄着这样一种人物的特征，即他很适合塑

---

① ［译注］亨利-博纳旺蒂尔·莫尼埃(Henri-Bonaventure Monnier, 1799—1877)，法国漫画家、作家和演员，主要刻画 19 世纪中产阶级的平庸、愚蠢和褊狭。

② ［译注］提比略(Tibere，公元前约 42—公元 37)，古罗马皇帝，他一生战功赫赫，深孚众望，56 岁时继奥古斯都当上了皇帝。

③ ［译注］加尔巴(Galba，公元前约 5—公元 69)，罗马皇帝。因起兵反对尼禄有功被元老院推举为皇帝，但最后又被禁卫军杀死。

④ 保尔·德·圣维克多：《亨利·莫尼埃》，载《世界通报》，1877 年 1 月 10 日。

造那种社会地位较高的人的形象。这种典型人物已成了他心头的一种挥之不去的顽念;他已经控制了这位艺术家的双手和心灵。这位书法教师自人生伊始直至其喜剧生涯的巅峰,就一直是亨利·莫尼埃最喜欢的人物,是他的伙伴,是与他及其相似的人物,是他的助手。这位作家意识到他已经创造了一个人物形象;这位喜剧演员每晚都在扮演着这个人物;这位画家一直在不厌其烦地反复描绘着他的形貌。"

和直至此刻我们所提到的其他艺术家不同,莫尼埃虽不是职业艺术家,但他却从自己的职业生涯和私人生活中提取素材。据安娜-玛丽·梅南热所说①,普律多姆可能是在王朝复辟时期的那些咖啡馆里的一种新发现,那时各个不同阶层的人物都混杂在这样的咖啡馆里,艺术家们,尤其是加瓦尔尼②,以及浪漫主义戏剧的观众都不断光顾这里。

普律多姆先生的职业是书法教师,不管创造他的环境是何等状况,他随着《大众戏剧》的出现于1830年就进入了莫尼埃作品的戏剧部分,并被纳入了戏剧类的第一部作品《女看门人那里的传奇故事》中的人物之列;在角色分配方面,他介于一条名叫索尔的狗("卡尔兰14岁,它长得太肥胖,午餐过后散发出一种恶臭味,身上的毛发已开始迅速变得花白,好色……")和一位邮递员("身穿邮政部门的服装,行为举止不够文雅")之间,有关对他的描述是这样的:"普律多姆先生:书法教授,博拉尔和圣-梅奥尔的学生,在王宫和法庭宣过誓的专家。同家庭关系疏远,55岁,很爱面子,牙齿齐全,举止温文尔雅,稀少的头发披散着,戴着一副银白色的眼镜,谈吐时用语纯正优美。身着黑色服装,假日里穿白色的背心、白色的长袜、黑色的裤子和系着带子的鞋③。"

这一相貌特征生动地勾画出了那个戴着一副圆眼镜因而与梯也尔更为相像的人物所代表的那种头发花白而又平庸的资产阶级人士的速写形象④,他那黑色的衣服、活假领和系紧的鞋带则会使人想起他从头到脚的

---

① 在《大众戏剧》编注本里所做的初步研究中,她曾对这个人物的来源进行过剖析,见亨利·莫尼埃:《大众戏剧——生活在底层的群体》,由安娜-玛丽·梅南热编辑、介绍和加注,巴黎,伽利玛出版社,1984年,第13页。

② [译注]加瓦尔尼(Paul Gavarni,1804—1866),原名舒尔皮斯·纪尧姆·谢瓦里埃(Suplice Guillaume Chevalier),法国版画家、油画家,侧重于表现日常生活的场景。

③ 同注①,第44页。

④ 这是杜米埃很喜欢强调的一点。

穿戴都非常得体和考究。普律多姆自己的话都用斜体字——排列出来，因为他每次出场都用那种能代替他头衔的套话来说出他的身份①，但与他同时代的所有人心里都清楚这种老调重弹的真正含义②。

这个人物反复出现在这部书中的其他一些"场景"里，他的重要性在原版的小标题中通过对其肖像的提示而展现了出来：亨利·莫尼埃描绘的民众场景，饰以普律多姆先生的肖像及其亲笔签名的复制品③。书名的小花饰即 1830 年的独一无二的木刻插图式样，便是这个人物的一幅小型侧面像。同封面题名相较而言，这种亲笔签名的复制品看起来就像是这个人物的自画像，如同莫尼埃本人一样④，这一签名被看成是一种"书法佳品"。莫尼埃在其自传中宣称他的这一禀赋为他在行政部门中的职业生涯开辟了道路："进入了一个条条道路都畅通无阻的时期，全在于写得一手好字；因此，我的一手好字就是我能被录用和走出困境的原因。但人们从不会将我晋升到高级的职位上，也始终是出于同样的原因，即写一手好字的人愈来愈少了⑤"，所以尚弗勒里就为莫尼埃的非常符合规律的字体和令人满意的书法加上了一段评语，后者终身都保存着⑥。

对签名进行如此这般的装饰表明了这个人物的自我满足，这一点在其面容上、附有小花饰的肖像上以及题有书名那一页上带有手指印的地方也都表现了出来。这种手写的签名代替了象征性的自画像，并被雕刻出来予以复制，因而就使其身份标志的两种功能相一致起来⑦，这与作者亲笔写下的东西和个人的体貌特征同样有效，也如商业上的那种所有权标志一样有效：在签名的下方还有一行禁止对此进行伪造的惯用语，这就使得其作品上只要具有此类字样便可被确定为真品。

第二年，普律多姆先生就出现在《临时组成的家庭》里。大仲马在其

---

① 例如在《重罪法庭》的那一场景里，在回答法官的询问时他所说的。

② 大部分有关评述普律多姆的文章都是由此而开始的。

③ 见亨利·莫尼埃的《亨利·莫尼埃以普律多姆先生的肖像及其真迹复制品作装饰的羽笔画大众场景》这一书名页，巴黎，勒瓦瓦瑟、于尔班·卡内尔出版社，1830 年。

④ 亨利·莫尼埃：《亨利·莫尼埃》，见《在世的戏剧艺术家们的新画廊》，巴黎，戏剧出版社，第 1 卷，肖像和简介，第 13 页。

⑤ 同上。

⑥ 尚弗勒里：《亨利·莫尼埃生平及其作品》，巴黎，当蒂出版社，1879 年，第 7—8 页。

⑦ 贝阿特里斯·弗拉昂盖尔：《签名——一种标志的起源》，巴黎，伽利玛出版社，1992 年。

《日记》中以激动的心情回忆说,这个戏于1831年7月5日的首场演出就使"文学艺术界所有的名流"都统统聚集到滑稽歌舞剧院里,演出获得了巨大的成功。其中的主要演员便是莫尼埃本人,他扮演了五个迥然不同的人物,即画家、卖弄风情的老女人、牲口贩子、马耶尔和普律多姆先生①。这个剧一直上演到12月份。

这个喜剧"开辟了一个新的逗笑和谐趣的源泉",它那迷人的特征一方面是基于莫尼埃具有善于模仿各阶层人士的才能,另一方面,则是由于这一连串迥然不同的人物都集中由一个演员来扮演,因而观众惊奇地发现这同一个人每次都以一个新面目出现。莫尼埃似乎运用这种方法将狄德罗在《谈演员的矛盾》(此著作时至1832年尚未出版)中所表述的种种观点诉诸于舞台表演之中。这就是《临时组成的家庭》的活力所在,它面对业已成名的马耶尔推出了约瑟夫·普律多姆。在《侧影》的演出中,天幕上出现了5个人物,他们每次出场都由亨利·莫尼埃一人扮演,其喜剧性始终依赖于演员的演技,但也正因为有了这样一个演员,所以普律多姆仍然没有超越其他人物形象。

这个人物所受到的普遍欢迎也表明集体对戏剧界所具有的那种吸引力,它使人们相信任何一种社会身份无非就是一种角色、一种戏剧性的角色而已。在进入文学、绘画和戏剧这三种领域之后,普律多姆就与莫尼埃混为一体了,莫尼埃有时也会对他塑造的这个粘着他的、"心领神会地"画出来的人物感到厌倦。莫尼埃所创造的普律多姆先生这一人物,以反复露面的人物形象出现在他的戏剧作品的多种场景之中(这是仿照巴尔扎克把同一人物引进《人间喜剧》、托卜菲把同一人物引进系列组画《雅波画册》——由漫画出版者奥贝尔出版于法国——之中的那种做法),最后,亨利·莫尼埃于1857年写了一部类似于自传的著作《约瑟夫·普律多姆先生的回忆录》,这是其著作中唯一的一部对话体著作。在这30多年间,由莫尼埃绘制的普律多姆的大量肖像,以及与之合在一起的数量惊人的后续肖像依然继续存在着②。他有时是为了献给女士

①　参看前引尚弗勒里的著作第18章《普律多姆先生这个典型人物形象是如何形成的》,1879年。

②　亨利·莫尼埃:《普律多姆先生》(半身,向右侧面像),37×31(图像23.5×18),石墨勾勒线条墨汁羽笔画,圣德尼,艺术和历史博物馆(NA4420)。

们才画这样的肖像的①,有时是在外省巡回演出期间为出版石版画而作的。年老体衰时他就生活在自己所从事的这项已成为其谋生手段的工作中,正是利用这些照片资料才能使他的莫尼埃-普律多姆这个形象反复出现,因为它可以根据水彩画的要求和人们经常向他索取普律多姆肖像的需求而绘制出来:

> 虽然在达盖尔照相术发明之前,照相机所拍摄的原始照片真实而精确,且目光呆滞,但这位画家很懂得此类发现的用处,因而就将其用于某些特殊需要之中。不论是在演喜剧抑或是作水彩画,亨利·莫尼埃都要到摄影师那里去拍照,他根据身体的种种动作变换头部的姿态和面部表情的细节,并将这些照片保存下来以便在演出或作画时作参考。他在照相机前竭力变换自己的面容,从而能使自己作出极其不同的面部表情,以至他的面孔可以根据自己的想象甚至连老妇人的形貌也能表现出来。莫尼埃和自己的目标是相互结合在一起的,他将自己蓬勃的活力赋予了照相机,迫使它追踪自己并非在不自然的、冷漠的,而是在生气勃勃、变化不定的态势下的形迹②。

尚弗勒里在这里提供了这位演员如何使用这类照片的一个有趣的佐证,他用这种方法来练习他的姿态和表情,就像在镜子前做练习一样——而这样做不必参考从照片这一中介物和镜中的固定形象所察看出的表象;他还使人回忆起莫尼埃的创作风格在"拍照前的"种种特征,有些批评家认为他的创作风格是生硬的,但在照相机发明之后,他却独树一帜地运用了这一风格。

莫尼埃从他通过文字、绘画和演员的演技所表现的普律多姆式的那种个性中,最终为自己获得了一张名片。这位造访者为纪念其路过而奉献的这张小小的名片,是身份的一种标志;对这种身份标志的使用起初被

---

① 关于莫尼埃身受其害的这一为画册作画的做法,《101人生平录》中有一篇文章对此作过描述,参见塞古莱纳·勒芒的《画册的若干浪漫式的定义》,载《书籍工艺美术》,特刊,《版画册》,第143期,1987年2月,第40—47页。

② 尚弗勒里:《亨利·莫尼埃生平及其作品》,前揭,第137—138页。

人们看成是一种外省人的传统，但随着元旦拜访风气的盛行，到19世纪便传到了巴黎地区①。对莫尼埃来说，名片始终是一张普律多姆的肖像。尚弗勒里写道："约瑟夫·普律多姆的这些速写像，他在度假时是当作名片来使用的，尽管莫尼埃那漂泊不定的生活遇到了种种麻烦，但他总是以同样的细心、同样确切的手法反复塑造着资产阶级人士的形象"；尚弗勒里同时也强调突出了他那种"要用大量的肖像来推广他所宠爱的典型人物的愿望"。我之所以重又援引了他的证词，那是因为他无可匹敌，因为这位莫尼埃的艺术批评家和传记作者是当时对图像的新的社会用途很感兴趣、并在一种被照片的出现所彻底打乱的视觉惯例的整体结构中对此进行认真描述的独一无二的人②。因此，从古代钱币学的确切词义来说，莫尼埃为人们提供了一个由本人来发行自己肖像的特殊案例；他竭力要让人物自行其是，并运用一切可能的手段来使其传播开来③。

莫尼埃把不同的场景引入了他的绘画和戏剧作品之中：有职员和行政习俗的场景，它使人们通过王朝复辟时期的画册而认识了作者，也有女看门人的场景，之后还有苦役犯监狱和公开处决犯人的场景……但是普律多姆先生在莫尼埃的作品中却占据了一个特殊的地位，因为这位"先生"——此称呼有其重要的意义——是大家所认可的，用佩尔莱1836年的话说，他已被看成是"被资产阶级所顶礼膜拜的那种最完美的人物典型"④。由杜米埃于1860年代所开始的其他一些人以及巴尔扎克，对这类典型人物所作的种种改变和重新解释也证实了普律多姆这个人物形象的特殊地位，但巴尔扎克同莫尼埃的关系颇为复杂。他把"场景"⑤这一半石版画半戏剧性的概念归功于莫尼埃，他有好几项准备同莫尼埃合作的计划都未能实现，不过，他却因此而有了一些创作上的设想，如《走桃花运

---

① 参看汝依在《安丹马路上的隐士，或对19世纪初巴黎人的风俗习惯的观察》，巴黎，皮耶出版社，1812年。

② 如同名片一样，它本身已被摄影师迪斯德里和其他一些人工业化了。参看伊丽莎白·安娜·麦克科莱：《A.E.迪斯德莱和摄像名片》，纽黑文，康涅狄格，耶鲁大学出版社，1985年（尤其是论述名片历史的第二和第三章）。

③ 尚弗勒里：《亨利·莫尼埃生平及其作品》，前揭，第130页。

④ 尚弗勒里所引1836年7月10日的一封信，《亨利·莫尼埃生平及其作品》，第119页。

⑤ 安娜-玛丽·梅南热：《巴尔扎克与亨利·莫尼埃》，见《巴尔扎克之年》，1966年，第217—244页。

的普律多姆先生》（他在 1844 年 2 月与韩斯卡夫人的通信中提到过此事）和《强盗头子普律多姆先生》①。除此之外还要加上另外一些作品的名称，如《普律多姆小姐的婚姻》、《正在娶妻的暴发户普律多姆》，甚至还有《重婚者》……巴尔扎克去世之后，普律多姆在 1852 年仍然是奥德翁剧院上演的瓦埃的一出喜剧中的主角，并且这出戏还取了一个巴尔扎克式的名称《约瑟夫·普律多姆的盛衰》。这位画家还通过比克齐尤这一关键性人物而使自己进入了《人间喜剧》之中，他赋予这个人物以灵感；有关《人间喜剧》的插图版，巴尔扎克曾向莫尼埃索取过比克齐尤这个"典型人物"的画像；这位画家尽管因巴尔扎克以含蓄的笔法嘲笑过他而感到不快，但他仍然同意把这幅画像送给巴尔扎克②。

　　普律多姆这个典型人物具有这样一种特征：它隶属于莫尼埃作品所涉及到的一切领域，尤其是他以艺术和生活的相互糅合为基础，而这种糅合又导致作者本人与其人物达到了同一。此类对人物进行复制的探索与托卜菲以亲笔签名的方式，以及尔后福楼拜喜欢运用印版的方式所作的尝试都颇为相似。莫尼埃－普律多姆现象所特有的意蕴便是被大家都认同的这个人物与中产阶级即资产阶级身份的一致性，而这种一致性又使他绝对只能成为一个平庸乏味的典型人物，并且必然会从他的这种戏剧性的活动中产生出某种艺术。

　　他综合了中产阶级的群体愿望最终完成了这一典型人物的画像，即艺术作品的这些重要的隐名合伙者们所惯有的那种特权最终都会在其中留下自身的标志，并通过自己所创造的形象来表现自己，这也就是波德莱尔出于其对这种摄像式技法的厌恶而在 1859 年所痛斥的东西："全社会的人都同那个孤独的那喀索斯一样涌向自己的那个邪恶形象。"也是波德莱尔在有关对"技巧"的批评性阐述中使莫尼埃的那种亲笔签名的创作手法露出了它的局限性。波德莱尔并没有提到莫尼埃，而只是不言明地提到了约瑟夫·普律多姆这个人物——人们把他与自己的带花饰的签名以

---

①　尚弗勒里：《亨利·莫尼埃生平及其作品》，前揭，第 124—129 页。

②　皮埃尔-乔治·卡斯泰在其主持编辑的《人间喜剧》版本的人物索引中，曾对比格齐尤的虚构性的传记进行过描述，见"七星诗社"丛书，1981 年，第 12 卷，第 1182—1184 页；这个人物乃是短篇小说《职员》中的主人公，小说中的这位有才智的被雇用的绘画者（第 7 卷，第 974 页）的形象使人想起了莫尼埃的个性特征。

及书法大师的技巧混为一谈了："技巧可以比作这些书法大师们的功力，他们具有写一手好字的才能，有一支能适宜于写斜体和草体的笔，他们能够闭上眼睛，以花饰签名的方式大胆地勾勒出基督的头或皇帝的帽子①。"

对一个甚至连其创作风格都完全隶属于资产阶级的艺术家的诸如此类的批评，是波德莱尔在《若干法国漫画家》中对莫尼埃所作的阐述中提出的：波德莱尔在回顾了莫尼埃"在两个类似于乡野村民的人物在资产阶级阶层和车间工人阶层中"受到了好评之后，便对这一现象的发生提出了两个原因："第一个原因便是他像朱尔·恺撒那样同时肩负着三种职能，即喜剧演员、作家和漫画家的职能。第二个原因即是他具备了某种主要是属于资产阶级的才干。作为喜剧演员，他是认真而又冷静的；作为作家，他则过分注重于细节；作为艺术家，他找到了那种能根据实物来运用技巧的方法。"他认为这种才能同"达盖尔式照相机的那种冷酷无情而又会令人惊奇的魅力"颇为相似，他以这样的话结束了他的论述："这就是那种镜子般的冷漠和明净，但镜子是不会思考的，它只限于反映出过路者们的形象。"

3

罗贝尔·马凯尔

罗贝尔·马凯尔是尚弗勒里介绍的三人小组中的第三个角色，这个人物把杜米埃的作品引进了《漫画史》之中，波德莱尔同尚弗勒里一样也很欣赏杜米埃，他曾对杜米埃和莫尼埃进行过比较：杜米埃是按照诗人的方式把漫画变成了"一种严肃的艺术"，同时又"像艺术家那样""从道德的角度"来看待这一艺术样式："他的画丰富多彩，轻盈灵活，这是一种连续不断的即兴之作；但这从来就不是技巧的问题。他具有一种令人惊讶的、

---

① 波德莱尔-迪法伊：《1846年的画展》，巴黎，米歇尔·莱维出版社，1846年，第10页；《论技巧和公式化的作品》又被重新收录在《艺术评论集》第1卷中，巴黎，袖珍本出版社，1971年，第216页。

几近于神奇的记忆力,它取代了模特儿";"至于在道德方面,杜米埃同莫里哀则有某种联系"。

"连续不断的即兴之作"和"同莫里哀的联系",这两个因素在塑造罗贝尔·马凯尔这个人物时都起到了重要作用,这个典型人物从戏剧领域被移到了石版画和绘画的领域里,杜米埃就赋予这个被视为真实的人物以一种稳定性,他的同时代人则可以从一幅幅画作中辨认出这个人物,此人像一个英雄似的尽情享乐。罗贝尔·马凯尔虽被看成一个故弄玄虚的人、一个荒淫无耻之徒,但不管他的境遇如何,他在这方面与前面的两个人物是有区别的。然而,这三个男性人物却在个性上具有某些共同的特征:都有略显大腹便便的身型轮廓和爱好摆架子的派头所展示出的自满神情,而且还有那种想通过发表自己的言论来树立自身威望的内在需要。尽管波德莱尔把罗贝尔·马凯尔描述为一个没有参照模特儿的纯粹的创造物(按照他的看法,马耶尔是以爱做鬼脸的勒克莱尔作为模特儿,而普律多姆则以莫尼埃本人作为模特儿),但这个人之所以能这般诞生出来的根源看来仍是集体创作的产物,他是经过了杜米埃的发挥以及尔后人们所作的一些改变才得以持续存在下来的。

这个人物的起源可以追溯到王朝复辟时期上演的一个剧目,即邦雅曼·昂蒂耶、圣-阿芒和保利昂特①的情节剧《阿德雷客栈》,这个剧于1823 年在杂剧院里上演,它叙述了邦迪森林里一个大盗的恐怖故事,他在死时对自己的罪行痛悔不已。23 岁的年轻演员弗雷德里·勒梅特尔第一个扮演了罗贝尔·马凯尔这一角色,据邦维尔证实②,他可能是从一个在大街上啃着一张饼的古怪行人那里提炼出了这一人物形象:

> 这个陌生人像安蒂诺乌斯③或年轻的赫丘利④那样美,这个吃着饼的人头发梳得很马虎,但极其秀丽,上面戴着一顶灰色的

---

① 这些都是谢弗里荣、阿尔芒·拉科斯特和亚历克西·夏波尼埃的化名。
② 有关这个典型人物历史的更多细节,参看斯达尼斯拉夫·奥齐亚科夫斯基:《罗贝尔·马凯尔的来历与杜米埃在其中的身份》,《伯林顿杂志》,第 100 卷,第 668 期,1958 年,第 388—392 页。
③ [译注]安蒂诺乌斯(Antinoüs 约 110—130),罗马皇帝哈德良所宠爱的一个极其英俊的希腊青年,溺死于尼罗河后哈德良曾在各地为其立祠纪念。
④ [译注]赫丘利(Hercule),罗马神话中的大力神,即希腊神话中的赫拉克勒斯。

破帽子。他的一只眼睛被一条黑色的布带蒙着。他将一条朱红色的羊毛大围巾展开，让它一直顶到下巴，犹如巴拉斯式的领带；这条围巾经过这一番拾掇就同那些按照当时流行的式样将衬衫完全遮掩起来的长领带颇为相似，但这一次却是为了掩饰他那没有穿衬衫的窘态。在他的白背心上面有一柄圆形的夹鼻眼镜悬挂在一根黑色的带子上，不断地摆动着，这柄夹鼻眼镜半是用假钻石半是用金色青铜制成的，它的柄上镌刻着两个 S。他长长的绿色燕尾服上镶着纽扣，不过这件礼服比尼尼微的城墙损毁和破裂的程度还要严重，从他礼服的一只口袋里露出了一团破破烂烂的薄绸围巾，看上去就像是一条条黄、红色的瀑布。

　　这个陌生人的右手……戴着一只已成了碎片的极不像样的白手套，但他仿佛还在骄傲地卖弄它似的，他的另一只裸露的手紧握着一根歪歪扭扭、奇形怪状的巨大手杖，与督政府时期那些矫揉造作、衣着奇特的年轻人用来炫耀自己的那种颇为相似①。

这部"杰作"以回忆的方式继续对这个陌生人进行描述，他穿着一条紧身军裤和一双白色袜子，脚上套着"一双悲剧演员穿的缎子厚底靴，因为这个滑稽可笑的吃饼人在脚上还穿着一双女人的鞋子"。"弗雷德里克为之惊叹不已，一言不发……对此人什么也不问，什么也不说……只是凝视着他，但在心底里却在低声地感谢着他……上苍在其征途上安置了……这样一个人物，作为诗人和喜剧演员，弗雷德里克肯定会把他引进理想的世界之中，此人将会是杜米埃所要描绘的人物，将会是现代喜剧中熙德和司卡潘式的人物，他就是罗贝尔·马凯尔。"

罗贝尔·马凯尔的塑造表明大街上那些交错而过的行人对这位观察者所具有的诱惑力，这在 1840 年前后就导致了全景式文学和闲逛者神话的产生。弗雷德里克·勒梅特尔对这个人物的阐释将会把这个"凶险的强盗"变成"一个极富戏剧性和强烈滑稽性的人物，他会把这一切都变成一种绝妙的、荒唐可笑的滑稽的模仿，这种滑稽的模仿所受到的欢迎将会

---

① 泰奥多尔·德邦维尔：《我的回忆》，巴黎夏庞蒂埃出版社，无日期；据 R·艾肖里埃的《杜米埃》中所述，此文曾被转载在德尔泰耶的论著中，并被引用过。

完全超出人们的预料,将会令其创作者们惊愕不已①"。这个人物的同伙贝特朗是由演员费尔曼扮演的。

"罗贝尔·马凯尔头戴一顶无顶的帽子,帽子侧向一边,身穿一件被抛向身后的绿色礼服、一条补过的红裤子,衬衣上带有一处花边领饰,脚上是一双鞋跟穿坏的舞蹈鞋。他昂首挺胸地走着,现出一脸春风得意的神情,周围被一批身形粗壮的得宠者簇拥着。他的一只眼上蒙着布带,下巴深陷在一条大领带的皱褶里……他说起话来柔和动人,动作雄劲有力。他的表情严肃认真,微微露出笑容却又诡诈莫测,并以其能言善辩的口才吸引着人们。他朝前走着,贝特朗紧随其后;贝特朗身穿一件灰色宽袖长外套,外套两侧悬挂着一些外露的过分宽大的口袋,他两手交叉放在一把从不离身的雨伞上②。"

这个伟大的浪漫主义演员充分运用自己的才干,在七月王朝时期即1834年在邦雅曼·昂蒂耶的另一出喜剧《罗贝尔·马凯尔,这个不吉利的罪恶的司卡潘》中重又扮演了这个人物,并且戏中还有一位与贝特朗这个角色相似的搭档。这出戏剧由于得到了梅里和戈蒂耶的支持,因而取得了巨大的成功,由它而派生出的数量众多的作品也为此作出了证明:某种配有音乐的石版插图画即附有"歌唱的喜剧场景"则采用了这个戏的情节,剧中的那两个主角都以滑稽可笑的人物形象而刊印出来③……。戈蒂耶把它说成是"继七月革命之后革命艺术的一次伟大胜利",认为这个戏就是"民众的天性所孕育出来的那种出乎意料的温馨和高卢人的无情嘲弄式的最重要的作品"。他写道:"就罗贝尔·马凯尔这个人物而言,弗雷德里克·勒梅特尔把他塑造成一种完全莎士比亚式的喜剧类人物,他极度地开心,发出可怕的大笑声,对一切都进行辛辣的嘲弄和无情的讥讽;这种嘲讽大大超过了墨菲斯特菲里斯④冷酷无情的恶毒程度,除此之

① 亨利·里约奈:《罗贝尔·马凯尔和马耶尔》,见约翰·格朗-卡尔特尔的《法国的风俗与漫画》,第5卷,第251页(有关罗贝尔·马凯尔的部分,见第251—254页)。
② 同上,第252页。埃利亚纳·昂古蒂(上引《都市喜剧:从杜米埃到波尔图-阿勒格尔》,注释1)在最早的戏剧改编本中重又找到了有关罗贝尔·马凯尔这个人物的一种少有的石版画的表现方式,弗雷德里克·勒梅特尔在最早的戏剧改编本中曾扮演过这个人物。
③ 同上,有关这一表演的情景见第251、253页。
④ [译注]墨菲斯特菲里斯(Méphistophélès),浮士德传说中的魔鬼精灵,在歌德的诗剧《浮士德》中是一个冷酷、玩世不恭、狡猾的魔鬼。

外，还要加上某种优雅、灵巧和令人惊奇的魅力，这一切都使他与那种满身恶习和罪恶多端的贵族颇为相像。"这种把莫里哀（通过 1834 年这一剧名中的司卡潘）、莎士比亚和歌德（通过墨菲斯特）的戏剧作为参照的创作手段，乃是将罗贝尔·马凯尔这一现代人物形象纳入欧洲文学遗产，并使其与浪漫主义艺术相接近的一种方法。这个戏因抨击七月王朝，被 1835 年的审查委员会禁演；那个演员在最后一次演出中把自己化装成路易-菲利浦，如同他在 1840 年首次演出巴尔扎克的那个剧所做的那样，他在演出中受到罗贝尔·马凯尔主题的启迪，将这个人物同先期的苦役犯维多克即伏脱冷的回忆交织在一起，从而取得了同样的效果……

有关罗贝尔·马凯尔的戏剧形象的起源，我们应当记住，同约瑟夫·普律多姆一样，他首先是由某个与其人物融为一体的演员所创造的一个悲喜剧角色；但是，正当莫尼埃最终生活在其所创造的人物的阴影之下时，勒梅特尔则相反，他成了一个明星，因为他赋予一个拙劣的情节剧的人物以极其丰富的内涵。

我们不知道这个剧在 1823 年创作完成时，15 岁的杜米埃是否看过它，然而作为一名编剧的儿子，他对戏剧是有兴趣的，他在开始从事石版画创作前不久，还曾涉足过戏剧。不过，这个戏在 1832 年再度上演时，他肯定看过，因为在首场演出 4 个月之后①，有关罗贝尔·马凯尔的石版画就进入了莫尼埃的作品之中，他所创作的一幅政治性版画《喧噪》于 1834 年 11 月 13 日发表，在这幅画中，马凯尔和路易-菲利浦一边相互拥抱，一边互掏对方的口袋②。在另一幅石版画中，梯也尔-罗贝尔·马凯尔于 1835 年 7 月 30 日出现在"对 4 月份的被告进行判决的审判官"塞孟维尔和罗埃德雷的行列之中。一顶凹凸不平的帽子遮住了他的一只眼睛，半张面孔藏在领带里，两腿叉开着，一只手叉在由手杖支撑着的腰部，并支开了礼服上的燕尾，另一只手臂伸向观众，手张开着，这个稳稳地伫立在观众面前的罗贝尔·马凯尔是由梯也尔扮演的，人们认出了他那肥胖粗短的身形，他那张带着一副小眼镜的圆圆的面孔上，装模作样地露出了一

---

① 1834 年 6 月 14 日在神殿林荫大道那儿的戏剧游乐场剧院。

② 《我们全都是诚实的人，我们来拥抱吧……》，载《漫画》杂志第 210 期，版画 439，1834 年 11 月 13 日，L. D95。

丝笑容。

借鉴演员的演技可以使剧中的角色和被漫画化的真实人物重叠在一起，并通过这一方法将隐喻引入形象化比喻的修辞之中，这种方法纯属石版画家杜米埃所特有的一种过度曝光的手法，它可以将其所产生的反响从一幅作品引入另一幅作品之中，虽然有时这些画作之间的时间间隔会很长。在当时的情景下，这个梯也尔-罗贝尔·马凯尔就是好战分子装腔作势派头的预兆，有关这个好战分子的石版画和小雕像都起始于第二共和国。

在这幅版画即罗贝尔·马凯尔的《体态》中，邦维尔把这个人物描述成一个"道德主义的苦役犯，一个衣衫褴褛的纨绔子弟，一个风度翩翩、失去理智而又残忍的傀儡，他把大量的文学性和政治性讽刺作品都纳入到自己庸俗的悲剧框架之内①"，他以一种异常独特的鲜明形象进入了杜米埃的作品之中②，并被铭记在人们的心中。因而，杜米埃正是以那种对时事作出反应，并将这方面的种种主题纳入自己作品中的报刊画家的身份，才将罗贝尔·马凯尔紧贴在他自己的两个政治目标上。

当罗贝尔·马凯尔成为其于 1836 年开始创作的系列石版画《漫画轶事集》(Caricaturana)——菲利篷撰写的传奇故事集中的主角时，杜米埃这种表现手法的适应性就变得更为宽广了。漫画轶事集这个缩合词一方面同漫画(Caricature)图像艺术结合在一起，另一方面又与所参考的轶事集(ana)，即从人们的交谈中所提取的、在 18 世纪颇受赏识的一部轶事趣闻集相关③。这种石版画因其图文并茂，再加上具有传奇的对话形式，所以就成了《喧噪》杂志上系列风俗画中的一种说话的图像；这些作品不论是加瓦尔尼的，还是杜米埃的，它们都始终与日常谈话和社

① 泰奥多尔·邦维尔：《我的回忆》，前揭。

② 这是在杜米埃那里的一幅有 3 个人物的版画里首次出现的情景中梯也尔-罗贝尔·马凯尔的内涵所强调突出的一点，在这幅画中，它被安置在与雕刻家杜米埃的作品直接有关的两幅漫画之间，正如爱德华·帕佩所指出的那样，这两幅漫画把纪念式的讽刺性半身塑像变换成了石版画，见《杜米埃(1808—1879)》，巴黎，国立博物馆联合会，1999 年（法文版），以及渥太华，国立艺术馆，2000 年（英文版）；从 1999 年 6 月至 2000 年 5 月所提供的展品目录：加拿大国立美术馆，渥太华；大王宫国立艺术陈列馆，巴黎；菲利浦收藏品汇集，第 161 页，华盛顿。

③ 龚古尔兄弟很快就采用了加瓦尔尼的这类风趣的词儿，他们在自己的日记中把加瓦尔尼写成"加瓦尔尼轶事集"。

会生活非常贴近,并因由话语行为所强化的某种独特风度,而使人物的形体姿态变得愈加丰满。对于观众来说,从这个人物的姿态、话语及其与贝特朗所组成的搭档,即可一下子辨认出他,因此也就用不着向读者标出他的姓氏。第一幅插图上的说明文字是让他以对其配角咨询的方式而说出来的:

> 贝特朗,我崇拜金钱……你要是愿意,我们就创办一家银行,但那可是一家真正的银行!……要有资本,上亿的资本,上千亿的股票。我们要让法兰西银行垮台,我们要让银行家们统统破产,所有的银行家,等等。我们要让所有的人都陷入困境!——对,可是宪兵呢?——你真蠢,贝特朗,难道他们还会逮捕一个百万富翁吗?

对卡尔雅的照片(当然那是较晚的时候才有的,并被重新雕刻过)和这一开头部分的插图所作的比较①,则表明杜米埃在这个人物的形体外貌、服装和手势方面从勒梅特尔那里所得到的启示是多么大,这个人物也可被解释为杜米埃用自己的画成功地赋予其一种特有的吸引力并以此向这位演员表达一种真正的敬意②。罗贝尔·马凯尔双脚叉开,体形略呈弓形,致使腹部向前挺起,手持一根粗短的木棍,大声叫嚷着;他的嘴巴藏在大围巾里,一只眼睛蒙着一条布带,另一只眼睛被笼罩在他那顶凹凸不平的帽子的阴影里,他这副神情几乎就是报刊连环画上那类蒙面匪徒③!

---

① 这种相似性是由朱迪丝·韦切斯莱提出来的,见前引《人类喜剧——19世纪巴黎的面貌和漫画》。

② 从卡尔雅的一幅照片来看,弗雷德里克·勒梅特尔已深入了罗贝尔·马凯尔这个人物之中;杜米埃的《贝尔特朗,我崇拜金钱……》乃是《漫画轶事集》系列版画中的一幅,发表于1836年8月20日,L.D354。这幅印制出来的版画当然是在较晚的一些时候,从卡尔雅这方面来说,他并非不可能想到杜米埃的那些石版画,因为他是杜米埃的朋友,曾在《林荫大道》上发表过杜米埃的版画,而当时菲利篷已辞退了杜米埃;并且为了对这个演员独具特色的姿态选取一个拍摄的角度,他也不可能不想到那幅《伏脱冷》的插图。卡尔雅印制了弗雷德里克·勒梅特的大量照片,他还在《林荫大道》上发表过一幅由迪朗多所作的弗雷德里克·勒梅特尔的讽刺画像,并配有邦维尔写的一篇精妙的文章(1863年4月26日,第17期)。参看展品:《艾蒂安·卡尔雅——演员的照片》,巴黎,水边展馆顶楼画像厅,1990年。

③ 瓦尔特·迪斯尼是否看过莫尼埃的那些有关罗贝尔·马凯尔的漫画?

这则传奇故事把他所说的热爱"工业"和有志于成为一个百万富翁的话都原封不动地记录了下来,尽管贝特朗因担心警察而提出了异议。因此,这样的插图便变成了一种真正的戏剧,其中的人物就在石版画的场景里进行对话;这些纸上的人物即画家的作品因借助于杜米埃的独特风格,就都具有一种超越纯粹可见物领域的完美风姿;这则传奇故事通过这组系列漫画的合作者①菲利篷的斡旋,为将口语性表现手法的效果赋予人物形象而作出了贡献。

这套漫画所谴责的便是商业、银行资本主义和广告工业的新式统治。罗贝尔·马凯尔由其追随者贝特朗陪伴着,其行为仿佛是将基佐的那句箴言"你们发财吧"用形象化的手法表现了出来。金融、经济和社会方面的一切变革都正在杜米埃及其同时代人的眼前发生着,这些变革通过一系列贯穿于各社会阶层的种种短小喜剧,转换为巧取豪夺和蒙骗欺诈的行径。第一幅画中罗贝尔·马凯尔通过发自内心的大叫"我热爱工业"就一下子表明了这一点,而且这则传奇故事还提醒人们注意,把银行家和江湖卖艺者视为同一从词源上来说不但是正确的,而且还使这句话的含义变得更加完整②。第六幅画《股东大会》也是这样再现了这个魔术师即江湖骗子表演的场景,在这一场景里,杜米埃有时把他变成路易-菲力浦,其目的是要把他移到一家"君主政体"报纸的股东大会上的更为严酷的环境里,而这家报纸完全是由马凯尔花钱创办的。

对于罗贝尔·马凯尔这一骗子兼江湖术士的这种新的解释,也就是"《喧噪》的画室"对这个人物所提供的解释,就像杜米埃重新创作这个人物一样,我们应当将其不仅同弗雷德里克·勒梅特尔所演的那个剧,而且也要同一部儿童小说作一比较。这部儿童小说《让-保尔·肖巴尔冒险记》几个月前是由杜米埃作的插图,1836年1月奥贝尔将其作为小开本的

---

① 他可能是这些喜剧场景的创造者,但却是由版画将这些场景表现了出来,后者曾和杜米埃争夺过这幅作品的作者资格,杜米埃本人最后对他首先被确认为罗贝尔·马凯尔的作者一事已感到很厌烦了。L.沃尔夫于1879年2月13日在《弗加罗报》(库尔蒂翁曾提到过此事,第49页)上写道:"每当人们在报上谈到杜米埃的罗贝尔·马凯尔时,很快就会出现菲利篷的书信,他要取得罗贝尔·马凯尔的创作者资格,因为他撰写了这一传奇。"

② 这两个人在市集上"开办了银行",市集艺术和银行兑换就是在市集上同时诞生的。展品:《杂技场之日》,摩纳哥,格里马尔迪集市广场,2000年(泽夫·古拉里埃主持)。

礼品书予以重新出版。此书是由路易·德斯诺埃①于 1832 年撰写的,他是《儿童报》经理、《101 人的生平录》的赞助者、《喧噪》漫画杂志的主编②。"无关紧要的事"的那种场景,也就是说预告节目时的那种大肆张扬的场景是由杜米埃作的插图,它似乎就是将创作意图引向罗贝尔·马凯尔的最初的一种想法③,因此我们可以将它和石版画《我们要不要黄金》(LD436)④作一比较,那种预告节目⑤以及大肆张扬的主导思想已在这幅画中展现出来了,这种大肆张扬的场景还伴以市集商贩们的吹牛和有节奏的大鼓声;在这里,杜米埃一方面对这一在他看来非常珍贵的主题进行了深化⑥,另一方面又对用巧妙的方法在报上所作的种种带插图的广告进行了谴责,而《新闻报》的经理吉拉丹却因有了这样的广告终于使报纸的订价降到了 40 法郎。杜米埃本人及其职业环境都被纳入了这种对资本主义出版业进行批判的全景图中,在这些出版业大老板中间有一位就是他自己画作的出版人奥贝尔。他把自己也搬上了画面,与他的出版人罗贝尔·马凯尔进行着斗争,在一幅画中他的主人公闯进了这位石版画

---

① 塞古莱纳·勒芒:《从让-保尔·肖巴尔到斯特鲁维尔普代——插图书中好捅娄子的孩子的创造》,《人文科学杂志》,第 98 卷,第 224 期,《阅读的开端》,1992 年 1—3 月。

② 同上。

③ 杜米埃:《让-保尔的下巴冒着最大的危险》,见《让-保尔·肖巴尔的惊险活动》,巴黎,在办公室里(奥贝尔),1836 年,第 2 册中的插图(LD280);福什里的石版画由冉卡印刷,巴黎,法国国家图书馆,印刷部。

④ 杜米埃:《您要黄金,要金钱,要钻石,要成千上万、数不清的财宝吗?请过来,为您效劳……巴乌!马乌!马乌—布—布! 这是沥青,这是钢材,是铅,是金子,是纸,这是镀—镀—镀锌的铁—铁—铁……您来,来,快点来,法律就要变了,您会失去一切,赶快,拿呀,拿出您的钞票!! (气氛热烈,音乐)巴乌! 巴乌!! 巴乌—巴乌!! 巴乌! 巴乌!!》,《漫画轶事集》系列画第 81 号,《喧噪》漫画杂志,1838 年 5 月 20 日;这幅石版画没有署名,但"为杜米埃和菲利篷先生所作"(据其信中所说),由奥贝尔和他的出版公司印刷,23.3×22CM,巴黎,国立艺术高等学校图书馆,LD436(也可参看 LD433)。

⑤ 这是自这组系列画一开始就被引入版画 2《慈善家罗贝尔·马凯尔》中的一个主导性主题(LD355,1836 年 8 月 28 日);南特依的系列广告中则采用了这幅版画:人们在画中看到马凯尔正在指给贝特朗看一幅他在上面做广告的巨大的墙上招贴画。在版画 5《公证人罗贝尔·马凯尔》(1836 年 9 月 28 日)中,人们又看到了一座宣布无数奖金的广告墙。在版画 7《先生们和女士们,银矿……》中,马凯尔站在一只很大的"布告"箱子上(1836 年 9 月 30 日,LD360)。

⑥ 《大张旗鼓地炫耀》,LD554。高声叫嚷着的罗贝尔·马凯尔的姿态和表情、大张的嘴巴、向前倾的上半身,杜米埃把这一切都用在他日后的水彩画中,人们从中可重新看到那种伸直的并被要把戏人的木棍延长了的手臂姿势,正在趋向于远景式"街头卖艺人的图画"风格。

家的画室,他是前来质问杜米埃先生的①。安置在一个角落里的那块木板上标着《ABC》的发行量为40000份,它暗示着这位出版家生意兴隆。从1835年起他就为小孩和大人出版丛书,即各种各样的"连环画识字读本"②,此类丛书概念的形成预示着各种生理学的概念即将诞生。这种丛书就是杜米埃另一组系列画所要达到的目标,在这组画中,《喧噪》杂志的出版人就会进入罗贝尔·马凯尔的种种化身行列之中,变成一个活广告人、一个在大街上叫卖其商品的识字读本商人③。

这组系列画标志着那种"大吹大擂"和大肆宣扬的现代广告业的来临,格朗维尔1844年在《另一个世界》中对此进行过嘲讽,这组系列画对此所作的证明之一便是城市里的叫喊声正在消失,代之而起的是墙上的广告(但画上的广告牌则是挂在夹心广告人身体的前后)。它表明民众的口语表现方式正在让位于某种为大城市的市风治理所特有的新的活动领域,大城市必然会注重自己的形象和自身的吸引力。在这个世纪的下半叶,广告便成了某种典型人物的重要载体,而在当时则是女性形象,尤其是巴黎女人的形象占据了上风,她们取代了这个世纪上半叶在绘画艺术领域里占据统治地位的各种男性典型人物的形象;而且五彩缤纷的商品也取代了那种日常平庸、黑白两色、微不足道的东西。

在长篇连载小说(在报纸上)和那种由一些不变的人物串连在一起将故事分成相继出现的插曲并带插图(在浪漫主义的作品中)的分册出版的书籍同时出现的那些年代里,托卜菲在瑞士发明了连环画,奥贝尔是当时最早将此引进法国的人之一,他也是一个赝品制作者。系列画《罗贝尔·马凯尔》可以解释成连环画最初的一种形式,继特拉维埃、莫尼埃以及一群向中庸政府的著名人物和易于受骗者进行挑战的漫画家之后,在巴尔扎克之前,这种连环画形式就已采用了"人物反复出现"这一巴尔扎克式的小说创作方法。

---

① LD433。这幅版画表现了一个从背面看坐在石版画桌前的艺术家,在菲利篷的传奇中罗贝尔·马凯尔曾直呼其名地向他打过招呼,参见纳塔利·普莱斯:《为了开开玩笑! 19世纪的恶作剧或与此有关的表现》,巴黎,法国大学出版社,2002年,尤其《罗贝尔·马凯尔或他在各种境遇中的玩笑》那部分,第23—63页。

② 杜米埃本人曾为此撰过稿。参看塞古莱纳·勒芒:《从图画到书籍:出版家奥贝尔与版画识字读本》,《版画新闻》,第90期,1986年12月,第17—30页。

③ 《识字读本总社》,LD367,巴黎,国立高等艺术学校图书馆(《喧噪》中的校样)。

这种反复出现的结构方式总是制作出同一种模式的人物形象,即罗贝尔·马凯尔在其同伙的配合下玩弄受骗者的形象:贯穿于这些漫画的主要人物即一对相互衬托的喜剧人物所面对的是一些新的情势,但却又在反复表演着同样的剧情。其讽刺的矛头则对准那些商人,他们当时被叫做"工业家"中的败类,以及那些用股票对"傻瓜"似的股东们进行欺骗的两合公司,正如杜米埃另一组系列漫画的标题所表明的那样①。

在以罗贝尔·马凯尔为主角的百幕不同的喜剧中,他承担了各种各样的角色,触及到所有阶层的人物。他歪戴着帽子,脖子上缠着一条围巾,身上的衣服半雅致半褴褛,在其同伙贝特朗的陪伴下闲逛着,始终露出一副心满意足的神态,挺胸叠肚,对着被他欺骗的人高谈阔论,菲利篷的传奇故事都原封不动地将其记录了下来。银行家、律师或经纪人罗贝尔·马凯尔并非仅仅代表商人的世界;在任何情况下,他都是一个一心想着金钱、把人生的一切舞台都变成与金钱有关的骗子,这就是画中所描绘的种种场景所产生出的喜剧性力量之所在:他向街头的劳工们推销沥青,向服丧的母亲推荐某种为刚去世的小孩子的坟墓而制作的刻有人名的墓碑,他用诈骗来的首饰换取一绺头发,其目的只是为了完成他的心愿……

这就是罗贝尔·马凯尔这个人物所模仿的国王-资产者统治下的资产阶级的形象(如同安格尔在《贝尔丹先生》的肖像中所做的那样,它被其隐名合伙人、《论坛报》的经理看成一种漫画),同时,这个人物又为那种生理文学蓬勃发展的若干年提供了广阔的社会环境和大量的现代性职业,这方面的艺术长廊是由杜米埃和菲利篷建立起来的。但这种耐人寻味的结束语仍然要回归到罗贝尔·马凯尔那里,他得意洋洋地指给贝特朗看大街上行色匆匆的众多过路人,这些人不论是画家、律师,还是资产者或纨绔子弟,统统都会变成他俩中的任何一个。由这位闲逛者所列举出的一切人物类型都可简化为罗贝尔·马凯尔和贝特朗这样唯一的一对,他俩已使自己绝妙的计谋获得了成功②:这种计谋就是将先前被国王-傻瓜所造成的易于上当受骗的那种现代社会再进行"马凯尔化的"计谋。

---

① 它本身就是受到滑稽歌舞剧中的人物之一罗贝尔·马凯尔的启发而产生的。

② 《培养了那么多的学生还是叫人高兴的!……但也是令人厌烦的……太多了……会有竞争》,系列画《漫画轶事集》中的版画 76,载《喧噪》,1838 年 3 月 11 日,LD431,巴黎,国立高等艺术学校图书馆,画盒 2271,藏品 410—1004(《喧噪》中的校样)。

马耶尔、普律多姆和马凯尔都是从戏剧、社会和绘画的交会中产生出的三个人物。石版画的框架为此划定了一些想象的范围，对莫里哀戏剧的借鉴，这一点尤其要通过杜米埃必须要驾驭的那个典型的喜剧人物司卡潘来实现，表明这种架构是属于某一源出于那种富有表现力的哑剧和即兴剧人物体系的诸种技巧的戏剧范畴。它从新的观众出发充分发挥了这些技巧，从此以后，其观众就是中产阶级，即那些爱看报纸和漫画的人以及那些笑笑闹闹的人。

这三个在资产阶级统治时期的人物，虽然从其象征性和耐人寻味的意义上来看都隶属于同一个范围，但这三个悲喜剧人物却迥然不同。他们担当了其所代表的那个阶级的三种等级或三个方面：滑稽可笑的侏儒马耶尔代表与民众相接近的小资产阶级，普律多姆代表由职员构成的中产阶级，马凯尔代表金融资产阶级。从对用在他们每个人身上的那种喜剧样式即可分别推断出与人物相关的观众的社会地位：一种人与马耶尔相比具有某种优越的社会地位；另有一种人与普律多姆之间具有某种可视为同一和自我嘲讽的关系，他的创造者也在这个人物身上塑造自己的形象；还有一种人与马凯尔之间则存在着某种对政治-社会进行揭露和批判的关系；而马凯尔就被看成既是一个大资产者又是一个恶棍。

他们同样都具有一种将三人合为一组的存在方式寓于其中的喜剧特色，这一点使他们再度与情节剧相接近起来，但其中的任何一个人都不会侵犯另一个人的喜剧领域。这一区别就可允许种种不同的操纵者把这些人物作为木偶或傀偏来驱使，只要他们善于暗中操纵就行：这样，马耶尔就从一个人的手中传到另一个人的手中，杜米埃在 1860 年的喜剧速写中就把普律多姆先生据为己有，而加瓦尔尼在《法国人的自画像》里为给那种投机者作插图，就仿照杜米埃的罗贝尔·马凯尔先生创作了一个人物典型。总之，所有这些人物都是纸上的角色、画中的人物。马耶尔并没有引发出任何绘画的方式和独特的风格，所以就如贝拉迪直言不讳的美学评价所指出的那样，相对而言他是一种失败："至于质量，总的来说，有关马耶尔的石版画是丝毫谈不上的。这些画可以构成一种稀奇古怪的画集，但仅此而已[①]。"其他两个在杜米埃和莫尼埃笔下显得生机勃勃的人

① 贝哈尔迪·亨利：《19 世纪的雕刻家》，巴黎，孔盖出版社，1892 年，第 7 卷，第 148 页。

物,首先是通过他们的画家的风格而被人们认出的。杜米埃的马凯尔是最具个性、最出色的,而杜米埃正由于画出了这个人物才被人们看成现代最伟大的画家,按照波德莱尔的看法,他是唯一可以同安格尔和德拉克鲁瓦比肩的画家。

第二部分

快乐与痛苦：身体文化的核心

身体历史的重要时代正是从历时性的角度对快乐与痛苦进行研究的时代。因此在这个施行麻醉术和对痛苦的一切陈旧描述提出质疑的世纪里，就有必要对刺激情欲和获取快乐的种种方式，对被杀戮、受酷刑和被强奸的肉体之痛苦进行研究，并且还应根据另一类事物的发展速度，对肉体受到损害和工伤事故的受害者们的苦难进行剖析。

第五章　身体接触

阿兰·科尔班（Alain Corbin）

1

情欲和厌恶的必然联系

被凝视的身体、人所向往的身体、被抚摸的身体、被深入了解的身体、得到满足的身体，这一切在这个性欲概念正在形成的世纪里构成了种种纠缠不清的历史对象的总体概貌。在20多年前，米歇尔·福柯[①]就已着重指出在这个不久前被看成是一切冲动都受到压抑的时代里有关性的言论却在迅速增多。事实上，独处和青春的快乐、当时用反自然行为的语汇所指称的同性恋和女性歇斯底里狂，都提供了某种与大量诉讼案卷的供词相一致的永不枯竭的话题。它使人体服从于这样一种难以满足的意愿，即既能刺激情欲又能根据某种具有支配力的精妙科学技术确保其得以控制。

自从人们对那种有关19世纪的性欲解读方式进行阐述以来，大量东

---

① 阿诺德·I.戴维森：《性别与性欲的产生》，见《批评家们的探索》，第14卷，第16—48页，1987年。同一作者：《性欲的产生——历史认识论与观念的形成》，剑桥、马萨诸塞、哈佛大学出版社，2002年。米歇尔·福柯：《性史》，第1卷《求知欲》，巴黎，伽利玛出版社，1977年。"性欲"这个术语在法语中的使用起始于1840年代初。现已证实英语中从1800年起就使用这个术语，德语中则始于1820年前后。但是法国的著作者在更早的时候就使用了"性生活"这一说法，而且用得很广；所有这方面的材料都是由它来指称的。某些材料则使它与"个人生活"和"社会生活"处在相对立的地位。

拉西扯的迹象并没有引起人们的质疑，甚至在某种竭力将这些堕落行为进行分类的原始性学兴盛之前，那些医学著作、起规范性作用的著作，那些探讨手淫、女性初情期、女性成功的婚姻、出生率、伤风败俗的行为、性交的危害的各种性质的小册子在当时就多得数不胜数。莱茵河彼岸的克拉夫特-埃宾①、希施费尔德②，英国的哈夫洛克·埃利斯③，法国的费雷④、比奈⑤和马尼昂⑥，都对这门新学科的丰富内容进行过阐述。但是托马斯·拉克尔却责怪米歇尔·福柯未能强调指出那种将性欲与商品交易的发展和消费者的种种新行为相结合在一起的关联⑦。

这就是说我们应该思考的是，市场经济和工业革命是否有助于性压抑或能否使性冲动获得解放。关于这个问题，众说纷纭，莫衷一是。实际上，两者相互矛盾的认识进程一直贯穿于这个问题的始终。在这个领域里，文明这一概念本身就是与性欲的自由满足相抵触的，而进步则与牺牲相伴而行，这两者都被许多的迹象所证实。由手淫所引起的那种摆脱不了的烦恼在当时达到了顶点。从 1802 年起，在英国就建立了一个遏制恶习的社团；这种类型的社团到这个世纪末在整个西欧大量增加。卫斯理⑧鼓吹独身，而许多牧师则宣扬节欲。从 1840 年代起，拉芒什海峡彼岸的人力图用某些被认为是让人放心的"合理的娱乐活动"来取代青年人自发的娱乐活动。人们正是为了这一目的才开展体育运动。在法国，许多神职人员都以阿尔斯神甫⑨的严格作风为榜样，因而它与性解放的观念极不一致。

---

① ［译注］克拉夫特-埃宾（Krafft-Ebing，1840—1902），出生于德国的神经精神病学家、早期的性病理心理学家，其代表作为《性精神变态》。
② ［译注］希施费尔德（Hirschfeld，1868—1935），德国医生和性学家。
③ ［译注］哈夫洛克·埃利斯（Havelock Ellis，1859—1939），英国作家、医师，其主要著作为《性心理研究》。
④ ［译注］费雷（Féré，1852—1907），法国医生，比奈的朋友。
⑤ ［译注］比奈（Alfred Binet，1857—1911），法国心理学家，《心理年鉴》的创办人。
⑥ ［译注］马尼昂（Valentin Magnan，1835—1916），法国精神病学家。
⑦ 托马斯·拉克尔：《性欲与工业革命时期的市场经济》，见多莫那·斯坦顿主编：《性欲的历史》，密歇根大学出版社，1992 年，第 185—215 页。
⑧ ［译注］卫斯理（John Wesley，1703—1791），基督教卫斯理宗（循道宗）的创始人，与其弟查理一道从事宗教研究和传教工作，史称卫斯理兄弟。
⑨ ［译注］阿尔斯神甫（Lecuré d'Ars），原名让-巴蒂斯特-玛利·维阿尼（Jean-Baptiste-Marie Vianney，1786—1859），法国阿尔斯教区司铎，据传他有超自然的能力，声名远播，其驻地吸引了一批又一批的信徒。

然而,有若干论据对爱德华·肖尔特①的论断是有利的,他在当时就看出了这种在 20 世纪中期取得胜利的性革命的萌芽。从 1820 年代起,伦敦某些像《每个女人的书》(1828)的作者理查德·卡莱尔那样的激进主义者,就在宣扬解放情欲、节制生育,甚至阅读淫秽作品。卡莱尔提议建立一些维纳斯的殿堂,年轻男女可以在里面自由玩乐,而不会有得病或意外怀孕的危险。他希望通过这种方式来阻止手淫、鸡奸、卖淫和一切被看成是违反自然的性行径②。

当时农村人口大批涌向城市,尤其在英国,人口在手工工场的大量集聚使得家庭和团体对两性交往的监控出现放松的趋势。卖淫现象在整个西欧蔓延开来。彼得·盖伊曾指出那种无可辩驳的道德观念在 19 世纪与资产者的伪善是多么地不相协调,他们被社会性的出逃和对平民家姑娘们的肉体所想象的那种兽性所迷惑,于是便不断地同妓女来往,供养女裁缝,迷恋于色情文学。他的看法发人深思的是,夫妇关系本身在当时就更加倾向于追求极度的快乐,这比人们长期所想象的更为幸福,更加丰富多彩③。尽管如此,对非婚婴儿出生率的精确分析似乎并未能使工人阶级妇女的性解放这一论断得到证实,尤其在英国更是如此。非婚婴儿出生率在工业区并不比乡村地区高。在大城市的各个社团对两性关系的监督并非不存在。

性欲和肉体的快乐只留下一些渐趋消逝的踪迹,因而很难对这方面的争论做出决断。肉欲是无法统计的。因此,历史人口统计学及其最精细的量化程序都不可能对合法夫妇性交平均数的变化作出估计。实际上,饮食制度的种种变化会对排卵的节奏产生影响,因而就使得从变化不定的排卵节奏中捕获卵子变成了极其偶然的事。但不管怎样,在第三个千年的开端,历史研究有对 19 世纪最初三分之二个时期性行为的混乱状况竭力低估的趋势,我要强调的是,这并不否认当时还存在着那种描述某种新的节制性欲的大量言论。

---

① 爱德华·肖尔特:《现代家庭的诞生》,巴黎,瑟伊出版社,1981 年(《现代家庭的形成》的法文版,1975 年)。

② 托马斯·拉克尔:《性欲与工业革命时期的市场经济》,前揭,第 189—191 页。

③ 彼得·盖伊:《资产阶级的经验——从维多利亚到弗洛伊德》,第 1 卷《理性教育》,牛津大学出版社,1984 年。

历史学家不可能从历时性的角度对性冲动的强度做出估量，因为他被限定在其业务活动的范围之内，当涉及到要弄清人体形象的演变和性欲活力的变化时，他的知识则是非常欠缺的。因此，就让我们来考察一下那些更易于达到的目标吧。

1) 男人和女人的身体及其自然史

很久以前，历史学家们就对鲁塞尔医生[①]、维雷和其他许多观念学者的著作进行剖析，他们的著作对人体的描述、人体所具有的诱惑力以及很可能对激情的特性的认识都颇有影响。人们在这个问题上同时使用了好几种逻辑推理的方法。第一种方法众所周知。男人和女人的身体是根据自然建构起来的，其目的是使这个种类能够延续下去。有关它们的一切形态学都是由此而衍生出来的。从这个角度来说，男女两性从其生殖器官的构型以及一切身体和精神素质来看都是有区别的。

为了弄明白这种二形现象，有必要回顾一下这方面的情况[②]。一千多年来，以盖伦的著作为依据，女人和男人的性器官在结构上都是相同的这一观念已得到了人们的认可。它们都处于身体的内部，以便得到保护，并使正常的怀孕过程能得以确保。亚里士多德认为女人只是一种用于接收男人精

① 尤其是伊冯娜·克尼比莱和卡特琳娜·富凯的《女人与医生》，巴黎，阿歇特出版社，1983年；伊冯娜·克尼比莱的《医生与民法典时期的女性特质》，《传统的中等教育年鉴》，卷31，1976年，第4期，第824—825页；《医生与19世纪夫妇间的爱情》，见保尔·维阿拉内和让·埃拉尔主编的《法国人的爱情(1760—1860)》，克莱蒙-费朗出版社，1980年，第1卷，第357—366页；以及《有关女性的医疗话语，忠贞与破裂》，《浪漫主义》，1976年，第13—14期，第41—56页。在维雷和鲁塞尔编的著作中有：皮埃尔·鲁塞尔的《论女性的精神和肉体系统或对其器官形态结构、气质、风俗和性欲特有的功能所作的哲理式描述》，1775年；以及J.J.维雷的《从生理、精神和文学的关系论女性》，巴黎，克鲁沙尔出版社，1823年。除这些之外，还有让·博里的《害羞的暴虐者——19世纪女性的自然主义》，巴黎，克兰克西克出版社，1973年。

② 关于这方面的问题，参看托马斯·拉克尔的《性别的构造——有关西方的人体和性别论》，巴黎，伽利玛出版社，1992年；《性欲高潮、生殖和生育生物学的策略》，见罗贝尔·斯克马克和玛丽·文森特主编的《西欧的性与历史》，伦敦，阿诺德出版社，1998年。又可参看《现代人体的构造：19世纪的性欲和社会》，伯克利，加利福尼亚大学出版社，1987年；以及已提到过的罗依·波特等著的《性知识，性科学：有关对性欲看法的历史》，剑桥，1994年；还有弗朗西斯科·瓦斯凯·加尔西亚和安德烈·莫尔诺·芒吉巴的《性与理智——西班牙的性道德体系(16—20世纪)》，马德里，阿卡尔出版社，1997年，书中所作的综合性概述已越出了西班牙的个别情况。

液的容器。相反,按照希波克拉底的传统,若是没有快乐,最终任何东西都不可能生存下来。因此,快乐看来对于怀孕是必不可缺的;对阴道和子宫颈的摩擦可产生体内的精液射出时所必须的热量。人们以为女人身上的热量没有男人身上上升的快;因此其快感没有那般强烈,但却更为持久;除非这种快感是在男性射精时突然来临。希波克拉底和盖伦有关两种精液的学说模式反映了宇宙的秩序。人们认为女性的快感达至顶点时,即精液射出的时刻,可能就是由某种想象中的摩擦而引起的。因此,那些已达青春期的姑娘们在夜间会独自用手淫来满足自己的欲望,这也会促使寡妇们使用这一方法将黏稠的精液排出去,因为它在体内被压抑得太久了。

这些信念就导致人们把女子性欲高潮看成是自接触男子的精液起女子的体液快速循环和子宫开启的征兆。这种快感也被看成是由消化所导致的结果,其性质同消化对其他种种液体所发生的作用一样。因此,为使怀孕获得成功,似乎就有必要使身体的温度升到能将血液最灵敏的部分制造成精液的高度,而后再以癫痫似的动作将其射出去。所以,很自然地就在快感和生育能力、性冷淡和不育之间建立了某种必然的联系。人们认为妓女由于缺乏那种由性欲和快感所产生的热量,因此就没有怀孕的可能。

因此,男人就应当让性欲过慢的女人准备好,以便能使两种精液同时射出。女性在其性伴侣那里所获得的性快感则预先弥补了怀孕期的不适和分娩的痛苦。如果没有这种事先的满足感,女方可能就有拒绝性行为的倾向。对阴蒂所给予的越来越大的关注并不妨碍人们坚持认为男女的性器官是相互对应的,因为阴蒂看起来是与阴茎相当的某种东西。

然而,自文艺复兴以来,尤其在 18 世纪和 19 世纪初,新的生物学对这些信念统统提出了质疑。医疗科学渐渐地不再把女人的性高潮看成对生殖是有益的;而怀孕从此以后则被看成是一种神秘的过程,它不需要把任何一种外部的迹象表现出来。因此,托马斯·拉克尔就着重指出,女人的性高潮是被排斥在人体生理学范围之外的。它成了一种单纯的感觉,虽然很强烈,但却无用。同时,有关性器官的结构和功能相互对应的信念则引起了愈来愈激烈的争论,我们往后还会再谈到这一问题。从这时起,将两性区别开来的做法就作为很自然的现象而不断地被加以强调。一系列对身体和灵魂、物质和精神所产生的影响而作的对比,以一种比先前那种体液论医学占主导地位时更为明晰的方式被描述了出来,那种体液论医学把热量和男性的干涩与冷淡和女性的湿润置于对立的地位。实际上,人们不应忘记体液病理论的范例本身就包含着对两性差异之处的吸引,因此也不应忘记女性的肌肉、皮肤、毛发、声音乃至智力的表现形式和个性与其体液的特性都有关系。因而强调突出这种两性的差异常常与动摇社会秩序和自由主义的上升之间存在着某种关系。

这种新的范式同时又引发了对女性的新的描述和对女人的一种闻所未闻的恐惧。在那些醉心于临床观察的医生们看来,由于女人的快乐不再是其所需要的,所以它就更加可怕。女人性高潮时种种狂乱的表现、那种与歇斯底里症相似的举动——其威胁性愈加严重而且还会发生转化,都使人联想到大地的力量被释放出来的那种危险。

男人和女人之间所建立的全部关系从此以后都要被重新确定。认为女性居于从属地位的人则求助于生物学来发表自己的看法。让-雅克·卢梭在《爱弥儿》第五卷中已经强调了那些将两性区分开的、被认为是天然的不同之处。男性是活跃的、强健的,但只是在某些时候才是雄壮有力的。而女人在其一生中的任何时刻都始终是女人。她身上的一切都使她想起自己的性别。因此就有必要使她得到一种特殊的教育。那种认为文明的进步使男女之间的差异趋于强化的信仰,就会使其职能的差异性在人们的脑子里牢牢地扎下根。人们认为这种差距有必要对所有的社会交往,尤其是对言论和爱情规范进行整顿。当女人把自己的感情集中到某个人身上时,她就会表露出自己的情欲。男人有可能会被对女人的欲望所控制,只有某个机缘凑巧的性伴侣才可满足这样的欲望。这种情欲表现方式中的根本差别就为双重的道德标准奠定了基础。

这一对两性的描述以及对其标准被打乱的现象,又因生物学上的种种发现①而得到了巩固和强化。学者们不断在各自的解剖学和生理学领域里探索那些能将男人和女人区别开来的东西。19世纪初人们发现某些哺乳动物在周期性的反复发情期间会自动排卵。1827年,卡尔·恩斯特·冯·贝尔②阐明了一只母狗的发情过程,不过他却认为性关系对情

---

① 关于这一点,参看托马斯·拉克尔的《性欲……》,书中有多处涉及到这一问题。

② [译注]卡尔·恩斯特·冯·贝尔(Karl Ernst von Bear,1792—1876),杰出的爱沙尼亚胚胎学家、人种学和自然人类学的先驱者,《哺乳动物的卵和人类的起源》是其代表作。

欲的起动仍然是必要的。真正的革命是在几年之后发生的。狄奥尔多·L. W. 比斯霍夫(1843)证实了一只母狗根本没有进行交配也没有任何的发情表现,但却自然而然地排出了卵。1847 年,布歇①在《自动排卵、哺乳动物受胎和人类的实证理论》中断言(不无理由但却缺乏根据),女人的排卵本身是与性交和怀胎无关的。从此,卵巢就成了女性特征的标志,女人的性高潮似乎对生育是无益的。这些发现对阻止古代情欲生理学的消亡产生了影响,对解剖学上的对应学说的影响则更为巨大。

在这种背景下,经血就具有至关重要的意义。的确,按照比斯霍夫的看法,妇女的月经和雌性动物的发情之间的相同性是显而易见的。这来自于简单的常识。这一现象促使米什莱②写道:"情人能从贴身女仆那儿准确地了解到他的情妇的经期,从而可以更好地做出安排。假如利塞特冒冒失失地说:'您来吧,小姐正处在发情期。这可怎么办呢?'③"但不管怎样,总有一些人对这种相同性持反对意见。布歇的妇科学则有一些形而上学和政治方面的蕴涵。它在那个时代具有某种挑战性,或者说在那时反教权主义的风气十分盛行。排卵的发现和相信排卵的自发性对彻底按照自然规律来说明女性特征起到了作用。科学似乎战胜了宗教。它为女性身体从告解神甫的影响下解放出来作出了贡献。因此这种争论的意义超出了生物学的范围。

不管怎样,从此以后人们赋予"子宫的骚动"及其周期性的创伤以重要的意义,这一意义到 19 世纪末就显得十分突出,因而米什莱把这个世纪看成是"子宫诸病爆发的世纪"。这种信念引发出文化上的某些迫切需求。它限制了妇女的种种能力。它使身体的突发事件对妇女的控制比从前更加牢固。它把两性的结合简化为一种生理行为,其地位就像撒尿或排泄粪便那样。然而,诸如此类的信念却使女性的精神从不由自主的躯

---

① [译注]布歇(Félix-Archimède Pouchet,1800—1872),法国博物学家,生命自然发生说的拥护者,但其学说缺乏科学依据。

② [译注]米什莱(Jules Michelet,1798—1874),法国卓越的历史学家,著述甚多,《法国史》、《法国革命史》是其不朽的名著。

③ 朱尔·米什莱:《日记》,1857 年 6 月 5 日。关于这个问题,参看泰雷斯·莫罗的《历史的血——米什莱、历史和 19 世纪对女人的看法》,巴黎,弗拉马里翁出版社,1982 年;以及让·博里的《富于情感的妇科学》,见让-保尔·阿隆主编的《19 世纪悲惨而又光荣的妇女》,巴黎,法亚尔出版社,1980 年。

体中解放了出来;文明和道德文化的影响便可对女性的特征作出界定,因为正是这种影响才能战胜自然的种种指令。

但是,尚需要对诸如此类的科学信念在社会深层次方面的传播作出评估。如何发现有可能会出现的封闭现象,或者更为确切地说,如何根据各个社会阶层的情况来评估这一信念渗透的不均衡程度? 因此,像1864年阿尔弗雷德·德尔沃出版的《词典》①那样的科普性色情读物,则显示出了某些古老信念的顽固性。两性的结合由情欲和积极而又强有力的男性的煽动所操纵,男性通过有节奏的动作并以其大量的精液自动促使女性的精液射出,这种图解贯穿于整部著作。女性为了获取最大的益处,就应当用口交、手淫或使腰部起伏波动的方式来刺激这种情欲,使其重复出现。在这种从各个不同时代的此类性质的传统作品中辑录而成的文学中,两性的职责就是这样被明晰地确立起的,但近来种种医学理论的反响却很少能被人觉察出来。色情艺术似乎还置身于生物学上的种种发现之外而在这里继续存在着。有必要指出的是女性那种无害的被动性、从最近的观察所推断出的对女性激情的种种征兆的检验,并没有将情欲表现的病理学化的现象考虑在内,因而只能与那种对色情文学起支配作用的男性煽动的意图背道而驰。

那些传播最广的词典都是将一些彼此不一致的东西汇集在一起的产物,它们本身很难在不同时代和不同学派的科学信念中间进行挑选。总之,关于两性的结合问题,我们又重新发现了那种由种种信念、态度和行为所形成的沉积现象,文化史的复杂性就是由此而造成的。这种文化史总是由惯性、差异和对立物的聚集构成,因而它不可能只拘囿于科学史的范围之内。雅克·莱奥纳尔曾向医生们指出过他们的那些犹豫不决的行为和折中主义,于是那种修修补补的折衷主义便得到了人们的认可。从此以后,历史学家的任务就决不是只限于研究观念史,而是应力图探索这些信仰和信念是如何组合的,这种组合经常是断断续续的,但最终会对人们的实践活动起到决定性的作用。我们不妨去想象一下读者在同一天里既沉湎于德尔沃的《词典》而又专心阅读医学著作的情景吧。如何来估量种种如此不同的范例对情人们的行为所造成的重压呢?

---

① 最近再版的阿尔弗雷德·德尔沃的《色情词典》,巴黎,出版总联盟,1997年。

　　为了有助于回答这类问题,我们将会在以下的若干篇章里不时求助于《19 世纪大百科词典》。这是一部概论性的著作,可以使人依稀看到在第三共和国初期什么样的知识是绝大多数有文化的读者能够理解的。编纂这部书的宗旨是清点已获得的一切知识,提供一个与人们在科学史家著作里看到的不同栏目。确实,它再次比这些科学史著作更好地回答了我们的疑问。

　　"性"词条的作者断言,男性的生命力比女性的旺盛。男性这种近似于"方形"的躯体厚重而结实。肩膀更加宽厚有力。四肢的肌肉更加发达。骨骼和毛发系统也比女性的要发达。男性的"骨骼更加密实强健,皮肤更加粗糙灰暗,肌肉更加结实,肌腱更加坚韧,胸脯更加宽阔,呼吸更加强烈……嗓音更加深沉响亮,脉搏强劲但比较缓慢……大脑比较开阔宽广。男性的脊柱和脊髓的体积要比女性的大①"。因此,"男性的脑脊髓神经系统更为活跃有力",而在女性那里交感神经系统则占据了支配地位。

　　女性的体型优美、呈圆形②。胯部和骨盆宽阔,成喇叭口状。大腿强壮,比男性的大腿分得更开;这有碍于她的行走。当然,乳房——在解剖学和生理学著作中人们当时对"胸部"谈论得很少——要比男性的发达得多、突出得多。女性的皮肤柔软、光滑、白皙;嗓音比较柔和。女性——典型的女性——会表现出这样一种感觉能力:它会促使女性崇尚友情,使她习惯于家庭的欢乐,一般地说,会使她易于感受到"内心深处的真挚之情"。至于男性,维雷断言其"固有的特性便是嗜好激烈的行动③"。他的男子汉特征是由精液的分泌作用所决定的,这一点我们还会谈到。

　　这两种身体结构势必会促使男性和女性以一种不可抗拒的力量彼此相爱。情人们在各自的寻觅中相互趋于中和。寻找"不可或缺的补充部分"的目的就是要恢复"人类所渴望的那种原初纯洁状态中的典范的人"。希腊人理解这种人;关于这一点,古代文化与之有关的内容到处可见。维纳斯"胯部宽阔",体形优美而多肉,与之相对照的则是"赫丘利结实、肌肉发达"、双臂强健的体态。这两者都是"人体素质丰盈优美的典范"。④

---

①　参看词条"男子特征"及其前、后的引语。

②　词条"性",就下述而言。

③　引自词条"男子特征"。

④　所有这些引文均出自词条"独身者"。

人们看到这种描述体系会更加看重两性的结合和快乐,而此时从另一方面来说,生物学正在竭力否认快乐对受胎具有不可缺少的作用。这种快乐常常被称之为淫乐或快感,其强度的不等乃是对构建那个时代我们称之为性欲的观念起到重要作用的主导思想。这一无与伦比的力量是所有人——医生、道德家、神职人员、多题材著作家——都公认的。马尔萨斯①本人就将这种力量作为其思考问题的基点。不过,某种悖论也得到了充分的展示:由性本能的不满足而引起的不适与性欲的强度绝对没有关系。这方面的缺失所造成的痛苦并没有由饥渴或饥饿所引起的痛苦那般强烈。

涉及到快感强度的隐语则丰富多彩,如霹雳、闪电、号角等等,不一而足。这种会让"心灵起伏不定"的"难以形容的性欲的幻觉②",乃是出现于欲火降落之前,接着就会使人感到失望。动物在交配之后则出现了阴郁的神态。因而这类词汇就广泛地被狂热、如醉如痴、感觉失灵和死亡所取代。死神在极度的快感中窥伺着。尤其是女人,她在极度的快感中向死亡靠近,她会变成废物。这种危险是由医生揭示出来的。它就是一种反复出现的文学主题,作为例子,人们可以在巴尔贝·多尔维利③的作品(《深红色的窗帘》)以及龚古尔兄弟的作品(《热尔米妮·拉塞特》)中找到。

支配身体的本能通过周期性的需要和两性的"骤然亲近"而表现出来,其强度和周期性随着气候、季节和个人社会地位的不同而发生变化。此外,生殖器官的形态和活力也会随着体质的不同而发生变化;这种信念一直持续到1880年左右,至少在法国是这样的。尤其是那些具有神经质的女性则过分地被这种现象所控制。她们有时"会在一次快感十分强烈的性交之后,遭到一次或若干次相继出现的歇斯底里症发作的袭击④"。由于文明的进展会促使这类体质的人的数量增多,所以这种危险就更加地严重。那些多血的人"生殖器官也具有巨大的活力",但在他们那里,这

① [译注]马尔萨斯(Thomas Robert Malthus,1766—1834),英国经济学家、人口学家,著有《经济学原理》《人口原理》等。
② 词条"爱情"。
③ [译注]巴尔贝·多尔维利(Barbey d'Autrevilly,1808—1889),法国作家、文艺评论家。
④ 词条"生殖器官构造",以下引文也出自于此。

种行为是"较为经常的,也是较为有规律的",因而并不具有那样的危险性。反常的是,"运动员的生殖器官相对比身体的其他部分要小",它们的功能也没有那么活跃;这种见解与那种指望凭借体育运动来平息性冲动的此类"合理的消遣娱乐"的逻辑是相符的。

有人断言,确实存在着某种狭义上的性气质。具有这种气质的人的特征是性行为的欲望频繁出现而又强烈,皮肤、眼睛和头发的色泽浓烈,身上散发出一种"异常强烈的奇特的汗味"。具有这种气质的女子就易于表现出求偶狂的症状,而男子则易于出现性欲亢进的症状。

这种症状达到了顶点的人就与傻子分不开了。一般地说,傻子们的性器官是非常发达的。他们表现出了一种不可抗拒的好色倾向。而那些性情冷静的人所展现出的形象则决然相反,他们的特征是性器官微小、柔软、很少勃起,因而一般地说,他们对性交是不感兴趣的。

虽然这样说,但在这个问题上,体质并不能决定一切。习惯会起到作用。禁欲会导致部分性器官失去活力和萎缩,而手淫,我们将会看到,它会增加性欲频繁出现的次数,会促使"阴茎、睾丸或阴蒂的体积大大增加"。气候也会施加它的影响:居住在南方地区的人感情炽烈,而生活在北方的居民则无动于衷,性情冷漠;这是因为温度会促进性器官的活动。尽管如此,春天仍然是身体结合的最佳季节。

不管怎样,在这方面生活方式起着最重要的作用。卡巴尼斯①曾对手和脑、身体劳作和精神活动之间建立的竞争状态进行过反复思考。在我们所研究的这一领域里,其逻辑就有点儿不同:脑力的紧张活动以及那些要付出巨大气力从而要消耗大量肌力的体力活儿,都会减弱生殖器官功能的活动能力。因此,文人和学者常常是"过早阳痿"②的牺牲品。天才人物,甚至仅有文学才华的人都是独身者。那些最富有才智的人都被这样一种令人不堪忍受的两难处境所左右:"要书籍还是要孩子"。相反,那些无所事事者的头脑则毫无生气,他们同白痴和傻子毫无二致,但却被"无节制的性欲"所控制。

---

① [译注]卡巴尼斯(Cabanis Georges,1757—1808),法国哲学家、生理学家,著有《人的肉体方面与道德方面之间的关系》。
② 词条"生殖器官构造"。

这全部的信仰,甚至包括科学信念,我们再重复一遍,都凝结在那些百科全书和科普著作中;这就扩大了它们的传播范围。所有这些论述常常都伴以对快乐机制和性欲活力的思考。关于这方面,可以肯定地说触觉和嗅觉在刺激过程中起到了决定性的作用。只要用手在女性的胯部、肩膀、"胸脯"和大腿上抚摸,就可使男性体验到集中在其性部位上的一些"感受"。将温热的东西敷在腰部和拍打都有助于阴茎的勃起。使用细棒、皮带、细短绳、荨麻以及"用于敲打的平面硬毛刷子"①,都可医治阳痿和性冷漠。任何一个国家的各种不同年龄的性欲放纵者和好色之徒对此都非常清楚。"在阴茎勃起的时候对生殖器的黏液的感觉能力是那般地活跃,以致这些性器官对最轻微的摩擦的感受比触觉器官的那些最灵敏的部位还要强烈②。"

我们再重复一遍,嗅觉和味觉对生殖器官也有直接的影响。卡巴尼斯曾强调指出了这一点。人们还可在皮埃尔·拉罗斯③的那部严肃的《19世纪大百科词典》中看到这样的表述:"生殖器官所激发出的气味,尤其是阴垢和龟头垢的气味会激起某些人的淫欲。"当情欲高涨时,嘴唇就会鼓起,变成紫红;炽烈的接吻就会使阴茎勃起。同这其他三种感官相比,听觉似乎不怎么活跃。应当强调指出的是,在所编纂的临床医生的文献即我们的研究资料中,顶多只是突出了淫荡谈话或女方声音的作用。但是大家都知道,人们所听到的有关放荡的任何表现,一旦越出了私人范围而危及到邻人或行人时,风俗警察就会予以关注。

当然,医生和道德家所强调突出的乃是肉体享乐、舞蹈表演或戏剧场面的景象对生殖器官所产生的直接影响;这一现象就会导致人们对已届青春期的姑娘们进行监视,并禁止她们观看诸如此类的淫乐场景。《大百科词典》作者言之凿凿地说,总之,"在个人体质状况显示出需要发生性关系的情景下看到此类器官……其目光很少会错过这样的目标"。

所有这些作者都相信这事儿做得太过分就会出现巨大的危险。人们对那种随着歇斯底里症的威胁以及认为快乐是必须的这一信念的衰退而

---

① 词条"鞭笞"。

② 词条"生殖器官构造",以下的引文均出自于此。

③ [译注]皮埃尔·拉罗斯(Pierre Larousse,1817—1875),法国语法学家、百科全书编辑者。

愈来愈增长的恐惧心理,从来就没有给予足够的重视。但这种恐惧心理却迫使我们必须要作出努力以便能采取一种通情达理的观点。

当时人们都认为,除阴茎的异常勃起之外,过分地刺激、男子性欲亢进症、歇斯底里症以及一切形式的"生殖器官的神经症",都有可能会使人患上疯狂症的危险。卡巴尼斯断言这种疯狂症有时会遗传在后代的器官里。由这种疯狂所引起的眩晕在窥伺着妇女,而萎黄症则在守候着年轻姑娘们。她们的身体会出现性疲倦的感觉。这种疲乏会"降落到面颊上,或使两腮塌陷下去,使眼睛失去光芒或使之充血,使嘴唇变形或使之扭曲,使鼻孔呈扁平或使之发热……接着,整个身体就会疲惫不堪地躺倒下来,或是扭动不停,颤抖着,骚动不安和激动不已;脑浆在头脑里抖动着,血液在血管里败坏着![①]"没有任何野兽比那种沉湎于淫乱的人更堕落、更令人厌恶的了。正是这种极度淫乱行为使罗马帝国在堕落中走向了崩溃,并使东方那些柔弱的种族不断地"衰退"下去。

因此,这种行为放荡的人自己就形成了一种典型,在19世纪上半叶随着全景文学和生理学著作出版的进展,这种类型的人便是对人们所创造出的一切人物的一种补充。堕落的行为一旦转为常态就势必会使人兽性化。

第二种必然结果对这样一种现象学即节制精液就具有支配作用。根据一种与体液医学有关的、而那些最新的医学发现又尚未在这个世纪最后三分之一个时段之前真正使其消失的古老信念,人们认为某种能使"有吸收能力的血管"发挥作用的微妙交换是在睾丸内进行的。这些血管使一部分以此方式经过改良和改造过的精液回流到血液里。这种精液又流向身体的各个不同的部位,刺激着所有的生理功能。因此,精液任何过多的损耗都会使这种"回流的机制"减弱,甚至会使之消失。《19世纪大百科词典》的作者得出结论说,"男子阳刚之气就在于精液的分泌;它流出得越多,男性的功能就越弱……任何人都不会不知道在交媾之后所出现的那种虚弱的情景[②]。"此外,"每次再度出现的快感"——这是就男人和女人而言——"都是神经系统的又一次损耗,因此这种疲惫不堪的程度并不

---

① 词条"淫荡"。
② 词条"男子特征",以下引文均出自于此。

低于大出血之后所出现的那种精疲力竭的状态。"在男人身上,从其征象和效果来看,射精与痉挛甚至癫痫发作时相类似。

人们从此就明白了男性节制性欲的必要性;女性的快感能力似乎远远超过了对方。如果男性不能控制自己的激情,他就会被女性弄得疲惫不堪。因此,在新婚之夜以及随后的几个星期里,新郎应当既不要使自己损耗过度,又要避开妻子的常常是反复出现的强烈情欲。他必须要使妻子缓和下来,以免在她沉湎于性欲的充分满足时所引发出的那种可能会摧毁她的巨大力量。关于这个问题,在一些医学著作中曾提到那些已绝经的妇女,还有那些不生育的妇女,由于她们丝毫不会被担心怀孕所束缚,因而就被看成是一些异常可怕的性伴侣。放荡者和手淫者就是一些违反节制精液原则的神衰体弱的人。我们还要补充的是,从奥古斯丁的观点来看,由于对种种业已消失的快感的回忆在想象中经过了极度的夸张,而这样的习惯一经形成,就会把人们引向灾难。

年轻的男子即是未来的丈夫、未来的父亲,他应当表现出对保存后代能力的关注。他必须避免犯下肆意消耗和浪费精液的种种可怕的恶行,因为这些恶行会危害到他所梦寐以求的家庭平衡。节制精液能够确保未来的幸福。至于年轻的姑娘,除了要保持童贞这一道德上的要求之外,还应使她们了解精液的渗透会使她遇到的种种危险。

事实上,直至这个世纪结束时,尽管这个问题仍是人们所争论的对象,但许多人都相信女人总是被她的第一个男人的精液所浸透。所以她和其他的男人所怀的孩子和她的最初的情人相像。阿尔弗雷德·富尼埃①教授曾举了一位妇女的情况来对此加以说明,她生下了一些黑皮肤的孩子,因为她的第一次性交就是和一个有色人种的男子进行的②。菲利浦·阿蒙③曾出色地指出过这种经久不衰的信仰在小说文学中的反响。人们在热尔梅娜·德·斯达尔、歌德、梅里美、巴尔贝·多尔维利、莱

---

① [译注]阿尔弗雷德·富尼埃(Alfred Fournier,1832—1914),法国皮肤科医生,梅毒学研究权威。

② 阿尔弗雷德·富尼埃:《梅毒的遗传》,1891 年,第 51 页。关于这个问题,参看阿兰·科尔班的《时代、欲望和恐惧——19 世纪随笔》,巴黎,奥比埃出版社,1991 年。后由伽利玛出版社作为"田野"丛书重新出版,1998 年,第 147 页及以下。

③ 菲利浦·阿蒙:《图片——19 世纪的文学和图像》,巴黎,约瑟·科尔蒂出版社,2001 年,第 212 页及以下。

昂·伯罗瓦①、卡蒂勒·孟代斯②尤其是左拉(参看《玛德莱娜·菲拉》)的
作品中都可看到这一现象。这种精液渗透可通过孩子皮肤上简单的印记
表现出来。较为普遍的说法是,女人的腹部是一种真正的灵敏的底片,它
将那个已渗入他体内的男人在其冲动过程中打上印记的东西保存下来,
培育它,并将它复制出来,犹如那种能在人体上打上印记的阳光那样。

2) 放荡的面容:手淫和遗精

前面的那些论述有助于对 18 世纪初以来由独身者的恶癖所引起的
恐惧作出解释。米歇尔·福柯有点儿过分地把手淫和其他一些主题联系
在一起,这些主题融合在一起就形成了一个对此进行论证的高潮,而后它
便渐渐地变成了性欲。说实在的,对独身者性欲的揭示比那种对哲学家
们所确立的其他对象所发表的大量言论要早近一个世纪③。1707 年或
1708 就出版了一部匿名著作——《手淫或自行排精的极恶行为》。我们
还要补充的是,当时那种反对手淫恶癖的斗争并非仅仅是由节制精液的
需要而引起的。那么在这种情况下,人们为何要如此强烈地谴责年轻的
姑娘们和青春期前的少年们的手淫行为呢? 让我们再重述一遍这一争论
的种种因素吧。几个世纪以来,特兰托主教会议所规定的教士神学一直
都在反对这种放纵行为,也就是说,反对从自身的肉体上获得乐趣,因为
随着对此所作的种种描述以及种种推断出来的、想象性的刺激方式的出
现,个人就会沉湎于这种乐趣之中。中止性交和自行排精便逐步变成了

① [译注]莱昂·伯罗瓦(Léon Bloy,1846—1917),法国信奉天主教的小说家和评论家。
② [译注]卡蒂勒·孟代斯(Catulle Mendès,1843—1909),法国诗人和小说家,巴那斯派的成
   员之一。
③ 关于这一点,参看托马斯·拉克尔:《手淫、社交活动和想象》,有关"福柯与历史"的讨论会
   (芝加哥大学,1991 年 10 月 23—26 日)以及弗朗西斯科·瓦斯凯·加尔西亚和安德烈·莫
   尔诺·芒吉巴的长篇评述,见《性与理智》,前揭,第 49—131 页。安娜·卡罗尔较近的著作
   《医生和独身者恶癖的烙印(18 世纪末—19 世纪初)》,待出。更为广泛地说,除让-路易·
   弗朗德兰、米歇尔·福柯、洛朗斯·斯托纳和菲利浦·阿里埃的著作之外,还可参阅:泰奥
   多尔·塔尔齐洛的《启蒙时代的性与自由》,巴黎,文艺复兴出版社,"人类史"丛书,1983 年;
   以及《让我们来协助人的本性吧——蒂索的手淫》,《18 世纪》,1980 年,第 12 期,第 74—94
   页;Y.斯当热尔和 A.范·内克的《极其恐惧的历史手淫》,巴黎,森泰拉波出版社,1998 年;
   迪迪埃-雅克·杜歇的《手淫的历史》,巴黎,法国大学出版社,"我知道什么?"丛书,第 2888
   期,1994 年。

需要忏悔的最初的罪行。在神学家们看来，由行为本身所犯的罪行，同由淫荡的念头、"贪恋享乐的思想"、耽于肉欲的行为以及那种能使对内心的描述与种种会导致人们产生性高潮的身体的动作一致起来的作法相比，并没有那么严重。虽然这样说，但对遗精的讨伐仍然渐渐地战胜了那种旨在取乐的自我排精的行为；神学家们在其对种种反自然的行为进行全面谴责的过程中，是将放纵的恶癖同鸡奸和兽奸联系在一起的。至于古老的医学文献，对这个问题则谈得很少。

1760年，瑞士医生萨缪埃尔·奥古斯特·蒂索的著作强调突出了这种可耻的行为，并重新对此进行了严厉的批评；独身者的恶癖成了某种摆脱不开的恐怖顽念，这种恶癖从此便和中止性行为明确地区分开来。医学还捏造了它本身固有的罪恶，并制定了一份对此予以打击的制裁清单。对于医学来说，它则致力于一种既揭示其危险性而又使人对此感到恐怖的真正的说教。

在我们所提到的节制精液的逻辑中，手淫看来比性交还要危险，而射精的两种时机乍看起来在生理上是相同的。在施行手淫的情况下，射精不是由性本能而是由想象引起的，因此这种排精是不合理的。它不利于人们克制自己的情绪；它使大脑感到疲劳。手淫使人们对精神活力的控制失常。由不受制约的精神活动所引起的频繁出现的痉挛动作会造成最严重的危险。1818年，A. P. 布尚强调指出，最主要的危险便是来自对象的缺失。那种被强烈激发出的想象不得不作出努力以把人引向某种欺骗性的快感，而社会又不可能强行对此进行禁止。在这种情况下，快感便是来自于某个虚幻的、梦幻中的女子。她属于骗人的戏法中的人物。她类似于某种使精神和肉体相分离的无舵的机器。这种疯狂地寻求快感的行径是在任何一方都不能使之缓和下来的态势下进行的。它是在私下里、无声无息、极其秘密的情况下实现的。既然如此，性欲就被非社会化了。从其方式来看，独身者的这种恶癖与阅读小说时的情景颇为相似。

正如有人就有关《新爱洛伊丝》的读者所指出的那样，这种阅读本身会引起体质的紊乱。蒂索的《手淫》以书信体的形式对这一恶癖作了颇为广泛的描述，并且这部著作的结构是按照色情小说的模式来安排的，因而这种做法就和那种暗含着对有手淫嫌疑的读者进行谴责的言论相一致。这种做法最终完全是文明的一种病态，它是从那种由骗人的伎俩获胜的某一社会所激起的精神产生出来的。这种对精神活动的控制所造成的危害行为对丧失记忆、有时对瘫痪或抽搐作出了解释。总之,这种抨击独身者的恶癖的言论已进入了对想象、文明和文学的批评之中。

对那些专门谈论手淫和独身者之恶癖的著作的解读,可以使人们弄清楚所予以抨击的其他一些因素,尽管它们属于一些次要的因素。独身者的恶癖并非是出于某种短暂的需要,如同那种会唆使人们发生性行为的短暂需要那样,它很快就会成为一种习惯;它会有规律地反复出现。因而生殖器官就会疲惫不堪,其正常的运作就会停止下来。由于生殖器官松弛而使宝贵的精液任意流失,所以就会经常出现遗精的现象。有人断言,手淫者一般是站着或坐着来进行这种勾当的①,不过,无疑并没有很多证据。手淫者比伏卧在性伴侣身上的情人要疲惫得多。与在搂抱过程中所发生的情景相反,在手淫过程中不会出现以大汗淋漓作为交换的现象。而这种交换在长时期内一直被看成是具有滋养和强身的作用。那些沉湎于独身者恶癖的人并不了解性侣们所具有的那种快乐、兴奋和体力恢复时的狂热。总之,伴随手淫很快而来的就是"极度的后悔"。根据灵魂和肉体相连的诸种关系,这种恶癖就会毒害——按照这个词的字面意义——那些沉湎于手淫的人。

因此,医生们在这种违反自然和集体行为的"罪行"——蒂索已不再使用"罪恶"这个词——进行了界定之后,就根据不可抗拒的逻辑制定了一份由独身者的恶癖所造成的种种危害的清单。精液损耗首先就导致了吸收营养的障碍。手淫者们吃起东西来狼吞虎咽,但并不吸收。他们的身体渐渐垮下去。他们会被腹泻所折磨,因而身体就愈来愈瘦。紧接而来的便是呼吸失常。这些可怜的手淫者的嗓子就会变得嘶哑,并且不断地咳嗽,感到呼吸困难。更为严重的是由于神经系统被不断发生的抽搐所扰乱就出现了衰退趋势。在某些情况下,神经系统就会激荡不宁,这时就是疯狂、癫痫的发作。在另外一些情况下,神经系统就会衰退,于是便出现惊恐和痴呆现象。当然,这一切随之而来的便是生殖器官的不可思议的衰退。这一景象在整个 19 世纪不断地拓展着,并不断地衍生出许多分支。的确,精液流入血液的信念随着体液医学的衰落而逐渐淡薄了。

---

① 参安娜·卡罗尔:《医生与独身者恶癖的烙印》,待出。

但是，对疾病的炎症特性、疾病的变化以及各器官之间存在的交感现象的信念，同先前的种种逻辑是相一致的。尤其是从此以后就强调突出了极其活跃的想象力、忧伤以及由频繁流失精液所引起的精疲力竭的现象。总之，这种由于手淫所造成的神困体衰的悲剧性景象依然继续存在着。

这一景象所展示出来的特征便是：极度消瘦，面色呈白色、灰色或黄色，眼睛四周发黑，身上出现水疱。这一切同畸胎学所提到的现象颇为接近，就像自 1880 年代起遗传梅毒患者所出现的症状那样。那些沉湎于独身者恶癖的不幸者从这时起，就渐渐感到自己滑进了一个魔鬼的罗网之中，他们意识到自己竟然是这样的人，于是就感到不寒而栗。贝特朗医生在巴黎尔后又在马赛所设立的蜡像博物馆，向参观者们展出了一个因手淫而走向垂危的年轻男子的肖像以及一个受到相同命运威胁的年轻女子的肖像，不过，"幸好后者通过结婚而改正了自己的恶习①"。为罗齐埃医生的著作所作的插图②中，有一幅描绘了"一个人们不得不把她绑起来的年轻女子"。人们都肯定地说参观贝特朗的博物馆是非常有效的，它使好几个手淫者终于改正了这种恶癖。

人们常常会介绍一些防止手淫的计策（如把手放在学校的课桌上、宿舍里的床单上）或一些将性器官固定的方法（如防止手淫的紧身衣和各种各样的带子）。我们对这些制约肌体的方式就不去详细地谈了，它们与当时的矫正手段是相一致的。我们要补充的是医生们在必要时会大肆宣扬一系列名目繁多的治疗方法，如冲洗疗法、按压会阴部位、结扎、阴茎电疗、尿道探测、吞服颠茄甚或溴化物。另一方面，教育人员和卫生工作者还提出了集体宿舍里要有灯光照明以及对宿舍进行巡视和做体操之类的建议。他们要求家长对子女的身体进行严格的检查，观察年轻人夜间在卧室里所发生的事，察看他们的个人用品，检查他们的信件。

但是这种种频繁使用的方法仍然存在着问题。这个问题始终是晦暗不明的。不过，人们所介绍的一系列医疗病例却暗示着世人对此都感到极度的焦虑不安。这个问题并不仅仅折磨着那些手淫者，它还对那些在夜间不由自主地流失精液的受害者们形成了巨大的压力。因为这些不幸

---

① 参安娜·卡罗尔：《医生与独身者恶癖的烙印》，待出。
② 罗齐埃医生：《隐秘的习惯或手淫在女性身上所引起的疾病》，1825 年。

者以为自己也像那些沉湎于这种独身者恶癖的人那样受到了此类灾难的威胁。因此,阿米尔①由于对自己无力制止自动射精而感到不堪忍受,不得不在敷上压缩醋后睡在沙发上。

若是认为医生和神学家的严厉谴责仅只触及到独身者的种种恶劣行径,那就错了。诸如此类的指责必然会引起所有的人对"夫妇之间的欺诈"行为以及夫妇间沉湎于相互手淫的行为的抨击。因此,对手淫的揭露最终会有助于为控制生育和夫妇情欲(中止性交、手淫、口交和性虐待狂)而进行的斗争。在阿尔布瓦这个小城里开业行医的贝尔热雷医生,就充当了讨伐这种灾难的斗士。只要读一读他那部题名为《论生殖功能运作过程中的欺诈行径》(1868),就会知道他的女患者的大部分病理现象("大出血"、长肿瘤、"子宫过敏",但不可忘记最主要的东西,即由毫无节制的纵欲所引起的神经系统的紊乱,尽管这种紊乱反复出现时没有什么危险)都是由种种令人感到可耻的极度的淫荡行为所造成的。在男人那里,"这种欺诈的性交行为使人感到异常的悲哀,种种加速心脏跳动、使血液猛烈涌向大脑的下流的交媾动作就会使人突然中风②";这还没有将对肺部和消化器官的损害考虑在内。然而,那位阿尔布瓦城的医生还证实说在他那些外省的顾客中,"口交决不是极其少见的"。至于进入肛门,这样的事"即便在乡下人中间"也是存在着的。贝尔热雷断言:"我所看到的大部分陷入通奸境地的妇女,其丈夫都是一些性行为不轨者。"他得出结论说,所有这一切都会导致"我们的社会走向深渊"。他还揭示了人们在学校里所学到的种种性行为不轨的举动。从这部书里人们可看到一个男人在觉察到女性情欲的频繁出现和强烈的势头时而产生的恐惧心理。他的这部著作中含有对"患性交痉挛症"的女性所作的118例观察记录。这乃是对一种极其根深蒂固的成见的驳斥。这位医生对其所有的女患者所开的都是同一个处方:怀孕。

在刚开始阅读贝尔热雷的这部著作时,或许会让人发笑,或者至少会使人想到这是一位脱离社会的、可能易于走极端的医生。然而,这部著作

---

① 〔译注〕阿米尔(Henri-Frédéric Amiel,1821—1881),瑞士学者,日记体作家,《私人日记》是其闻名于世的作品。

② L.-F.贝尔热雷医生:《在满足生殖功能过程中的欺诈行为》,巴黎,J.-B.巴伊尔出版社,1868年,以下的那些引文都源出于此。

却被人们大量地评介着。埃米尔·左拉对这部书十分重视。它是左拉的《福音书：繁殖》(1899)最重要的来源之一。这部庞杂而又狂热的小说被某种鼓励生育的逻辑支配着。女主角奥尔米丝、12个孩子的母亲玛利亚娜以及书中所提到的所有女人，由于想避免生育，由于企图沉溺于"夫妇不轨的性行为"而陷入了极度而又永不满足的情欲之中，或由于不得不接受卵巢切除手术的缘故，统统跌进了这种悲剧之中。

前面所论述的一切都引导人们去宣扬某种由生殖意图和性节制所统摄的中庸式的性道德：对正在积蓄自身精液的年轻的未婚男子进行抑制，对已届青春期的尚保持童贞的年轻姑娘们进行监视，对已婚的年轻人的消遣娱乐活动进行控制，以防止他们过分放纵自己，爆发歇斯底里症的危险，夫妇的性行为既要有分寸又要有乐趣，他们的生育愿望会增强各自的性欲。在左拉看来，最强烈的快乐就是那种在刚强有力的男子和体态丰满的女人被某种与周围的自然繁殖相一致的生育孩子的欲望折磨得不堪忍受时，将他们击倒的快乐。

实际上，这种被夫妇周期性同时出现的痴迷心态所中断的性节制深深根植于遥远的年代。它与尼古拉·维内特的那部不断再版的出色的古老论著之经久不衰的成果是相符的。这部问世于1687年的著作向读者提供了有关生殖器官的构造和贞节的诸种标记。它开出了一些壮阳剂以及一些医治阳痿和不育症的药方，提供了一些优生学方面的处方①，即能生出英俊的孩子以及能随心所欲地想要男孩或女孩的方法。这是一部有关受胎、怀孕和分娩的真正的论著。直至这个世纪末，已出版的各种各样的教材和"年轻夫妇的圣经"都在不断重复着这些同样的建议：男人年过50就应弃绝或大大减少性行为，女人绝经之后则不要发生性行为，丈夫最好在上午交媾，他应让妻子获得快感，如果他想要妻子怀孕，就必须跪下来搂着妻子。但是，这种所谓的传教士式的姿态仍然被看成是最淫荡的行为，因为它使两人搂抱着的身体大幅度地接合在一起。

人们或许会看到这一源自于启蒙运动的自然主义在何等程度上导致人们去宣扬一些最终以非宗教化的形式与那种被精细研究过的道德神学

---

①　让-路易·菲希尔：《优生学或怀上健美孩子的技巧》，《18世纪》，1991年第23期，第141—158页。朗德兰：《教会和对生育的监督》，巴黎，伽利玛出版社，1970年。

身 体 接 触

1. 法国画派：新婚之夜，1820年，巴黎，卡尔纳瓦莱博物馆。

　　年轻妻子优美的身形、裸露的乳房所展示出的情爱、丈夫急切而又恭敬的激动心情、母亲的关怀、女仆或女伴调节气温所给予的照料，都传达出了一种亲密场所光线柔和的气氛、对床上用品柔软舒适的注重、对肉体即将接触的赞颂，以及对这种接触之神圣性的暗示。

2-3．萨缪埃尔·奥古斯特·安德烈·大卫·蒂索：手淫，或就手淫所引起的种种疾病论人体，巴黎，1836年。

18世纪中期，蒂索医生描述和揭示了手淫的种种可怕的后果，从而揭开了一种已达到顶点的恐惧症的序幕，虽然他在下个世纪的前半期遭到了某些批评。他在其1836年出版的一书中的插图明显地展示出一个女手淫者在青春期身体衰退的状况。这种手淫在不到1年的时间里就使其身体消瘦下去，使这个年龄的姑娘通常会有的青春焕发的神情消失殆尽，并把她引到了坟墓的边缘。

4-5．萨缪埃尔·奥古斯特·安德烈·大卫·蒂索：手淫，或就手淫所引起的种种疾病论人体，巴黎，1836年。

这个年轻英俊的男手淫者同样在几个月之内损害了健康。或可以肯定地说，阅读蒂索的著作、参观某些展示手淫者悲惨命运的博物馆，如贝特朗医生的博物馆，已使许多迄今还在沉湎于手淫的人放弃了这一恶习，从而使他们避免了悲惨的命运。

6-7. 秘密伙伴，伦敦，1845年。

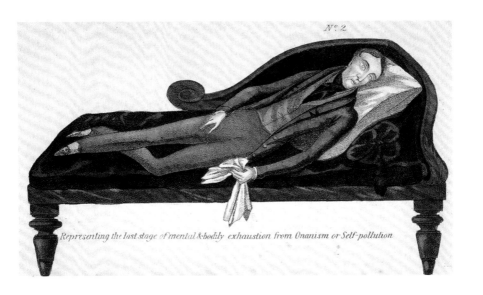

Representing the last stage of mental & bodily exhaustion from Onanism or Self-pollution

Representing the debilitated state of the body from the effects of Onanism or Self-pollution

对这一祸患的揭示涉及到整个西方；英国1845年的一部著作精确地阐明了这一恶癖在精英人士中间所造成的灾难。人的体质逐步衰弱，在阻碍一切运动的功能之前，就会束缚行走，使两腿弯曲，使那个沉溺于手淫放荡行为的人的"秘密伙伴"暴露于光天化日之下。

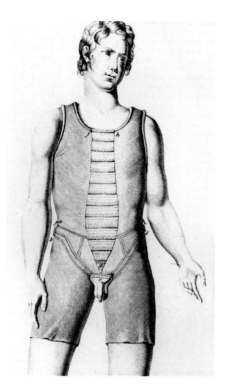
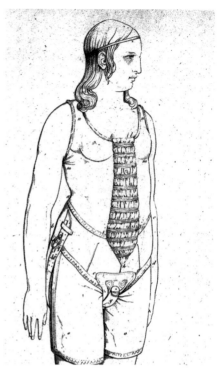

8-9. 法国画派：抵制手淫的紧身衣，取自雅拉德－拉丰的《谈谈紧身衣和腰带的制作》，1818年，巴黎，医学院图书馆。

　　矫形外科医生雅拉德－拉丰成为一名专为男孩子和姑娘们制作紧身衣的专家，以阻止他们尤其在夜间接触到生殖器官和性感区，因为这些部位的微微发痒会激起性欲高潮，这就使一些器官由于遗精另一些器官由于神经劳累而衰竭下去。虽然如此，为这一问题而操心的大部分临床医生都强调指出了此类紧身衣的部分不足之处，那些最狂热的男手淫者会通过外部的揉擦，女手淫者会通过灵巧的手法和夹紧大腿来获取快感。

10. 约翰·劳斯·米尔顿：关于病理学和遗精的治疗，1887年。

　　对不由自主的遗精的揭示很快就传播开来，加剧了人们的不安。为了阻止这种遗精，矫形外科医生就设想出了一些能制止一切形式的遗精的器具。这一产生于对此类祸患的揭示急剧下降时期的器具（1887年），就是寄希望于由阴茎可能会出现的勃起所引起的疼痛上。

11. 对爱情的祈求，哲学之歌，约1825年。

　　害怕怀孕、追求情欲导致许多夫妇进行"夫妻间的手淫"或"夫妻间的欺诈"，这些都遭到了神职人员和医生的强烈谴责。贝尔热雷医生认为大部分疾病都是由这些"可怕手段"而引起的，已婚的女人深受其害，从欺诈的丈夫那儿所得的无穷快感弄得她们疲惫不堪。

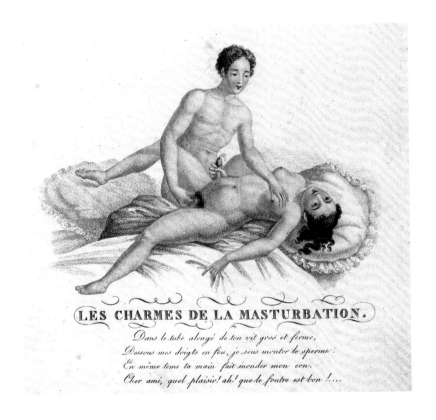

LES CHARMES DE LA MASTURBATION.

Dans le tube alongé de ton vit gros et ferme,
Dessous mes doigts en feu, je sens monter le sperme.
En même tems ta main fait inonder mon con.
Cher ami, quel plaisir! ah! que le foutre est bon !....

12. 安托万·维尔茨：爱读小说的女人，1836年，布鲁塞尔，比利时皇家美术博物馆。

　　安托万·维尔茨在1836年与其说是暗示不如说是展现了阅读小说和情欲高涨在女人身上相联的情景。这位女读者丰满而又性感的裸体和弄皱的床单，都表现了纷至沓来的会使她得到最大乐趣的种种色情的幻象，无疑这来自于书籍的供应者，人们可看到那只不引人注目的搁在床边书籍上的供应者的手。

13. 贵妇人漂亮的小客厅里的哲学，私人收藏品。

　　萨德式的人体机能对各种各样用图像表现的艺术创作都有启发。这幅《贵妇人漂亮小客厅里的哲学》中的插图突出了从大腿根的姿势以及与这种姿势有关的互慰动作和体液中所获得的快感，与其说这幅画参考了浪漫式酒神节的欢快场景，还不如说是属于萨德式的想象。

14. 福勒医生：鞭笞的器具，私人收藏品。

　　在这个时期的色情文学中无处不有的鞭笞只是获取快感的一种挖空心思的做法。所有被引导到去治疗阳萎症的专科医生都向其病人推荐适度地使用这一方法，而不必惧怕会引发出当时被称作嗜痛癖（疼痛之情爱）的那种恶习。

— 48 —

INSTRUMENTS DE FLAGELLATION

1　2　3　4　5　6　7　8

1. Le Tawse écossais.
2. La verge de bouleau.
3. Le gant de massage.
4. Le martinet.
5. La cravache.
6. La canne de bambou.
7. Le knout.
8. La discipline des moines (Cordeliers).

15．无名氏：酒神节的场景，约1840年，巴黎，法国国家图书馆。

　　饮酒作乐的醉态，那些应邀参加这种精彩聚会的姑娘们脱去了部分的衣服，致使她们展现出了光裸的臀部，这一切同梅里美、缪塞、司汤达或德拉克鲁瓦所参加的酒神节的气氛颇为相符。人们会注意到这位画家描绘出了初期触动的情爱、手淫和交媾这样一些多种多样的场景，但画中并未表现出女口交的场景。

16. 朱尔·约瑟夫·勒费弗尔：玛丽·马德莱娜在岩洞里，1876年，圣彼得堡，艾尔米塔什博物馆。

女苦修者的宗教启示似乎只是一种借口。在一个僻静的岩洞里，白皙的肉体以一种肉体结合已在望的姿态展现在火焰般的头发上，这一鲜艳夺目的躯体之夸张式的色情画，与１９世纪下半叶一些特有的刺激男子性欲的方法颇为相符，这就是裸体画的艺术，它提供了一种体面的托辞。

17. 古斯塔夫－亨利－尤金·德吕莫：躺在长椅子上的裸体女人，19世纪，伦敦，葛文·格雷厄姆美术馆。

这个展示出来的睡眠中的女人直到19世纪末一直是一个反复出现的主题。德吕莫在这里提供了学院派裸体画的一个卓越的例子、一个细心去掉外阴和腋窝毛的虚拟形象，这种不像先前那么丰满、展现在柔软光滑的垫子和厚厚的毯子上的形体，突出了肉欲的先兆。

18. 吉奥阿齐诺·帕格莱依：那伊阿得（水泉女神），诺丁汉，诺丁汉博物和美术馆。

这幅象征主义画作的丰富内涵并不只限于用珍珠质贝壳镶嵌的躯体美——它已成为一群海鸥攻击的目标。这个女人柔软的躯体与另一个（或许是她的女儿）其姿态和表情却表露出肉欲已苏醒的纤细优美之躯体的梦幻般的结合，暗示着不同年龄的女人所呈现出的情欲。

19. 法国画派：伸展的裸体，1850年。

色情照片曾长期模仿着学院派的裸体画；照相簿上的这一页就是一个明证。那种温柔的表情，那种与耽于肉欲的散乱的头发和让丰满的乳房、臀部和大腿展露出来的扭曲之体形成对照的引诱人的羞涩，都使人联想到这是一位经验丰富的模特儿。

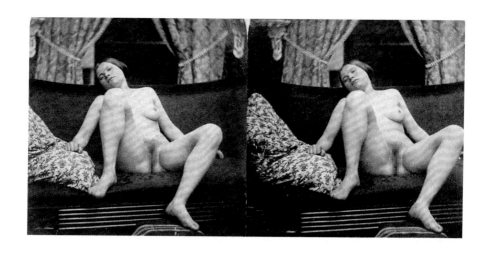

20. 无名氏之作：展示自己肉体的女人，约1860年，巴黎，法国国家图书馆。

20岁的土著女人1860年9月5日在摄影师加斯坦那里所展示出的裸体姿态；这使她引起了警察的不安。这张照片迫使人们在无准备的情况下看到了这个展露其性器官的女人躯体的真实情景。

21. 美好时代里风格平和一些的色情照。

19世纪的色情照片热衷于纯粹的淫秽场景。那些根本不了解这一取向的演员们的行为就像他们所熟悉的自己在戏剧舞台上的举动一样。他们仿佛在向别人抛出一种即使不是嘲弄人的也是一种同谋的眼色，就像是对观众发出的一种邀请，观众与其说是深受感动还不如说是受到了提弄。

22. 19世纪末的明信片，柏林，私人收藏品。

这张照片捕捉住了19世纪末一个有产者在室内系紧身胸衣的瞬间情景。这一日常的私人场景使照片中人物的胸部展示了出来；它是属于当时准备大量发行的以微笑色情为特征的明信片。

23-24. 妓女的名片，约1830年，巴黎，法国国家图书馆。

　　这个世纪初妓女们散发了类似于明信片的东西，上面写有地址和专长。这里所写的是：弗里埃夫人，月亮街 4 号；尚皮翁夫人，蒙马特尔街156号。那些私人日记和书信记下了许多在长椅子、扶手椅或长沙发上交媾的情景，而女人则常常是坐着，尽管由于其长衣裙而有所妨碍。

M^cCHAMPION
Rue Montmartre, 156

M^cFRILLET
Rue de la Lune, 4.

26．让－巴蒂斯特－雅克·奥古斯丁：两个年轻的男人，1803－1804年，巴黎，马尔莫当博物馆。

25．被认为是阿希尔·德韦里亚的作品：色情场景，约1830年，巴黎，法国国家图书馆。

德韦里亚绘制了大量的色情画像，把上流社会的私人场景展示了出来。画面上的性行为配以情感教育的戏剧性姿态。此类嬉戏在豪华的室内进行。双方所脱去的部分衣服表现出了此类诱惑的场景。各自悄悄地接触，或者至少是女方感情适时地迸发激起了丈夫的情欲。

丝毫不能确信这幅画作与唤起两个年轻男人彼此间的情欲的意图相符；因为这种所暗示出的吸引力似乎更多地是属于这个世纪末的性欲"倒错"现象，而不是"反自然"的画像。但是这种针对后者的谴责性的话语不应掩饰它不让说出的这方面的一些感情和实践。

27. 让-路易·弗兰：一幕献媚的场景，1885年，伦敦，萨菲比斯美术馆。

　　这位正在期待着那个年轻女人的裸体出现的男人，神情优雅而又冷漠，那个女人的衣服却暗示着某种伪装的纯真，她那深思的神态，并不急于脱衣的样子，年龄的差异，躲避的目光，如演员那样所表现出的心灵的孤寂，这一切都使人想到这个男人对由其供养的情人的拜访，或他俩在一处幽会的屋子里相聚。

28. 何塞·加勒戈斯·阿尔诺萨：在穆斯林的后宫里，1884年，私人收藏品。

　　描绘东方风物的画作在整个19世纪反复再现着穆斯林后宫的色情场景。疲惫的裸体，期待男人到来的被幽闭的众多女人在这里与地毯和帷幔的异国情调融为一体。但是，当奥斯曼帝国衰落、新出现的舞台重新描画出异国情调的版图时，这一意图就失去了它在安格尔或德拉克鲁瓦画作中的那种力度。

29. 阿尔贝：秀丽别致的阿尔及利亚，摩尔女人，1900年，莫纳希象形文字馆收藏品，米兰。

殖民团体在这个世纪下半叶的闯入深刻地改变着色情的标准。那个袒露着胸部的摩尔女人，其姿态和那支香烟都表现出了一种西方化的意愿，力图迎合寻觅艳遇的旅游者们的期望。在这些旅游者看来，马格里布所有的女人全都是一些潜在的妓女。

30. 英国画派：斐济女人，19世纪，私人收藏品。

这张英国人所拍摄的19世纪末的照片表现出这个世界的发现和殖民者的冒险充满了那么多的色情意味。这一接触陌生女人肉体的愿望——在这里是斐济一个年轻的黑女人——也揭示了那些正在寻觅新的刺激和地理范围不断扩大而出现的某种异国情调的西方人在这方面的缺失。

31. 无名氏之作：对两个女人的裸体之研究，1855年，洛杉矶，约翰·保罗·格蒂博物馆。

在这张1855年的达盖尔照片上，画中人物的抚摸和彼此目光交换的甜美神情绝妙地表达了她们此时所呈现出的同性恋情欲苏醒的方式。这张无名氏的照片被佯装成是对裸体的一种研究，但却展示了两个优美的女人躯体，无疑，它首先是给男性观众看的。

32. 维克多·亚当：平静的状态，巴黎，法国国家图书馆。

在乡间漫步过程中萨福的诱惑具有这些小幅画作的特征，它们在1830年使人们不得不认可了女人间嬉戏的一种甜蜜的形象。尽管体态的丰满显露出这是已届青春期的少女，但这一场景除了那个女引诱者的一再要求赋予这一插曲以一种淫荡的特性之外，仍然使人想起了校内寄宿生式的种种恋情。

34. 女人的器官。蜡制人体模型，巴黎，迪皮伊特朗博物馆。

不让女人观看用于怀孕的内部器官——这里已被掩蔽——的禁令属于反对女人观看的最严厉的禁令之列。这就是为什么人们会长期禁止女性参观解剖博物馆以及那些将各个部位划分的各式美女展示出来的集市木板屋。

33. 立体镜木板屋，1868年，维尔纳叶印刷品，巴黎，法国国家图书馆。

确定道德所允许妇女观看的范围乃是两性关系的关键之一，但是一切都使人想到妇女在这个世纪的下半叶可找到许多机会观看从前不允许她们看的东西。大众妇女涌向立体镜木板屋就证明了这一点。

的漫长历史相一致的行为举止。医生们所着重指出的快乐的强度本身并非不能使人想起奥古斯丁有关性欲力量的信念,因为这种力量对经受过最艰苦锻炼的人的心灵始终是一种威胁。道德神学的漫长历史、决疑论的种种曲折过程只能使人类的这种观念无止境地发生变化。以阿尔方斯·德·利古里的影响为例,它虽然使阿尔斯之类的神甫最初的严格作风趋向缓和,但对我们来说,它仍然是一种最重要的历史进程。它有助于稍稍缓和 19 世纪神职人员的态度,但并非因此就对他们对"夫妇手淫"和一切避孕方法所持的反对态度不提出责疑。

3) 好色和"淫荡"

与这种我们已竭力对其种种必然结果进行描述的景象相对立的,当时还有另一种对性欲的活力产生影响的想象性体系。我所暗示的就是一切属于色情和色情书画范围之内的东西、一切属于用"放荡"和"淫乱"这样的字眼予以嘘声斥责的范围内的东西。那个时代的人,至少是那些属于资产阶级范围内的人,事实上都被撕裂成"天使般的诉讼代理人和风月场中的能手①"。我们在这里要阐述的便是有关他们的第二方面的情况即性欲。

在对好色和淫秽社会扩展的范围划定之前,首先让我们对它们在当时可能代表的含义作一说明。鉴于 19 世纪上半叶在这方面直观性的诱惑相对而言较为贫乏——色情戏剧很少,几乎只有若干卖淫女的广告②,几个被搬上风月舞台的穷困的女人,我们还会再谈到她们——,因此我们特别应当考察的便是那种配有版画的书籍。这就有必要来简短回顾一下 18 世纪,因为这个世纪创造了一些赋予以后几十年的作者以灵感的色情和淫秽书画的样式。

如果人们想到由此类读物所产生的诸种心理作用,那么回忆一下人体历史中的这一内容则是完全有理由的。这类读物绝对具有人体文化的特

---

① 这类词语为让·博里所用,见《法国的独身者》,萨吉泰尔出版社,1976 年。

② 作为例子,参看埃马纽埃尔·佩尔努的《绘画中的妓院——反审美情趣的艺术》,巴黎,亚当·比罗出版社,2001 年,第 16 页。

性。"淫秽书画中的想象物虽然与当时那种机械论享乐思想的观淫癖有关,但它建立在人体、人体姿态、人体性行为以及某种使语言上的一切忌讳都会变样的粗俗词语的基础之上①。"让-玛丽·古勒莫说,"在淫秽小说中一切都是肉体,太多的肉体②。"读者被限制在那种着了迷的观淫癖者的固定位子上。那种以动作示意的、配上音的戏剧场景会使读者在其肉体上升起一股不可抑制的情欲,并且能产生出一种比那种描述杀戮或恐怖场景的读物所能激起的更强烈的"纯然肉体上的骚动"。在此情况下,这种错乱现象在想象和现实之间激烈地骚动着。这种淫秽场景的所有权并不属于将它形之于文字的作者。每个读者都可将其据为己有。由此而引发出的那种生理状态正是通过文字的东西而流动起来的。因而此时越轨的行为就与阅读行为有关,甚至比写作这类场景的行为更为密切;让-玛丽·古勒莫指出这一现象打乱了写作行为和阅读行为之间的等级次序。

然而,有关对性、快乐、禁忌从而对淫秽的想象并没有脱离历史。它按照集体的宽容门槛的升降,并根据那些爱看淫秽书画的人以及对此进行谴责的人的道德认知而摇摆不定。人们不可撇开错综复杂的有关性的话语而对此进行分析;这正是在概述了我们的背景之后我试图面对的问题。淫秽的作品出现于 18 世纪,随之而来的便是心灵敏感度的上升、密友和私生活的形成,以及有关手淫、头晕、妇女病、女人"子宫狂烈骚动"③和视觉形象的至高地位得到加强的种种话语的高涨。让-玛丽·古勒莫认为"由于 18 世纪文学的色情描绘把对人的活力的无止境的自由支配和这一无穷的可能性都归之于人体,因而他就以自己的方式具有了某种进步观念,相信人类可以无限地趋向完善的思想意识④"。不过,在此同时,

---

① 米歇尔·波雷:《色情书画》,《春分——人文科学杂志》,1998 年春,第 7 页。

② 同上,第 19 页。我们从让-玛丽·古勒莫与米歇尔·波雷的题名为《启蒙时代与色情书画》的谈话中得到了启发,第 12—22 页。此书作者是这一论题的卓越专家,参看让-玛丽·古勒莫的《人们只能用手捂着看的书——18 世纪的色情读物和读者》,埃克斯昂普罗旺斯,阿里内阿出版社,1991 年;巴黎,米内伏出版社,1994 年。又可参看林恩·亨特主编的《色情书画的发明——海淫和现代性的开端(1500—1800)》,纽约,宙纳图书公司,1996 年;关于这一论题更为宽泛的并能将我们的意图包含于其中的内容,参看米歇尔·德隆的《淫荡的分寸》,巴黎,阿歇特文学出版社,2000 年。但不可忘了雷蒙·特罗松主编的著作里那篇卓越的前言,见《18 世纪的色情小说》,巴黎,罗贝尔·拉丰出版社,"书籍"丛书,1993 年。

③ 让-玛丽·古勒莫:《子宫的狂暴》,载《18 世纪》,1980 年第 12 期,第 97—111 页。

④ 《启蒙时代与色情书画》,前揭,第 18、19 页。

那些海淫的东西却对这种功利性的神秘主义大唱反调；这是因为"肉体享乐并非是一种令人愉快的额外补充"，而是独特的一份。无疑，淫秽的书画并不属于善于理财的、合乎道德的资产阶级社会，而是归穷奢极欲的贵族社会所有。它首先是属于娱乐范围之内的东西。它与它那个时代节制精液的种种禁令完全背道而驰。当它飞速发展时，道德所允许的东西正在缩小，有关性行为的公开表现也在减少，不论是在动作、目光还是语言方面都是如此。在文化史的这一领域里，一些相互矛盾的进程都在同时发挥着作用；这就使任何一种简单化的断言失去了信誉。

把淫秽的场景写进作品之中，这就将自我纵情取乐的情景展示了出来。它使个人激动不已，无法自制。极度的情欲感觉就会使人脱离他的社会身分，为他进入"广阔的自然界开辟了道路"。从此，射精仅仅是那种对一切自然力起支配作用的、向外显露的普遍运动的性欲变化。它与火山爆发相类似。快感和撞击同属一个范畴，犹如放电一样。在萨德[①]的作品里——但其作品并不代表此类全部文学作品——当亢奋的身体即能量凝聚器和受害者身体之间的势能之差达到顶点时，快感也就达到了极致。

从这一角度来看，当这种从前、后被缠住的身体既是施动者又是被动者时，当它成为汇聚、环流和交换的场所时，这种最重要的场景似乎同女性生殖器所显现出的场景颇为相似。在萨德的文学作品中，快感被诸种力学规律所支配，它从男性生殖器的摩擦、运动和挤压中产生。被"摩擦、夹紧和压紧"的整个身体在女性生殖器的这种态势下与阴茎融为一体。这种会聚就可使人产生精液在双方体内循环流动的幻觉。居依·普瓦特里写道："这种由合适的交换方法而结合在一起的封闭的情人小团体比性行为本身还要强……由于它处在核心地位，因而就能将那些环绕着它的能量集中到自己的身上，将其吸收，因为它可以更好地接纳、更好地把他人吸引到自己身上来[②]。"这种"磁化"现象会使自己处在骚动不宁无法自

---

① ［译注］萨德（Marquis de Sade，1740—1814），法国著名的色情作家，其作品有短篇小说集《激情的罪恶》及长篇小说《朱莉埃特》等。

② 居依·普瓦特里：《萨德或女性生殖器的快感》，载《色情书画》，前揭，第75、76页。我们也从米歇尔·德隆1996年在我们的讨论会上专门就有关萨德作品中的肉体所作的讲座中得到了启发。

制之中;它使内在和外在的区分变得模糊不清。

倘若过分强调那些指出手淫之危害的医生们的可怕言论,人们很可能就会在此同时忘记那种浸透着伊壁鸠鲁主义和长期占主导地位的肉欲主义的淫秽文学,一直在宣扬那种被看成是自然的、特别是出于已届青春期的姑娘们的习惯做法,而这种做法却被人们设想成可以通过某种秘传的、简单而又非常强烈的快感来平息炽烈的情欲。布瓦耶·达尔让①笔下的女主角泰蕾丝从她的告解神甫那里得到了教诲,这位神甫很肯定地说:“这是性欲的需要,同饥渴一样的自然……您使用您的手、手指对这个部位进行必要的摩擦以使其缓和下来,这样没有任何的害处……这种方法很快就会有助于您那虚弱的身体恢复健康,使您丰腴起来。”的确,泰蕾丝吐露说:“我在近十几个月的时间里都沉浸在情欲的激流之中,但我什么事也没有发生……而我的健康却完全恢复了②。”这部小说是在1748年问世的,即在蒂索的著作出版的前几年,后者则使这一情景完全颠倒了过来。自卢梭在《忏悔录》中所作的自白之后,被看成是“对自然的一种补充”和治疗方法的手淫,便成了一种无穷无尽的延续于整个19世纪的争论对象③。此外,我们还应指出的是布瓦耶·达尔让同那个时代众多的色情作家一样,与那些对萨德侯爵的作品起到谋篇布局作用的侮辱人的、占支配地位的、总之永不满足的情欲场景相距甚远。

我们在这些资料上稍稍花了一点时间,因为我们知道19世纪那些有文化修养的精英人士喜欢从18世纪继承下来的色情书籍。而那些较为陈旧的作品,尤其是古老的阿尔蒂诺④的著作相对来说已经过时了。此

① [译注]布瓦耶·达尔让(Boyer d'Argens,1703—1771),法国作家、自由主义思想家,著有《哲学通信》、《中国信札》等。

② 让-巴蒂斯特·德·布瓦耶·达尔让:《哲学家泰蕾丝或为有助于撰写P.迪拉和埃拉蒂丝小姐的历史而作的回忆》,再版,阿尔勒,南方会刊,“巴拜尔”丛书,第37期,《色情》,第53、55、56页,1992年。

关于这位姑娘的角色和地位,即“耽于肉欲的机体或易动感情的形体”(第292页),在18世纪的文学中被任意使用,参看安娜·里夏多的《触及到年轻姑娘们的启蒙时代:雄辩术和从生理学角度所施的诡计》,载路易丝·布吕特和他人合著的《从古至今年轻姑娘们的肉体》,巴黎,佩兰出版社,2001年,第264—294页。

③ 关于这方面的事,参看菲利浦·勒热纳的《危险的补充——读卢梭的自白》,《传统的中等教育年鉴》,第29卷,1974年,第1005—1032页。

④ [译注]阿尔蒂诺(Pietro Arétin,1492—1556),意大利诗人、散文家和剧作家。

外，甚至在最初的性学开始产生之前，印度、阿拉伯世界和远东的色情艺术就通过一系列的文化传播而在一些有教养的精英人物中间流传开来，如若在这里对此进行追述，那就会扯得太远。莫泊桑刻意宣传过的赛义克·内夫扎乌伊的著作《伽摩经》①就是使这种色情想象变得更加丰富的一些因素，不过，这种想象在我们所提到的那个时期却很快就使这类冲动受到了抑制②。如果我们不考虑这类人的色情想象的结构，那就很难理解那些为赚钱而作的裸体画以及对妓院盛况的炫耀对人们所产生的诱惑力。帕朗-迪沙特莱之类的人所作的努力和那些旨在将妓院变成某种受到精心保护的"简单的排精阴沟"的风俗警察的热忱，都可用由旧制度末期贵族纵欲的典型风气所强化的那种淫秽想象对人的前景所形成的威胁作出解释。

　　此外，为反对淫秽作品和色情的东西而进行的斗争一直贯穿着这个世纪的整个进程，安妮·拉马尔对这一斗争的众多插曲作了很好的描述③。尤其在其最后的四分之一个时段里，在反对者的倡议下经常会在整个西欧建立一些道德团体。"道德领头人"在瑞士和比利时异常地活跃。在法国，参议员贝朗热的表现犹如一位不知疲倦的斗士；埃米尔·普雷齐则表现得更为突出，他在世界性的战争正处于方兴未艾之际通过演讲力图使战壕里的士兵改信某种神圣的性道德。在联合王国，约瑟芬·巴特勒进行了频繁的宣传活动，我们在这里只能提一下而已。在意大利，鲁道尔夫·贝达齐也非常积极地投身于这种讨伐活动④。

　　当时还有另外一些比较容易接触到的作品，它们对刺激情欲也起到了作用。19世纪的浪漫式文学，尤其是这个世纪下半叶的浪漫式文学首创了一种既包括肉体而又超越肉体的新的目光。菲利浦·阿蒙写道，这

---

①　参照《芳香的花园——R男爵所译内夫扎乌伊酋长的阿拉伯人的性爱研究指南》，绿色农舍、菲利浦·皮基埃出版社，1999年，书中附有莫泊桑对此所发表的看法的材料。

②　参照S.马库斯的经典著作《维多利亚女王时代的人的另一面——19世纪中期英国的性和色情书画研究》，纽约，基础书籍出版社，1966年。

③　安妮·拉马尔：《第三共和国的地狱——审查官与色情书画作者(1881—1914)》，巴黎，伊马科出版社，1990年。

④　布律诺·P.F.旺罗伊：《贞节的历史——意大利的性生活问题(1860—1940)》，威尼斯，马西里奥出版社，1990年，有关反对色情书画的内容，参看第39—59页。
　　有关联合王国的约瑟芬·巴特莱的斗争，见朱迪丝·沃克威茨：《卖淫与维多利亚时代的社会——妇女、阶级和国家》，剑桥大学出版社，1980年。

个时期"显露出来的那种留存在记忆中的形象使我们渗进了现实事物本身之中,发现这一形象不仅仅是观者目光中的外在客体,而且它已置身在那个观看者的主体之内①"。然而,在对人体、人体的姿态和动作的描写中小说正在逐步地取代戏剧,尤其是因迪比罗而取得辉煌成就的哑剧在巴黎衰竭之后更是如此。

从此之后,"作品中对肉体的描述"这种无处不有的现象在小说中是非常明显的。在描写人体的大量戏剧性场景中,人体被"那类有观淫癖的第三者像看画似的"盯住不放。《卢贡-马卡尔家族》为这种现象提供了大量的场景。聚集在莫法特伯爵夫人(《娜娜》)家的那些男人都在琢磨着她的大腿可能是丰腴的、结实的。埃尔博老板(《热尔米娜》)从办公室回来时向他袭来的居然是他那些聚在一起的沉浸于集体醉态中的男、女工人的肉体景象或幻象。

自然主义作家的小说更是一些记录"房中秘密的黑匣子②"。左拉的作品里充斥着房中的场景。当然,书报审查会迫使作家采用一些修辞性的伪装手法,而这些伪装对彻底消除这种房中秘密却起到了阻碍作用。它对读者的作用并非因此而得以消除。画家的画室则是展示人体浪漫场景的另一类得天独厚的场所(左拉的《作品》、龚古尔兄弟的《马内特·萨洛蒙》)。这是因为画室犹如妓院的沙龙,乃是裸体和着装的人体相互对照的场所;是女人卖弄肉体及其肉体被肢解——头、胸脯、手、腹部——的场所;是女性人物的身份和由此而引发的姿态变得极其复杂的场所,因为在这里艺术家、模特儿、情妇和妻子在必要时是混杂在一起的。读者如同博物馆的参观者一样,在他们看来,对这些穿着衣服或脱去衣服的躯体的辨别是一种不会激起性欲的微妙的游戏。

还有另外一些方法在刺激着读者的想象。菲利浦·阿蒙指出,将 19 世纪的文学同启蒙运动时期的小说作一比较,它所描绘的人体则"更富有想象性,其神经性的特质更甚于体液性的特质③",这是一种社会化的、戏剧化的、由堆积在一起的解剖箱——家族、服装、皮肤——构成的人体。

---

① 菲利浦·阿蒙:《图片》,前揭,第 28 页。

② 同上,第 50 页。

③ 同上,第 184 页。

这尤其是一种打上了其往日烙印的，布满了种种意味着激情、情欲和痛苦之印记和标志的人体。而这一切对女性的肉体来说则格外地重要，因为女性的皮肤从其斑点、皱纹和凹陷来看，从其无血色、红润和战栗这总的状态来看，这一切均代表着女性的情感史，它们将其过去的肉欲印记都保存了下来。

与此同时，文学作品和版画正在丧失对淫秽东西的垄断地位。当时想象物由大量的图像和照片而引起了巨大的变革。在这方面，有必要将公开展出和私下传播区分开来。彼得·盖伊过去曾强调参观博物馆和观赏艺术作品在认识人体过程中的作用，尤其是对孩子和年轻的姑娘们来说，则更是如此。这个时期许多青少年的性欲首先是由观看维纳斯的裸体画或女人袒胸露肩的画像所刺激的。因此，巴尔贝·多尔维利曾吐露说他最初的骚动就是由他父母客厅里一位女性肖像丰满的乳房而引起的。观看裸体画，即便是部分的裸体画也是对将身体包裹起来的严格举措的一种反叛。

雕刻和绘画直至这个世纪末都不断地在人们的学徒期间发挥着作用。艺术家们所推出的种种颓废的"邪恶的偶像"①的裸体画，那些在某种配以叶饰的床上展露着、匍匐着、盘曲着的野性白皙的裸体，她们同鲜花和草木相互交织着，与毒蛇或猛虎为伍，与机器结合在一起，所有这一切都把这种对色情的煽惑推到了极致。那些狮身女人像、那些将其情人引向水底深渊的头发如波浪似的美人鱼，还有那些被拘囿在一些封闭场所里的红棕色的躯体——在伯拉姆·迪克斯特拉看来，它们暗示着独身女人的性欲秘密——这一切所具有的诱惑力对人们的某些想法都起着决定性的作用，遗憾的是，我们对这些想象的社会强度和广度都不可能作出估量。但不管怎样，对此类裸体像的凝视加深了对这些白皙、金黄色或红棕色女性娇艳躯体的情欲的了解——请人们去想一想拉斐尔前派的画家、但特·盖布里尔·罗斯蒂②所喜爱的那些典范画作吧——，我们都知道这些裸体画在当时特别适宜于刺激男性的情欲。

对这些躯体的描绘依然要遵从一些规则。形体的理想性、造型的和

---

① 参照伯拉姆·迪克斯特拉的《堕落的偶像——世纪末文化中具有无法抗拒的诱惑力的女人形象》，巴黎，瑟伊出版社。
② ［译注］但特·盖布里尔·罗斯蒂（Dante Gabrile Rossetti，1828—1882），英国诗人、画家。

谐协调都是从一系列的谋划中产生出来的。这些光滑的、可以说是辉煌的躯体被精心地除去了上面的毛。腹部浓密的毛被去掉了,外阴被巧妙地掩饰起来。学院式裸体画上的躯体必须是白皙的,裸体雕像必须是丰满的,而且还要使画上的人体和观者保持时间或地理上的间隔,这样才可增添它的奇异性,同时又可激起人们的遐想。例如,神话、肉体的异国情调、种种旨在描绘妓院场景但却在探索粗野事物的借口下而将其变换地点的手法,都有助于这种引诱人的裸体画获得合法的地位。

这些平淡无奇的地域无非是一些虚构物而已,它们出现于"其他一些可能会产生的幻觉之中[……]",这是一些人体的幻象,它们用一些形象,一种虚构事物的客观化来取代人体以驱除对人体的令人不安的未知因素①"。对人体所做的如此这般有序处理就保持了人体是可以理解的、可以控制的这样一种幻觉。这乃是一种消除感性的人体和有生命人体的一种手法。

当照片不涉及到私人的隐秘时,它本身就力图符合这类迫切的需要。这个世纪中期的那些裸体照,例如欧仁·迪里尔或奥古斯特·贝洛克的裸照,常常都符合古代和东方风格的典范作品的理想和美感倾向。女人总是直躺着,裸露着,"处于一种有利于突出胸脯和大腿之曲线的姿态之中,双目紧闭或把头转向一边,佯装出一副懒散或酣睡的神态②"。这种倦容和被动状态通过镜子的作用而得到了加强。从 1870 年代起,装饰的氛围就变得浓重起来。所描绘的女人被安置在一个能使人想起那种优雅的小客厅的场所里,她的躯体常常呈现在质地富丽堂皇的床单上,身上满是珠宝之类的饰物。这个世纪末,那种朦胧模糊的象形符号、那种被薄雾笼罩着的裸体象征主义的时髦式样就传播开来。盖兰所拍摄的照片便是这种新的逐渐消失的式样的最好例子。但与此同时,正如范纳萨·施瓦茨所指出的那样③,真实性效应的魅力在巴黎社会中则越来越强劲。我们有必要对这种新的需求的种种根源作一番考察。

---

① 弗雷德里克·巴依埃特:《不合常情的人体》,《卡西莫多》,第 5 期《不合常情的人体艺术》,第 8 页;并从和米歇尔·德·塞尔多的一次谈话(关于"人体的历史")中得到了启发,《幻象与知识之间的人体》,载《精神》杂志第 62 期,1982 年 2 月。

② 威廉·A.埃温:《人体——关于人体形态的摄影作品》,巴黎,阿苏林纳出版社,1998 年新版,第22 页。

③ 范纳萨·施瓦茨:《引人关注的现实——巴黎世纪末的早期大众文化》,加利福尼亚大学出版社,1998 年。

我们应当先要避免落入一种陷阱,不要认为淫秽照片能以无比的力量激起人们的情欲。学院派的裸体画今日被贬低是在意料之中;但巨大的危险却是缩小了这类人体的色情负荷,诚然这是一些理想化的人体,不过,从这些人体可以很容易辨认出那个时代的典范作品中耽于声色的情景。总之,尽管人们对此议论纷纷,但什么也不能证明马奈的《奥林匹亚》或库尔贝的典范之作《画室》中的部分裸体,比卢巴奈尔的《维纳斯》或布格罗的裸体画更能激起那个时代的人们的情欲。我们的意图并非要在这里谈论某种艺术史,而是要将对彼得·盖伊就有关构成博物馆以及滋生情欲和对他人形成某种想象的高贵的沙龙所作的思考继续下去。

不管怎样,照片仍然使人们对裸体画的看法发生了巨大的革命性变化。新的观察方式、新的视域、在这个审视画作的历史上具有决定性意义的世纪里所培育的新的观众,都成了许多研究工作,尤其是乔纳森·克拉里的研究工作的对象①。17、18 世纪的几何般精确的透视法让位于一种以感觉主体为中心的心理透视法。

在我们看来,这一现象是通过一种新型的裸体画,一种失去魅力的、非理想化的形体,即"一种过分沉湎于情欲和因其偶然性而被遗弃的肉体②"而表现出来的。然而,这种照片却为某种"十足的观淫癖"提供了理由。它把处在正面位子的观众置于某种显眼的戏剧场面之前。让·波德利拉尔断言,它排除了任何有可能产生幻觉的手法,毫不留情地使观者暴露无遗,迫使他直面人体的"摆脱不了的毫无疑义的存在",迫使他直面他自身的"纯粹的存在③"。我们都知道这种新的透视法对绘画的影响。艺术史家们对裸体画和人体神像的典范之作的这种危机曾作过详尽的分析,马奈的《奥林匹亚》④、库尔贝的《穿白袜子的女人》或《世界的起源》中的长腿裸体画就是一些重要的例子⑤;这是因为这些艺术家敢于抛开我

---

① 乔纳森·克拉里:《观察家的艺术——19 世纪的视像和现代性》,尼姆,雅克琳·尚邦出版社,1994 年。

② 让-菲利浦·里曼:《已触及到了肉体》,载《色情书画》,前揭,第 26 页。

③ 由阿里埃尔·梅耶引自《自然主义、"大胆"或色情的描绘? 左拉和巴尔贝——作品中的肉体》,载《色情书画》,前揭,第 87 页。

④ 作为例子,蒂莫西·J. 克拉克:《现代生活绘画:马奈及其追随者的艺术中的巴黎》,纽约,诺普夫出版社,1984 年。

⑤ 参埃马纽埃尔·佩尔努:《绘画中的妓院》,前揭,《长腿的裸体画》,第 19—21 页。

们刚才所提到过的那种矫揉造作的、符合规律的、理想化的人体,并在醒目的裸体女人和观画人之间强行确立了一种新的关系。

至于淫秽的东西,照片却为某种新的有裸露癖的人的惯常行为提供了理由。从其强度来说,照片是极其醒目的,它将某种超视觉的存在赋予那种将一切真实状态展示出来的裸体。它使19世纪那些有观淫癖的观众屈服于一种新的诱惑。这样一来,"性欲——它难以隐藏不露——则被限定在生殖器官的物质性上①",尤其是被限定在男人的性器官上,因为它在性欲,甚至在不容置疑的快感支配下那种无法伪装的勃起状态暴露无遗。从此以后,照片就对亨利-皮埃尔·热迪的这些看法作出说明。从违规中产生出的淫秽书画将最强烈的反感和性欲的力量结合在一起。淫秽的情感是一种令人愤慨的可耻心理,是一种在人体的可见度达到极致时的慌乱不安的心情;如同人体在完全暴露时那样,它就可耻地泄露出一切秘密、一切谜底。不过,如果"目光被妖魔的面容所吸引,这是因为它已经期待着从中所感受到的效果能对自身发挥作用②。"

当时这些评说涉及到一种遭到禁止的非法照片。最初,这类照片呈现出了某种温和性。那些放荡不羁的场景常常是一些暗示着某种"危险欲念"的淫秽场景。阿兰·于梅罗兹写道:"出于一种公开的同谋关系和一种明显的取乐,这些主角被安置在这样一种环境里:衣服上呈现出能激起情欲的皱褶,家具如同裸露着的性器官那样都被蒙上了一层日常生活的情调。"那些"裸体女人蹲着或躺着,两腿叉开,在小客厅里如同小猎兔狗那样机敏,在家政学校的教室里被打屁股",她们"在户籍主管官员家里或在户外田野里偷偷地进行口交……这些角色的面部表情往往是不仅机敏,而且确切地说会使人产生好感③"。这些人物向观众抛送眼色。这样的环境里灯光明亮。照片上的取景非常开阔,而性行为在照片上仅占据了一个很小的部分。"在这些主角中间总是发生着某种戏剧性的事儿。"

这种类型的照片出现在1843年前后。从1850年起,它就趋向平庸化。最初所确定的那些色情场景有时是用人工上了色的,其目的是为了

---

① 让-菲利浦·里曼:《已触及到了肉体》,前揭,第35页。
② 亨利-皮埃尔·热迪:《艺术品似的人体》,巴黎,阿尔芒·科兰出版社,1998年,第101页。
③ 阿兰·于梅罗兹:《漏斗:使人裸露的色情书画的伎俩》,载《色情书画》,前揭,第41—42页。

更能唤起人们对肉体的联想。在那个时期,这类照片的作者常常是匿名的。有限的顾客都是一些有钱的富翁。至于那些模特儿,经常是一些年轻的姑娘和小伙子,有时他们还尚未达到青春期。临近 1850 年时,立体观察法则增强了色情照的诱惑力。照片和照相机就在眼镜商或豪华的妓院里销售,但从不在玻璃橱窗里展出。从 1865 年起,这类照片就可由印刷商和花式纸商自由出售;但却禁止将其邮寄。

色情照片渐渐地融入了某种大众文化之中。它的市场愈来愈庞大,但被查封的数量也越来越惊人。被查封的照片已达到 10 万份——此为巴黎警察局的记载,它为那些被没收的照片编排了目录,这一记载证实了这种交易在第二帝国时期已经出现的火爆劲头。它暗示着色情照片可自由流通,对色情的咨询已不再是秘密的了[1]。从 1870 年起,使用快照法就可使这些被再现出的性行为更加地生动。20 年之后,照相制版术通过明信片、日历和书籍的途径使色情照片得到了广泛的传播。一些国际性的传播网络也在这个时期组建起来。色情明信片在意大利被成批地出售。一个与拐卖白人妇女为娼和未成年人卖淫密切相关的问题便在此时出现了。因此从 1860 年起,为以德立国而操心的意大利新政府就特别注重于反对一切形式的皮肉买卖。[2]

此外,技术革命和色情—商品的来临也为某种能拓展可看事物之界限的自然主义价值不断上涨提供了理由。照片使对肉体隐秘的揭示变得平凡无奇。它能使人们想起"在资产阶级的环境里某种淫荡的乐事"可能会出现的情景[3]。在那个时代观看色情照片与手淫的关系似乎比 20 世纪还要密切;这是因为那时可能会有一些女性性伴侣由于羞耻而对手淫颇为反感。

但是,我们应当注意到拍照对取景的压缩、使照片和事物的表象更加接近、拍照从揭示到示范场景的过渡以及从业余性到职业性的转变,这一切都是到 20 世纪才实现的。因此,能使人得到一种情欲满足的图像就将这种情欲让位于对诸种单独的性器官和进入特写镜头之中的肉体的再现。

---

① 安德烈·罗耶埃和贝尔纳·马尔波:《人体及其形象》,巴黎,逆光出版社,1986 年,第 73—75 页。
② 布律诺·P.F.旺罗依:《贞洁的历史》,前揭,第 51 页及以下。
③ 阿兰·于梅罗兹:《漏斗……》,前揭,第 45 页。

我们应认识到前面所论述的主要是和刺激男性的性欲有关。因此,我们现在所面临的问题就是女性的欲望和性欲的几乎是深不可测的秘密,尽管人们从历史的深度进行过探索。那种羞耻心——还有外界的指责——使得来自于女性那里的直接证据极其稀少。不过,这种情感却值得我们稍稍花一点时间来探讨,因为它曾经对女性的行为形成了巨大的压力。这种"心灵的触觉"(儒贝尔)的暧昧性经常被人们所强调。羞耻心可避免他人的目光看出自己内心的秘密,"更可以避免冒引诱他人的危险"。当这种持重的举止可能会表露出其脆弱性并显示出某种心慌意乱的暗示时,种种迹象的真伪之不可判定性就使人们对此类故作姿态的花招难以捉摸。"脸红、目光相遇和避开、颤抖和脸色发白都泄露了内心的焦虑不安①。"这些都证明女性对脸红感到恐惧,这种恐惧当时被叫作欧罗托弗比(eurotophobie)。

与此同时,结婚——甚至简单的私情——就在日常生活中有力地消除了这样的行为神态;这种现象是第三个千年的男人和女人很难想象的。男女不可避免的接近、前所未有的不知羞耻的奇特举动在玷污着女性的风采。而这样一来,就使人对自我和对他人的认识被大大地搅乱了。钟情的男人对女人的羞耻心所给予的尊重会使那种可能会出现的厌恶感对婚姻造成重压。人们不妨从这一观点对舞会结束后的脱衣场面和新婚之夜的脱衣场面作一比较。

但是,我们还应再回到女性的欲望和性欲的起源上。路易丝·科莱②的《回忆录》叙述了性行为的多种体验和朋友们的一些内心秘密;乔治·桑写给米歇尔·德·布尔热的若干充满激情的书信;维吉妮·德雅泽向其情人演员费施特所吐露的婉转的爱情,她在一想起和情人嬉戏时就沉溺于手淫的情景,并同时想象着——因为其情人是这么说的——她的情人在这种回忆的刺激下也在醉心于这样的行为③,这一切只不过是

---

① 安娜·樊尚-比弗尔:《对外露神情的控制》,见《别样》第 9 期《羞耻、克制和慌乱》第 127、134 页,1992 年 10 月;约瑟夫·儒贝尔:《评论集(1779—1821)》,巴黎,尼泽出版社,1983 年。

② [译注]路易丝·科莱(Louise Colet,1810—1876),法国女诗人、小说家,与福楼拜、缪塞等作家交往甚密。

③ 西蒙娜·德拉特尔:《隐秘的爱情——维吉妮·德雅泽和夏尔·费施特通过书信来保持彼此间的私情(1850—1854)》(这表现出了一种自我控制),巴黎第一大学,1991 年。

一些罕见的事例而已，无疑并没有什么代表性。女性的笔端甚至在虚构的故事中都非常谨慎。除了她所参与写作的《加米亚妮》，乔治·桑的小说全都是纯洁无瑕的。人们顶多在《莱莉娅》中可以找到女主人公向妹妹吐露的有关性冷淡的痛苦；以及他在丈夫的怀抱中却激不起热情来消除这种冷淡的隐情。

　　年轻的姑娘们在其私人日记中最多敢提到对自己身体的探索、与调情对象轻轻的接触以及调情时的激动心情。总之，我们迫不得已只能主要地去谈一谈由男性所观察到的或所想象的女性的那种欲望和性欲，也就是说，确信在某种强烈的、难以满足的、无止境的性欲与某种较为少见的、本能性不强的、比较易于抵制的性欲之间所形成的那种张力。这种图景在男性对女子同性恋的想象中达到了顶点。

　　这种使那个时代的男人受到折磨的对女人的恐惧，是通过其凝视着那种歇斯底里症般疯狂举动的着迷的目光而显示出来的，人们认为这种女性特有的疯狂举动一直延续到 19 世纪 80 年代。这种苦恼[①]从 18 世纪末直至弗洛伊德的理论获得胜利时，一直对女性的描述形成了巨大的影响，它主要被看成是某种"渗透着本能和情欲"的有关人体的雄辩术。早在夏尔科发现四个阶段以及那些把因精神病大发作而备受折磨的人体展示出来的硝石工地剧场建立之前，歇斯底里症就被描写为抽搐、喊叫、痉挛、咳嗽、麻木或机能过分地增强。

　　诚然，从 17 世纪末起，这种把此类恶病归之于某种被看成是具有自动能力的子宫的骚动不安的古代理论已在消失。解剖上的种种进展、对韧带的观察已使这类病因论早就过时了。但体液论仍然在对头晕即由精液的大量流失及其对头脑的影响所造成的结果作出解释。在我们看

---

① 19 世纪有关歇斯底里病的著作目录数量很多，我们所参考的乃是最近完成的：尼科尔·埃德曼的《19 世纪初至第一次世界大战期间的歇斯底里症患者的变化》，巴黎，发现出版社，2003 年；同一作者的《疾病表现与性别差异的结构——从妇女病到神经病，以歇斯底里症为例》，载《浪漫主义》，第 110 期，2000 年，第 73—87 页；G. 迪迪-于贝尔曼的《对歇斯底里病的想象》，巴黎，马科拉出版社，1982 年。也不应忽视最近所完成的另一类著作，即弗朗西斯科·瓦斯凯·加尔西亚和安德烈·莫尔诺·芒吉巴的《性与理智》，前揭，第 412—426 页。按照时此 20 世纪许多医生的看法，在涉及到维护子宫的作用方面，参照爱德华·肖尔特的《从麻痹到疲乏——现代身心不健康的历史》，纽约、多伦多，自由出版社，1992 年，第 48 页及以下。

来,歇斯底里症的历史起始于在本卷所研究的那个时代的初期。1769年,卡伦①使用了"神经症"这一术语。从此以后,科学家们都从赫夫曼或斯塔尔②的观点出发把歇斯底里症看成是神经系统的一种疾病。

在1800年至1850年期间,法国的解剖临床学派在这个领域里占据了支配地位。从器质论的观念来看,这种疾病的根源是在人体的内部。有一些医生则提出了生殖神经的论断。因此根据卢耶尔-维勒梅的看法——同时也是由他的刺激性观念为指向的布洛塞的看法——,子宫仍然是这种疾病的发源地。特罗梭和皮奥里甚至认为女性的那种痉挛性的快感始终具有歇斯底里症的特性。在整个世纪中,都有一些医生在持续不断地表达诸如此类的信念。

按照另外一些医生的看法,这是一种大脑神经的疾病,其发病部位是在大脑。从1821年起,乔治、布朗谢(1837)以及尔后的布利凯(1852)提出了使患者在道德上和社会上都可以接受的一种论点。脑神经理论的胜利导致人们强调女性的脆弱性,把迄至当时为止的一系列似乎正常的体质表现都看成是病理现象,从而提出了一些有关教诲方面的建议,并把结婚宣扬成一种能起到稳定性作用的治疗法。然而,按照这样的理论,卵巢的收缩、阴蒂的微微发痒、由此而激起的性欲高潮,就不再能显示出那些合适的治疗手段的效果,因为根据布里凯的看法,这种病主要与敏感性密切相关。

尼科尔·埃德曼正确地指出了这种种信念的差异。因此,当许多学者为年轻的姑娘和患歇斯底里症的妇女辩解时,虚构性的文学,尤其在1857年至1880年期间,比任何时候更甚,把这种病同性欲不正常联系在一起。与此同时,历史学家和人类学家却把这种描述体系生拉硬扯地用在那些狂暴群体的恶习上。正是在这个时候,歇斯底里的性质就带有侮辱人的含义。

我们再重复一遍,在1870至1880年期间,人们所强调的乃是某种能将身体扭曲、使之失去常态的疾病之惊人的狂暴特征;这就使得这种以极端、过分、夸张的手法对所指称的女性的描述得到了广泛的传播。因而从此以后人们很快就在歇斯底里症患者、精神反常者和装疯者中间来辨别这类女性。

但是那种与强烈的情绪激动相关的最初的精神打击在硝石工场里就已

---

① ［译注］卡伦(William Cullen,1710—1790),英国医师、医学教授。
② ［译注］斯塔尔(Gearg Ernst Stahl,1660—1734),德国医生和化学家。

经突显出来了。在 1890 至 1914 年期间的歇斯底里症——它不再是女性所特有的疾病——已不属于本书所要研究的对象。它成了某种与精神创伤密切相联的精神病，是由得不到满足的欲望和社会压制之间的张力所致。

然而，人们却常常看到这类对歇斯底里症所发表的大量言论都是出自于男性方面，并注意到男人们通过这一间接方式在对女性的欲望和情欲的种种表现表达了其焦虑不安的心情的同时，又在为把妇女限定在母性和生殖的范围之内而倾其全力，并且企图把自己装扮成女性性欲知识的真正掌握者。

男性的恐惧来自于引诱者夏娃使人所产生的贪欲和没顶之灾的幻觉，她掌握了种种刺激男性情欲的手段，由于她与本能化为一体，因而就使一切情感爆发出来，并因此极有可能随时会显露出她的兽性。

自动排卵的发现、由对月经周期和子宫功能的观察而产生的迷惑，并没有缓和至少是精英人物中男性的种种症状，即那种使司汤达、缪塞、福楼拜以及龚古尔兄弟受到奚落的较为经常出现的性交失败。被多层衣服保护着的女性身体的难以接近对男性的性欲受到抑制作出了解释，最后，当男性所钟情的女子脱去衣服将自己白皙柔软的裸体展示出来时，这种抑制就使他感到惊慌失措，从而妨碍了阴茎的勃起。浪漫派文学曾对这种痛苦的、隐约提及的经历反复进行过描述。21 世纪的读者则很难理解这种既令人激动而又使人失望的特异性——它构成了这样一种情人的特征：他长期面对着那种难以企及的东西，而在其情感教育过程中又被那些"性爱规范"所束缚。加伯里埃尔·胡布尔曾对这些规范进行过细致的分析①。那个时代的男性性欲的另一极，因与妓院里的裸体女人经常接触，所以根本就不想去进攻她所爱的女人，这就使人更难想象通过什么样的惊人途径，人们所向往的天使般的人物可能会变成那种带有兽性的女人，她会准备去应付由妓院的种种回忆强使其接受的种种纵欲的姿态。波德莱尔在征服了萨巴蒂埃夫人不久，给她写信说："几天前你还是一个神，而现在你已经是一个女人②。"

---

① 加伯里埃尔·胡布尔：《爱情的教诲——浪漫主义时代对少男少女们的情感教育》，巴黎，普隆出版社，1997 年。

② 参照夏尔·波德莱尔：《书信集》，巴黎，伽利玛出版社，"七星诗社"丛书，1974 年，第 1 卷，第 425 页。

龚古尔兄弟朱尔和埃德蒙的小说,尤其是《热尔米妮·拉塞特》、《埃莉萨姑娘》、《热尔伏塞夫人》、《心爱的女人》及其日记,都极其明晰地反映了这种被女性的欲望和性欲所困扰着的男性的想象。不过,对此作出证明的并非是一些虚构的作品,但在这里我们则没有必要开出一张过长的书单。

4)"违反自然的"写照

从我们已力图阐述的这种逻辑来看,对性关系所作的这种想象性描述究竟在多大程度上能够有助于对当时专为同性肉体的结合所发表的言论作出解释呢?这个论题 25 年前已在米歇尔·福柯、让-保尔·阿隆、克里斯蒂安·波内洛、玛丽-诺·伯耐、米沙埃尔·波拉克等人的那些富有才智的著作中探讨过了。此后,专门谈论这一问题的著作非常多;弗洛朗斯·达马涅、迪迪埃·埃里篷以及一切对同性恋大肆张扬(莫妮卡·维丁、玛丽-埃莱娜·布尔西埃)并对性欲史上吸取种种方法的全部进程进行追踪的研究著作都对此作出了证明①。尽管如此,在我看来最主要的东西,至少与 19 世纪中期身体史有关的东西已在 1970 年代被弄清楚并被表述出来。但是,这 10 年间的作者们对当时正在构建中的法医的浮夸

---

① 有关这一历史性对象的著作目录也是层出不穷的。其中有:让-保尔·阿隆和罗歇·康普夫的《阴茎与西方的道德败坏》,巴黎,格拉塞出版社,1978 年;克里斯蒂安·波内洛的《19 世纪末有关法国同性恋的医学话语(1870—1900 年)》,博士论文,巴黎第七大学,1979 年;P. 哈恩:《我们的那些生理本能反常的祖先》,巴黎,奥尔邦出版社,1979 年;米沙埃尔·波拉克的《是男同性恋或男同性恋封隔圈中的快乐吗?》菲利浦·阿里埃的《论同性恋的历史》,载菲利浦·阿里埃和安德烈·贝金主编的《西方的性行为》,《信息》第 35 期,1982 年,第 56 页下;玛丽-诺·伯耐的《毫不含糊的选择——关于 16—20 世纪女性之间爱情关系的历史研究》,巴黎,德诺埃出版社,"妇女"丛书,1981 年,以及《女人之间的爱情关系(16—20 世纪)》,巴黎,奥迪勒·雅各布出版社,1995 年;让-皮埃尔·雅克的《萨福的不幸》,巴黎,格拉塞出版社,1981 年;弗洛朗斯·达马涅的《欧洲的同性恋史——柏林、伦敦和巴黎(1919—1939)》,巴黎,瑟伊出版社,2000 年,以及《邪恶之徒——同性恋表现的历史》,巴黎,拉马蒂尼埃尔出版社,2001 年;迪迪埃·埃里篷的《对男同性恋问题的思考》,巴黎,法亚尔出版社,1999 年。
有关这方面的问题在当代的种种演变,在《历史期刊历史批评杂志》特刊《性欲与控制》(第 84 期,2001 年)中已作了很好的阐述,尤其是西尔维·夏普隆的文章《现代性欲史:历史总结概略》,第 5—22 页,以及玛丽-埃莱娜·布尔西埃、迪迪埃·埃里篷、米歇尔·佩罗和其他人在圆桌会议"性欲与控制"上的发言,第 73—90 页。
有关同性恋的理论,参看《差异》第 3 卷,1991 年夏第 2 期《酷儿理论,女同性恋和男同性恋的性生活》。
有关同性恋者的令人憎恶的形象,参看弗洛朗斯·达马涅的《性别与同性恋——论对同性恋憎恶的种种成见对同性恋描述的影响》,《20 世纪》,第 75 期,2002 年 7—9 月,第 61—73 页。

言辞的特性、对由鉴定式的言辞而造成的不可避免的夸张并没有给予充分的注意。最近弗雷德里克·肖沃对那些记载和描述伤风败俗之事的惯常手法进行了很好的阐释。他由此而得出结论说,把昂布鲁瓦兹·塔迪尔之类的现象——这种说法让-保尔·阿隆和罗歇·康普夫用得很多——归因于整个社会很有可能会使历史学家受到某种有害资料的影响①。

不管怎样,我们必须在这一概述中来简单回顾一下时近这个世纪中期法医鉴定对男同性恋者或"反自然者"所作的描述,因为要避免对这个词的含义犯下时代错误。我们首先以对它的抨击而开始。从两个男性肉体的结合违反自然和不符合生殖的目的来说,甚至连最普通的词典都把它说成是怪诞的行为、一种"可怕的"激情、一种引起人们厌恶的"疯狂的纵欲"举动。但是,关于这个问题,必须考虑到当作者接触到此类主题时,他不得不采取在读者看来那种不可或缺的保持距离的态度。

如若我们相信这位 1850 年代的杰出专家昂布鲁瓦兹·迪塔尔所说的,那么这种反自然的做爱行径就会在身体上刻下烙印。它操纵着人的整个外表。"头发鬈曲,面色犹如涂上了脂粉似的,腰身束得很紧已将身形凸现出来,手指、耳朵和胸前戴着珠宝首饰,整个人散发出种种最刺鼻的香味,手里握有一条手帕、几枝花或某种针线活儿②":这一切都勾画出了一种"怪异而又令人厌恶的形貌"、一种与"卑劣不堪的肮脏形象"形成鲜明对照的经过仔细修饰的外表。这种违反自然的现象不但从外表上扰乱了性别的划分,而且还在试图掩饰其恶劣的行径。

当这位专家揭示同性恋者的裸体时,这种画面则更为强烈。塔迪尔在这里对"主动的男同性恋者"和"被动的男同性恋者"仔细作了区分。前者是通过阴茎的形态表现出来的,一般地说,它非常地细长,但却又大得出奇。"当阴茎小的时候,其形状必然使人想起狗身上的同类器官的形状。它的根部粗大,越到顶端则愈来愈细,最后就变得非常细。"当阴茎粗大的时候,龟头的顶端就因此而"被拉得特别地长……""此外,阴茎又在纵向上自身扭歪着";这是由肛门的形状所致,"可以说它是由肛门的模子

① 弗雷德里克·肖沃:《罪恶的鉴定人——法国 19 世纪的法医》,巴黎,奥比埃出版社,"历史丛书",2000 年。
② 被皮埃尔·拉鲁斯的《19 世纪百科大词典》所引,由于这部词典的发行量很大,因而这一特征也就被确定了下来——词条"鸡奸"以及所列举的以下一些词条所表述的。

塑造出来的"。阴茎的扭曲是由"肛门括约肌的阻力所造成的,因为阴茎的体积过大时,它只能运用螺旋式或呈螺旋式的动作通过去"。

至于被动的男同性恋者,其显示出来的特征是臀部过分地发达、肛门变形、括约肌松弛、肛门孔极度扩张、纵欲无度、肛门溃疡、肛瘘症;同时也不要忘记由奇特的身体所造的伤痕以及直肠淋病或梅毒的瘢痕。

昂布鲁瓦兹·塔迪尔还断言,"口交行为会使男同性恋者嘴巴歪斜,牙齿变得很短,嘴唇变厚、向外翻着、变了形"。考虑到这种性关系的频繁性和强度,托瓦诺则进一步补充说:"由口淫所造成的牙齿磨损和嘴唇向外翻卷这一结果,似乎已超过了法医所想象的限度[1]。"

这一色彩强烈的图景部分地来自于这位专家不得不作出的极其精确的描述,但是人们也许会注意到在这位观察者的思想里所具有的某种先在性的现象学的影响。临床医学此时则感觉到了此种描述的局限性。我们在下面还将对采用和创造此类性行为方式的那种欲望进行分析,这种方式是继 18 世纪由"同性恋者"、"卑劣者"、"自命不凡者"("鸡奸者"这个词从此就很少用了)的某种被认为越来越具威胁性的社交性组织所引起的不安而出现的。有关医生们对那种成为男、女"同性恋"的人的态度,我将留待后面再进行探讨。我们应指出的仅仅是米歇尔·福柯可能低估了在 18 世纪开始的这种脱离社会规范的奇特现象之形成过程的重要性,以及他对新古典主义在这方面影响的忽视。最后,我们还应强调指出的是任何企图从病因学方面所作的解释都遭际了失败。同性恋情欲的产生有时归因于社会以及由妇女的极端行为所引起的反感,有时则是由完全失去了与女性的交往而造成的。

2

性实践的艰难历史

在竭力简略重构在 1860 年代结束之前几乎没有被动摇过的那种描述的基础上,我们试图对种种性实践的方式作一概述。但是我们仍要重复一下,这种举措并没有多大的成功希望。我们顶多只掌握了一些数量不多的

---

[1]　由塔迪尔和托瓦诺所引,见《19 世纪末有关法国同性恋的医学话语》,前揭,第 79 页。

属于个人写的文字性的东西——私人日记、书信和自传;而自传只涉及到由某些能够留下私人生存痕迹的个人所组成的范围狭窄的精英阶层。除此之外,还可加上司法档案,尤其是安娜-玛丽·索恩在一次规模无与伦比的调查中所查阅的档案[1]。可惜,这些材料所陈述的背景即人们所受的教育、招供的困难以及对处罚的恐惧,都妨碍了这些不管怎样都属于例外的性行为的陈述,因为它们是在违反常规的情景下被揭露出来的。

医学文献对青春期女性,至少是针对那些属于精英阶层的年轻姑娘们的身体机制、种种危险以及青春期所要求的注意事项所作的冗长繁复的描述——只需想一想拉西波克斯基教授的那部巨著就行了[2]——,这个主题在自然主义小说中频繁出现,例如埃米尔·左拉的《爱的一页》和《生活的欢乐》,都与女性私人日记中所展示出的某种内容相一致。这一切都会使人想到年轻姑娘们会把专注的目光扩展到她们正在发育的身体上,借助于数量激增的镜子,他们就可站着观看自己的身体。让-克洛德·卡隆不无理由地强调了这一给青春年华的生命打上强烈印记的插曲[3]。阅读泰雷斯·莫罗专门探讨女性血液的著作也会导致人们得出这样的假设[4]。

如果不从拯救灵魂和婚姻成功的角度去考虑世人对保护处女膜的珍视,我们就不可能理解那个时代的女性性欲的特征。因此这种被加以维护的名誉资本就与健康的身体所形成的生物资本同样重要,也与由嫁奁和"有望得到的财产"所构成的资本同样重要。如果年轻姑娘的身体完好无恙,没有受到任何玷污,没有任何受精或污染的可能,尤其是她还不了解这种快乐,而由她的丈夫第一个使她发现这种快乐,并把她变成一个成熟的女人,那么,她的身体就以其多少已显示出具有生殖能力的品质而受到人们的赞赏。

法比埃纳·卡斯达-罗萨断言,在 19 世纪最后几十年里男女之间所

---

[1]　安娜-玛丽·索恩:《在洞房中的初吻——法国人日常的性行为(1850—1950)》,巴黎,奥比埃出版社,"历史丛书",1996 年。

[2]　M. A. 拉西波克斯基医生:《从生理学、卫生学和医学的角度论女性的青春期和绝经期以及妇女和哺乳动物的周期性排卵》,巴黎,J.-B. 巴依尔出版社,以及让-克洛德在下面注释所引的那部著作中所提到的许多著作,第 175 页,注 21。

[3]　让-克洛德·卡隆,见路易丝·布吕特等主编:《从古至今的年轻姑娘们的身体》,前揭。

[4]　参照本书第 157 页注[3]。

发生的调情便慢慢地传布开了①；这种调情无论是从效法于旺代沼泽地区的风情②而形成的相互间的手淫方式中受到启发，或者是受到那些年轻的美洲女人，亦即那些穿越大西洋邮船上的喜欢胡闹一会的女游客的任意妄为的影响，还是由经常光顾水城次数的增加以及伴随度假期间的无所事事而进行的种种娱乐活动所引起的，或者是由女性的体育活动，尤其是骑自行车、骑马和打网球以及由这类运动而导致的轻便着装所促成的，不管怎么说，这种调情已达到了如此程度：女性的私人日记，但也不能忽视性学专家弗雷尔所提供的证据③，都非常清楚地表明由马塞尔·普雷沃斯特所提出的那种半处女并不属于纯粹的虚构。由执着的目光、微妙的摩擦、跳华尔兹时的搂抱、亲吻和性器官的触及，都使那些年轻的姑娘，甚至已婚的妇女养成了任其身体颤抖的习性，但即便已达到性欲高潮，也不会因此而允许自己和别人发生性关系。这正是那些年轻姑娘以及尔后年轻妻子们的情感和性教育途径发生变化的根源。此外，到威尼斯、阿尔及利亚或挪威海峡沿岸去度蜜月的不断上升的旅游势头也有助于婚姻的性行为获得成功，阅读心理小说如同阅读保尔·布尔热的作品一样，也会对这种旅游结婚的方式起到刺激作用。

　　但是这个问题的关键并不在这里。对19世纪的男性来说，借助于妓女来洞悉女性的身体几乎是一种普遍现象④。正是在妓院里、在注册妓

---

① 法比埃纳·卡斯达-罗萨：《调情的历史——纯洁和邪恶的赌注》，巴黎，格拉塞出版社，2000年；玛丽·巴歇基尔策夫：《日记》(1887年)，巴黎，马扎林纳出版社，1985年。

② 参照让-路易·弗朗德兰：《农民的爱情(16—19世纪)》，巴黎，伽利玛·朱利亚尔出版社，"档案"丛书，1975年。

③ 奥古斯特·弗雷尔：《向有教养的成年人谈谈性问题》，巴黎，G.斯坦埃依出版社，1906年。

④ 有关这一专题的参考书目非常多。阿兰·科尔班：《新婚的姑娘们——性的不幸和卖淫(19世纪)》，巴黎，奥比埃出版社，1978年，弗拉马里翁出版社再版，"田野"丛书，1982年；同一作者：《时代、欲望和恐惧——19世纪随笔》，前揭；吉尔·阿尔森：《19世纪的巴黎对卖淫的管制》，普林斯顿大学出版社，1985年；让-马克·贝里埃尔：《第三共和国时期的风俗警察》，巴黎，瑟伊出版社，1992年；洛尔·阿德勒：《妓院里的日常生活(1830—1930)》，巴黎，阿歇特出版社，1990年；雅克·索莱：《卖淫的黄金时代(1870至今)》，巴黎，普隆出版社，1993年。

有关英国在这方面的著作，作为例子的有：朱迪丝·沃克威茨：《卖淫和维多利亚时代的社会》，前揭；弗朗西丝·菲内甘：《贫穷与卖淫：对约克郡维多利亚时代的妓女研究》，剑桥，1979年。

有关葡萄牙在这方面的著作有：伊莎贝尔·里贝拉托的《性、科学、遗传和社会排斥——在葡萄牙对卖淫的容忍(1841—1926)》，里斯本，伯拉西书局，2002年。　　（转下页注）

女或地下妓女的房间里,男人们才开始了解女性的身体并学习从中得到
乐趣。为了满足人们的各种想象,妓院按照头发的颜色、形体的大小、气
质或出生地进行巧妙的分类后而展示出的裸体画,同帕朗-迪沙特莱所希
望的那种精液排泄沟的要求愈来愈不相符。如此,问题已不再是将一个
完好无损的、很快得到宽慰的男人还给他的家庭或妻子。关于这一点,19
世纪后期所有的证据都是一致的:妓女们比从前更加乐于投身于这种过
分放纵的色情活动。在雅克·泰尔莫所研究的天主教西部地区的妓院
里,其情况也莫不如此①。1872年奥姆医生报导说②,在贡捷堡,妓院里
的年轻顾客都熟悉了这种口交的乐趣,他们从此以后就要求从其妻子那
儿得到这种乐趣。在纵欲的影响下,房事的色情化一直萦绕在医生、记者
和嫖客之类证人所写的东西里。人们把那种无危险的做爱技巧、相互手
淫、鸡奸,总之,被道德家们当时称之为“下流性行为”的一切东西都散布
给新婚的女人。人们期待着她们将新马尔萨斯主义的活跃分子所宣扬的
避孕套和子宫托③传播开来,因为当时在法国这种东西的传播范围仍然
是有限的。但与此同时,她们也不应忽视学习对自己进行梳洗打扮的技
巧。所有这一切都属于西方伟大的情爱史范围之内的事,可惜这方面的
问题还多得很。

　　然而,我们必须从所有这些观点出发审慎地作出进一步探讨:这方面
演变的速度和革新的广度可能是被种种性实践不断增长的可见度夸大
了。语言禁忌的松动、羞耻心门槛的降低、招供程序的自由化和世俗化,
或许会使人们对这种变化作出错误的估计。不管怎样,我再说一遍,前面
所论及的一切都涉及到所有这些与精英人士有关的规范和行为。安娜-

(接上页注)

　　有关西班牙在这方面的著作,参看弗朗西斯科·瓦斯凯·加尔西亚和安德烈·莫尔
诺·芒吉巴的著作,除了他们专为塞维利亚而写的那部论著之外,还有他们在《性与理智》
中所作的精彩综述,第277—359页。

　　有关意大利的情况,参看《贞洁的历史》,前揭,第20页及以下。

　　属于表现这一主题的著作还有:查尔斯·伯恩海姆的《名声恶劣的人:19世纪对卖淫的描
述》,剑桥(马萨诸塞),1989年,以及凡尔纳·L.和邦妮·布罗专门为这一主题而写的全部
著作。

①　雅克·泰尔莫:《外省的妓院》,勒芒,森诺马纳出版社,1986年。

②　伊波利特·奥姆医生:《对贡捷堡城的卖淫研究》,1872年。

③　参照弗朗西斯·隆森:《肚腹罢工》,巴黎,奥比埃出版社,1979年。

玛丽·索恩的那些揭示民间种种性行为实践的研究著作[1]对这个世纪最后 30 多年的性行为作出了另一种解释。事实上,被历史学家如此反复提及的历史文献似乎当时并没有使开业医生的私人女顾客之外的人受到影响。司法档案披露了(不过,再说一遍,还是要顾及到这类文献样本的结构)一些较为简单的行为,在有教养的观察者看来,这些行为乃是可耻的、粗鲁的。

在乡村环境里,尽管人种学家对献殷切的举动和青年社团的监视作了细致的描述,但姑娘们的身体比城市里更容易接触到。在这里,她们不知羞耻地任凭小伙子们从其"高耸的包包"上获得乐趣,即抚摸她们的乳房。轻轻触及阴部和阴蒂似乎并不比深情地接吻那般失礼;这种现象并没有让 19 世纪的读者感到吃惊。小伙子们会毫不犹豫地展示他们的生殖器,并要求口交。婚外引诱和偷偷搂抱的地点分布在四处:田野、谷仓、马厩、干草垛和楼梯。从司法档案中还可以看到这里那里有关这些幽会位置的清单。安娜-玛丽·索恩所编目录中有关违法和偷偷摸摸的男女关系发生在椅子上、桌子上,如若情人们不是"靠在"某个家具上的话。穆兰-拉马什(奥恩省)的那位包工头很喜欢把他的妻子抱到面包箱上……或地下室里。

兽奸行为似乎并非是例外,曾有过这样的一位农妇抱怨其夫伤害了她的母鸡。到 1916 年还有冈庞峪的一位名叫让-皮埃尔·贝拉克·舒莱的牧人,在其私人日记中记下了他那些卑劣的行为,他在 9 月 9 日的日记中写道:"这一天有薄雾。清晨,我走到古莱特海角边的母绵羊那里,看到一头孤单的绵羊。我搞了它,之后,我想杀了它以便看看它那个槽(子宫)[2]。"

安娜-玛丽·索恩所作的调查势必会导致得出若干可靠的结论:同米歇尔·福柯所表述的相反,当医生尤其是外省的医生在诊断期间碰到有关性的问题时,大多数人都非常谨慎。许多医生都不敢检查女顾客的阴部;女人的童贞会促使他们极为谨慎。

当时只有很少的女人敢于在自己的丈夫或情人面前脱衣服,完全赤

---

[1] 安娜-玛丽·索恩:《洞房里的初吻》。以下那些详尽的细节描述均借用于这部著作。也可参考洛尔·阿德勒:《洞房中的秘密——夫妇的历史(1830—1930)》,巴黎,阿歇特出版社,1983 年。

[2] 让-弗朗索瓦·苏莱所引,《19 世纪的比利牛斯山》,图卢兹,埃歇出版社,1987 年,第 1 卷,第 403 页。

身裸体地炫耀自己。这种做法可能会太过明显地使人想起妓院里的情景。安娜-玛丽·索恩得出结论说，强烈的光线和完全赤身裸体是与性关系不相协调的。当女人在大白天委身于人时，她都保留身上的衣服。

在诸种惯例继续存在期间，有关性关系的禁忌一直持续到1914年，尔后群体性的性行为就成了一种几乎被普遍弃绝的对象。直到这个时期，女性对鸡奸的抵制依然十分强烈。安娜-玛丽·索恩至多不过记下了在大城市里若干工人中间发生的这种性行为。最初的举动主要就是抚摸女性的乳房、尔后便是臀部，但这在尊重性角色的情景下是可以接受的：男人提出建议，行不行由女人决定。显然，对可能会怀孕的恐惧阻止了他们的冲动，抑制了他们的情欲。在司法档案，尤其在有关乡村的司法档案中，同性恋仅以男性同性恋的形式表现出来。继而出现的种种"丑恶的性关系"、"令人厌恶的卑鄙行径"大都与小学教师或神职人员有关。

性器官的命名方式和性行为的动作似乎常常是非常粗俗的，但这几乎并没有使人看到姑娘们和妇女们的局促不安，也许她们已经听惯、看惯了。性部位使用"阴茎"、"阴道"以及属于各地方言的各种各样的词汇来指称。"性"这个词儿的使用乃是很晚的事。"性交"这个词依然是在有文化修养的精英人物中间使用。1940年之前，在大众中间并不说性高潮这个词。"屁股"这个词很粗俗，但并不猥亵。人们在向法官陈述时，则说某某男人和某某女人"发生"过关系、他与"她有关系"。"与某某睡觉"这一说法在这个世纪最后的20多年里采用得愈来愈多，"接吻"这个词以及"占有某个女人"这个用语在1900年之后则用得非常频繁。熟悉妓院语言的男人则说达到了"性欲高潮"、"射精了"、使对方"怀孕了"；而女人则承认"屈从了"、"委身于人"、"接受了他们的爱情"。语言二形性现象是与性角色的二形性现象相一致的。

这种对性领域的揭示以一种时至当时尚不为人所知的精确性，对我们因有了人种学家的研究才能从各地这样那样的两性行为中所了解到的情况作出了补充。诸如此类的两性行为即是：已经提及的旺代沼泽地人们的两性行为，北部地区"卧室"里婚前自由的性关系①，朗德地区和科西嘉地区的

① 参照伊夫-玛丽·伊莱尔：《19世纪的基督教徒——阿拉斯教区民众的宗教生活(1840—1914)》，里尔，里尔大学出版社，1977年；让-路易·弗朗德兰：《农民的爱情》，前揭。

试验性婚姻,巴斯克地区的年轻人常常在夜间进行的幽会,比利牛斯山区人在黄昏或夜间,晚上家人叙谈结束后,沿着山间小径进行的娱乐消遣活动①,韦桑岛的人不干涉未婚夫妇的自由行动,普瓦图地区的小伙子们进行的阴茎勃起的比赛……当然,也不应忘记男女彼此互相接近的笨拙行为:投掷石子、彼此掐捏、互相推搡、扳腕子、乡下的小伙子甚至用拳头向他们所觊觎的姑娘表示自己的爱情②。无疑,这一切都要随着社会地位的不同而有所变化。热沃当地区奥斯达族的那些"女继承人"比女仆们更难任凭自己的心愿去接近异性,后者难接近异性,主要是因为她们是一些来自于救济机构的姑娘而又被那些失去了财产继承权的家庭幼子们常常强行选中的缘故③。因而正是在农场女仆中间才出现大量杀害婴儿的现象,因为她们很难抗拒主人的调情④。那些留宿在北方矿工宿舍里的领抚恤金的人似乎为破坏矿工夫妇的和谐融洽而起到了推动作用。因此,随着不同的地域和社会地位而有所变化的种种性行为,我们若是谈下去那就会永无止境。

3

最近几十年的革命

1) 性科学的出现

这个世纪的最后几十年是与对性行为的描述所发生的革命初期的情景相适应的,虽然人们尚未试图将诸般描绘之间的紧密关系搞清楚。但是,这种历史对象由于正在为性行为在下一个世纪发生缓慢变化而做准备,因而就更具有其重要的意义。正是在弗洛伊德的著作传布之前,在把

---

① 让-弗朗索瓦·苏莱:《19世纪的比利牛斯山》,前揭,第1卷,第414—417页。

② 参照马蒂娜·塞加兰:《农民社会中的丈夫和妻子》,巴黎,弗拉马里翁出版社,1980年;《法国民间谚语中的婚姻、爱情和女人》,见《法国人类学》第5卷(1975)和第6卷(1976)。

③ 伊丽莎白·克拉维利和皮埃尔·拉梅松:《不可能实现的婚姻——17、18和19世纪的暴力和亲缘关系》,巴黎,阿歇特出版社,1982年。

④ 作为例子,参看阿尼克·蒂利埃:《乡村中的罪犯——布列塔尼地区杀害婴儿的女人(1825—1865)》,雷恩,雷恩大学出版社,2001年。

人与其肉体视为同一之前的这个短短的时期里，实验心理学以及室内治疗学——在法国皮埃尔·雅奈①是其最忠实的代表——得到了蓬勃发展，最初的性学专家也在竭力对性欲反常现象进行说明和描述。

　　现在让我们来稍微谈一谈被病理心理学和生理心理学的信徒所宣扬的自我观察的性行为方式。它打乱了内省的程序，从此以后内省就被衡量、检验、试验和第三者的协助而客观化了。从生理学方面所做的忏悔方式乃是身体史上的一个重要插曲。我们只举一个左拉的例子就足够了。他在一系列的检验和衡量过程中向爱德华·图鲁兹教授说出了自己的性倾向和性行为。这位医生得出如是结论："左拉先生身上的生殖本能在其活力中是有点儿反常的，但在其所爱的对象那里决没有这种现象。"如果他"在其性欲交感中嗅觉一直是非常灵敏的"，那么，他就不是一个生理上的本能反常者，他从未体验过"对爱情的盲目崇拜②"。

　　几年前，左拉在整理他先前写过的一部小说的初稿时，曾思索过在性快感上，哪些是可以观察到的、可用语言表达出的界限。在他看来，这不是自然主义作家的创作试图达到的结果。如何将"没有个准儿"的一夜情描述出来——他想象着会有七次性行为吗？左拉是否在回想他的快乐或者他所赋予某个人的快乐，人们对此并不清楚。他写道："这一点要注意。如果我分析得太多，我似乎再也感受不到乐趣了。刚开始的那几次性行为是不加分析的。只有到后来当我不那么紧张时，我才能分析。此时自己的身上就会出现另一个人，他在观看着③"；这是作者的一种颇具迷惑力的企图，他力图通过交替使用行为语言和内省语言、从第一人称转入第三人称的方式，将男性性欲愈来愈强和渐渐趋弱的过程表现出来。令我们感到遗憾的是，左拉放弃了这部小说，说得更广泛点，他放弃了以这种方式来描写自我的小说。

　　就在那个时候，如同扎赫尔-马泽克④的《穿皮袍子的维纳斯》的出版所显示的那样，色情文学在这种性科学初露的背景下正在试图革新。可

① 〔译注〕皮埃尔·雅奈(Pierre Janet，1859—1947)，法国医师、心理学家和神经病学家。
② 雅克琳·卡罗瓦：《埃米尔·左拉的生理忏悔》，见米歇尔·萨甘主编：《左拉》，法国国家图书馆展览目录，巴黎，2002 年，第 147，150 页。作者引述了该图书馆所存的手稿，NAF18896foLL。
③ 雅克琳·卡罗瓦所引，同上。在这里，从某种角度上说，左拉处于 18 世纪享乐主义的色情行列之中，为了这种色情而强行排斥了意识，因而在肉体上所出现的强度非常激烈。
④ 〔译注〕扎赫尔·马泽克(Leopold Sacher-Masoch，1836—1895)，奥地利作家。

惜我们在这里不能在这些非常熟悉的资料上耽搁。在我们所要探讨的对象范围内,最有趣的便是试图发掘刺激男性情欲的诸方法的演变过程,我们再重复一下,尽管人们一直不能明晰地将那些属于革新的东西和那些从语言的解放中产生出来的东西区分开来。

这种演变的过程似乎是无可争辩的,这就是使卖淫女的诱惑力发生变化的过程。那种粗野的展示,也可以这样说,妓院里那种模糊不清、混乱不堪的肉体场景不像从前那般吸引嫖客了。公开展示的卖弄风情、四仰八叉、常常是纹丝不动的裸体画,就不及大城市林荫大道上明暗交错处活动着的女人的魅力,也比不上"有歌舞杂耍表演的咖啡馆"里在煤气灯光下体形凸现的舞女的吸引力。至少男人们在寻找某种虚幻的魅力;因此,这一男性情欲诸种形式的变化对唯利是图的皮肉交易起到了决定性作用。按照资产阶级的沙龙设计的、里面很舒服的幽会场所就大受欢迎。然而正是在这里骗人的诡计也达到了无以复加的程度,因为人们总是把那种唯利是图的女人介绍给一些多多少少易于上当受骗的男子,这种女人类似于上流社会爱好通奸的女人①。

人们所向往的其他高雅的东西则是:在这些堕落的殿堂,即美好时代里那些豪华的大妓院里面,女性肉体的表演。这使我们有必要重新谈到某些行为,这些行为先前是常有的,但从此以后则被分成了类别,可以说被早期的性学家们予以系统化了。这里的问题并非是去概述他们的著作内容。克拉夫特-埃宾唯一的著作《性精神变态》还不到 500 页。我们把最明显的东西挑选出来,并力图找出当时那些似乎特别能使男性性欲增强的东西。我们应把重点放在女性的头发上而不是皮肤上,皮肤的功能很久以来就已被强调突出了——只需想一想雷斯蒂夫·德·拉布雷托纳②就行了——,而头发能使男性伴侣的情欲激荡不已。性感女郎的红棕色头发经常在拉斐尔前派的艺术思潮和象征主义的绘画中出现。头发犹如波浪般飘动着;它们互相交织,消失于那些环绕着如同穆哈③所画的

---

① 有关这方面的所有问题,参看阿兰·科尔班:《新婚的姑娘们》,前揭。
② 〔译注〕雷斯蒂夫·德·拉布雷托纳(Restif de la Bredonne,1734—1806),法国多产作家,以描绘法国丑恶的社会生活而著称,但又宣扬色情,故有"阴沟里的卢梭"之称。
③ 〔译注〕穆哈(Alphonse Mucha,1860—1939),捷克插图画家,主要从事戏剧海报、招贴画和舞台布景设计方面的创作。

女人们的藤蔓之中。莫泊桑有一篇短篇小说专门描写他教别人进行手淫的能力。在那些大商店里以及别的地方，一些剪头发的人带着剪刀偷偷地剪人家的头发并把大量的头发带回家，他们以此为乐。

内衣也会使人产生诸如此类的激动心情①。我们在别处曾试图描述过内衣在当时所具有的那种色情冲击力。女用内衣的增多、内衣对脱衣服所形成的障碍、约束人们观看女性裸体画的禁令、常常是在穿着许多衣服的情况下而进行的搂抱，都会使某种有助于将种种固定于贴身内衣的幻觉显现出来。性学专家比奈、克拉夫特-埃宾和摩洛都强调了内衣在兴奋和性欲爆发过程中的效力。他们注意到若没有一层薄布至少部分地遮掩着女性的裸体，某些男人就不能发生性行为。对于另一些男人——当时的数量比较多——来说，拥有他们所向往的女人的内衣就足可使自己感到性欲的满足。当时偷女人内衣的窃贼在整个欧洲都十分猖獗。那种能使人预测到易于同女性确立亲密关系的围裙会使人产生一种异常特别的恋物情结，它会驱使那些勾引小女仆的诱惑者们行动起来，就像左拉所虚构的人物特鲁布洛那样。偷手帕的窃贼人数也非常多。警察马塞曾对那些在大商场的人群中进行此类行窃的勾当作过描述。熨衣女工的身体也能使人们产生幻觉。由于她们在作坊潮湿的环境中不得不露出部分的上身，因此她们就是那种色情冲击力即从女工的内衣上散发出来的气息的一种象征。

正如我们已经看到的那样，淫秽照片由于将女性丰满的肉体展现了出来，因而就越发刺激了男性想抓一抓或扎一扎商店里女顾客臀部的欲望。在拿破仑三世的宫廷里，当女性的衣服从腰部起显现出某种与真实人体相重叠的虚幻人体时，那种使胸部展露于外的大开领便流行起来；事实上，这种卖弄风骚的行为是皇后要求的。从 1851 年起，福楼拜在给路易·布耶的信中便津津有味地谈到女人的胸部使他产生的无穷乐趣，他还详细叙述了不同的胸部类型。正如最近的一项研究所表明的那样②，从这个世纪的中叶起，女性身体这个部位的色情效力愈来愈增强；这就使

---

① 参照阿兰·科尔班：《内衣的重要时代》，见《时代、欲望和恐惧——19 世纪随笔》，前揭，第45—48 页。

② 达米安·巴尔丹：《从乳房到胸脯——对人体描述和人体文化史的促进作用（1860—1914）》，硕士论文，巴黎第一大学，2001 年。

人在衣冠不整的乳母面前产生一种前所未有的猥亵感情;仿佛这种女性哺乳的快乐含有某种先前不曾有过的羞耻感。事实上,性科学也强调了这种呈现乳房和性行为之间某种程度的类似性。因此哈夫洛克·埃利斯①认为"鼓胀的乳房相当于勃起的阴茎,孩子贪婪潮润的嘴相当于潮湿颤动的阴道,乳汁象征着精液②";巴尔扎克的某种想象当时依然在回响着,因为已到了1842年,《两位已婚年轻女人的回忆录》的作者还促使描述哺乳乐趣的勒内·德·莱斯托拉德说道:"我难以向你解释在我体内扩展开直至生命源泉中的感觉。"左拉的《繁殖》又在反复重温着这色情的一幕,并且还赋予它一种宇宙性的意义。玛丽亚娜的乳汁从她毫不遮掩的乳房流出来,如同滋润着她丈夫马蒂厄的田地的涓涓流水那样。

2) 殖民的色情想象

从19世纪中叶起,殖民的色情想象就开始建构,它大大地拓宽了诸种幻想的范围。这对于那些旨在了解情欲与反感之种种方式的历史的人是一种很好的指南。菲利浦·里奥达尔写道:"人们赋予另一种人(异域人)的身体以重要地位,这一点只有参考我们自己的历史和我们自己的种种特征的不确定性才可理解。"对人体的种种遐想"构成了一个将某一群体的种种焦虑和欲望生动地展示出来的想象的世界"③。殖民团体里的人体竞相证明了这一点。

鉴于19世纪上半叶东方学的声望以及很早就已征服了阿尔及利亚,北非,更宽泛地说奥斯曼帝国便成了殖民者的色情在其中形成的得天独厚的领土。它们乃是西方白人的种种幻想和难以满足的欲望得到最充分表现的舞台。

"马格里布的女人"、"马格里布的妓女"在世纪之交所撰写的游记中

---

① [译注]哈夫洛克·埃利斯(Havelock Ellis,1859—1939),英国随笔作家、医师,以女权、性教育的提倡者而知名,其代表作为《性心理研究》。
② 德尼斯·若德莱引自《产乳的乳房:快乐和羞耻兼有》,载《学术报告》第46期《首饰、羞耻和标记》,1987年,第236页。
③ 菲利浦·里奥达尔:《外国人的虚构故事:令人怀疑的人体》,载《卡西莫多》第6期《外国人的虚构故事》,2000年春季,第61页。

无处不有。这涉及到此类现象的构建过程,克里斯太尔·塔罗曾对这一构建过程的某些阶段作过详细叙述。现在让我们按照他的系统研究方法①对此进行追踪。1857 年,欧仁·弗罗芒丹②出版了《在撒哈拉大沙漠的一个夏季》。这部著作大大丰富了人们对沙漠的想象,但这不是我们要谈论的话题。对"分享的女人"即某些部落作为好客的一种补充而奉献出的女人的发现,使人们不得不产生一种易于得到的性伴侣的印象,欧洲人不假思索地把她们看作妓女。

东方学的盛行从此便造成了一个人们在其领土上寻觅肉欲的奥斯曼帝国。几十年来,伊斯坦布尔一直使人们想起——人们会想到安格尔的《土耳其后宫的女奴》——大量以淫荡的裸体方式而出现的女人;这是一些不可接近的、留作备用的、全部被看管起来供那个男人即苏丹所支配的女人,因此有人就认为苏丹是被极度的纵欲所摧垮的。这些众多的妻妾永远在期待着男人的性欲,她们沐浴,洒香水,随时准备好进行皮肉的交易,她们将自己丰满而又软弱无力的肉体呈现在长沙发或坐垫上。这些女人会使那些观者或男性读者想到她们与其无精打采的丈夫具有某种令人羡慕的相同性。穆斯林的后宫使人联想到由群体的性行为即狂欢所能产生的某些相互对照的肉体享乐。在这样的后宫中,男人的肉体享乐是按次序来安排的。女人肉体的风姿使人想到漂亮的孩子,即一连串性交的映像,是从那些可使其从期待中解脱出来的嬉戏中诞生的。从这个意

---

① 克里斯太尔·塔罗:《殖民时代的土著妓女》,载《卡西莫多》第 6 期《外国人的虚构故事》,2000 年春季,第 219 页及以下;以及《卖淫与殖民化——阿尔及利亚、突尼斯和摩洛哥(1830—1860)》,博士论文,巴黎第一大学,2002 年。
　有关穆斯林的闺房、色情和对殖民地的想象,也可参看若斯琳娜·达克里亚的《穆斯林闺房的历史文献》,载《克丽奥》第 9 期《女人与社会》,1999 年,第 37—55 页;马勒克·阿罗拉的《殖民地的闺房:仅次于色情的景象》,巴黎、日内瓦,斯拉特金纳出版社,1981 年;埃米莉·阿普特的《视觉的诱惑与殖民地居民的凝视》,见玛格丽特·科恩和克里斯托弗·普伦德加斯特的《现实主义的景观——性、肉体和风俗画》,明尼苏达大学出版社,1995 年,第 162—178 页;莱伊拉·阿努姆的《19 世纪穆斯林国王的后宫》,巴黎,联合出版社,2000 年;吉尔斯·伯奇的《裸胸的莫蕾斯克:明信片中的色情想象》,见帕斯卡尔·布朗夏尔和阿尔梅勒·夏特里埃主编的《图像与殖民地》,巴黎,西罗斯出版社,1993 年;贝尔特朗·达斯托尔的《东方的婚礼——论在西方人的想象中若干女性的体型》,巴黎,瑟伊出版社,1980 年。但也不应忘记爱德华·塞德的那部涉猎较深、意义更广的论著《东方学——西方人所构建的东方》,巴黎,瑟伊出版社,1997 年。
② [译注]欧仁·弗罗芒丹(Eugène Fromentin, 1920—1876),法国画家和作家,以描写阿尔及利亚风土人情而著称。

义上来说,如此快地把对穆斯林后宫与对妓院的想象相提并论,可能是太过分了。前者是将众多的女人和由生育的欲望所增强的色情陶醉的幻想结合在一起;与充斥着唯利是图的女人的妓院相反,这种后宫以自己的方式与诸种对性交易所制定的准则相一致起来。

然而,人们都知道由埃及、黎巴嫩或君士坦丁堡的妓女在福楼拜和马克西莫·迪冈①身上所激起的情欲的力量。福楼拜在谈到凯内赫②"妓女区"时说,"没有什么比这些女人使您感到更美的了"。那一天他拒绝了。他补充说:"我要是发生了性关系,那么就可能会在那个女人的上方现出另一种女人的形象,它会削弱那个女人的光彩③。"这里似乎是把穆斯林后宫的女性形象和妓院的女性形象、对舞女的占有和对妓女的占有混为一谈了。

在东方旅游期间,拥抱肉体如土耳其后宫女奴那样的异国女人,是与感官的愉悦融为一体的。它与种种从壮丽的景致、闷热和周围强烈的香味中产生的狂喜(有时也有沮丧)相一致。它属于由种种新的感触和体感的震撼所引起的那种对异域的新奇感。男女在异乡的一些场所里同居,睡在一些从未闻过的香气四溢的床上。1850 年 3 月 13 日,福楼拜写道:"回到贝尼苏韦夫④之后,我们在一间茅屋里达到了性高潮,这间茅屋非常低,以致只能趴着才可进去……我们在一条草席子上做爱,四周是用尼罗河的淤泥垒成的墙壁,上面是用芦苇束盖的屋顶,在这厚厚的围墙内亮着一盏灯⑤。"

他向路易·布耶吐露说:"在埃斯内赫⑥我在一天内有过 5 次性高潮,吻了 3 次性器官——在棕榈树杆做的床上",古舒克·哈内姆"是一位气质极其高雅的娘们,她乳房高耸,浑身是肉,鼻孔宽阔,双目特大,膝部美妙至极,跳起舞来腹部现出一些强劲有力的皱褶。她的胸部散发出一种甜甜的松脂味……我猛烈地吸着这种气味……至于性交,那是妙极了。

---

① [译注]马克西莫·迪冈(Maxime Du Camp,1822—1894),法国作家和旅行家,福楼拜的友人。

② [译注]凯内赫(Keneh),埃及一城镇。

③ 居斯塔夫·福楼拜:《书信集》,巴黎,伽里玛出版社,"七星诗社"丛书,第 1 卷,1973 年,第 605 页,1850 年 3 月 13 日致路易·布耶的信。

④ [译注]贝尼苏韦夫(Benisouef),埃及一城镇。

⑤ 居斯塔夫·福楼拜:《书信集》,巴黎,前揭,第 603 页,1850 年 3 月 13 日致路易·布耶的信。

⑥ [译注]埃斯内赫(Esneh),埃及一城镇。

尤其是第三次特别的猛烈,最后一次就有些伤感了。我们彼此说了许多温馨的事儿,我俩紧紧地拥抱着以一种伤感而又情意绵绵的方式直至结束①。"

这种有关狎妓行为的少有见证使人联想到紧接着一系列的性欲高潮之后经常会出现的情欲发泄的情景;并且更会使人联想到那种为对肉体的享乐作出合理确切的描述所进行的必要夸耀。在贝鲁特,邮政局长向他推荐了一些"年轻的姑娘"。居斯塔夫声称:"我已和三个女人发生了关系,出现了四次性高潮。"他接着便进行了确切的说明:"三次在午饭前,第四次是在餐后点心结束之后……年轻的迪冈只出现了一次性高潮。"人们对他说,他的这些属于"团伙性"的唯利是图的性伴侣也是被享乐的欲念所引诱,福楼拜从其中辨出了一位姑娘,她的"黑发短而卷曲,头发中间插着一枝茉莉花,我向她体内射精时似乎感到很香(这些香味沁人心脾)"②。

从"未婚男子"对妓院的色情角度来看,这种色情反映了几年之后由阿尔弗雷德·德尔沃之流所推广的淫秽书画的传统主题,但人们并没有把女性的快乐描述出来,也没有把为激起女人的性欲所使用的种种抚摸或花样可能会有的那种微妙描述出来。女性的性欲,即便是属于那种唯利是图的女人的,也是不需要说出来的。当然,不言而喻,女人的性欲与男人的体形、精力、激情及其能力有关。

福楼拜的这些行径,更为明确地说,他的年轻同伴马克西莫·迪冈(他曾让一些 11 岁的小女孩给他手淫,或曾被年轻小伙子们的献身所引诱)的行径为某种性旅游开了头,不过这种行为只是到后来才被暴露于光天化日之下。

19 世纪末以及紧接而来的几十年间,丰富多彩的大众和殖民文学、大量的明信片和淫秽照片都促进了"他者的情欲和裸体的社会性建构,它强调了某种原始状态和某种受到东方影响的肉体观念③"。正是在这个时候有好几种不同种族的女性裸体人物被创造了出来——其实她们是戴着面纱的——,如摩尔女人、柏柏尔女人和穆凯尔女人。人们强调了其性

① 居斯塔夫·福楼拜:《书信记》,前揭,第 606—607,1850 年 3 月 13 日致路易·布耶的信。
② 同上,1850 年 8 月 20 日致路易·布耶的信。
③ 克里斯太尔·塔罗:《殖民时代的土著妓女》,前揭,第 221 页。

欲的那种想象式的动物性；每个土著女人都被看成是潜在的妓女。

黑非洲以及远东的女性形象此时也开始进入殖民团体对肉欲的构想之中。但是关于这一点必须要很好地弄清楚种族主义者的解读框架，当时它也是对非洲社会的解读框架。西方人使这个黑色大陆服从于某种人体测量和美学的安排。"他们当时对所遇到的居民的身体进行测量，对他们肤色的细微差别作出评估——这是最重要的——，对他们的头颅和鼻子的形状进行鉴别，对他们的面角进行测量，并对他们的身体进行种种不同的生物化学方面的检查①。"西方根据这种"对身体的测量"情况再对他们进行分类，编制出能够对刺激性欲起决定作用的人种等级。大卫·勒伯雷东写道："为了有利于对被归到种族名义下的群体之肉体的想象，他们的历史、文化和独特性都被中立化了，都被取消了②。"

在塞戈莱纳·勒芒已给我们道出身体在这种建构中的重要性的情景下，将诸如此类的方法归入那些在 19 世纪上半叶的社会里导致人们编制出种族类型的方法之中，这或许是有趣的。

对这些种族的想象深深地扎根于民众之中。在法国，科学普及者路易·菲居耶于 1880 年出版了《人类的种族》。地理学家埃利塞·勒克鲁也传播了同样的信念，儒勒·凡尔纳的许多小说以及他的儿子米歇尔重审过的他的某些小说都使我们确信大家都一致赞同这种观念。除《气球上的五星期》之外，我们还可举出《巴尔萨科使团在异邦的奇遇》以及更为精彩的《空中村庄》。不过在这些小说中却丝毫没有色情的东西。

为了更好地弄清楚我们这样说的含义，就有必要再费一番周折。西方人并不满足于观察和分类；他们还要构建人体的结构。有关这个黑大陆，人体被区分为三大类型。某些部落源自于"通常的"黑人："鼻子扁平，厚嘴唇，前额低，是属于短头型的人"，身材矮胖，腿短；这意味着"脑子笨、简单、被动"③。在黑人的等级中，处于最低层的便是侏儒以及一切俾格

---

① 弗雷德里克·巴依埃特：《体形、种族特征和卢旺达的种族大屠杀》，《殖民的想象："黑人和白人"以及"一般的黑人"》，载《卡西莫多》第 6 期《外国人的虚构故事》，2000 年春季，第 11—12 页。

② 大卫·勒伯雷东：《种族主义有关人体想象的笔记》，载《卡西莫多》第 6 期《外国人的虚构故事》，2000 年春季，第 53 页。

③ 同上，这些引文以及以下的细节描述见上引弗雷德里克·巴依埃特的那篇文章。

米人之类的小矮人,他们的面孔被视为同猴子一般,毛发系统特别发达。这两种族类的人都激不起人们的情欲。

相反地,一些身材苗条修长的黑人,其体型却非常匀称,关节也颇为灵敏。他们的双手细腻,嘴唇薄。他们头部的姿态、头颅的形状、堪称贵族般的体形都使人想到了那种高贵的气度。可以说,这就是一些"黑人化了的白人"、一些与外界有交往的种族。人们觉察出他们的皮肤是"紫铜色的或黄褐色的,甚至与其说是黑色的不如说是古铜色的"。他们似乎和马格里布的人一样是从某种白色的熔流中产生出来的。他们的女人能激起人们的情欲,如同黑白混血的女人一样。

在殖民文学蓬勃发展之前,黑肤色的女人被描述成不知道禁忌的人,屈从于本能的力量,"在发情期被顽强的、动物式的寻觅异性①"的念头所支配,任凭"陌生人将其运到别的地方",她们倒不是同微妙的情欲,而是同炎热的气候、夜间的温热以及大自然的繁茂相协调一致。对她们的描述主要是着重于她们那种雕塑般的身体而不是容貌。作者对她们的描述都是津津乐道于乳房和臀部。人们认为她们的生殖器官过大。此外,殖民地还允许人们的情欲从对非常年轻的姑娘和未到结婚年龄的男孩子们的占有的反常现象中得到释放。

皮埃尔·洛蒂②在继东方学者的冒险故事《阿齐亚德》之后,于1881年发表了《一个北非骑兵的故事》③。这部著作描述了一个法国士兵和一位年轻的沃洛夫女人法杜之间的爱情关系。法杜正是这个男人所向往的女人,尽管他觉得这个女人仍然与动物相接近。如此,法杜不惜对他"像多情的狒猴那样大献殷勤"。不过,人们也可以设想这种接近乃是一种诱惑。在人们"大肆围猎"的野兽众多的非洲,黑人妇女在那个时代的男性想象中可能仿佛同豹子和猴子相类似。不管怎样,作者向我们证实说,这个北非骑兵意识到这种联系是对他本人的一种侮辱。和这个女人的关系断绝之后,他感觉到重新找回了"他的被这个黑色的肉体玷污过的白人男

---

① 阿兰·鲁西奥:《白人的信条:19—20世纪法国殖民者的目光》,巴黎,联合出版社,"联合图书馆"丛书,2002年,第188页。同一作者的《殖民者的爱情:从克莱尔·德·迪拉斯到乔治·西姆农的色情冒险和想象》,巴黎,联合出版社,"联合图书馆"丛书,1996年。

② [译注]皮埃尔·洛蒂(Pierre Loti,1850—1923),法国小说家,以描写异国情调而著称。

③ 有关以下的内容,参看大卫·勒伯雷东:《种族主义有关人体想象的笔记》,第57—59页。

子汉的尊严"。重要的是这种奇遇及其结局并没有引起以后的几代读者的反感;这是因为洛蒂只是再现了周围环境会起到作用的信念。20世纪初,卢旺达的图西族女人所具有的那种性魅力——有人曾将此同对胡图族人所表现出的那种傲慢劲儿作过比较——就充分说明了我所提到的那些种族等级的建构过程。在这种情况下,黑人民族将这些区分内在化的过程便导致了大家都知道的种种悲剧。

总之,穆斯林后宫的姬妾、摩尔女人、柏柏尔尔女人、沃洛夫女人、颇尔女人、图西族女人(但也不要忘记东京①女人和塔希提岛女人,她们或许也需要有一个漫长的发展过程)都是西方人中间本没有的一些隐语。殖民地女人的肉体是对由欧洲人所引发的那种情欲的一种补充。它以不菲的代价推出了一种肉欲的异国情调,这一情调会使人们的种种想象发生深刻的变化。可惜人们不可能对以此种方式同这些女人进行皮肉交易的西方人的数量作出估量。但是,我们在这里回顾一下这种异国他乡的肉欲方面的新奇感也是很有必要的。

我们还要补充的是,殖民地的生活对欧洲人身体的影响大大超越了异国情调的范围。E. M.科林哈姆曾非常出色地描述过居住在次大陆的英国人身体之"印度人化"的现象,或者毋宁说这是一种英国-印度人的体质。因此,人体学科、人体的卫生和情欲直至第二次世界大战前夕这种生存模式解体时都在发生着变化。

3) 男同性恋和女同性恋

在18世纪末至1960年代中期之间,我们从某种无穷无尽的令人异常震惊的言论的进展过程中看到了一些男人之间的性结合——这就是匈牙利人本克特于1869年所命名的同性恋——,直到此时这种性结合都被看成是一种罪孽,它在人们的想象中具有某种危害人类的非同寻常的恶的形象。这种以其生动别致的"貌似狂欢"的方式所设计的反自然的典型事例,是与那种通过对人的特征进行精细分析的方式——这是19世纪上半叶社会调查的特征——把一个个人搞得模糊不清的破坏性欲望相对应

———————————

① [译注]东京(Tokin),越南北部一地区旧名。

的。它也以同样的模糊方式与当时正在发生的社会生活的病态化过程融为一体。

在 19 世纪下半叶，同性恋者已得到了世人的认可。他们越出了那种邪恶和对其身体进行描绘的简单范围，而成了心理分析的对象[①]；按照米歇尔·福柯的看法，这就是允许人们建立同性恋的关系；这一论点在今日就成了迪迪埃·埃里篷所介绍的种种论战的对象。当然，如同在文化史领域里始终存在的情况一样，各论者之间的绝对不同之处是不明显的。对此类人的描绘仍在继续着。例如，人们在托瓦诺和费雷那里都可看到由警察冈莱或昂布鲁瓦兹·塔迪尔医生所制定的从前的分类学的回响。反正，最重要的东西是在其他方面。

1879 年，韦斯特法尔[②]出版了《由奇特的病态意识而引起的先天性性爱倒错》……他揭开了从对人体的描述向心理分析转移的序幕。从此以后人们就怂恿同性恋者发表他们的言论，人们便开始对他们把自己所感受到的东西吐露出来的真情进行探索。如果说 19 世纪确实没有任何一位作家在某种自传性作品中承认或公开要求有选择同性恋的自由的话，那么，从 1860 年代起医生们所获得的那种悲怆感人的忏悔却是为数很多的[③]。采用这种被引发出的个人自白，是同犯罪人类学专家所一再强调的有关对生命的叙述之更为宽泛的手法是相一致的，或者说是融为一体的。这样一来，有关同性恋的专著就具有了按照作者的全部问题而安排的蒙太奇式的摘录形式。哈夫洛克·埃利斯乃是第一个但也是在较晚的时候对某一社会阶层中的"性欲倒错"进行调查的人；在当时的那种情况下这一社会阶层便是英国的上流社会。

同性恋是与种种性欲反常现象的分类相融合在一起的。海因里希早在 1844 年就出版了《性心理学》；克拉夫特-埃宾 1868 年在一部重要著作中重又采用了这一书名。从那时起在高尔顿[④]的信徒们、德国临床学派

---

① 弗朗西斯科·瓦斯凯·加尔西亚和安德烈·莫尔诺·芒吉巴认为，昂布鲁瓦兹·塔迪尔是这方面的先驱者，因为他已赋予这种有害于身体的心理学以如此地位。参照《性与理智》，前揭，第 238—240 页。
② ［译注］韦斯特法尔(Carl Westphal,1833—1890)，德国神经病学家。
③ 参照菲利浦·勒热纳：《自传和法国的同性恋》，载《浪漫主义》，1987 年 2 月，第 56 期《自我形象、自传和 19 世纪的自我画像》。
④ ［译注］高尔顿(Francis Galton,1822—1911)，英国人类学家和生物学家。

的成员们、隆布罗索①的犯罪人类学的弟子们以及莫雷尔②或马尼昂的读者们的交叉影响下,最早的性学者便把直至此时为止被看成是或被简单地取名为例如"鸡奸"、"女子同性恋"、"男子同性恋"和"兽奸"的种种行为,都统统命名为返祖性的倒退或退化症状。在精英人士看来,这些被重新系统编排的"性欲倒错"现象是某种社会危险的表现。反常现象、犯罪和疯狂之间的相互换位似乎是常有的事。恋物欲者很容易变成小偷,"性欲倒错者"很容易变成杀人犯,动物性爱者很容易变成乡村的恐怖人物。至于男人之间的性爱,则被看成是所有这类病态表现的序幕。关于这个问题,应当对先天性的同性恋和后天性的同性恋作一区分③,后天性的同性恋是唯一不可宽恕的,而先天性的同性恋者看来不具备真正的自我控制能力。夏尔科、马尼昂、希施费尔德对这种病况的遗传根源进行过探索,他们是最早将这种疾病同蜕变现象联系在一起的人。他们所提到的某些有关子宫内的生命或幼儿的性欲插曲都是为了解释这种疾病的起源。

任何人在智力、感觉能力和身体形态方面都会烙上这种遗传性的痕迹。性欲倒错者的面色苍白,神态病恹恹的,深受神经系统错乱的折磨,屈从于某种不可抗拒的欲望,而且常常是一个手淫者。如同这类人的书信所证实的那样,他们的嫉妒心强,报复心强,容易流眼泪,易于动感情,并表现出反复无常、见异思迁的特性。同性恋也许同其他种种的精神病有着密切的关联。据莫罗·德·图尔所说,这类病的受害者容易患上疯狂症。专家们断言,裸露癖、物恋、受虐色情狂在性欲倒错者那里是会经常出现的。种种性欲反常的现象都集中在他们身上。希施费尔德以一种对同性恋予以同情的目光并力图使其受到尊重的方式,对这种疾病进行了精细的分析。他也认为某些独有的心理特征便是一种与异性性爱心理学不同的心理学的生物学基石。

---

① [译注]隆布罗索(Cesare Lombroso,1835—1909),意大利犯罪学家,其代表作为《犯罪者论》。
② [译注]莫雷尔(Augustin Morel,1809—1873),法国精神病学家。
③ 关于这方面的所有问题,参照乔治·朗泰利-洛拉:《堕落的读物——它们与医学相适应的历史》,巴黎,马松出版社,1979年;克里斯蒂安·波内洛:《有关同性恋的医疗话语》,前揭,以下的那些详情,我们借用了这部论著。

虽然这种早期性学表现出对疾病的分类比对疾病的治疗更为关注，但一系列的治疗手段却被提出来，即使尚未付诸实施，这就是诉诸催眠术、与起治疗作用的妓女来往、做体操、到野外生活……还有实施阉割（克拉夫特-埃宾）等诸如此类的方法。当然，如同一切有关 19 世纪人们对性欲失常所设想的解决办法一样，结婚也被纳入了这一系列治疗手段之列。另有一些人则宣扬恪守贞节、通过禁欲来拯救自己。

社会学方面的思考从此以后则对临床观察和心理分析作出了补充。同性恋被普遍看成是从其他地方传进来的。由此，法国人把它看成是一种德国的或英国的疾病；这种信念由于奥斯卡·王尔德①事件而得到了加强。长久以来，鸡奸被叫作"意大利的恶习"。谢瓦里埃和里奥朗断言同性恋在养花工人、制女帽的女工、磨刀工、洗衣工、裁缝、织毯工之间特别流行。哈夫洛克·埃利斯认为这种恶习在理发师、医生、画家和从事戏剧工作的人中间乃是常有的事。

但是据医生们所说，男性的同性恋似乎对有教养的阶层即游手好闲的资产阶级人士、艺术家和文人的冲击尤为严重。人们很少谈到那些在户外过着勤劳生活的农民中间发生这样的事。关于这个问题，托瓦诺、摩洛和芒特加扎的说法确实是不够明确的。事实上，安娜-玛丽·索恩所进行的长期调查就促使人们对这些医生们所描述的情景产生了疑问。若是从刑事被告的人数来看，工人、仆人、推销员和士兵在同性恋者中所占的比例是最大的——他们很少被描述成带有女人气的男性；而且在农民中间也不乏这样的同性恋者。

医学上的说法和司法资料之间的差距表明：同性恋似乎与那种具有男子气概的典型人物即当时正在形成的工人阶级的形象是很少相符的。如同卖淫一样，同性恋部分地是和那种社会性的漫游现象相联。因此它消除了阶级和种族之间的界限。同性恋者令人感到恐惧，恰恰是因为他的那种欲望能使他产生这样一种颠覆作用。事实是很明显的：它的地理范围就是大城市及其拥挤不堪的场所。同性恋者威胁着所有一切对男女混杂进行严格监督的社会环境：学校、兵营、船舶、监狱、医院和宗教团体。

---

① ［译注］奥斯卡·王尔德(Oscar Wilde，1854—1900)，爱尔兰诗人、作家和戏剧家，曾因搞同性恋而被判入狱达两年。

弗洛朗斯·达马涅在其专门对英、德、法的同性恋所作的比较研究的不朽著作的导言中,曾对英国公立学校里所形成的文化作了详尽的论述①。

这一对同性恋描述的新的历史阶段,若不参考它形成的背景是不可能弄清楚的。萦绕于人们脑际的堕落以及与文明进步相连的退化,对出生率下降的担忧,由性病的危害所引起的恐惧,正在上升的女权论会导致无用的肚腹大量增加的想法,安娜-利丝·莫格所阐述的男性在这个从没有为自己的肉体而感到骄傲的世纪结束时男性身份所产生的危机②;从相反的方面来说,定居的需要,异性性爱的典范事例,认为从 1890 年中期起道德方面所出现的衰落这一信念的扩散;同法国本土有关的就是在法国失败之后其思想在德国所出现的危机,这一切全都是与这种对同性恋所做的新的描述密切相关的材料。

我们所探讨的对象同身体的历史绝对有关,但我们在这里不可能去全面地谈及同性恋的历史。我们只是着重指出由于同性恋者是在那些对社会和文化的描述中被提到的,而性学者们的目光却又盯住他们不放,所以他们到这个世纪末才开始形成。他们的某种独有的、充分展示出来的特征有时与古代文化有关,有时如同马格努斯·希施费尔德所说的那样,是同某种属于第三性的要求有关。虽然这样说,但只是在本卷所研究的那个时期之后,这种特征形成的过程以及对同性恋的种种主观方面的研究才以人们所知道的那种广度大量开展起来。

医学上专门论及女同性恋的话语与有关"性欲倒错者"的话语相较而言,似乎是非常平和的。然而,它却一直萦绕在这个世纪末人们的想象之中。早期性学家们曾竭力以某种方式对此进行描述,对搞同性恋的女子进行设想,将她们构想成某种建立在一种伪装而又加上性欲过剩的异性性爱者的典型形象之上的心理病理学的类型。关于这种"性欲倒错",人们重又发现了种种与男同性恋有关的分类法。人们是在一时的女同性恋者、心理性的两性畸形患者,以及那些向男性特征转移、雌雄两性达到极致的真正的同性恋者中间,根据她们与性别标准不相符的程度大小来划分等级的。在这些观察者那里,有关生物学上的先天性论断与有关经过

① 弗洛朗斯·达马涅:《欧洲同性恋的历史》,前揭,书中有多处均涉及到这一问题。

② 安娜-利丝·莫格:《世纪转折时处于危机中的男性身份》,马赛,海岸出版社,1987 年。

传授、引诱从而才发现同性恋乐趣后所形成的特征的论断之间则处在一种紧张的对立之中。

我们需要重复的是,搞同性恋的女子一直都在竭力模仿男子。但从此以后,她们则试图获得自主权①。费雷证实说,所有的小姑娘都在做扮演士兵的游戏,都在做爬树的活动。马尼昂说,她们都喜欢男孩子们的游戏。至于谢瓦里埃,他则强调了她们对体育运动的兴趣。莫雷尔发现她们喜欢抽烟,喜欢穿男性的服装。那些搞同性恋的女子都在做着一些性欲倒错的爱情美梦。马尼昂还指出当她们处在爱恋之中时,就会以一种极端狂暴和永不满足的亢奋之情表现出来。里奥朗着重指出了她们强烈的嫉妒心。按照克拉夫特-埃宾的看法,女同性恋者的特征是根据其男性特征的程度来界定的。至于哈夫洛克·埃利斯,他以异常决绝的方式对那些有男子气的真女同性恋者与那些其性爱行为被男子拒绝或被引诱而造成的假女同性恋者作出了区分。不管怎样,在他及其同仁们看来,一对搞同性恋的女子或多或少总是在不言自明地模仿着一对异性夫妇。

虽然这样说,但除阴蒂过分发达之外,女同性恋者的身体特征似乎没有男同性恋者那般明显。尽管她们之间的关系被男人看成是狂乱的、痉挛性的,但那种嬉戏的功能、那种会促使她们产生一次次性欲高潮的狂放不羁的性行为似乎是肯定无疑的。这一切都证明因缺乏男性的精液她们永远得不到满足,而唯有这种精液才能使女性平息下来。当然,女人之间的性关系会强烈地激发起男性的想象。男人们会津津乐道地谈起这种过分的性行为、"这种狂乱者"的放纵情欲的行为以及那种能使其弹奏一切提琴的强有力的情欲过剩的现象②。缪塞的《加米亚妮》使对这种女性之间性欲狂乱的解读达到了顶点。波德莱尔曾提到过那位"情欲炽烈的萨福"……但是在此同时——这并非不合常情——,在男人的想象中搞同性恋的女子保留了某种大孩子气的、永久不变的寄宿生的习性。因此就把她们的这种嬉戏想象成一些能激起情欲的有关肉体的小幅图画。像莫尼尔公爵③之类追求享乐的人却从这里看到了男人们

---

① 克里斯蒂安·波内洛:《有关同性恋的医疗话语》,前揭,书中有多处均涉及到这一问题。

② 玛丽-诺·伯耐:《毫不含糊的选择》,前揭。

③ [译注]莫尼尔公爵(Le duc de Morny,1811—1865),法国第二帝国时代的社会政治活动家,曾担任过拿破仑的内务大臣。

日后可以从中获益的学习激发情欲的际遇。这类性伴侣的一方试图僭取男性角色的做法显然是一种简单的模仿行为。这是因为在男人们看来，毫无疑问女性之间的这种肉体享乐本身并不是一种目的。此外，唯有女同性恋者的肉体享乐的情景才能把在缺乏男性时女性的过分放纵行为的画面即穆斯林后宫姬妾们的情景凝聚在一起。归根结底，阴蒂肥大或女子同性恋——因为医生是把摩擦阴蒂的习惯和相互交换口腔抚摸的方式区分开的——可以使肉欲强烈的姑娘们很容易保持她们肉体的童贞；而那些被妻子以这种方法所欺骗的男人也不会真正感到自己是一个戴绿帽子的丈夫。

因此，切不可以为对女人之间情爱的描述以及由它而引起的科学信念的历史能简单地再现出男人之间的性关系。一直到19世纪末，有关女子同性恋的言论都是由男子说出的。它仍然同女同性恋者所经历的真实情况无关。它充满着男人的种种想象和焦虑，它是对女性的情欲和快乐之难以理解的奥秘所作的一种令人担忧的探索。它反映了由那种一想到这些非同寻常的尤其是当时所感受到的无穷快乐而具有的那种诱惑力，因为这些快乐避免了男人在性高潮之后所感受到的那种渐渐消退的快乐。这种女性同性恋的令人入迷的性爱模式本身就驱使人们需要对此进行想象和说明，以便消除它的神秘性和危险性。如同在19世纪上半叶男性作品中所表现出的那样，那些邪恶的、必然会带来不幸的搞同性恋的女子，同时也表明了人们对由性欲以及那种对神秘美的探索而引起的焦虑不安[1]。

对他人的快乐虽然晦暗不明，但这种诱惑力却是那些充斥于18、19世纪色情小说中的女性手淫和女性搂抱的场景大受欢迎的基础，其作用就像我们这个时代的色情电影一样。男人们经常有机会去观察他们在性伴侣身上所引发的情欲，不过，只有亲眼目睹的那些违反惯例的行为或者读物才可以使他们隐隐约约地看到这种可以说是纯粹状态下的女性的快乐，也就是说在没有男性时所展现出来的那种快乐。

从这一角度来看，男人和学者们有关女同性恋者的话语是与那种易

① 弗洛朗斯·达马涅：《邪恶之徒》，第76—86页。有关以下的内容，参看玛丽-埃莱娜·布尔西埃在上面已提到的那次争论期间的讲话，见《历史杂志》，前揭。

患歇斯底里症的女人为依据的话语相一致的；不过，要将夏尔科及其硝石工场的同事们的做法排除在外，他们能使此类女人的肉体说出真实情况，并能把她们的谵妄性言语记录下来，这些胡言乱语具有某种异性间性欲的形态；而早期的那些性学者所担负的只是对人生片段的记叙。但不管怎样，在这两种情况下，男人们都感到自己负有探索女性性欲机制并把这方面的知识转达给妇女的使命。他们所指出的有关女歇斯底里症患者和女同性恋者的言论之间的那种相近性，只要通过对性欲强烈的女性作同样的描述就能对此作出解释。

因此，1806 年鲁依埃-维勒迈（在其《子宫论》中）把那种"子宫强健而又多血质"的年轻女子看成是在其性欲的控制下特别会受到歇斯底里症的威胁，因而对其危害性也就更大，这样的女子"面色红润，皮肤呈棕色；黑眼睛，目光锐利；嘴巴大，牙齿白，嘴唇呈浅红色；头发浓密，毛发系统很发达，其色泽乌黑发亮；经血流得很多①"。在这些于两个世纪转折之际大量激增的女子同性恋最初尝试的场景里，那些女引诱者即口淫的始作俑者常常被描述成具有男性风度的、肤色呈褐色的女人，而她们的受害者则被表现为时止当时都是一些纯洁无瑕的金发女郎。

造型艺术争先恐后地表现了男性对女性之间的这种嬉戏相对的宽容；但奇怪的是医生对女同性恋者所面临的疾病分类学上的种种危害的揭示，比起对威胁着那些醉心于"夫妇欺骗"的女性的种种危险的揭示却并未那般有力。虽然这样说，但有时他们却把切除阴蒂看成是一种治疗手段；这是因为"过早的手淫"被认为是年轻的姑娘们性欲倒错的一种令人遗憾的前兆。因而有害的教育看来便是女子同性恋的主要根源。

自 19 世纪初起，男性有关这方面的话语就把女子同性恋与一些已被社会边缘化的群体即妓女、囚徒、女演员、委身于人的或堕落的女子联系在一起。至于作家们所刻画的形象，我们不妨去想一想巴尔扎克于 1835 年出版的《金眼女郎》，他试图把一个迷人的、具有诱惑力的女子描绘成一个"搞同性恋的女子"，以期将这个被视为与歇斯底里症女患者和神经病女患者相同的、堕落的女同性恋者的神话展示出来。女同性恋者的情欲

---

① 由尼科尔·埃德曼所引，见《歇斯底里症患者的变化》，前揭，第 21 页。

"仅仅是从负面把它看成是一种阉割情结或一种先天性的性欲倒错①"。

安娜-玛丽·索恩所作的调查促使人们再次对先前的、首先构成一种有关男人性欲及其受挫之表现的描述进行彻底的修正。医生们不无理由地强调了这位女历史学家的看法,他们根据那种行为放荡、怀有焦虑感的女性形象来描绘女同性恋者的形象。因而他们所研究的那些女同性恋者并非女扮男装,她们也并不是以富有男子气的女孩子的形貌而出现的。

但不管怎样,自从 18 世纪末那种男子性欲缺失的贵族小集团出现以来,同性恋作为一种被男子性欲要求所保护的自由空间确实存在着,女性的团结一致可以在这一空间里发挥它的作用。但是必须要等到第一次世界大战结束时,女子同性恋者的身份才能真正形成,女子同性恋者的情欲在社会上的隐匿状态才得以结束。

4) 身体可见度的危险和易受到的伤害

以上我们所论述的一切都表明身体的历史是与人们对身体观察的历史密不可分的。许多英语世界的研究人员从多方面致力于对这一问题的研究。仅举乔纳森·克拉里、克里斯托弗·普伦德加斯特、简·马特洛克、埃米莉·阿普特、范纳萨·施瓦茨、黑兹尔·哈恩②这少数人为例,他

① 弗洛朗斯·达马涅:《莱斯沃斯人的身份:是一种迟缓的已分化的人体结构吗?》,《历史杂志》第 84 期,2001 年,第 48 页。

② 乔纳森·克拉里:《观察家的艺术》,以及《感觉的中止:注意、景象和现代文化》,剑桥(马萨诸塞),马萨诸塞理工学院出版社,1999 年;简·马特洛克:《目光仅限于人体范围内:在罗伯逊表演中的幻觉和看不见的女人》,见塞古莱纳·勒芒主编的《幻灯——透明的画面》,巴黎,国立博物馆联合会,1995 年;简·马特洛克:《产生现实主义的视觉感》,见玛格丽特·科恩和克里斯特弗·普伦德加斯特主编的《现实主义的戏剧:人体、性和性别》,明尼苏达大学出版社,1995 年。我们不会忘记我们有关这方面的所有论述,都从这两位作者的下面这部著作得到了启发:《法国 19 世纪吸引人的戏剧场景、卖淫、歇斯底里和阅读的差异》,纽约,哥伦比亚大学出版社,1993 年;克里斯托弗·普伦德加斯特:《19 世纪的巴黎》,牛津、剑桥,布莱克威尔出版社,1992 年;内里亚·迪阿斯:《眼睛的可信度——19 世纪的知识和调查对象的幻象》,载《场地》第 33 期,第 17—30 页,1999 年 9 月,以及《玻璃橱窗里的人体:有关医学方面的收藏品——供研究用的肢体》,载《场地》第 18 期《分割成块的人体》,第 72—79 页,1992 年;范纳萨·施瓦茨:《引人注目的真实》,前揭;马克斯·米尔内:《请闭上眼睛——禁止观看》,巴黎,伽利玛出版社,1991 年;塔马尔·加尔伯:《禁止观看》,载《美洲艺术》第 79—5 期,1991 年;关于世纪末的拜物教,参看埃米莉·阿普特的《使所崇拜的物女性化——世纪转折时法国的精神分析和对此详尽叙述的执著》,康奈尔大学出版社,1991 年。

们中一部分人对观察者身份的演变和视觉训练的方式进行过探索,另一部分人则研究可见度的修辞学上的涵义,也就是说探索那种专门涉及视觉效果和危害性、可看到的东西的界线以及一切能使压抑和放肆的目光之间的冲突有节奏出现的话语。还有一些人则研究与不断增长的主观性密切相关的观者种种感情骚动的历史。简言之,如果我们再把光学在科学技术上的进步以及人体形貌构成方法的演变加入其中,那么,这一包含着种种新的观察方式的历史看起来就显得极其复杂了。

对我们来说,我们从所有这些研究著作中就获得了某种收益,即对观察行为,尤其是对人体的观察行为予以高度的重视。另一方面,确信目光中隐藏着许多危险,尤其对女人来说更是如此,这一信念贯穿于整个 19 世纪,从法国大革命一直到精神分析法的出现。当这些以"现实主义"命名的新的凝视和观察方法开始显露出来时,对目光的戒备就在 1847 至 1857 年间得到了加强。

目光的历史是由多种因素决定的,首先就取决于光学的发展。在必须交纳贡赋的君主制度下,夹鼻眼镜受到了人们的青睐,接着,在立体观察法诞生之前,人们就使用起剧院里的小型望远镜和眼底镜。这其中的每一种发明都部分地与色情甚至与淫秽方面的事儿有关。万花筒、望远镜以及其他的一些器具经常是在一些展示女人肉体的场所里出售。这类淫秽的图像不断重复着正在用某种光学仪器观看女人的主题,仿佛这是要把由眼睛对女性的种种侵犯所形成的性的二态现象颠倒过来。

目光的历史也是同人们的指责,更为宽泛的说,同那种对由人体的可见度及其表现所造成的种种危险,甚至"无法弥补的损害"予以揭示而又不断进行抨击的历史密不可分。人们对弄脏眼睛主要是对弄脏女人的眼睛的担忧一直萦绕在这类文学之中。它反映了人们为女人可以凝视那些被认为不应当让她们看的东西而感到担忧。此外,它还揭示了男性对正在注目观看的女性所具有的诱惑力。这是因为从其自然本性来考虑,观看男性对于女性来说,就很有可能会使自己受到影响并对此进行模仿。

对两性中任何一个肉体不同之处的展示都会引起人们特别的担忧,尤其是涉及到对解剖细节的炫耀。在文学以及那种其场面诱导人们想到床笫乐趣的绘画领域的情景也莫如此,即便这类乐趣没有被描绘出来。这种在当时经过漫画一再重复的想象的力量在这里通过锁孔式的方式而反映出来。

某些场所乃是当时这种不安的集中之地，人体解剖标本的收藏处就列于首位。1835 年在巴黎开设的迪皮特朗①博物馆即是这样的处所，它坐落在医务学校的对面，很快就拥有几千件蜡制样品。还有贝特朗·里瓦尔所预想的蜡像博物馆，他企图将女性排除在外，不过对他来说，这一博物馆尚处在规划状态之中。斯皮茨内医生的大型解剖博物馆于 1856 年创立，在一场大火之后于 1885 年之前才开始收藏展品。施瓦茨教授的哈特科普夫博物馆开设于 1865 年，它位于去歌剧院的途中。在斯皮茨内医生的博物馆里，一共有 40 件可分开的肢体能使男性探察到女性的隐密器官。此外，它里面还藏有一些展示受胎以及从怀孕到分娩的变化过程的蜡制品，另有好几种表现骨盆部位的图像则没有计算在内。我们已经见到过贝特朗医生的专门展现由手淫所引起的种种可怕情景的博物馆。

直到这个世纪临近结束时，那些数不胜数的集市木棚里都一直在展览一些人的隐密部位、"人的优美、奇丑和残废之处"的蜡制解剖肢体②。在这里，只有最前面的那几个小间女人才可以观看。那些一丝不挂的裸体只给 20 岁以上渴望通过凝视各种各样的美女来充实自己性方面见闻的男子观看。1875 年，J. 格鲁南克医生的解剖陈列馆在巴黎塞瓦斯托波尔大街展出了一个"可拆成 32 个部位的塞加西亚族女人"。1888 年，在讷伊集市上一个身穿白色工作罩衫的解说员介绍了一个解剖学上的美女被分解成各个部分的解剖过程。更为简单地说，男性参观者可以通过对保存在甲醛溶液或鞣过的人皮里的胎儿的观察来完善自己的知识；不过他们对畸胎学上的现象也不会忽视，如雌雄连在一起的同体胎儿、连体孪生男婴或四乳女婴。

从 1880 年起，那些展出解剖蜡制肢体的木棚受欢迎的势头就开始在集贸市场上衰落下去。警察局决定取消"一切接纳某一特殊类别的参观

---

① ［译注］迪皮特朗（Guillaume Depuytren，1777—1835），法国外科医师、病理学家，曾担任过宫廷医生。

② 关于以下的论述，参看尼古拉·萨埃-盖里夫的《格雷万博物馆，1881—2001——蜡像、历史和巴黎人的闲暇活动》，博士论文，巴黎第一大学，2002 年；克里斯蒂娜·皮和塞西尔·维达尔的《市集场地上的解剖博物馆》，载《社会科学研究会刊》，第 60 期，1985 年 10 月，第 3—10 页。

者的秘密陈列馆"。因而商人聚集的场所就丧失了它们的教育作用,解剖收藏品则以拍卖的方式而出售。

除这些机构之外,还应加上这里那里的一些陈列着种种极其不同的收藏品的博物馆。那不勒斯的波尔波尼科博物馆有一个展厅直到1860年尚不对公众开放。它藏有一些从庞贝弄来的最具色情的考古物件。我们已看到绘画、雕塑展览馆当时在拓展可看事物界限方面所起的十分重要的作用。这种现象对那些因羞耻而感到不快的女性之自卫反应起到决定性作用。波德莱尔在看到陪他在卢浮宫观看的路易丝·维勒迪尔满脸通红,用手掩面,怒斥人们竟敢在这里展出如此多的淫秽东西时,显得非常吃惊。

我们还要再重提一下,大众戏剧、小说对这类可看事物和可想象事物的范围都具有新的界定作用,但审查部门却对此保持着警惕。早在1840年,拉法热夫人的诉讼案件就是对弗雷德里克·苏利埃①的《魔鬼回忆录》所进行的起诉②。许多人都深信这部读物已对那种被认定为伤风败俗女人的想象起到了腐蚀作用。1847年,安托尼·梅雷因出版了《女人的爱情》而遭到了控告,这部书中含有某种被认为是下流的引诱场景。朱迪托·里翁-卡昂曾对人们对第二共和国时期的浪漫文学进行抨击的激烈气氛进行过描述③。1857年,就轮到福楼拜被人们推上了法庭。在包法利的新婚之夜结束不久,使他感到非常满意的那个女人的肉体仿佛就是一种能激起人们产生过多联想的暗示;在出租马车里那一幕作爱场景看来也是不可容忍的,即便由帷幔遮掩着;所有这一切都使那种由对女主角所施展的极度温情而引起的愤慨火上浇油。在这种种情境下,那些淫荡的细节会格外激起人们的反感。这是因为人们会想到只要一个简单的形容词就足可使女性的想象力活跃起来。

那么,人们对这类事的态度究竟是如何变化的呢?人们最经常提出

① [译注]弗雷德里克·苏利埃(Frédéric Soulié,1800—1847),法国小说家和剧作家。

② 简·马特洛克:《有害的阅读——魔鬼的回忆和拉法热夫人的回忆》,载《浪漫主义》第76—2期,1992年,第3—21页。

③ 朱迪托·里翁-卡昂:《从1830年至第二帝国建立时法国的读物以及小说的用途》,博士论文,巴黎第一大学,2002年,尤其要参看《在1848年的阴影之中》这一章,第2卷,第513—548页。

的论点,例如塔马尔·加尔伯的论点,认为在整个 19 世纪禁止女人观看人体的细节,不让她们看到"任何过分真实的东西";倘若从法国社会的整体来看,观淫癖——从广义上说——只局限于男性范围内,再说其人数也颇为有限;与其相同的是观看淫秽照片也只限于这个圈子里的男人。

简·马特洛克的看法则具有更细微的差别。她强调了女人学习的某种渐进过程,即一种由观察力所赋予的、缓慢获得的能力,或者如若你愿意的话,可看成是一种由观看所获得的经验的无可争辩的扩展;同时,依赖视觉经验而进行思考的习惯也得到了延伸。据她看来,人们对肉体的可见性有一个缓慢的认识过程,这种可见性多亏在第三共和国时期出现了一种宽容的气氛才得到了增强。

简·马特洛克对这个问题的论述显然是颇有说服力的。在这整个世纪中,正如菲利浦·阿蒙所强调的,由于受到潮水般图像的袭击,妇女们的目光不可避免会接触到大众报刊上的漫画和各种各样到处流传的图画;同时人们也不应忘记在一些专门面向大众读者的著作和小册子中的种种解剖插图。妇女们经常参观博物馆、画展和展览馆,巴黎的女人在吸收着这种通俗文化,黑兹尔·哈恩曾在这个世纪结束时指出过这种文化的丰富内涵。在人们给这些蜡制画像穿上极富暗示性的服装之后,女性观众就被允许去参观长期被禁止的迪皮特朗展览馆。虽然时至 1897 年美术学校的解剖教室仍不让妇女参观,但私立学校却允许她们去参观。从第二帝国起,她们即可进入医学院。

我们还可把男性在 19 世纪观看女性肉体的历史勾勒出来。我们都知道在这个世纪的各大妓院里观淫癖的风气十分盛行,人们经常光顾这些场所里的光学室。因此,必须首先给两种相继观看浪漫主义芭蕾舞的方式以一个重要的位子:当女舞蹈演员登上舞台时,观者借助于观剧镜将目光落在那些运用新颖的足尖点地的舞姿使其跳跃升腾的半透明的躯体上;在男子们进入后台以及家中之后,他们就把目光盯在呈现出来的肉体之上。因此,这一历史也可能会导致人们去强调某种处于无声姿态中对性欲具有刺激作用的裸体女性的重要性:这是由艺术家们所摆弄的那种模特儿的躯体①。

---

① 参照一系列深入的学位研究课题中种种明确的研究计划,巴黎第一大学。

5）新的悲剧

这个世纪末，当医学话语到处传播、目光和行动获得自由、享乐主义正在上升时，当以色情为基础的性行为渐渐趋向于将肉体的性关系和生育相提并论时，肉体的结合就蒙上了一层新的悲剧色彩。

我们在别的地方已经详细分析了性病的种类，这种祸害在当时已经迫使人们不得不承认，并把它与酒精中毒、肺病列在一起看成是三种大患之一，这三种大患越来越对某种前不久在生物学界扩散较广的焦虑不安的心情起着支配作用①。从此以后，像福楼拜之类的人以相对随便的态度来对待自身性病的行为结束了。自从英国学者哈钦森②的著作出版以来，那种认为存在着某种遗传性梅毒的想法就大大地得到了增强，因为从此以后人们就不断地夸大这种疾病的种种痛苦，它所持续的时间对两性关系形成了一种可怕的威胁。肉体的快乐从此就蒙上了一层悲剧色彩。最初，这种性病遗传的受害者的特征简单地表现为三种相关的病态：虹膜炎（虹膜出现炎症）、牙齿呈螺丝刀状、胫骨形如刀片。不过，医学很快就把这种遗传性梅毒的形态勾勒出来了。

在法国，被称作梅毒学研究泰斗的阿尔弗雷德·富尼埃教授一生都致力于对这种新的模糊不清的病症的精细研究。那些遗传性梅毒患者从其一生下来起外貌就像一个个小老头。他在1886年写道，这些形似猿猴的"发育不全的人"身体瘦弱，"他们仅有一种很不发达的肌肉系统……面色苍白，与其说苍白不如说是灰白色的。皮肤的色泽发暗，呈灰色，是一种接近于泥土的灰暗色……他们成长得很缓慢……到很晚才会走路③"。他们的牙长得很迟；他们的身材矮小，"体形纤细"，看上去"他们的整个身

---

① 阿兰·科尔班：《时代、欲望和恐惧——19世纪随笔》，前揭，第141—171页；同一作者的《这个世纪初性行为的危险：卫生上的预防和道德上的预防》，见《研究》第29期《市郊的气息——19世纪的城市、住房和卫生》，第245—283页，1977年12月；同一作者的《对梅毒的极度恐惧》，见让-皮埃尔等编的《面临传染病时的惧怕和恐怖心理：19至20世纪的霍乱、结核病和梅毒》，巴黎，法亚尔出版社，1988年，第328—349页。

② ［译注］哈钦森（John Hutchinson，1828—1913），英国医师、病理学家和研究先天梅毒的早期专家。

③ 阿尔弗雷德·富尼埃：《晚期遗传性梅毒》，1886年，第23页；以下的引文见第26和29页。

体发育不良"。他们的睾丸是"退化的",胡须稀少且长得很迟,男性生殖
器"长得很慢"。他们的样子常常是"干瘪的、发育不良的、萎缩的"。有这
种症状的姑娘们的乳房则很不发达。此外,这些"遗传性梅毒患者"可能
也是各种营养不良症的受害者。从第二代起,他们的种种退化特征就永
远难以改变了,因而这种疾病的遗传会一直持续下去。

这种损毁身体的可怕的梅毒注定会连续使二代、三代甚至七代的子
孙都摆脱不了它。有人断言,这种病的症状有时只有到年龄大的时候才
会显露出来,所以任何人都不可自认为自己没有这种遗传性疾病。这种
由仆人从街头带上楼或从七层楼上带下来的恶病摧毁着精英人物的生物
资本。除了这种对肉体所患的梅毒的恐惧之外,还有一种新的恐惧是通
过那种经常描写不健康的、肮脏的性行为文学反映出来的。它引起了于
斯曼①的《逆流》中的主人公德·埃森特的一连串噩梦。它赋予罗普斯②
以作画的灵感。这种遗传特征沉重地压在易卜生的《群鬼》上。白里欧③
强使人们接受了"遭受损害的"这个形容词来指称梅毒患者,因而在巴黎
舞台上受到热烈的欢迎。更为可怕的是,这种病还摧毁了莫泊桑、阿尔方
斯·都德、尼采的身体。脊髓疫——梅毒第三阶段的状态——曾在某些
水城蔓延过。这种享乐的代价一直留存在人们的心中。这是人们所想往
的人体历史的重要一页。

对这种疾病会遗传的摆脱不了的恐惧此时无疑已经达到了顶点,但
它却又使人想起了许多其他威胁。自从普罗斯佩·吕卡斯的著作,尤其
是贝内迪克特-奥古斯丁·莫雷尔的大部头著作《论人类的体质、智力和
道德的衰退》(1857)发表以来,所有的目光都集中于渐渐发生变化的人体
上。系列小说《卢贡-马卡尔家族》的成功大大有助于强化人们的这种恐
慌;尤其是通过对狄德大姨最初所患的这一疾病种种可怕影响之变化(酒
精中毒、神经衰弱、退化衰竭等等)的阐述,更是使这种恐慌深深地扎入了
人们的心中。

当时有两种相互对立的幻景在决定着人们对遗传的想象,即有关堕

---

① [译注]于斯曼(Joris-Karl Huysmans,1848—1907),法国自然主义小说家、现代派的先驱人
物,曾任龚古尔学院第一届主席。

② [译注]罗普斯(Félicien Rops,1833—1898),比利时著名的油画家和版画家。

③ [译注]白里欧(Eugéne Brieux,1858—1932),法国现实主义戏剧家。

落的幻景和有关退化的幻景。从新达尔文主义的角度来看,这两者都有可能削弱群体的适应能力,并使他们趋向于灭绝。这一切虽然并不属于我们所要论述的范围,但提一下也是很有必要的,否则就会弄不明白从此以后人们何以要将目光集中于自己以及他人的身体上。

当时有一种新的、阴险的畸胎学在左右着人们的观念,它久久地期待着这种疾病所留下的瘢痕。正当夏尔科在上演硝石工地上的壮观戏剧(它使那些歇斯底里症发作时处于抽搐阶段的女人的身体被扭曲)时,人们随即展出的霍屯督族①或切尔克斯族②所有美女的身体则吸引了整个西方的民众。对种族灭绝的恐惧促使人们对年青人的交往进行监督,尤其要对那些易于上当受骗的毛头小子的交往进行监督。妓女的身体则是当时人们所感受到的新的悲剧的象征,正如我们所看到的那样,这个世纪末的色情气氛正在大肆泛滥。人们认为这类女人通常都是性病患者,几乎都是酒精中毒者,尤其会受到肺结核的威胁,许多医生都把她们描述成歇斯底里症患者、堕落者,她们似乎把一切有损于人体的威胁都集中到自己的身上③。

正是在那个时候打胎成了一个头等重要的社会问题。有关妇女身体历史的这一插曲促使我们不得不来谈一谈这个问题。当然,它与节育行为密切相关。节育在法国的历史极其悠久。与英国相反,在法国避孕套并不怎么适用④。当孩子一达到所希望的数量时,人们就停止性交以节制生育。在乡村,尤其在西南地区的乡村里,用弗朗索瓦兹·鲁和菲利浦·里查德所收集的谚语⑤中的话说,男人们就去"浇灌草地"或"从奔驰的火车上走下来"。我们所提到的教士和医生揭露的夫妇欺骗以及一切"卑污的性行为"(例如阿拉斯的主教巴利齐斯大人和贝莱教区的牧师们的痛斥所证明的),则弥补了这种种的性交往;相反,有控制的性交——不射精的性交——在法国是不怎么被人看重的;这完全同周期性的禁欲一

---

① [译注]霍屯督族(Hottentot),生活在西南非洲的一些部族的总称。
② [译注]切尔克斯族(Circassin),生活在高加索北部一带的部族。
③ 参见阿兰·科尔班:《新婚的姑娘们》,前揭。
④ 阿兰·科尔班:《19世纪的妓女和毫无效果的广泛努力》,见《时代、欲望和恐惧19世纪随笔》,前揭,第117—139页。
⑤ 弗朗索瓦兹·鲁和菲利浦·理查德:《人体的智慧:法国谚语中的健康与疾病》,巴黎,梅松诺夫和拉鲁兹出版社,1978年。

样是很少有效的,因为它是以对女性的月经周期的观察为依据的。

在 19 世纪下半叶,个人主义的高涨、对妇女和孩子的感情的增强、教育费用的上升、道德神学相对宽容论的不合时宜的作用即阿尔方斯·德·利古里著作传播的反响、色情行为的扩展,同时也不要忘记巴斯德理论的作用,以及促使某些女性对自己身体有一种新的认识的那些被引进来的卫生保健法的作用,这一切都促进了对避孕措施的加强。宣传新马尔萨斯主义正是在这个时期开始的,它大肆鼓吹使用安全海绵、子宫托、被看成是男用避孕药的金鸡纳霜栓剂、阴道注射液,这种宣传形成了一种丑闻。不过,弗朗西斯·隆森亦已正确地指出它的影响并不怎么有力①。

相反,堕胎乃是女性避免生孩子的最后一道防线,是纯属女性节育的一种方法,它正在成为一种处在上升势头的手段。在 19 世纪前三分之二个时段里,这种手段一直是妓女、由人供养的情妇、被引诱的姑娘和名誉即将败坏的寡妇所擅长的事。借用帕朗-迪沙特莱的话说,只有在"被社会排斥的性行为"的范围内才实行堕胎。

在巴斯德的理论获胜不久——可将此定在 1880 年代末,手术堕胎初步表明所出现的危险较少。从此以后,堕胎便成为那些希望限制孩子数量的夫妇的一种手段。此时,尤其在工人阶层中的妇女之间便表现出了某种新的利害一致性,她们相互交换"非法行医的医生"和"非法堕胎的接生婆"的地址②。一种"家庭女权论"在此时崭露了头角,它的效能与那些公开宣称女权论的名流在这个问题上所表现出的胆怯形成了鲜明的对照。但不管怎样,仍需要谨慎行事。在这个世纪之交,堕胎的反对者和捍卫者都从夸大施行这种手术的人数中获得了益处。就法国而言,历史人口统计学家从此倾向于认为在全国当时每年至多只有 15 万人堕胎。至于专门为获得那种无危险的快感所施行的切除卵巢的手术,尽管在左拉的《繁殖》中对之进行了可怕的再现,但人们却颇有分寸地给予这种手术以极其有限的意义。

当皮埃尔·雅奈开始在诊所里探索一种新的精神病学,弗洛伊德在

---

① 弗朗西斯·隆森:《肚腹罢工》,前揭,有多处均涉及到这一问题。
② 参见安格斯·麦克·拉瑞:《性欲与社会秩序》,纽约,霍姆和梅耶出版社,1983 年,第 9 章,第 136 页;阿涅丝·菲内:《关于人体的知识和 19 世纪的堕胎方法》,载《学术报告》第 44 期《出生率下降,法国在这方面居先(1880—1914)》,1986 年,第 107—136 页。

撰写一部只有到第一次世界大战前夕才在法国真正被人所知的著作时，在对快乐的追求和沉湎于其中的人所冒的生病危险的种种可怕表现之间就出现了一种极其强烈的紧张气氛。这是与人们所想往的人体密切相连的另一种关系，它指引着人们的种种行为。此时人们的越轨行为就不再仅仅与道德禁忌有关。快乐本身就包含着死亡。

第六章　身体遭受的疼痛、痛苦和灾难

阿兰·科尔班（Alain Corbin）

1

被杀戮的身体

　　尽管杀戮这个词是从一个含义为屠杀的阿拉伯词派生出来的，但它在法语中最初是与猎犬有关。它意味着在筹办某种带有酒神狄奥尼索斯特性的仪式庆典活动中，由一些可敬的猎人团体把所有那些无防卫的祭品同时杀死①。所谓"猎物"一词在这里含义是隐蔽的。把杀戮一词移用到人身上时，它就与酷刑和处决相对立，因为处决是在司法判决之后进行；它和枪毙也是有区别的，因为枪毙通常不让欢乐的人群参加这种集体的处死行动。

　　就动物方面而言，杀戮与屠宰则完全不同，屠宰仅仅是一种物化现象，即把被杀死的牲畜的身体变成肉，它不用预先打猎，不必开展种种娱乐性的社交活动，也无需真正的群情激昂的场面。切割牲畜当时已不再是一种仪式的程序，而只是一种简单的技术。

　　要想弄清楚 19 世纪人被杀戮的方式和形貌的特征，就势必会涉及到那种具有人类学特征的敏感的文化之混乱不堪的情景，这种混乱至少根

---

① 参看罗贝尔词典以及《法语宝典》。

植于 18 世纪中期,之后它就对大革命期间种种不同插曲的相对残酷性的无穷争论起到了决定性作用。显然,今日必须抛弃历史学家的定论,抛弃这种对善恶行为进行比较衡量的办法,因为它的作用只能是勾勒一些对立的营垒以及对过去进行理解。

大革命既重新采用了从前的屠杀方式——即便是通过策划或激发一系列的复仇事件——同时也导致人们对它的程序进行了重新调整。1789年夏季,1792 年 7 月、8 月(在外省)和 9 月(在巴黎),1793 年春季(在"旺代"),就是这类事件大爆发的重要时期。以某些表现手法赋予行刑以戏剧性的暴力场景当时毫无拘束地被展示出来。这种暴力场景是人民群众向自己展示某种血腥场景的行为,他们企图以自己的决断来证明其行为的合法性,这种行为具有被人民群众认定的有效性,他们企图通过这种自发的惩罚手段来建立自认为某种已受到威胁的平衡。这些戏剧性场景是通过模仿和某种隐约的威胁感来维持的,此种不甚明了的威胁引发了集体的行动,而人们的一切责任都在这种行动中被冲淡了。这种杀戮即是暴力的释放,其释放的目的有时是把一些想象的敌对营垒的存在纳入肉体的真实性之中,把一些已勾划出的直到当时仍然是极其模糊的界限确定下来,并毫不犹豫地开始进行一系列的报复活动。

不论是涉及到对扎克雷起义这一典型事件的影响的评估,对由行刑和凶恶的长柄叉所造成的这些悲剧情景的衡量,还是关系到对这些与狂欢节的情景相类似的悲剧事件的定位,这些杀戮都是各种各样的读物所描述的对象。不管怎样,这些集体的暴力都以其一些独有的特征而被确定了下来。它们都是在公共场地即街头、广场和港口,在大白天并且常常在夏日的阳光下进行的。这种可见性是同频频鸣响的警报相协调一致的。警钟声是与由它所激化的杀戮密切相关的。在这些恐怖的情景下,钟声赋予了喧闹声以浓厚的真实性。它使这类阴谋的威胁得以存在下去①。

这种暴力肆虐的特征也以某种显而易见的自发性,甚至在动作和语言方面以某种戏剧性的创造而表现出来。这种创造性所传达出来的欢快

---

① 关于这个问题,参看阿兰·科尔班:《大地的钟——19 世纪乡间洪亮的景致和敏感的文化》,巴黎,阿尔班·米歇尔出版社,1994 年,以及弗拉马里翁出版社"田野"丛书,2000 年。

气氛使杀戮同节庆颇为相似。它的作用可能就是借助于对敌人进行肢解和开膛破肚的景象所给予人们的那种快感以再度激起人民的革命热情；简言之，通过这一把敌人同隐喻性的魔怪的形体相一致起来的示范表演来起到这一作用，而这种表演可以使人们对法国大革命进行审视、思考和描述[①]。

除了对某些举动的看法在其意义发生复杂的转化之后似乎已消失之外，人们在大革命最初几年的杀戮中重又看到了血染16世纪末的许多阵发性场景的因素[②]。作为例子，让我们来看一看马什库勒和拉罗谢尔的大屠杀（1793年3月）[③]，因为最近的一些研究著作是专门谈论这件事的。这种悲剧当时是由"民众"和"群氓"所为。当一批人变成大群的人，当混杂的人群变成了集合的群体时，大屠杀便开始了；这是由集会过渡到行动的必不可少的条件。3月21日在拉罗谢尔总共有四百人参与或目睹了这场大屠杀。他们并不是一伙罪犯、不服从任何君主的人和"外国人"。这些可怕的人群是由普通人组成的：城市的工匠、女人就占了四分之一。

杀人的情景则被戏剧化了；首先是口头上宣布，尔后便是一连串交错出现的对话、一系列咒语，它们使人想起了古代悲剧中某种幕间插曲中的咒语，这些便是戏剧性大屠杀的开端。这些民众似乎需要这种能驱使自己达到暴力行动的时机。这种挑战、这种并非亵渎神明的"诅咒"节律的划分孕育着悲剧爆发的最初时刻。安托万·德·巴埃克专门描写那种对超强的勇武民众无能为力的君主之"渺小力量"的流失，"该死"这个词的频繁使用为这些篇章增添了浓重的色彩。幕间插曲的种种咒语（人们齐声高呼"处死他们"，接着便是一批人人头落地）给个别人的夸夸其谈留出了间隙（水手贝鲁瓦尔说："我来把他们剁成碎块"）[④]，这种夸夸其谈为继

① 参看安托万·德·巴埃克：《历史的人体——对政治事件的隐语(1770—1800)》，巴黎，卡尔马纳-莱维出版社，1993年。

② 参看德尼·克罗泽：《宗教骚乱时期的暴力(约1525—约1610)》，博士论文，巴黎第四大学，1988年。

③ 让-克莱芒·马尔丹：《历史与论战——论马什库勒的大屠杀》，载《法国大革命历史年鉴》，1993年，第1期，第33—60页；克洛迪·瓦兰：《大屠杀时的尸体解剖——拉罗谢尔的1793年3月21—22日》，圣让-当热里，博尔德苏勒，1992年。我们在这里就不去引用在我们的著作《吃人肉者的村庄》(巴黎，奥比埃出版社，1990年)里已有的某些参考材料了。

④ 克洛迪·瓦兰：《大屠杀时的尸体解剖》，前揭，第100页。

大屠杀之后把此种屠杀作为英雄壮举来进行评述作了准备。

从严格意义上说,将人处死就是在这种逐步展开的过程中进行的——我们在这里可以联想到九月大屠杀的参与者在法庭大厅的出口处所组织的那些令人毛骨悚然的人墙[1],这使人们日后很容易就使用上了耶稣从耶路撒冷到受难地所走的路线这一隐语。这些受害者是人们用大铁锤或拨火棍(妇女更喜欢用木柴)打死的。为了让他们流血人们就使用刀或剃刀,这种刀的顶端有时还装上了木柄;总之,这是一种家庭常用的工具。我们有必要强调的是处死人的行动进行得很快。但大屠杀并不意味着会减轻达米安[2]在受刑时所遭受的那种痛苦。在这方面,大屠杀倒是完全同猎犬围捕的典型方式相类似。

虽然我们不太清楚这是否涉及到对以往的大屠杀或对宰杀动物的惯常做法衍生出来的一些方法进行过某种更改,但这种大屠杀仪式的要点是与对尸体的处理有关的。杀戮行为始终都由话语相伴。话语促使人们对这种行动进行仿效;它会以激将的方式再度煽起人们的狂热情绪。人们需要强调突出的乃是这种斩首的至高无上性,而把脑袋从躯干上砍下的行动并未列入这一酷刑的重要程序之中。在大革命最初几年所进行的大屠杀中,最重要的行动首先就是"砍脖子"。通常这一行动就足够了。否则,就还有必要对受害者进行开膛破肚,必要时会把受害者的心脏掏出来(但这样的行动较少)。此时人们对宗教战争的沉重回忆究竟是什么样的呢?人们对潜伏在受害者体内的异端魔鬼的搜寻仅就当时而言到底在何种程度上发生了变化?这一切都很难说清楚。然而关于这个问题,却很有必要去回忆一下当时那种把贵族这一怪物作为靶子来攻击的言论的激烈程度。

对受害者开膛破肚有时也夹杂着对肢体的切割,最近有一些史前史学者曾对这种几千年的杀人行为进行了研究[3]。人们会拔下一绺头发,

---

[1] 参照皮埃尔·卡隆自此之后的经典著作《九月大屠杀》,巴黎,法兰西书局,1935年。

[2] [译注]达米安(Robert François Damiens,1715—1757),法国王室侍从,因1757年用匕首刺伤路易十五,被判处五马分尸。

[3] 克洛德·马塞和约翰·沙伊德:《切割尸体的比赛》,载《人类》第28卷,第108期,1988年10—12月,第156页下;以及《人类动物学》特刊《透过时空来考察对人体的切割和分解》,巴黎,1987年。也可参看《肉体的分割:社会运动和世界的结构》,《人类》第9卷,1985年,第1—2期。

除去双耳,切下一块块的肉,割去生殖器。罗什莱的一位目击者曾报导说,"达尔贝莱用剃刀破开了他们的肚子,并用刀割下了他们的睾丸①"。比某种践踏人的意图或畸形的探察目的更甚的是,这些极端的杀人行为似乎表达了那种要把一些血腥的战利品积聚在一起的欲望。这些战利品被人们展示出来,或者毋宁说是将它们置于矛头、长柄叉头或木棍的一端挥舞着。1792年9月大屠杀的参与者们就是这么做的。这样的战利品就为民众队列的活动拉开了序幕,它既是炫耀、闲逛、狂奔乱跑,又是野蛮的庆典。在这一点上显然是与狂欢有关。在拉罗谢尔,人们为大屠杀而进行了化装和伪装,相互抛掷肉块。最残酷的时期(1789—1793)也是革命庆典中那种持续不断的狂笑和残酷行为被政治化的时期②。

被害者残存的肢体都有损坏的可能。在拉罗谢尔,被害者的尸体是用四轮货车运走的,但却没有任何迹象向我们表明它们是被拉到垃圾场的。克洛迪·瓦兰则强调了人们那种无所不在的残忍的想象。保罗·维奥拉曾从历史人类学的视角对将人肉混进食物并对真正的或象征性的吃人肉行为的意念和意义作过精辟的分析。这种行为也许就具有那种将童话中的吃人妖魔的形象展示出来这一单纯愿望的特性。有关对家庭和私人场所对受害者的肌体(头、心脏和生殖器官)的保存方法虽然研究得很少,但它们同样很重要。拉罗谢尔的那个卖酒的人阿尔贝把两位教士的人头挂在壁炉的上方,仿佛这就是打猎的战利品③。

按照评论所述,这些屠杀者在一天结束时——这一现象1870年在奥托菲村庄里可见到④——才意识到自己好赖已经完成了一件活计。

这种种大屠杀的举动究竟是保皇党人还是共和国士兵所为,那是很难区别开来的。我们再重复一次,这不是我们所要论及的内容。在被起义者所侵占的马什库勒地区,1793年3月11和12日相继发生的那些大屠杀,以其行动方式来看,与这个月21和22日罗什莱的大屠杀的景象极其相似⑤。

---

① 　克洛迪·瓦兰:《大屠杀时的尸体解剖》,前揭,第92页。
② 　安托万·德·巴埃克:《历史的人体》,前揭,第303—348页。
③ 　克洛迪·瓦兰:《大屠杀时的尸体解剖》,前揭,第45页。也可参看亦已提到的我们的那部著作《吃人肉者的村庄》中的例子。
④ 　阿兰·科尔班:《吃人肉者的村庄》,前揭。
⑤ 　让-克莱芒·马尔丹:《历史与论战——论马什库勒的大屠杀》,前揭,第41—42页。不过,我们应注意到在3月底和4月初由爱国者们所实行的大屠杀似乎特别是用枪进行的(第46页)。

不过,人们或许很有必要弄清楚在这个时期之前的大屠杀究竟发生过多少次或压根儿就没有发生过,"大费口舌"和与当局谈判或滑稽模仿性的司法裁判究竟进行过多少次,就像 1792 年 9 月在巴黎所经历的情景那样。

然而,最引人注目的仍然是有关对这种血腥场面的恐怖感的定位和衡量。这一说法的含义我们所指的乃是人的这样一种强烈的反抗情绪:它多少会使人产生一种瞬间即逝的自我分裂感,从而造成了那种戏剧性的大屠杀行动;人的良知和这种对与动物和魔怪相似的行为的抗拒是紧密相连的;这时潜伏在人体内的卑劣意念就令人惊恐地显露了出来。克洛迪·瓦兰在这方面曾尝试进行某种有趣的分析。在 1793 年 3 月 21 和 22 日罗什莱的大屠杀中,在这些血腥场景里就出现过一些具有人性的小岛以及一些令人可怖的蜂窝。当时有好几个人都感到有必要与那种景象、那些气味和那些叫嚷声保持一定的距离。最引人注目的是这次根本没有涉及到为精英人物所具有的富于同情心的心灵;他们不是夏多布里昂、罗兰①以及 1789 年或 1792 年为保卫巴黎人民而举行暴动的佩蒂翁②之类的人物。玛格丽特·布尔斯盖乃是一位受人雇佣的姑娘,她在公民阿尔贝家里一看到那些人头时就感到异常地恐怖;约瑟夫·居约内和玛德莱娜·约兰这两个人都属于人民大众之列,他们都说出了"在看到四具被剁碎和击毙的尸体时的恐怖"感③。

当然,这种同情心的修辞色彩也就是此类见证的夸大其词的风格。因此它同某些辩解的策略是相一致的。此外,个人的审讯程序规定必须要有他本人对所经历的悲剧的叙述记录,要有他本人对往事的回溯场景。总之,司法程序引起了群体的分裂以及行为的个性化,诸如此类的现象可能先前还尚未出现过。但不管怎样,某些见证人表达了他们的厌恶情绪。他们这样做也就勾勒出了诸种反应所达到的夸张程度,这种夸张对人们的战栗、哭泣、震惊、喜悦、恶心和无力站起来的情景都进行了细致的描述

---

① [译注]罗兰(Jean-Marie Roland,1734—1793),法国工业科学家,温和的吉伦特派资产阶级革命者的首领,竭力阻止给路易十六定叛国罪。

② [译注]佩蒂翁(Jérôme Pétion,1756—1794),法国大革命时期的政治家,曾担任过巴黎市长、国民公会主席等职,后自杀身亡。

③ 克洛迪·瓦兰:《大屠杀时的尸体解剖》,前揭,第 45 和 95 页。

和区分。在拉罗谢尔，肖巴尔马约先生因惊吓而处于休克状态，不得不躺倒；一位孕妇因恐惧而流产。

在这方面，人们对巴黎和外省之间所表现出来的种种影响的作用而进行的分析可能也是值得关注的。1789 年的那些大屠杀以首都为主要场地，其次便是法兰西岛。1792 年 7—8 月的那些大屠杀首先就涉及到一些小城市和乡镇。这些大屠杀对 9 月份巴黎的那些大屠杀是有影响的，或者至少是有启示的。巴黎的示范又反过来对我们刚刚所提到的拉罗谢尔的悲剧产生了巨大的影响。

严格意义上的大屠杀在 1793 年夏季和帝国垮台期间几乎消失之后，白色恐怖——这次正处在 19 世纪（1815）——则以其反复出现的方式而被界定①。说实在的，它的相似性并不像那个时期表现得那么明显。因而我们应当避免被某种平和的话语所骗。当然，这种白色恐怖的特征仍表现为一连串的报复行动在这里那里不断地重复出现。科兰·吕卡斯曾对此做过非常出色的描述。从这个意义上来看，白色恐怖是同大革命最初那几年紧密相连的。当时人们看到有一些古老仪式的因素重又出现了：在阿维尼翁把布吕纳②元帅的身体毁掉；或在图卢兹把拉梅尔③将军的身体剁成碎块；对于活人的身体，这一次人们就把这类插曲同大革命前君主制下受酷刑的种种方式重新连接在一起。然而，白色恐怖时代的这种种极端行径——这已远离了所涉及的狭义上的白色恐怖时代——主要是由一些嗜血成性的头目（特雷斯达翁、卡特-达依翁……）所操纵的事先组织的匪帮所为，他们使人想起了那些强盗的形象。这是因为在此期间内战具有这样的形态。白色恐怖的暴力制造者像不久前执政府时期的

① 关于那次白色恐怖，参看丹尼尔·雷斯尼克：《白色恐怖与滑铁卢战役之后政治上的反动》，哈佛，哈佛大学出版社，1966 年；科兰·吕卡斯：《热月 9 日之后有关南方地区暴力的种种论题》，见《远远超越了恐怖……（1794—1815）》，剑桥大学出版社，1983 年。刘易斯·格维恩的《白色恐怖和在加尔省实行的德卡兹法令（1815—1817）》，载《法国大革命年鉴》第 175 期，1964 年 1—3 月。也不应忘了亨利·鲁塞从前的那些著作（1815 年，巴黎；1893 年，佩兰），以及费利克斯·蓬托依先前的著作《拿破仑一世的垮台和 1814—1815 年间法国的危机》，巴黎，奥比埃出版社，1943 年。
② ［译注］布吕纳（Guillaume Brune，1763—1815），法国拿破仑时代的元帅，百日政变时期被保皇党人所杀。
③ ［译注］拉梅尔（Jean-Pierre Ramel，1768—1815），法国大革命时代的将军，在白色恐怖期间被保皇党匪帮所杀。

"强盗"那样用火烧,有时将受害者关在谷仓里用火烧死。他们还用枪杀人。总之,这与我们开始时所提到的大屠杀的情景有很大的不同。

法国19世纪是一个内战连绵不断的时代。这种战事频发的现象深深地吸引了英语世界的历史学家。不过,这个时期的特征倒并非不那么明显,大屠杀差不多消失了,也就是说,大白天在公共场所里由欢腾雀跃的民众对受害者进行突如其来的野蛮的集体处死的现象几乎消失了。简言之,暴力的历史由恐怖的功效所左右。

有若干片断场景当时会使人想起从前的大屠杀,但事实上却有很大区别。这些片断所涉及的都是一些孤立的、通常是被验明身份的、事前受到凶手羞辱过的受害者。从此以后把这种现象称为用私刑而不再是大屠杀也许比较恰当①,而它的象征性功用也就发生了变化。当然,民众也同不久前那样会通过暴力来消除自己的恐慌,来驱除阴谋或可预见的侵犯行为对自己的威胁。但是,民众会把自己的怒火聚集起来,猛烈地攻击某一单独的个人——尔后再折磨他的尸体——硬是把他作为替罪羊来对待,对受害者的身体乱砍乱戳。所有的或几乎所有的参与者都竭力投入到这种杀戮行动中。除此之外,处死人通常不再举行什么仪式。那些践踏和诋毁受害者的程序则日趋淡化,之后就逐渐消失了。1832年霍乱流行期间对巴黎行人的杀害,1847年在布桑塞对尚贝尔家的儿子的"谋杀",1851年在克拉姆西对宪兵比当的杀害,即使不把1870年在奥特菲对阿兰·德·英奈的杀害②计算在内,也都同样不再举行什么仪式了。这最后一个杀人片断从其一词多义性来看,它实际上似乎已把不同时代的仪式程序都聚集在一起了。

说实在的,这里那里的一些发生大屠杀的小岛则是在较大的冲突范围内出现的;但由于军事环境的缘故,内战期间这种民众暴力的反复出

---

① 但应避免犯时代的错误,因为"私刑处死"这一源自于弗吉尼亚一审判官姓氏的术语乃是后来才出现的。

② 有关所有这些插曲,参照菲利浦·维吉埃:《1848年那些日子里巴黎和外省的日常生活》,巴黎,阿歇特出版社,1982年;伊冯·比奥尼埃:《1847年下贝里地区扎克雷起义》,硕士论文,图尔大学,1979年;阿兰·科尔班:《吃人者的村庄》,前揭,有多处均涉及到这一问题。至于以下的论述,参照菲利浦·维吉埃:《街垒时期的巴黎(1830—1968年)》,载《历史》第113期,1988年;弗雷德里克·肖沃:《从皮埃尔·里维耶尔到朗德罗——19世纪被驯服的暴力》,蒂伦豪特,布雷波尔出版社,1991年,第115—145页;阿兰·科尔班和让-玛丽·梅耶主编:《街垒》,巴黎,索邦大学出版社,1997年。

现,同 18 世纪末的一些做法是有区别的。1871 年在阿克索街枪毙宗教人士的情景也莫不如此,尽管这一事件使人想起了先前对神职人员的那些大屠杀,他们的鲜血曾染红了大革命最初的那些岁月。

然而,我们还是谨慎一些为好。对这类事件所描绘的历史之首要性,不论他是被英雄化的还是力图引起人们的恐怖——这一点我们还会谈到——却反常地妨碍了我们对 19 世纪在巴黎内战期间所出现的种种暴力行为的认识。因而我们对可能在街垒掩护下所发生的许多悲惨场面就一无所知了。

不论怎样,大量的材料则有助于人们弄清楚以往这种种集体杀戮方式的衰落。让我们首先来考察一下那些维护这一秩序的诸种技术手段的演变情况。从前的大屠杀同有可能会受到迫害的群体的孤立处境有关,他们置身于一个足够开阔的公共场所的空空如也的地方,容易接近,使人们有可能制造出这种戏剧性的场景。19 世纪诸种社团势力的出现——虽然不应夸大它在帝国之前所出现的密度——则使那种意想不到的情况即便在政权过渡时期也不再那么频繁发生了。

这类冲突的技术手段正在发生着变化。远距离的战斗在那些演变为内战的街垒战中已压倒了肉博战和白刃战。此外,这些冲突的技术手段甚至在奥斯曼①的城市规划尚未使大炮变得更为有效之前,就愈来愈精良了。

以上所述或许会使人们认为我们在试图描绘这一嗜血成性的世纪亦已平静下来的形象。然而这绝非如此。这个时期巴黎所爆发的革命有数千人遇害。不管这些肇事者——尤其是那些胜利者——对此究竟有何想法,但这完全是与内战有关。不过,这些杀戮却有其独有的特征。让我们再说一遍:这些大屠杀是以大城市、几乎仅仅以首都为唯一的场所。因此它们与诸种惯常的做法以及对扎克雷起义情景的设想完全不一样。这并非是当时一个接一个零零星星的分散的杀戮行径,而是一些在暴力事件过程中血染首都各个确切街区的极具恐怖的大屠杀,这些暴力事件又或快或慢地转变为革命(1830 年 7 月 28—30 日、1848 年 2 月 22—25 日),或者在其失败后(1832 年 6 月、1834 年 4 月、1848 年 6 月、1851 年 12 月、

---

① [译注]奥斯曼(Georges-Eugèn Haussmann,1809—1891),法国第二帝国时期巴黎大规模改建工程的总负责人,对巴黎的交通、公共事业和卫生设施作出了重要贡献。

1871 年 3—5 月)转变为那种单纯的起义。

因此这些大屠杀的爆发是周期性的。弗雷德里克·肖沃从中看到了以抽签方式将人处死这一行为的重现。另一些历史学家从中看到的则是在同一革命进程中偶然重现的这种杀戮行径。我前不久曾提及这些悲剧的重要作用,因为 19 世纪所有的政体建立不久——它本身即是暴力,在寻求其依据和力求使自己长久存在下去之前都需要将巴黎浸透在鲜血之中(1832 年 6 月—1835 年 7 月对于七月王朝、1848 年 6 月对于第二共和国、1851 年对于第二帝国、1871 年 3—5 月对于第三共和国都是如此)。

所有这些暴力的片断场景从此以后都被军事化了,并且都具备了真正的都市战的形态。因此大屠杀就具有某种新的含义。1834 年 4 月 14 日一群士兵对特朗斯诺南街一座大楼里的居民的屠杀就成了这种都市战的典型例子。19 世纪的大屠杀趋向于采用这种立即处决的方式,这是此类街垒战最基本的方法。都市战这一说法所特有的语义上的张力是颇为明显的。这两个结合在一起的术语既意味着某种司法程序的展示,同时也包含着它的快速性和执行判决的直接性。

街垒就在这种集体暴力诸形式的新图景中突现了出来。我们现在明白为什么大革命在欧洲内战的那类纪念性建筑物的系谱中所占的位子那么微不足道。这种内战根植于近代之初的街垒战之中,如 16 世纪的神圣同盟的战争、17 世纪的投石党人的战争。相反,城市内战的展开从其方式来看,则和 18 世纪末大革命岁月里的情景迥然不同,不过,它爆发的诸种方式、它首先要攻击的目标(杜伊勒利宫、市政府大厦……)以及它取得胜利后的结局却又使它和大革命岁月里的情景颇为相似。人们用“光荣的三”——省略了“天”——这个词来指称 1830 年的七月革命,但也不可滥用,也不应使人们对此产生某种似是而非的相类似的感觉。

街垒战对 19 世纪前四分之三的时段里大屠杀的种种行迹和表现起到了决定性作用。它在城市空间里明显地使人们处在对立之中。在人们的想象中,在一部分人的想象中,它就是那种将某种自由和友爱的空间确定下来的边界,它创建了某种高尚的场所,而这种高尚的场所常常又会变成牺牲的地点。由种种对未来的诺言充斥于其中的街垒乃是一种短暂的建筑物,它很快便变成了一座坟墓,成为一种时间之外的空间,似乎在这里举行过某种殡葬仪式;尔后它就成为那种会把烈士生平镌刻于其上的想象性的墓碑,成为那种把史诗般的回忆保存下来的纪念性建筑物。对于另一部分人来说(我们以后还会谈到他们),街垒则象征着酒神节和纵情狂欢,它把野蛮行径集中在一起;它激起了人们自我毁灭的欲望。至于说到没有任何一个举丧的场所比这里更能使人看清这种紧张的气氛,那是因为这种紧张的气氛是在人们对可以预见但其不可避免性尚未显现之前的集体死亡的那种悲惨和惶恐的感受,和对这种真实情景的遗忘,或者若是愿意的话,和由那种受到诅咒的暴力以及那些已被英雄化的声誉而引起的日后偏重于对此事的想象之间所形成的。

在内战间隙期间,19世纪的巴黎也在通过谋刺方式进行杀戮的尝试。可惜对这种方式研究得很少,至少从我们目前的这种角度来看是这样。对波拿巴的谋杀、菲埃希①搞暗杀用的爆炸装置以及奥尔西尼②从事谋杀的炸弹,都制造了一些真正的大屠杀,并在那些见证人的心灵深处引起了恐怖。它所造成的惨象使这一悲剧类型同前不久的大屠杀颇为相似:杀戮在瞬间发生,死的人很多,场面混乱不堪。但是这种暴力行动当时都是个人所为,而它的制造者也并非是隐姓埋名者。此外,这种暴力行为是盲目的。它的目的不是要消灭它所造成的那些受害者。而那些顿时被看成是无辜的受害者即刻就可被英雄化。

这种仰仗君主或公众舆论因而能同样乃至更能造成大量死亡的杀戮者的策略,这种通过现政权将这些悲剧进行工具化的行为都是一些新的材料。这些大屠杀中的某些杀戮行为的模糊不清的含义也同样具有这种用意,这些杀戮行为是根据它对意识形态的参考价值,而不是它所造成的苦难程度来评价的。受害者的鲜血从这时起仅成了用来书写启示的墨汁。菲埃希这个魔鬼已找不到一个人来为他辩护,然而那个可怕的奥尔西尼却引起了世人的怜悯乃至同情,这种感情甚至渗进了已被确定为他的受害者的君主的心灵之中。因此,1835年的那些死者都被英雄化了,而1858年的死者都被遗忘了。一种我们所熟悉的态度就这样在上个世纪形成了,我们习惯于看到那些易于通过大众媒体而受到感动的人,他们

---

① [译注]菲埃希(Giuseppe Fieschi,1790—1836),法国共和主义者,曾和他人发明了一种杀伤力较大的引爆装置,用来谋杀路易-菲利普未遂后被送上了断头台。

② [译注]奥尔西尼(Félice Grsini,1819—1858),意大利民族主义革命者,在参与暗杀拿破仑三世失败后被判处死刑。

更喜欢使那些标榜自己所赞同的价值的杀戮者们产生惶恐不安的心情，而不是把显然是毫无意义的泪水倾注在受害者的悲惨命运上。

巴黎内战的地形和街垒的极端重要性对由治安武装力量所完成的大屠杀的方式——从这个词的新意来说——起到了决定性作用。恐怖时代的诸种习惯做法、王朝复辟时期的重罪法庭已部分地进入了起义末期大屠杀的系谱之中。当时这就结束了暴力的景象；此外，这也改变了从预审或审讯过程中所收集的证词的结构。因此历史学家的工作就显得复杂了。这些屠杀当时是在黄昏或夜间进行的，除非为了成批地处决才选择清晨。此类不带戏剧性的屠杀常常是由预审法庭来决定的。伴随这种大屠杀而来的显然几乎总是为消除其痕迹而颇费心思；这就增加了恢复历史真实的难度。大屠杀的一些新的场所是与街垒相通的，这些场所是公墓（拉雪兹神父公墓，1871 年）、赛马场（美洲赛马场，1871 年）、兵营的院子（卢堡兵营的院子）、城市或郊区的空地和曾被指定为象征起义的两个重要地点之一的墙角下（巴黎公社社员墙）。

罗贝尔·东布①颇有说服力地为在镇压巴黎公社期间所施行的预审抉择的论断进行了辩护，他回顾了加里费②和克洛德先生的警察们的做法。由这些人来挑选，或者更确切地说是凭他们的嗅觉来决定应该处决的"忿激派"分子，即那些带头闹事的人、外国人、酗酒者、男女姘居者、不足 19 岁的年轻人，还有那些由相面术和颅相学（当时已处于衰退中）唆使人们去追捕的"相貌令人厌恶的人"。

然而，处决程序却被简化了，或者更确切地说是被统一了：在 19 世纪一律实行枪毙。对尸体的处理和毁灭的方式也被系统化了。对死者进行亵渎和损毁的欲望已日趋缓和，这种欲望亦已不合时宜。从此以后，大量的杀戮首先就向公共地带的卫生负责人提出了一个公共卫生的问题。因此，1830年，帕朗-迪沙特莱（1814 年 3 月 30 日的战役结束不久就得到通知）就被委托去处理尸体，人们将这些尸体就地掩埋，或是将它们堆在一只装着石灰的驳船上然后从塞纳河运走。在这血腥的一周里，就出现了（至少似乎是如此，因为这一处死人的方式的历史仍旧非常地模糊不清）那种事先挖好（或

---

① 罗贝尔·东布:《反对巴黎的战争》,巴黎,奥比埃出版社,1996 年。
② ［译注］加里费(Marquis de Galliffet,1830—1909),法国将军,曾残酷镇压了巴黎公社起义。

身体遭受的疼痛、痛苦和灾难

1. 根据H. 德·拉夏尔勒里所述而作，1792年对修道院院长的大屠杀，夏尔·莫朗的版画，私人收藏品。

　　在大革命最初的那些岁月里，大屠杀频频发生，即在大白天里一种欢快热烈、大吹大擂的气氛中将成群的受害者集体处死；每个人都竭力用言语和临时找到的武器参加这样的杀戮。这在1792年夏天的外省，尔后又在9月初的巴黎，情况尤其如此。

2. 法国画派："人们就是这样惩罚叛徒的"，无套裤汉举着被断头台处决的人的头颅，1789年，巴黎，卡尔纳瓦莱博物馆。

　　甚至在使用断头台之前，民众在大屠杀结束后就恢复了一种将人体切割成块的祖传仪式；从1789年7月起这一情况就出现了。在卡尔纳瓦莱博物馆的这幅版画上，那些被砍下的脑袋很好地形成了一种拼凑而成的头颅系列，不过，游行队伍中那些人的僵硬姿态丝毫也没有呈现出集体的欢乐气氛。

3. 欧仁·拉米: 菲埃希1835年7月28日策划的谋杀，1845年，右侧部分，凡尔赛和特里亚农宫。

　　恶魔菲埃希安放的爆炸装置在1835年7月28日使许多人遇难，其中就有一位帝国的元帅。受害者被炸碎的身体和衣服在盛大的埋葬仪式前都被展示了出来。奇迹般地幸免于难的国王路易·菲力浦把这归之于上帝对他的保佑，认为受难者的鲜血赋予他直至此时所缺乏的一种神圣性。

4. H. 维托利: 奥尔西尼1858年1月14日策划的谋杀，1862年，巴黎，卡尔纳瓦莱博物馆。

　　奥尔西尼所策划的谋杀是这个世纪最血腥的事件之一。但它只涉及到一些不知其名的受害者。皇后对受伤者的同情、人们对皇帝的保护、肇事者——意大利事业的捍卫者——的人品都使世人多少有点儿遗忘了这一杀戮。因此，人们根据所提出的理由来对谋杀的恐怖进行评判的方式也就开始了。

6．让－路易·欧内斯特·梅索尼埃：1848年6月拉莫代勒里街的街垒，1849年，卢浮宫。

有关在街垒战期间对尸体的处理我们所知甚少。1848年的6月起义是很残酷的，有大量的人死亡。梅索尼埃试图用自己的画让观者感受到这一情景。这种冲突刚一结束，当局便极其迅速地竭力消除战斗的一切痕迹。

5．皮埃尔·安德里厄：1848年2月23日运送尸体的人，1848年，巴黎，卡尔纳瓦莱博物馆。

起义的民众以一种新颖自发的方式重又再现了大革命时期的丧葬仪式活动，他们于1848年2月23日夜晚举着火炬，带着那些在嘉布遣会修女林阴大道上被枪杀者的遗体在巴黎来回走着。这些起义者的用意是要激起人们的义愤，煽动人们筑起街垒。

7．雅克－雷蒙·布拉斯卡萨：菲埃希1836年2月20日被行刑不久的头颅，巴黎，卡尔纳瓦莱博物馆。

一看到布拉斯卡萨的这幅画作，人们就会明白那些对疼痛敏感的人看到这种被砍下的头颅的景象时就会情不自禁地心惊胆颤。医生们对此进行了试验，以期弄明白疼痛和死亡的机制。某些经常想起被切割成碎块的人体的艺术家则把斩首作为他们最注重的主题之一。

8．处决弗罗西诺内，1867年，贝内迪克特印刷品，巴黎，法国国家图书馆。

在巴黎和外省，用断头台处死人在19世纪乃是人群大量聚集的一种时机。人们会采取一系列的措施以防止这种蜂拥的人流，尤其要限定斩首台和处死场景的可见度，此外，对这些东西是不允许拍照的。这就是为什么这里的照片只涉及到意大利执行死刑的情景。

9. 被认为是富雅的作品: 1793年7月16日在科尔得列教堂为马拉举行盛大的葬礼仪式, 巴黎, 卡尔纳瓦莱博物馆。

　　1793年7月16日马拉的葬礼构成了大革命时期诸种葬仪样式的一种; 组织者们把希望寄托在感人的戏剧效果、伤口的展现和已经腐烂的尸体的夸示上, 以使公众的悲痛达到极致, 从而激励公民发誓要为死者报仇雪恨。

10. 法国画派: 塞纳河里不知姓名的女人, 19世纪, 巴黎, 法国国家图书馆。

　　巴黎陈尸所的主要职责乃是对在街上发现或从塞纳河里捞起的无名尸体进行辨认。其中的某些尸体激起了人们的强烈同情; 这尊石膏像就是一个证明, 如同当时惯常的做法那样, 它复制了一个令公众和当局感到震惊的不知其姓名的年轻女子的面模。

11. 康斯坦丁·埃米尔·梅尼埃：铸工，1902年，赫尔辛基，芬兰艺术博物馆。

艺术家所表现的并非是工人在这种铸造厂里所做的繁重活儿的艰苦条件，虽然艺术家出色地描绘出了高温和烟雾的场景，但他首先试图赞颂的是强壮有力的肌肉组织以及在20世纪被不断英雄化的那种军人般体型的劳动者刚强的决心。

12. 亨利·热维克斯：运煤工，1882年，里尔，美术馆。

热维克斯所描绘的运煤工远非表现劳动者的英雄形象，它也不属于当时那种极受欢迎的、带有忧伤烙印的巴黎小手工业艺术作品之列。更恰当地说，运煤工脸上所呈现出的那种痛苦和屈从的表情反映了他的机体的衰竭。

13. 里尔纺织厂的可怕事故，载《东部公正报》，1899年。

在美好时代重新出现的各大报刊上的社会新闻中，有一些涉及到了女工的可怕事故。这位年轻的女工所遭遇的事故属于由北方的纺织工业机器的齿轮和传送带所引起的连续不断的悲剧之列。

14. 库里耶尔的灾难，载1906年3月25日的《小报》，私人收藏品。

法国20世纪最严重的灾难——库里耶尔的悲剧使1000多人遇难，引起了巨大的不安。但是，"瓦斯爆炸"不应使人们忘记日常劳动的艰巨性、频发的职业病和矿工身体过早的损耗。

15. 罗贝尔·安克雷1846年10月16日在马萨诸塞总医院用麻醉法对动手术首次进行公开试验，1882年。

    在10月16日所做的这次手术也许并非是第一次使用麻醉法进行的手术，但却是在众多内行人面前所作的一种示范。从此时起，这种新技术就越过了大西洋，在不到3年的时间里四处传播开来，尽管为消除动手术时的一切疼痛还存在着各种各样的障碍。

是叫被害者挖)坑的做法,尔后就把被枪毙者的尸体扔进去。这种做法的先兆特征可以衡量出来,从它的意图和它所显示出的系统化的样式来看,它与似乎由上个世纪的旺代的起义者们所干的将人进行活埋的方式根本不同。1871 年人们所施行的那种极刑的目的不是要使起义者们遭受缓慢的肉体痛苦,而是要使他们在冷静地面对不可避免的死亡时感受到恐怖①。

在结束这一问题时,这一看法使我想起了那些能将大屠杀的方式和撰写历史的方式结合在一起的种种关联;简言之,它促使我去探索对这一暴力所作的这种评判对历史事件建构的逻辑所产生的影响。

从总体上说,历史学家们②对 19 世纪巴黎革命过程中对人体的处理情况都闭口不言。他们如同看客一样目睹着所发生的一切,确切地说,他们是被恐怖惊呆了。这种拒不谈这类事件的奇怪现象,这种奇异的羞耻感似乎在告诉人们对大屠杀或杀害人类的行为进行分析,可能在某些方面会涉及到历史学家的某种参与,甚至某种快意。就这个问题而言,不正当性行为的历史以及卑劣行为的历史也都同样如此。然而,研究人员因恐怖感而造成的这种精神障碍,使其不去分析人们在情绪达到极点时所说的、没有说出的或不可能在另一种时刻说出的东西。

总而言之,大部分历史学家在这种肮脏的行为面前都退缩了。他们有抵触心理,这种感觉妨碍他们对此提出可理解的看法。这种与难以表达的东西相对照的拒绝行为,这种令人厌恶的行为就导致他们撰写了——有关狂欢的举动也同样如此——某种其激烈程度被缓和下来的用于大学教育的历史著作,而这种历史书很快就被英雄化的行为所笼罩,或者只限于涉及若干象征性的片断而已。

因此,这种依照算术方法来计算死者数量的倒退行为,这种被罗贝尔·东布所指称的退回到"算术式的雄辩"的行为就得到了解释。纯粹的计算则又异乎寻常地驱除了恐怖的气氛③。这一聚焦于死者数量的做法是与那种社会学分析的意图至上性相协调一致的,这种意图曾长期对特别是英语世界的研究人员专门对 19 世纪种种革命的研究起着支配作用。

---

① 但是,我们引述了一些与这一说法相反的孤立的插曲,参照威廉·塞尔芒的《巴黎公社》,法亚尔出版社,1986 年,第 521 页。

② 相反,从泰纳到皮埃尔·卡隆和保罗·维奥拉对大革命所持的看法乃是一些例外。

③ 今日从我们的社会去探讨这种自发性大屠杀的方式中可看出这一点。

对于各种派别的诸多历史家来说,有理由对此保持沉默,因为人们宣布此种做法无可指摘,它导致了人们的宽容,并促使人们对一部分积极的参与者进行英雄化。英雄化的历史则自动地转变为烈士生平。许多研究者由于屈服于这种做法,因而都在效法那些各种相继出现的政体的支持者,而这些支持者们本身又运用一系列的手段(这不在我们的论述之列)细心地关注着人们对大屠杀制造者们的生命的处理。

不管怎样,同 18 世纪末那些大屠杀的方式相比,19 世纪内战正酣之际在法国所进行的大屠杀的进程和形式都显示出了其独有的特征。在这方面,法国的情况具有欧洲的、至少是欧陆的某种意义。街垒的重要性、它所引起的街垒战的诸种方式、挑选和处死的种种方法在许多其他国家都可以重新见到。

2

受刑的身体

在 18 世纪最后的 30 年里,人们开始批评对人体的刑罚处理。1788年,酷刑——这是一个"先决问题"——在法国被取消了。贝卡里亚①不赞成王权对生与死的操纵,于是就提出了取消极刑的主张。但整个欧洲根本听不进去这种声音。哲学家们也不赞同他的观点。然而,若干开明的专制君主却顺应了这种新的同情心。死刑在古斯塔夫三世②统治的瑞典、在叶卡捷琳娜二世③统治的俄国以及在腓特烈二世④统治的普鲁士都被废除了。"由约瑟夫二世颁布的奥地利刑法则去除了死刑";诚然,死刑在 1796 至 1803 年间的帝国里某些时期又被恢复过⑤。

---

① [译注]贝卡里亚(Cesare Beccaria,1738—1794),意大利著名刑法学家,对刑法改革作出了重要贡献,其名著《犯罪与刑罚》对欧美影响很大。
② [译注]古斯塔夫三世(Gutave Ⅲ,1746—1792),瑞典国王,在位时实行了许多开明的改革。
③ [译注]叶卡捷琳娜二世(Catherrne Ⅱ,1729—1796),俄国女皇,在位期间对俄国的政治经济、文化教育的发展作出了重要贡献。
④ [译注]腓特烈二世(Frédéric Ⅱ,1744—1794),普鲁士国王,在位期间实行了某些开明的政策。
⑤ 参照米歇尔·雷诺:《18 世纪在日内瓦犯人应在断头台上死去》,载《反常性与社会》第 15 卷,1991 年第 4 期,第 381—405 页。这一引语出现在第 383 页上。

　　在别的国家,处决人犯的事亦已不常发生,这乃是刑罚趋向缓和的一种标志。18 世纪末英国每年有 20 人被绞死,而在伊丽莎白统治的末期就有 140 人被送上了绞刑架。从 1780 年起,巴黎最高法院所宣布的死刑判决更少了。在日内瓦,从 1755 年起被绞死的人的数量逐步减少。米歇尔·波雷写道,"教会和司法界的精英人士对死刑所表现出的反感愈来愈强烈①。"

　　尽管这一大堆资料证实了此类新的同情心,但最严厉的惩罚仍然是"产业革命前欧洲刑法体系的基点"。因此被处决的犯人和给犯人打烙印依旧是"由国家控制的刑罚制度的核心部分"。对犯人施以极刑在法国和英国都是公开进行的。1757 年对达米安所处的极刑则是这种仪式最壮观的例子,行刑的仪式过程对这种处决的残忍性予以了充分的展示。可以说,这是在行刑场地上上演着把刻在罪犯肉体上的罪行展示出来的戏剧。如同米歇尔·福柯所论及的那样,它确保了那种已受到损害的君权的恢复。它是举行权力礼拜仪式的核心内容。行刑证实了法律的神圣性。尤其在法国,它是力量和身体受到罪恶行为伤害的国王被激怒了的至上权威的最鲜明的表现②。

　　这一切都牵涉到受痛苦的情景,牵涉到由处于剧烈痛苦中所显示出的、被细看到的肉体而形成的"那种不由自主的视觉上的撞击"。当然,行刑具有某种恐怖教育法的特性。约瑟夫·德·梅斯特尔于 1814 年用这样的话对此作了回忆:刽子手"一把抓住(罪犯),将其伸直,绑在一个横放着的十字架上,他抬起了手臂:这时异常地寂静,接着听到的仅仅是在铁杠下爆裂的骨头声和受害者的惨叫声。刽子手把受害者解下来,把他放在一个车轮子上:他那被压碎的四肢相互缠绕在车轮的辐条里;脑袋悬挂着;头发竖起,嘴巴像火炉一样张开着,他只能不时地发出极少的几句呼求处死他的血淋淋的话③"。这种直接看到的痛苦场景增强了它的儆戒

① 同上,第 405 页。有关法国的情况,参照伯努瓦·加尔诺的《法国 16—18 世纪的司法与社会》,巴黎,奥弗里斯出版社,2000 年,第 186 页。在勃艮第这一情况的逐渐下降则是非常明显的,参照伯努瓦·加尔诺的《17、18 世纪的犯罪和司法》,巴黎,伊马科出版社,2000 年,第 126 页。

② 米歇尔·福柯:《规训与惩罚:监狱的产生》,巴黎,伽利玛出版社,1975 年。参看弗雷德里克·格罗的评论《处于监督和惩罚中的权力和人体》,载《社会与表现》第 2 期《经受考验的人体》,第 231—232 页,1996 年 4 月。

③ 由米歇尔·波雷所引,《受烙刑的人体和被照料的人体——18 世纪刽子手的处理手法》,见《被强制的人体:从动作到语言》,日内瓦,德罗出版社,"伦理—政治史著作"丛书,第 57 期,第 115 页,1998 年;同一作者:《受刑的人体……》,载《校园》第 28 期,第 14 页,1995 年 5—6 月。

性,从而有助于防止犯罪行为的发生。

在行刑过程中,处死犯人的时间缩短或延长由刽子手决定,因为他们已掌握了经过精心设计的专业技术。米歇尔·福柯强调了这种由所遭受的痛苦而产生的不同结果的重要性。诸如"酷刑"构成了某种巧妙的"使肉体遭受痛苦的基本法则",人们会根据罪行严重程度的不同而灵活地运用这一法则。正因为这一缘故,弑君者才被处以四马分尸刑,拦路抢劫的强盗要处车刑,杀害长辈者要被砍去双手。割鼻子或割耳朵、用烙铁刺穿舌头都具有这种解剖性的肢解人体的含义,这种酷刑把受刑者的身体逐渐变成一种人类个体的遗骸。有时被砍下的头颅或身体的某个其他部位最终会被展览出来。在 16 和 17 世纪,这种施加痛苦的基本法则在英国特别地精细。在这个王国里,受刑者的尸体都被运到解剖室里。直到1832 年,审判官们还命令对尸体进行解剖,这种解剖被看成是对极刑的一种补充。因此肢解尸体是合法化的,而在其他的一些情况下,这种肢解尸体的做法正在使大屠杀的行为趋向终结。

对犯人施以酷刑是给他一个自我赎救的机会,这是参照那个已悔改的强盗的行为①才这样做的,在耶稣去世的当天晚上那个强盗也到达了天堂。对罪行进行公开忏悔、当众认罪的仪式、任何一种减少羞愧和耻辱的做法都会产生悔恨的心情,而且这些行为也是悔恨的一种表征。在日内瓦,犯人光着脚依次跪在城市的各个十字路口,脖子上套着绳索,手中握着燃烧的火把,通过这种自我悔恨的表现方式在获得拯救之前得到其同类的尊重②。给犯人受刑为展示从罪犯转变为殉教者提供了机会。它能够阐明人类的宽容缓慢进展的过程。

也是这同样一种能使犯人感到耻辱并可能会产生悔恨的逻辑在驱策人们要给罪犯留下刑罚的伤疤。在皮肤上烙上印记的用意就是要使它成为恶人的一面镜子③。它是罪恶的体现,是犯罪身份的不可否认的标志。因此必须要在罪犯的身上刻上一种永远不可抹去的记忆;而且这种耻辱的标志如同简单的鞭刑——尤其在日内瓦——那样,是按照某种能将行

---

① [译注]据《圣经·路加福音》中记载,有两个强盗和耶稣同时被钉在十字架上,其中的一个在死前对其罪行进行了忏悔,因而其灵魂进入了天堂。

② 米歇尔·波雷:《受烙刑的人体和被照料的人体》,前揭,第 104 页。

③ 同上,第 109 页,以及米歇尔·波雷的《受刑的人体……》,前揭,第 14 页。

刑的场面再现出来的戏剧性方式当众烙下的。在法国,在犯人的肩上除了刻上百合花烙印之外,在窃贼的皮肤上还要打上字母 V 的烙印,如若重犯,就要再加上一个 V(VV)。字母 G 是给苦役犯打上的印记,可以说他是随身带着自己的犯罪记录。

对刑罚的解说,正如我刚才所提到的那样,是大量文学作品描述的对象。托马斯·拉克尔对英国、部分地对意大利的评判是错误的[①]。他不相信在拉芒什海峡彼岸极刑首先可被看成是国家的一种戏剧性作品。令外国来访者,尤其是德国的来访者感到异常惊奇的是在这里它并非是威严的行刑器具。国家似乎对此并不怎么关注。行刑的仪式在这里没有受到严格的监督,犯人的举动是非常自由的。决定执行死刑并不是某种激奋的意志,甚至也不是权力表现的证明。在外省,行刑的场地与其说是属于法律威严的范畴,倒不如说是属于田园牧歌式的乡村价值观的范畴。

在这里,主要的角色既不是国家也不是犯人,而是狂欢的群众。处决犯人给这些群众以一个欢腾雀跃的机会。从这个意义上说,它与大屠杀相类似。把污秽的东西驱逐到共同体之外乃是一种欢乐。托马斯·拉克尔回忆说,尼采也强调了这一点:任何一种惩罚都会激起某种愉快,既然在行刑之际连小孩都可观看这种侮辱性的大人的死亡情景。

在英国,观看行刑的人形成了一种喧闹不堪的人群。酒醉、情欲与欢乐相互交织在一起。此外,某些医生还建议人们对行刑提供协助,如同向阳痿者提供某种药物似的。通往绞刑场的道路就是一种使各种年龄、各个性别的人混在一起的连绵不断的市集场所。孩子们在狗的陪同下去参加这样的喜庆活动。这种场面看上去与其说是壮观的毋宁说是滑稽的。对罪犯的处决则转变为喜剧。如同狂欢节一样,它允许各种角色的相互变换和民间滑稽社团的表演。有时当群众对节目的进展不满意时,他们就会怒声斥责起来。我们必须要指出的是处决犯人的广告 1868 年在联合王国已被取消了,而法国大革命在这方面并不像欧洲大陆那样出现了某种决定性的断裂现象。

---

① 托马斯·拉克尔:《英国在执行死刑过程中的民众、狂欢和国家》,见《最初的现代社会——英国历史漫笔(劳伦斯·斯通的声誉)》,剑桥大学出版社,1989 年。

1792 年 4 月 25 日人们为断头台举行了落成仪式。这类机器彻底改变了行刑的方式和对人体的刑罚处理①。当然,它仍然属于那种把医生变成对受刑者的尸体进行处理的技术员、把绞刑架变成解剖之开端的百年传统之列的东西。由于它能成批地杀人,所以就可以避免大屠杀,并可避免民众成为"同类相食者"。另一方面,它在行列的展开和人们对此所投注的目光之间建立了一种新的关系。从此以后,处死犯人即可瞬间完成。因此,断头台便取消了受刑者的作用,并使其失去了个性。他不再具有像人们所目睹的犯人临终时那种垂死的形象。他仅仅是一个活人骤然被变成了尸体。断头台使瞬间的价值得到了提升。它要求人们要高度地集中注意力。因此它也就使刽子手们失去了其特有的技术。

多亏有了这种医生的机器,犯人受难的场地就被取消了。"既然行刑被认为是引不起痛感,那么应受到惩罚的个人与由肉体所受的耻辱而引起创伤的感受也就被区分开了②。"断头台这一启蒙时代的产物就以这一种方式迎合了那些富有同情心人的要求。它标志着肉体的痛苦已降到了零度。它结束了使肉体断裂成碎片的酷刑。它开创了一种从未见过的戏剧性、一种为其所特有的速度,从而也就赋予处以极刑以一种新的含义。

这种机器使行刑的仪式一下子失去了神圣性。它所确定的刑场已不再是展示耻辱和悔恨的场所。断头台已不允许罪犯通过承受痛苦的方式为自己的过失赎罪。耶稣受难的榜样和那个悔改的强盗的形象都已变得模糊不清。

断头台是用来斩首的。因而这种行径的程序就集中在头部,头就像美杜莎那样具有迷惑人的作用。从这个意义来说,这种机器与恶魔相类似。它是魔怪的大量制造者。此外,它还引进了一种奇特的实验情景,即把灵魂和肉体顷刻间分离的情景。绞刑架变成了解剖台,这种解剖促使人们以愈益尖锐的方式对自己的灵魂深处进行审察。因此脑袋虽然被砍,但它却不停地纠缠着下个世纪的人。我们往后还要谈到这个问题。

----

① 关于这一点,参照达尼尔·阿拉斯的重要著作《断头台和对恐怖的想象》,巴黎,弗拉马里翁出版社,1987 年;米歇尔·沃维尔的《断头台或恐怖的工具》,见《图像的历史》,巴黎,于歇出版社,1989 年,第 155—163 页。

② 米歇尔·波雷:《受烙刑的人体和被照料的人体》,前揭,第 133 页。

　　从另一种角度即从我们所说的现代性的角度来看,断头台这一奇特的机器使那种成批处死犯人的行动能够重复进行。它把数量、因而也把平淡无奇引入了绞刑架的场景之中。在这一点上,它与那种其特征是利用这一时刻来显示自我感情升华的做法是相悖的。因而它大大增强了恐怖时代的紧张气氛。当然,断头台却又使人们的平等愿望得到了满足。它能使各种各样的刑罚方式在全国范围内统一起来。

　　在它的创导者们的指引下,聚集在一起的民众的一种新的形象就能在断头台的脚下显示出来。这种既是魔怪的生产者又是魔怪的毁灭者的机器在传送着某种教育法的信息;而刽子手乃是运用给社会机体放血的方式来清除它身上的污垢。

　　大家都清楚这种机器在 19 世纪人们的想象中所具有的威力。它是一种新类型的灾难的象征。但在保王党人看来,革命的绞刑架的场地却具有崇高的意义,它在生产出一些殉道者,因此它迫使人们非得要对此进行赎罪不可。

　　19 世纪保留着断头台——20 世纪还一直保留到 1981 年——,但从那时起人们却在不断地按照它可以与种种同情心和种种新的偏执相一致的方式来进行反思。我们不要被词汇的相似性所蒙骗。对极刑的种种描述被彻底改变了。其意图已不再是使刑罚具体化,而是要捕获灵魂。"从肉体的痛苦中摆脱出来的个人名誉得以恢复的灵魂,同那种被社会边缘化的耻辱这一古老的司法文化是相符的[1]。"

　　当然,一些新的"模糊不清的刑罚"会给身体打上烙印。凡是属于监狱范围的、会对自由的被剥夺起到加剧作用的一切也都和我们所探讨的对象有关。雅克-居依·佩蒂曾对 19 世纪监狱的酷刑进行过详细的分析[2],诸如狱中的寒冷、会导致自杀的隔离式牢房的孤独或在默默无声中所完成的会激起反抗的极度的劳作、时刻被监控的方格子囚室、由吝啬的伙食承包人所提供的发臭的食物、拥挤的折磨和难以忍受的气味、地牢以及无法忍受而又覆盖一切的惩戒所施加的痛苦、总监狱里面的强烈的道

① 米歇尔·波雷:《受烙刑的人体和被照料的人体》,前揭,第 133 页。
② 雅克-居依·佩蒂:《这些说不清楚的刑罚:法国的刑事监狱(1780—1875)》,巴黎,法亚尔出版社,1990 年。

德观念。

但不管怎样，社会精英们从此以后就对展示受刑者的肉体感到厌恶；当众行刑的目的便是要引起人们对行刑的思考。显露于外的痛苦已不应当仅仅是一种内心的体验。人们通过这种行刑的场景力图"表现出犯人的灵魂对其邪恶的肉体所取得的胜利①"。肉体痛苦的种种标志从此以后就会引起人们的厌恶。不论在行刑的过程中犯人所表现出的惊恐的两眼，还是他的面色和脸部呈现出的极度不安的表情，都证明犯人并没有能运用其精神的力量成功做到不去顾及他的肉体。

标志着新的同情心的对刑罚的种种改革，在各个国家里都不相同。在英国，在 1868 年行刑的广告被取消之前，行刑的惯例和程序都没有发生深刻的变化。但是我们要指出的就是 1832 年已作出决定废除解剖法令。从此以后这一法令就被看成是与人类尊严不相容的。

在法国，1795 年 10 月 26 日被废除的极刑，在 1810 年 2 月 12 日又被恢复。这一年刑法又重新规定使用断头台，并又重新提起了那种起儆戒性但又是侮辱性的当众受刑的观念。苦役犯或监禁犯都要服戴铁颈圈之刑。在巴黎，他们每四个一组地被套在一辆大车的后面，于 11 至 12 点之间被带向竖立在法院广场的柱子（叫做犯人示众柱）那里示众。直至 1832 年，他们的脖子上还要戴上与一条拴住手腕的锁链相连的铁颈圈被绑在绞刑架上。一块固定在其头顶上的牌子表明了他们的姓氏、住址、职业、被判刑的原因以及被判的刑罚。一种使他们蒙受耻辱的戏剧性场面就这样呈现出来了。这些不幸者中间的某些人就以大量的泪水来表示自己的悔恨；另外还有一些人则表露出对权威的蔑视，反倒把绞刑架据为己有。他们向围观者微笑着，同人群开玩笑，表明他们不屈服于这种"刑罚的法律作用"。

1810 年的刑法第 20 条在恢复了给犯人戴上铁颈圈之后又在其右肩上打上烙印的标志。在判以有期徒刑的苦役犯的皮肤上烙上字母 J；若是终身苦役犯，则要在其身上烙上字母 TP。如果公认的罪犯是一个骗子，就要再加上一个字母 F，若是一个惯犯还得再加上一个字母 R。时至

---

① 洛朗斯·吉尼亚尔：《19 世纪公开的刑罚——人体的抽象作用》，见《被强制的人体》，前揭，第 179 页，以下那些有关对人体的侮辱性的刑罚的详情也见此文。

1820 年,人们有时还烙上一个宣判其罪的法院的号码。杀害长辈的罪犯光着脚,头上蒙着黑布被带到刑场上。他们先在绞刑架上示众,然后在处死前被砍去右手(刑法第 13 条)。确实,直到 1832 年法国只有 13 个杀害长辈的罪犯被处决;其中有四个罪犯被砍下的手得以复归原位。此外,按照桑松的《回忆录》的说法,刽子手将受刑者的手按住,用一种器具放在上面压住血液的流动以麻痹犯人的感觉;而在这一刑罚未恢复之前所实行的就是斩首①。

　　1825 年有关渎圣罪的法律规定对犯有盗取盛放圣餐饼之圣器的犯罪者处以极刑。此外,如果是对圣体的亵渎,犯罪者还要砍去一只手。但事实上,这种法律从未以这样的方式被实施过。

　　七月王朝在其初期曾对所有的刑罚方式进行过深刻的改革,从而远远脱离了刑罚传统。1832 年 4 月 28 日的法律废除了专门对杀害长辈者处以极刑的条文。只有强迫他们非得要穿的表明其罪行的囚衣被保留着。让罪犯示众取代了戴铁颈圈和用烙铁打印记的做法。这是对 18 至 70 岁的罪犯所施加的一种非强制性的刑罚。它并不伤害肉体。在乡村里,人们在集市交易时将罪犯关在一起,把罪犯双臂捆住让他们在法院的广场上示众。后来人们就用一根带子把他们绑在刑柱上示众。

　　断头台于 1832 年从沙滩广场被移到了圣-雅克平交道口的木栏处。以往断头台是正午在市政府的前面行刑。一辆大车把犯人从巴黎裁判所的附属监狱里运到这里。从此以后行刑就在天刚破晓时进行。一辆囚车把犯人从比塞特尔监狱运到圣-雅克平交道口的木栏处。这样就开始形成了另一种可见到被处决的人体的方式。囚车同那种把登记注册的妓女运往风俗警察局的诊疗所的新方式以及屠宰场运送骨架的方式是相对应的。那种给犯人戴上枷锁,将其从比塞特尔法院(在那里犯人被打上烙印)运往土伦、布雷斯特和罗什福尔苦役犯监狱的戏剧性场景在 1836 年就结束了。犯人经过时的情景、他们的耻辱标志、他们的玩笑和诅咒、他们和民众之间所进行的嘲讽,都是一种粗俗的戏剧场景,这种场景从此以后则被认为是卑劣的。

---

①　西尔雅・拉巴吕:《皮埃尔・里维埃及他人——从家庭暴力到犯罪——法国 19 世纪杀害长辈的人(1825—1974)》,博士论文,巴黎第十大学,2002 年。

示众这一被认为是有损人类尊严的方式于 1848 年 4 月被取消了。从 1851 年起,断头台在监狱附近的罗盖特广场行刑,比塞特尔法院的拘留所被移到了监狱里面。外省处决犯人从此以后则在黎明时进行。1871 年 11 月 25 日的法令取消了绞刑架这一古老的行刑台①。断头台直接接置在地上,人们看不到。此时已不再强迫那些等死的犯人穿上一直都要穿的以防其乱动的紧身囚衣。从 1878 年起,在巴黎处死犯人就在卫生部门的监狱围墙附近进行;从此以后人们就使观众同行刑的仪式保持了一定的距离。

在外省,断头台愈来愈经常地被接置在监狱的门口。虽然这样说,但在整个 19 世纪全国范围内观看行刑的人群依然是密不透风的。马克西姆·迪冈曾对这种围观的人群进行过确切的描述。在首都,这就像是一大清早就起来的民众和那些赶来过夜的林荫大道上的夜间游荡者们相互混杂在一起的那种景象②。据估计,1871 年 11 月在勒芒观看一次行刑的人群就有两千人。1872 年 7 月在图卢兹涌向断头台的观众则高达一万人③。

取消对犯人施加痛苦、相继更换处以极刑的地点并不是新的减少酷刑的独一无二的表现。在处决前将罪犯的身体梳妆打扮一番也属于这一范围。这样做既符合新的卫生准则,又可消除犯人或许会有的那种自我表演的能力,而且还可不让人认出可能由身体泄露出的犯人身份。在行刑前的若干时刻把犯人的手脚都捆住。用力把他的双臂拉向背部,这样做就迫使他低下头来。犯人的头发都要全部被剃光,因为头发可能会对脖子起到保护作用。在赴刑前会再给他披上一件外套以遮住他身上的锁链④。

到了最后的片刻,观众就很紧张地仔细观看犯人的身体。处死犯人时

---

① 格扎维埃·拉普雷:《1870 至 1914 年间巴黎公开执行的死刑》,硕士论文,巴黎第一大学,1991 年。

② 西蒙娜·德拉特尔:《12 个黑暗的小时——19 世纪巴黎的那个夜晚》,巴黎,阿尔班·米歇尔出版社,2000 年,第 530—543 页。

③ 马里纳·穆西里:《把合法的暴力戏剧化:新闻界对执行死刑的报道(1870—1939)》,见雷吉·贝特朗和安娜·卡罗尔主编的《执行死刑:把死亡编成戏剧(16—20 世纪)》,艾克斯昂普罗旺斯,普罗旺斯大学出版社,2003 年。

④ 洛朗斯·吉尼亚尔:《19 世纪公开的刑罚……》,前揭,第 171 页。

气氛非常地寂静。那是要在人们发表了最后一番漂亮的言辞之后才行刑。这时观众在琢磨着犯人的脚步是否坚定，观察他的身子是否发抖，细心地察看他的面色。这是因为犯人的身体可能会使他道德上悔恨的内在表现隐约地显露出来①。已到了1836年，拉塞奈尔面对断头台时的态度还依旧是人们激烈争论的对象②。人们在等待着这个双面恶魔真正的本性在其最后的时刻显示出来，从诉讼开始起这种本性就一直在吸引着人们。

断头台为医生们提供了一个全新的、独特的解剖实验台。正如樊尚·巴拉③所指出的那样："一个顷刻间从躯干上干净利落地分离出的脑袋，在当时的状态下是对灵魂和肉体的关系进行实验性研究的绝佳机会，从某种程度说，可以至少在若干时刻将灵魂和肉体各自隔离在一方。"此外，这种对由断头台处死的犯人立即进行种种实验的特殊兴趣是由这样的原因而引起的：被处决的人一般是一个身体健康的年轻人，而且尸体是新鲜的，用迪雅丹-波梅兹的话说，他是"活生生地进入死亡之中的"。不幸的是这样的头已失去了嗓子，因而不可能通过声音来传达什么了；否则，就会像萨米埃尔·托马斯·索梅林于1795年声称他所确信的那样，它可能会说话。此外，这些医生兼实验者的动作必须十分敏捷，因为受刑者的尸体——头掉在桶里，躯干很快从断头台上取下来——要飞速运往巴黎的那片"芜菁地里"去埋葬，它们在那里就会同尸体认领室、医院以及梯形解剖室的尸体汇合在一起。

学者们最初分为两个阵营④。一部分人赞成自我的某种持续性，也就是说仍保留着某种意识的形式。在他们看来，被砍下的头仍保持着它的"生命力"；这是通过眨眼、"可怕的抽搐"、愤怒的表情而显示出来的，就像人们从被砍下的夏洛特·科黛⑤的头颅上可看到的那样。同时，那些

---

① 洛朗斯·吉尼亚尔：《19世纪公开的刑罚……》，前揭，第172—173页。

② 安娜-埃马纽埃尔·德马尔蒂尼：《拉塞奈尔事件》第8章《恶魔之死》，第258—288页，巴黎，奥比埃出版社，2000年。

③ 樊尚·巴拉：《斩首实验室》，见雷吉·贝特朗和安娜·卡罗尔主编的《执行死刑》，前揭，第64页。

④ 关于这一争论，参看安娜·卡罗尔的《疼痛问题与19世纪对受刑者的医学试验》，见雷吉·贝特朗和安娜·安罗尔主编的《执行死刑》。也可参看哲学家雅尼克·博巴蒂的观点，见其《断头台的悖论——启蒙时代的医学、道德和政治》，佩里格，方拉克出版社，2002年。

⑤ 〔译注〕夏洛特·德·科黛（Charlotte de Corday，1768—1793），法国大革命时期刺杀马拉的女子。

医生——其中包括奥尔斯内、让-约瑟夫·苏和索梅林——则认为头颅感受到了剧烈的疼痛，即那种"所能感受到的最强烈、最明显、最揪心的疼痛"；尤其是因为由于骨头的阻力断头台并不能真正干净利落地将头一刀切下来。它会把脖子折断、压碎。那位小说家的父亲让-约瑟夫·苏写道："意识到他将要被处死以及随后在内心想到其所受的酷刑，那情景是多么地可怕①"(1797)。如若不考虑诸如此类的种种信念，人们可能就会对恐怖时期那些受害者的家庭所感受到的后怕进行错误的评判。

另一方面，也有一些主张快速处死罪犯的人，卡巴尼②和马克-安托万·佩蒂即在此列。在当时这些医学界的权威人士看来，行刑时脑内出血极其猛烈，因而人的意识不可能维持下来。鉴于生命力有种种不同的形式，因此人们所观察到的种种反应只不过是动物性的动作、由"纤维弹性"而引起的感应现象而已③。

19世纪初，对起电现象的种种实验导致人们对这些资料进行了新的研究。吕吉·伽伐尼声称神经原理具有电的特性，电流从大脑传送到骨髓，然后再传到肌束。1802年，奥尔迪尼把两个被处死的人的头颅连接在一起，以使两个脖子的断面能够相通。然后，他把一节电池放在一个头颅的右耳上和另一个头颅的左耳上，结果他看到了一些做鬼脸的可怕现象。在整个19世纪——从比沙到魏尔啸——都有人在尝试着做这类实验。某些人甚或被种种可使死者复活的幻想所吸引着。1818年在格拉斯哥，在杀人犯马修·克莱兹代尔尸体上所进行的那些实验把好奇者们都吓跑了，其中有一个还失去了知觉。这是因为人们从死者身上看到了那些能显示各种各样人类感情的最奇异的怪相：愤怒、恐惧、忧虑、绝望和狂笑。玛丽·雪莱④的小说《弗兰肯斯坦》把认为可以创造生命或使猛然通电的尸体复活这样一种颇有吸引力的信仰移到了小说情节

---

① 安娜·卡罗尔：《疼痛问题……》，前揭。

② 皮埃尔-让-乔治·卡巴尼：《对奥尔斯内、索梅林和公民苏关于斩首酷刑之见解的评述》，共和四年雾月28日，最近由雅尼克·博巴蒂重新发表，载《断头台的悖论》，前揭。

③ 至于以下的详情，参看安娜·卡罗尔的《疼痛问题……》、樊尚·巴拉的《斩首实验室》，以及雅尼克·博巴蒂的《断头台的悖论》。也可参看克洛迪奥·米拉内齐的《明显的死亡，不完全的死亡：18世纪的医学和精神状态》，巴黎，帕约出版社，1991年（第1版为1989年）。

④ ［译注］玛丽·德·雪莱（Mary Shelley, 1797—1851），英国女作家，诗人雪莱的第二个妻子。《弗兰肯斯坦》是作家的成名作，也是一部极其有名的恐怖小说。

之中。这种怪物的躯体继承了罪犯的种种个性,有人曾对此进行过诸如此类的试验。

安娜·卡罗尔曾对这些信念以及有关那种可能会感觉到疼痛的半死不活者之形象的科学争论的历史进行过确切的描述。在 1800 至 1820 年期间,尽管进行了大量的实验,但那些乐观主义者即那些认为受刑者在顷刻间已完全死亡的人依然压倒了他们的论敌。但在尤莉亚·德·丰特奈尔在医学科学院发表演讲之后,对此的怀疑和不安重又产生了。这种看法之所以被推翻,是由临床诊断对死亡定义的不确定而引起的。因而认为在生命和死亡之间有一过渡时间的信念也就上升了。

1850 年至 1900 年期间,当生理学正趋向独立、实验医学正在取得胜利的时候,那些比任何时候都更为强烈着迷的学者进行了多方面的尝试,力图弄到一些新鲜的尸体。安娜·卡罗尔写道,"人们很少在断头台的脚下进行实验",但却较为经常地"在飞驰的车子里,在墓地附近临时实验室里的烛光下"做实验,不论是单纯的尸体解剖、通电实验、兴奋和收缩性的测试,抑或对消化现象的观察。

被认为具有决定意义的实验就是试图使那些被分离的肌体复活。1851 年,克洛德·贝尔纳的学生布朗-塞加尔把自己四分之一公升的血液注射到一个被送上断头台的人的前臂里。1866 年,阿尔弗雷德·维尔皮昂建议对被砍下的头颅进行实验;这种实验在 1880 年曾由拉博尔德医生做过,但他充其量只能使死者的脸上重新出现色泽。从 1884 年起,也是这位医生及其弟子对死者的"复活"进行了多次试验。保尔·贝尔曾以医学伦理学的名义反对这样做。相反,拉博尔德则看出了这种研究的社会益处:倘若实验成功,难道人们不可以与被砍下的头颅进行交谈,得到他的一些心里话?长久以来医生们都在幻想着能与在断头台上死去的人沟通。1864 年 6 月 25 日,伏尔波和科蒂同一个犯有两起谋杀案的死囚商定:如果后者被砍下头之后还有意识,他答应眨三下眼睛。然而这次实验却是什么也没有发生。

有关突然死亡或被断头台处决的人的不同的死亡这一问题,并非仅仅在医生的圈子里存在。它也与许许多多的公众有关。1870 年 1 月 17 日,即对特罗普曼行刑的前两天(大家都知道这件事曾轰动一时),《高卢人》报曾向它的读者提出了这一问题,读者们在思忖着断头台是不是一种在精神上要甚于肉体上的酷刑①。当时人们对这些与死亡有关的事物的兴趣是不容怀疑的。有大批民众不断地去观看斩首的情景,他们聚集在格雷万博物馆里以观看种种行刑的场景以及世界上所使用的刑具展览。达荷美人用人作祭献的场景也在那里被展示出来,与此相靠在一起的便是断头台、绞刑架和"绞刑刑具"②。

3

存放尸体的场所

身体的历史自然包括尸体的历史。这一与死亡有关的对象涉及到医学③和司法。因此布鲁诺·贝特拉能够对巴黎陈尸所的系谱,即辨认、保存和鉴定尸体的机构以及法医学享有特权的实验室进行极其精确的描述④。可是,死者的躯体、辨别和处理尸体的方法以及人们力图保存下来的痕迹,首先就属于各种思想倾向的历史之列。至于国王的尸体以及伟人、英雄或烈士的尸体,这些都隶属于政治史。

人们对死者遗体所赋予的新的意义和尊严出自于由个人的死亡而引起的愈益强烈的激动之情。自18世纪中叶起不断进步的宪法以及围绕被人们所爱戴或崇敬的人物的遗骸所举行的祭拜在社会上的传播,都由菲利浦·阿里埃、米歇尔·沃维尔和若干其他一流历史学家作出了论证⑤。从

---

① 安娜·卡罗尔:《疼痛问题……》,前揭,第78页。

② 尼古拉·萨埃-盖里夫:《格雷万博物馆(1882—2001)——蜡像、历史和巴黎人的闲暇活动》,博文论文,巴黎第一大学,2002年,第474页及以下。

③ 参阅上书,第19页及以下;并参看露丝·理查森的著作《死亡、解剖和穷人》,伦敦,企鹅书局,1989年。

④ 布鲁诺·贝特拉:《19世纪巴黎的陈尸所(1804—1907)——停尸室的起源或杀人器具的演变》,3卷,博士论文,巴黎第一大学,2002年;同一作者的《巴黎的陈尸所》,载《社会团体和表现》第6期《暴力》,1998年6月,第273—293页。

⑤ 这些数量众多的传记中有:菲利浦·阿里埃的《面临死亡的人》,巴黎,瑟伊出版社,1977年;米歇尔·沃维尔的《死亡与1300年至今的西方》,巴黎,伽利玛出版社,1983年。有关18世纪的感情倾向,有罗贝尔·法弗尔的《启蒙时代文学中的死亡和法国人的思想》,巴黎,普尔出版社,1978年。有关19世纪的墓地,最近就有一部卓越的著作,即让-马克·弗雷和菲利浦·格朗戈安的《用瓷器埋葬——关于19世纪利摩日地区瓷板棺上的艺术》,利摩日,利穆赞文化和遗产出版社,2000年。

督政府时期起,这个问题就一直为法兰西研究院所关注。在 1800 年由内政部所发起的一次协作之后,法兰西共和十二年牧月法令认可了诸种思想倾向的进展状况①。它甚至在极小的细节上都以法律的形式对尸体的处理和埋葬的方式加以了系统化。

在与本卷所研究的这个时代的前半期相关的那几十年里,既能证明又能增强从尸体的景象中所产生的感情之若干进程正在形成。对尸体腐烂持不干预的态度始于启蒙运动时代的末期。后来,人们使用氧化物尤其是药剂师拉巴哈克的溶液则可以在对死亡作体证时减少对嗅觉的危害;但这却阻止不住人们对展示腐烂尸体的愈来愈强烈的抵制,甚至也阻止不了对单纯展示令人毛骨悚然的死者裸体的抵制;因此,散布在拉丁区各条小街里的那些梯形解剖室就引起了这个实行纳税选举的君主政体下的卫生学工作者的严重关注②。

与此同时,对任何形式的亵渎尸体行为的恐怖感则愈来愈强烈③。隐藏死者遗体的意愿也正在表现出来。对匆忙下葬、临时墓穴、挖掘王家墓室中的遗物的回忆,更不用说对那些被抛在垃圾场或仍在阴沟里的尸体的回忆,一直萦绕在王朝复辟时期人们的脑海里。它使人们对保护尸体和为之举行下葬仪式的心愿变得更为强烈。使用带盖的棺材在巴黎得到了推广。毫不掩饰地运送死者的方式已不合时宜。那种运送尸体时故意在城中兜圈子的卖弄做法亦已不复存在。"对棺罩、封棺和棺材形状的注重"表现出人们捍卫亲情的那种新的愿望。

19 世纪的权力机关企图废除不公布死者姓名的做法。尸体被安放在陈尸所里④,必要时对其进行化妆,然后再展示出来让参观的人群观看,以期能让他们认出死者的身份。无名氏的尸体从此以后被看成是某

<hr />

① 参照帕斯卡尔・因特梅耶:《从法兰西学院大奖赛(共和八年芽月—共和九年葡月)引出的死亡政策》,巴黎,帕约出版社,1981 年。

② 阿兰・科尔班:《疫气和黄水仙——嗅觉与 18—19 世纪的社会想象》,巴黎,奥比埃出版社,1982 年;弗拉马里翁出版社再版,"田野"丛书,1988 年;及其为亚历山大・帕朗-迪沙迪莱的《19 世纪巴黎的卖淫现象》所作的引言,瑟伊出版社,"历史世界"丛书,1981 年。

③ 关于以下的论述,我们大大地得益于埃马纽埃尔・菲艾的《1814—1835 年间在巴黎上演的死亡政治剧》,博士论文,巴黎第一大学。以下的那些引文我都借用了这部即将出版的著作。

④ 参照布鲁诺・贝特拉的《19 世纪巴黎的陈尸所》,前揭。

一值得关注的个别人的尸体。在这种机构里,人们尽量做到不使堆在一起的尸体难以区分。此时一股抵制公共墓穴的声浪正在高涨起来,这在共和十二年的法令上就有记载。当解剖临床医学的信徒力图通过解剖在尸体的内里发现疾病的真相时,至少在巴黎民众中间却出现了一种反对在医院里对尸体进行任何形式实验的反常现象。

从 18 世纪末起表现出的那种"保护尸体的设想"的强烈程度,比任何事情都更能显示出尸体前所未有的尊严。伴随永恒不朽的强烈愿望而来的便是浪漫式死亡的新诱惑,这种死亡被想象成一种睡眠,它那种与天使的形象融为一体的优美姿态以难以觉察的方式表现出了永生的希望。雕像和全部丧葬装饰都反映出了这种不言明的期望,有时这种东西还转移到令人恐怖的色情的方向上。技术的进步使得用防腐剂来保存尸体变得更容易,它是与这种不断上升的试图使那些尊贵的尸体免予腐烂的想法相一致的。一个人在生前对自己仅仅作为一个已死亡的肉体而存在的形象是如何想的呢?他如何向他人展示自己肉体腐烂的情景呢?这都是一些在当时的精英人物中间格外纠缠不清的问题。死亡即人体的腐烂无法展现出来这一信念促使人们对尸体这一往日人生的形象进行美化,从而将死亡之美展示出来。把内克夫人①的遗体放在一个黑色大理石花篮里在其家族的陵墓里保存起来,就是这种种新做法的一个很好的例子②。用防腐剂保存尸体并使其变成木乃伊的现象在七月王朝时期是如此地常见,以致 1839 年的一则法令把这些方法纳入了一个系统化的法规之中。

但是保存死者的种种富有感情色彩的残肢的风尚也在盛行起来。当然,这种时兴的习俗已不再是那种需摘去内脏的做法。尽管人体各部位的形象在美学和精神领域里都具有力量,但分割器官的惯例在 19 世纪已日渐衰退下去。从此以后在亲人范围里主要就是提取一些发缕。这种不久前在贵族中间广为流行的做法此时已波及到资产阶级阶层。在这类活

---

① [译注]内克夫人(Mme Necker Suzanne,1739—1794),路易十六时代法国财政大臣雅克·内克的夫人,作家斯达尔夫人之母。

② 有关所有这些要点,见安托万·巴埃克的重要著作《光荣和恐惧——恐怖时期的 7 位死者》,巴黎,格拉塞出版社,1997 年;有关"内克夫人或尸体的诗意"部分,参照了此书第217—251 页。并参看了多利达·奥特拉莫的《人体与法国大革命:性别、阶级和政治文化》,纽黑文,耶鲁大学出版社,1989 年。

动中,制造某种不会腐烂的值得纪念的东西——它可以充当辅助性的纪念品——的愿望,则又驱使人们将死者的衣服或死者所熟悉的各种各样的物品保存下来。在这方面,对死者的崇敬与那些被这个世纪末的早期性学家所称的恋物癖者的某些色情收藏品是相一致的。

给死者制面模、之后又给死者拍照也是出于同样的心思。按照达尼尔·阿拉斯的看法,人们合法地在这种值得留念的东西的出现和断头台、照相机的使用之间建立了联系。埃马纽埃尔·菲艾则写道,“用石膏制造那种仿佛沉睡似的、浪漫式的、优美的死亡形象,这就使人生在大转变时那短暂的一刻永久长存①。”最后的照片②被看成是灵魂的镜子,这种做法符合天才人物的浪漫主义美学观,如同席勒或贝多芬死亡时的面模迅速传播所证实的那样。这种做法也反映了颅相学受到了人们的欢迎。死者的面部印记至少如人们所希望的那样,可以使人们观察这个人物的内心世界,并供学者进行评论。难以捉摸的拉塞奈尔生前就允许迪蒙蒂埃给他做面模,但在被处死的前夕他的面部却出现了异常痛苦的神情③,尔后他允许在其死后对他的头颅进行解剖。当时,巴黎颅相学学会曾在医学校大街展出过颅骨;这乃是人们科学地利用人体各部位的另一种方式。

一幕对尸体的展示产生巨大影响的重要插曲既加强而又改变了此事在当时的进程。从断头台第一次斩首(1792年4月)至共和二年热月(1794年7月),人体成了一种政治场所④。1793年1月21日,国王被判处死刑把国王的驾崩仪式颠倒了过来。这一天甚感惊奇的爱国者们怀着喜悦的心情出神地观看着这个怪物的头颅,看着他那使共和国再生的鲜

---

① 埃马纽埃尔·菲艾:《1814—1835年间在巴黎上演的死亡政治剧》,前揭。

② 埃马纽埃尔·埃朗:《最后的肖像或有尊严地死去》,载《最后的肖像》,国立博物馆联合会,2002年,第16—24页。

③ 安娜-埃马纽埃尔·德马蒂尼:《拉塞奈尔事件》,《死后的肖像画室》,第290—300页。

④ 有关这方面的传记非常多,主要有:达尼尔·阿拉斯的《断头台……》;安托万·巴埃克的《历史的人体》及其《光荣与恐惧》;安妮·迪普拉的《被斩首的国王:论政治的想象》,巴黎,塞尔夫出版社,1992年;克洛德·朗格鲁瓦的《国王的7次死亡》,巴黎,经济—人类学出版社,1993年;让-克洛德·博耐主编的《马拉之死》,巴黎,弗拉马里翁出版社,1986年,尤其是其中雅克·吉洛姆所写的《马拉在巴黎死亡(1793年7月13—16日)》,第39—80页;乔治·阿尔莫斯特隆·凯利的《18世纪法国的死刑方式》,滑铁卢大学出版社,1986年;林恩·亨特的《法国大革命时期的家族小说》,巴黎,阿尔班·米歇尔出版社,1995年;当然还有莫纳·奥佐夫的《革命的节日(1789—1799)》,巴黎,伽利玛出版社,“历史丛书”,1976年;以及即将出版的埃马纽埃尔·菲艾的《1814—1835年间在巴黎上演的死亡政治剧》,前揭。

血流淌着。至于国王的友人，他们则急忙赶去把手帕浸在这位救世主的血泊里，这样流淌着的鲜血赋予路易十六以殉道者基督的形象。就在此刻，这种最大的牺牲重塑了国君及其刽子手们的形象。

1793 年 1 月 21 日处在最崇高的法典对葬礼场所作出规定的短暂时期的正中间。在巴黎，画家大卫正在形成他那种于 1 月 20 日即洛佩勒蒂埃① 葬礼之际萌发的"使人感到惊恐的恐怖主义美学观"。这种绘制葬礼场景的透视法在马拉葬礼的那一天即 1793 年 7 月 16 日达到了顶点。用戏剧性的方式把尸体展示出来表明一种令人毛骨悚然的表现主义在当时获得了胜利。寓意性场景同把"被杀害的烈士的尸体展示出来"相比则颇为逊色。这样的尸体即是一种控诉。它意味着一种阴谋，暗示着犯罪者们的身份。把伤口展示出来成为一种政治启示。我们再说一遍，这种寄希望于马拉暗绿色尸体的苍白面容、渗出鲜血的大开的伤口以及扑向前排观众的腐烂气味的情感策略，是与那种从精神上影响人们的卓越方式相符的。被谋杀者的尸体的出现可以使人们"直观到恐怖的场面"，也就是说贵族们的阴谋。观众们面对这种场景感到窒息，心灵受到强烈的震撼，仿佛已被逐出了似的，于是陡然升起了复仇的欲望。事实上，这种"达到极致的政治感觉主义②"其目的就是要驱使人们为所追求的事物而作出牺牲。

热月党人的制宪会议弃绝了这种策略，但对它的回忆并未因此而消失。诸如此类的场景在 1830 年，尤其在 1848 年重又出现了，当然自发的色彩更浓一些。在二月革命爆发期间，人们把在嘉布遣会修女院的林荫大道上被枪毙的受害者的尸体放在一辆吱嘎作响的大车上在火把的光亮下展示出来，并且带着这些尸体在开始布满街垒的被夜幕笼罩的巴黎走来走去。

罗伯斯庇尔一垮台，处理伟人、英雄和政治殉难者遗体的历史就一直没有中断过。19 世纪相继出现的各种政体都坚持对这些去世的精英人物的遗体的政策作出明确的规定；与此同时，"他们的遗体也就不属于个人的了"。在帝国时期，所有伟大的显贵人物——不仅仅是像拉纳③元帅

---

① ［译注］洛佩勒蒂埃（Lepelltier，1760—1793），法国大革命时期政治家，他在投票赞成处死国王路易十六的第二天（1793 年 1 月 20 日）就被一保皇党人杀害。

② 同本书第 251 页注④，以下所有的引文均出自于此。

③ ［译注］拉纳（Jean Lannes，1769—1809），法国第一帝国时晋升为元帅，屡立战功，后在派往西班牙作战时中弹身亡。

那样的英雄或像德利尔①那样的诗人——在按照法令(1806)规定对其遗体进行部分防腐处理之后,都有权进入先贤祠。有几位战死沙场的高级军官的心脏也被遣返回国。按照某种可以将其视为一种强制性的巧妙的补偿策略,复辟王朝曾将它的烈士即大革命期间的受害者的遗骸挖掘出来予以重新安葬,给予其荣誉并对其进行颂扬。1820 年,事先用防腐香料处理过的贝里公爵②的遗体就被分为三部分重新进行安葬。他的内脏被送到里尔,公爵夫人要求得到其夫的心脏,其余部分葬在圣德尼。1824年,路易十八的遗骸经过拉巴哈克除臭之后被安置在重新与某一古老的王室丧葬礼仪相续的仪式场所之中③。

　　尽管这种做法有亵渎遗体的思想倾向,但却又与解剖临床医学最初的成就相一致,所以 19 世纪前期公众对公布伟人的尸体解剖报告是能容忍的;他们不论是对演员塔尔马、将军富瓦还是对卡西米尔·佩里埃的遗体解剖都持这种态度。他们被剖开的遗体可以说就成了一种为集体所有的物品。人们期待着这种为科学观察而进行的解剖也是一种鉴别死者精神和智力素质的方法。不管怎样,这样一种在我们看来具有古风意味的用途并不足以同那种与人的全部情感相协调的对尸体的新的思想倾向相抗衡,这一点我们在谈到大屠杀、酷刑和进行解剖的场景时亦已指出来了。

4

被强奸的身体

　　那些专门描述强奸的著作给人们提供了能将一切谨小慎微的做法很好地区分开来的机会,而身体的某种历史则要求凡是想避免犯心理上的时代错误的人非得要这样小心翼翼地行事不可。一个社会对人的行为的

---

①　[译注]德利尔(Jacques Delille,1738—1813),法国诗人、法兰西学院院士。

②　[译注]贝里公爵(Charles-ferdinand Berry,1778—1820),法国亲王,后逃亡根特,第二次王朝复辟时返回巴黎。有一次在离开巴黎歌剧院时被人刺伤,次日即死去。

③　帕斯卡尔·西蒙内蒂:《像一个波旁家族的人那样死去:路易十八(1824)》,载《现当代历史杂志》,1995 年 1—3 月,第 91—106 页。

严重性及其所引起的危害性进行批评的方式被一系列的资料所左右,而这些资料本身又具有自身的历史。如果我们不把人们对待被强暴的人体的种种态度纳入一个四周暴力行为迭起的环境里,那就不可能对这些态度作出解释。杀戮的频繁发生及其方式、可能上演的某一痛苦情景、经常出现的战争侵扰、对暴力行为的种种描述、参照古代文学把女人看成是战利品的那种想象,这一切都构成了某种思想倾向的体系,当我们试图采取一种宽容的观点时,那就必须要考虑到这一体系。

强奸的历史也同样依赖于对两性结合的描述及其结合方式的历史。搂抱的诸种方式、对战利品的想象所达到的固执程度以及新婚之夜的进展都在引领人们对此作出解释;而被女人深深植入心中的种种图景更能对此作出说明:面对男人的进攻,女人必须要进行抵抗,至少在开始时要表现出来;在与男人进行感情交流的过程中会有一种被"攫住的"被动感觉;女人也需要采取某些与睡意正浓的委身于人的那种女人的种种表现相一致的慵懒和害羞的姿态。关于这方面的问题,大家都知道克莱斯特①在19世纪初所发表的短篇小说《O地的侯爵夫人》所引起的反响。

但是这一切仅仅是一个开端。强奸的历史要求人们必须对性暴力容忍的界限进行估量,并要对这些界限的变化进行分析。这尤其要回过头来仔细地察看一下家庭中的诸种权威关系即女儿或妻子必须服从父亲、监护人和丈夫的那些关系;同时也不应疏漏家庭所给予孩子的地位以及在私人范围里各种情感的强度。关于这个问题,与邻里的交往,更宽泛地说,人群杂处的一切环境也是至关重要的。我们将会看到它们会造成许许多多的暴力行为。

对名誉感以及由对这种名誉感的尊重而迫使每个男女都要视其身份和社会地位不得不接受的种种要求进行分析,看来并非没有必要。这有助于对受害者人数的成分作出解释。

当然,人们的关注和知识的变化也在考虑之内。与我们有关的这个时期法医学的进展也通过对这种迹象的精细分析和言辞浮夸的鉴定,对强奸的历史形成了巨大的影响。某种精神病学和性学的建构也同样会起

---

① [译注]克莱斯特(Heinrich von Kleist,1777—1811),德国19世纪著名剧作家兼小说家,其创作思想和手法对法、德两国的现实主义、表现主义等有较深的影响。

到这样的作用。它们使对性侵犯的诸种处理方式的理解以及对性侵犯的诸种恶果的估量都发生了变化。

所有这一切都和我们所考察的整个社会有关。如果我们把注意力仅仅集中在被侵犯者身上，那么这种事先必须要做的事的名单就会拉得很长。研究性侵犯的历史学家必须要把羞耻心标准的伸缩性和对女性所规定的诸种态度以及她们将其内在化的强度区分开来。这种羞耻感、受辱感、犯罪感乃至卑鄙感与婚前必不可少的贞洁密切相关，它大大有助于将女性的种种态度解释清楚。因此，性侵犯的历史是与道德神学以及它对淫荡罪严重性的评估的历史相交叉在一起的。这种历史是人们参照引诱者夏娃的种种表现、对女性的挑逗及其抗拒能力的想象而写出来的。随着时间的流逝，同样的姿态，其含义在舆论中也在发生变化。对受害者同意与否的猜疑本身就具有自己的历史。所有这一切都促使我们又回到我们力图探究的这一对象的诸因素之一上来，即痛苦和焦虑不安的种种形式在发生变化。这就把人们引进了这样一些重要的进程——本书所研究的这个时代（1770—1892）所独有的特征——之中：主体自律意识的演变、对堕落行为的种种威胁以及对肉体侵犯或精神渗透的理解都具有其历史。

总而言之，性侵犯的历史是异常棘手的，它需要有一块使其与在回顾时那种单纯的义愤相隔开的知识基石。现在让我们试着按照以上所阐述的看法，把从大革命至精神分析法诞生期间性侵犯历史的大致情况勾勒出来。乔治·维加埃罗不无理由地断言：19世纪在这个领域里是一个"变化晦暗不明"的世纪①。此外，种种不同的描述和行为体系的并存也有碍于对此进行总体性的概括。1791年的刑法对暴力行为的解释开始出现某种变化。按照法律精神，强奸已超出了淫荡罪的范围。为了考察暴力行为所体现的社会威胁，人们已不再谈论亵渎神明的行为，因而也不再谈及暴力行为对受害者的安全所造成的危险。另一方面，个人独立自主原则的宣言也赋予被强奸的女性以主体的地位。这类伤害从此以后就

---

① 关于这一问题，我大量借用了乔治·维加埃罗的重要著作《16至20世纪的强奸史》，巴黎，瑟伊出版社，"历史世界"丛书，1998年；以及阿兰·科尔班主编的《性暴力》，载《精神》杂志，第3期，1989年（伊马科出版社）。

集中到个人的身上。父亲、监护人或丈夫、家庭或亲戚被欺骗的事则变得模糊不清了。这种由厚颜无耻的世界向暴力世界的突然转变已不再引起世人的责疑。1810 年的刑法、1832 年经过修改的这一刑法以及 1863 年 4 月 18 日颁布的法令仅是对这种变化作出了明确的规定而已。

不过，所有这一切都属于法律范围之内，只是其效果显得十分缓慢而已。尤其在这个问题上，人们不应当把准则和实际做法混淆在一起。

这些"难以捉摸的效果显现"（乔治·维加埃罗）的时间一直延伸到 1880 年左右。这个时期的特征同时表现为对诸种严重性慢慢进行重新评判，种种要求在不断地增加，对意图和行动之间确立的联系提出疑问，对种种行为的分析愈加深入。于是，便出现了个人的暴行、滥用权威或职务、主子施展的讹诈、依仗权势的不法行为这样的一些概念。

在这方面，拟定一门精神病理学此时则显得更为重要，不管它是把此类暴力行为作为病例来论述，因而与埃斯基罗尔①于 1838 年所定义的色情狂有关，抑或与马克于 1840 年所描述的性狂暴有联系。认为存在着某些固执的想法和不可克制的冲动这一信念正在缓慢上升。与此同时，精神病医生的影响在法庭内也在扩大，其速度随着地区的变化而有所不同。

不管怎样，所有这一切都是从法学家、医生和警察的著述中产生出来的。那么，陪审员，更宽泛地说公众舆论对这种性侵犯行为及其严重性评估的变化究竟是如何看的呢？关于这个问题，法医撰写的鉴定报告是主要的资料②。我们要重复的是，与我们的论述有关的那个时代就是撰写这种巧辩性文字的时代，不论是对种种迹象的描写还是对种种行为的叙述都是如此。与对暴力行为的叙述相结合在一起的画面则变成了真正的文学之类的东西。寻觅种种迹象在其中占据了主导地位。对于医生来说，就是通过对暴力行为的突然发生及其进展情况的叙述让肉体所遭到的暴力行为本身来说出真相。这是既通过不断增长的好奇心和不断提高的探察的准确性，同时也通过专心致志地对诸种迹象进行测定时的敏锐强烈的目光而表现出来的。他们持续不断关注的首先就是婚姻及其破裂

---

① ［译注］埃斯基罗尔（Jean Esquirol，1772—1840），法国早期精神病学家，其医学观对后世颇有影响。

② 弗雷德里克·肖沃：《罪行鉴定专家——19 世纪法国的法医》，巴黎，奥比埃出版社，"历史丛书"，2000 年。

的状态,这是因为破坏童贞依然被看成是一种最大的侮辱。洛朗·费隆对马耶讷省和曼恩-卢瓦尔省所发生的强奸案经过细心的研究之后,就强调突出了这一点①。当受害者已经失去了童贞,就更为自然地被人怀疑她曾经耍弄过挑逗的伎俩。无论如何,在这种情况下很难检验出她是被侵犯的;这主要是因为医学界一直相信一个女人不可能被一个孤身的男人强奸,尤其是在一个有人居住的地方。布鲁阿德尔教授在 1909 年仍在断言:"一个单独的男人不可能强奸一个其骨盆做出强烈动作的女人。因此如果能犯下此类罪行,那时因为这个女人没有进行自卫②。"我们要补充的是,在奥尔菲拉③之后(1823),医生们一直被可能会出现的没有根据的控告所困扰,尤其是从 1880 年代起,当有谎语癖和有控告狂的威胁性人物出现时则更是如此。这也对专家们为何把注意力集中在一切伤痕上作出了解释,因为这些伤痕能对女性的反抗作出评判,并能明快地解决同意与否这一相持不下的问题,即便此事做得很不及时。此外,精液的污迹,各种体液的颜色、味道和气味也逐渐被列入考虑之内。鉴定报告把希望寄托在某种令人感到恐惧的虚夸的言辞上,这种言辞使用了一切描绘和叙述手段以期把陪审员弄得晕头转向,不知所措。

然而,这些陪审员在奸淫罪方面却又使法官们大失所望。这是因为他们倾向于按照他们那个地区现行的规范体系来解决问题,按照那些对他们那个环境起支配作用的社会等级制度来评判罪行的严重性。上诉法院首席法官在开庭结束后向掌玺大臣提交报告之际便会由此而产生出无穷无尽的怨言。在伊丽莎白·克拉维利和皮埃尔·拉梅松所研究的热沃当地区④,"奥斯达族人"家中的幼子强奸救济院的女孩子似乎并不是什么严重的违法行为,这是因为专横的家庭不顾民法典而把财产留给继承

---

① 洛朗·费隆:《法医指南关于被强奸之妇女的话语解构》,载《历史期刊·性欲与控制》,第 23—32 页;以及《19 世纪被强奸的女人的证词》,见克里斯蒂娜·巴朗等主编的《女人和刑事裁判(19—20 世纪)》,雷恩大学出版社,2002 年;亚力山德拉·科尔迪埃的《从 1821 至 1826 年法国六座刑事法庭庭长的报告来看强奸和奸淫罪》,硕士论文,巴黎第一大学,1992 年。

② 洛朗·费隆所引,见《法医指南关于被强奸之妇女的话语解构》,前揭,第 24 页。

③ [译注]奥尔菲拉(Mathieu Orfila,1787—1853),出生于西班牙的法国医生和化学家。

④ 伊丽莎白·克拉维利:《论生育公民的困难——19 世纪初法国外省陪审团之"令人难以容忍的宣判无罪"》,载《乡村研究》第 95—96 期,1984 年 1—6 月,第 143—167 页。

人,从而使幼子们失去了建立家庭的希望。在马耶讷省和曼恩-卢瓦尔省,42％的奸淫罪的案件都以宣布无罪而告终①。这些被告者的人数是按照其身份、社会地位、在家庭中的地位和性饥渴的程度而推断出来的。被告者所涉及到的都是我刚才所提到的那些单身幼子以及仆人、农村短工、牧羊人和乞丐。

这种被强奸的耻辱由于非得要到法庭上把这件事发生的情景说清楚而变得更加强烈,这种做法在受害者那里持续得很久——大大地超越了我们所论及的那个时期。洛朗·费隆特别强调在中西部地区这种诉诸法庭的做法长久存在着。这丝毫不会令人感到惊奇。作为例证,热马·加隆在其专门对下塞纳省的历史人类学研究的范围内非常清楚地指出了在乡村社会里维护自身名誉的决定性意义②。

受害者的成分是由双重的逻辑必然性造成的。那些被其家庭成员或附近的邻居所欺骗的小姑娘——不容置疑,安娜·玛丽·索恩证明了这一点③——绝大部分都是这样的受害者。例如,被揭发出来的罪犯居然是人们绝对信任的叔父或同伴。其他的受害者大部分都是一些婢女、女佣、牧羊女、拾穗女、林中拾草女以及在悲剧发生时在家中暂时独处的年轻姑娘们。寡妇则是这类受害者中不可忽视的另一部分人,这是因为人们认为她们既没有人保护也没有什么威信。人们算定她们比其他人更加惧怕被别人怀疑自己是自愿的。阿尼克·蒂利埃对布列塔尼地区杀婴一事所进行的极其出色的研究,使人们想到许多女仆都遭到主人的强奸,因为她们不能运用司法手段来保护自己④。

不管怎样,在被专制家庭所统治的法国中部和西南地区,这种家庭只是在试图调解失败之后出现更大的家庭冲突时才最后决定予以干预。为姑娘们的名誉受损而进行报复可能是采取许多和法庭不同的方式而进行的:辱骂、吵闹、幼子之间的殴斗、放火烧谷仓,同时也不要忘记一切属于同一家族

---

① 洛朗·费隆:《19世纪初被强奸的女人的证词》,前揭。

② 热马·加隆:《法国的犯罪现象:1811—1900年间下塞纳地区家庭中杀人的现象》,博士论文,法国社会科学高等研究院,1996年。

③ 安娜-玛丽·索恩:《奸淫少女罪与法国人的日常性行为(1870—1940)》,载阿兰·科尔班主编的《性暴力》,1989年《精神》杂志第3期。

④ 阿尼克·蒂利埃:《乡村中的女罪犯——布列塔尼地区杀婴的女人(1825—1865)》,雷恩大学出版社,2001年。

的人反复进行报仇的手段,这其中就包括谋杀和强奸别人家的女人。

这个世纪的最后几十年正是以这一方式与某种具有决定性作用的断裂现象相符的。乔治·维加埃罗在他那部卓越的概论中曾强调了这一点。洛朗·费隆又在区域性的范围内对此作出了证实。此时人们的想象正处在巨大的混乱之中。因而在一系列因素的影响下对性暴力进行新的评判则势在必行。我们已提到的退化理论以及那种认为遗传性疾病会转移的信念都迫使人们不得不对性暴力进行重新评判。让我们去想一想当时那些把犯罪人类学搞得支离破碎、使塞扎尔·隆布鲁索的支持者和反对者形成对立的种种激烈争论吧。弗朗西斯·拉卡萨涅所指的那些人生故事即属于此类性质的争论①。性学家们所编的堕落行为一览表可以使人们更好地了解由难以控制的冲动所造成的一切罪行。这个世纪末的享乐主义以及那种宣扬人权乃至应有的肉体享乐或至少为提高肉体享乐的合法性而辩护的文学,都导致了性道德的破坏。尤其是在谈论罪行时所涉及到的种种社会建构的新方式、充斥于各大报刊的罪行报导以及笔墨所写的东西与心情之间所形成的那种关系,都使性暴力——即便是那些最不为人所知的——不断地展现在读者的眼前②。它们会使人产生某种异乎寻常的战栗,就像那个犯下一连串性侵犯罪的可怕的瓦歇或那个剖腹杀人者雅克所使人产生的那种战栗。在巴黎获得巨大成功的伟大的吉尼奥尔③则更加刺激了人们的这种好奇心。大家都清楚在这种背景里"强奸犯的形象就变得越来越丰满"(乔治·维加埃罗)。朱迪丝·沃克威茨在其《伦敦东区》中对这种方式进行了非常透彻的阐述:伦敦的那个剖腹杀人犯使人们感到的恐怖已在社会上形成并被工具化了,其目的是为了阻止妇女们的自由行动④。

正是在这个时候人们开始谈论强奸在人的意识中所起的缓慢作用;这就把有关被强奸的耻辱的话语搁到了次要的地位。对强奸的评判从这个世纪末起是由精神病学地位的提升来决定的。从此以后人们就从越来

---

① 菲利浦·阿尔蒂埃尔:《罪犯生平录(1896—1909)》,巴黎,阿尔班·米歇尔出版社,2000 年。

② 多米尼克·卡里法:《墨汁与鲜血——美好时期的罪行记叙和社会》,巴黎,法亚尔出版社,1995 年。

③ [译注]吉尼奥尔(Guignol),法国深受大众欢迎的最著名的木偶戏主角,身穿农民的服装,以方言和矫揉造作的动作表演而闻名。

④ 朱迪丝·沃克威茨:《剖腹杀人者雅克和男性暴力的神话》,载《精神》杂志第 3 期《性暴力》,1989 年,第 135—165 页。

越高的角度来谈论心灵的创伤、个人的伤害、受到嘲弄的贞洁和名誉受到影响的身份。因此,强奸变成了一种使精神受到创伤的事件,是对自我完善的一种伤害。

然而,还是谨慎一些为好。这些概念在当时只涉及到民众中无疑是相对狭窄的一部分人。因此不应当按照某种滥加使用的系统方法,认为这种在19世纪末占主导地位的敏感问题就是我们这个被猥亵和性骚扰困扰的时代的敏感问题。说到这一点,某种戏剧性插曲或许可以作为过渡性事件来看。斯泰法纳·奥多安-鲁佐善于精确地分析和细致地解释在第一次世界大战期间由敌人的孩子突然出现所引起的道德难题①。这种悲剧暴露出战时的强奸行为对人们的思想所形成的巨大影响。既然如此,公众舆论则为这些被强奸的姑娘和女人进行了辩解,因此在许多人看来这一过失可以说已经转移到了由那些粗暴的结合而产下的不幸者们的身上。

当然,谈论性暴力并非完全置对人体所施加的暴力于不顾。阿尼克·蒂利埃极其确切地详细描述了布列塔尼地区母亲杀害婴儿的方法,她们把新生婴儿闷死、掐死,把婴儿的尸体砸碎、击碎。西尔维·拉巴吕在一部涉及范围更广的著作中——因为它与国家的全部版图有关——极其出色地分析了19世纪杀害长辈的行为以及对受害者尸体的处理方式②。

人的头部必然是暴力的瞄准对象。有关这些罪行的报导所叙述的都是头颅"被击碎、被砸破、被敲裂、被打陷",直至"脑浆"被打得喷出来。毁掉父亲的容貌,其目的就是要使他丧失父亲的身份和权利。尔后,罪犯就用刀、砍柴刀对尸体进行疯狂的践踏,似乎要把受害者的任何一点痕迹都消灭得一干二净,"使受害者永远不复存在"。"如此杀人的举动已不单单是将一个人杀死,杀害父亲则更非如此,而是一种灭绝不祥之物的举动,因而必须要使之化为乌有③。"杀害长辈的罪犯意味着他的身体离受害者很近,致死的凶器很少是火器,这样的案例只占16.9%;而是石块或某一随手可取的生产工具,如铁锹、柴斧、斧头、长柄叉、十字镐、铁铲、铁棍和铁锤。

---

① 斯泰法纳·奥多安-鲁佐:《敌人的孩子(1914—1918)——大战期间的强奸、堕胎和杀婴》,巴黎,奥比埃出版社,"历史丛书",1995年。

② 西尔维·拉巴吕:《皮埃尔·里维埃及其他人》,前揭,下面的详细论述,我们借用了其中的内容。

③ 西尔维·拉巴吕:《皮埃尔·里维埃及其他人》,前揭,第366页及以下。

　　司法部门为了促使罪犯招供,会大大地寄希望于让某一被推测出的杀害长辈者与被害者的尸体对质。他们常常会获得成功,因为这种令人毛骨悚然的场面会使犯罪嫌疑人感到极度的恐惧。如若迟迟不招供,那就要毫不放松地去观察嫌疑犯的身体,在他的单身牢房里日夜窥伺"其呼吸的气息"以及"使其面部发生变化的表情"。记下他在睡梦中发出的含糊不清的叫声。观察他的胃口和情绪。

　　在审判期间,种种物证的阴森恐怖场面会使公众的那种急不可耐的好奇心感到满足。"血迹斑斑的凶器、受害者被击碎的头颅、藏在大口瓶里的肋骨或内脏[①]",都引起人们极大的关注。真实的效果所具有的吸引力尤其紧紧地扣住了这个世纪末巴黎民众的心灵,他们迫不及待地奔向陈尸所;在义卖商场失火不久就急急忙忙地去观看陈列出的罹难者被烧焦了的尸体。范纳萨·施瓦茨极其巧妙地把各种各样表露出这一欲望的行为都连接在一起,这种欲望与犯罪文学所描述的那种暴力行为无现实感的情景形成了鲜明的对照[②]。

5

工业化时代遭到损坏和摧残的劳动者的身体

1) 工人身体的损坏

　　卡罗利娜·莫里索写道,一般地说,"对身体的侵蚀是劳动的一种特性,不管它是通过难受、痛苦、中毒、事故、变形还是通过疲劳过度的方式,都表现了这一特性[③]"。因此,历史学家必须提防那种由其所使用的材料

---

① 西尔维·拉巴吕:《皮埃尔·里维埃及其他人》,前揭,第465页。

② 范纳萨·施瓦茨:《令人瞩目的现实——世纪末巴黎的早期大众文化》,加利福尼亚大学出版社,1998年。有关慈善巴扎院焚毁不久后残存物的魅力,参看伊莎贝尔·弗雷米加西的《慈善巴扎院的焚毁(1897年5月)》,硕士论文,巴黎第一大学,1989年。

③ 卡罗利娜·莫里索:《工业上的苦恼——法国的工业卫生保健业(1860—1914)》,博士论文,法国社会科学高等研究院,2002年,第441页。

所推断出的极端的痛苦有益论。19世纪工人的身体脱离不了世人对社会所设想的那种缓慢进程以及塞戈莱纳·勒芒在上面所描述的种种社会构建的过程。那些能促使人们想到工人身体的著作和图像都出自于精英人士对它的观察，而这种观察却又被一种长久虚夸的传统和一整套科学信念所制约。因而像卡巴尼斯所定义的那些有关人的体质和道德的报告对人体的一系列特征就起到了决定性作用。劳动阶级所感到的、路易·谢瓦里埃长久以来细加论述的种种恐惧①和与之相反的体力劳动者使他人隐隐激起的羡慕之情，以及那种想要世人给予他们以一种社会地位并对他们的某些行为进行督促的愿望，这一切都有助于将这一类人的形貌勾画出来。我们在这里谈论劳动者的身体，这已是将其纳入了某种解读社会问题的方式之中。

文学作品中一系列惯用的人物形象当时已对这类人物的特征作出了明确的说明。首先，工人的身体显示出来的就是那种属于平民百姓才有的强壮体质；这便是大革命初期赫丘利的丰满形象在象征领域中所表达的涵义：身体虽强壮，但意识却不发达。工人似乎对其感受到的种种信息的精微之处以及这些信息使人所产生的局促不安却不大理解。用手劳动锻炼了他的触觉，但却有损于他的智力感官即视觉和听觉。工人的身体极大地影响了他的智力活动，阻碍了他的智力发展②。这一先决条件导致他突出了本能的至高无上性。这就是那种能使平民百姓的女性的身体具有吸引力的东西，在男性精英人物当中，有人因抛弃了体力劳动而丧失了活力，于是就希望从这种女性的身体上得到某种补偿。

然而，这种强壮的身体显然常常被劳累、长久的劳作、工作环境的不卫生以及生理上巨大的脆弱性所摧毁和损坏。关于这个世纪的下半叶，大卫·巴尔纳③还在不无理由地坚信慈善团体为防治结核病、酒精中毒和性病，即那些很快被人们称之为大众性疾病而进行的斗争，其做法仍是

---

① 路易·谢瓦里埃：《19世纪上半叶巴黎的劳动阶级和危险的阶级》，巴黎，普隆出版社，1958年。

② 关于这一问题，参看阿兰·科尔班的《感觉人类学》，见《时代、欲望和恐惧——19世纪随笔》，巴黎，奥比埃出版社，1991年；伽利玛出版社再版，"田野"丛书，1998年，第227—241页。

③ 大卫·巴尔纳：《社会病的产生——19世纪法国的结核病》，伯克利，加利福尼亚大学出版社，1995年。

把工人的身体与一些疾病联系在一起,虽然参与这一工作的人都具有奉献精神,不过这种做法却并不能因此而证明这些疾病对精英人物的侵袭并没有那么严重。

总之,这种身体被描绘成是由外表特殊的修饰、一些生就的姿态和举动以及某种知识塑造而成的。所穿戴的宽松的短袖衫和围裙、鸭舌帽或木鞋,皮肤上经常可见到的刺花纹,还有不应忽视的一点就是在这个世纪末这种身体易于被烙上的堕落的痕迹,凡此种种都进入了图画之中。正如安德烈·罗耶埃①所指出的,这种照片——反正是人们所喜爱的、能唤起怀旧之情的由"小手工业"制作的明信片——表现了此类经久不变的人物形象。

鉴于工人的话语极少,因此很难看出他们对如此制作的形象的感受,并且也很难评估这种形象对他们的行为的影响。由于没有直接的记载,因此他们的反应可以部分地从他们的态度中看出来。他们在这一环境中所展示出的力量以及由此而激起的自豪感在整个 19 世纪都博得了世人的称赞。炫耀肌肉、挑战、争斗以及对种种与暴力相似的方式的兴趣都在街道、市集和车间里表现出来;不论是同伴、外来打工者、乔治·维加埃罗对我们所说的踢打术斗士,还是很晚一些时候的流氓,都有诸如此类的表现。在这方面,工人的身体常常被看成是一种被训练过的身体。同样地,手工灵巧的展示是与有能力的自豪感交融在一起的。对这类人所使用的工具及其操作姿态的研究证实了人体文化的丰富多彩,它已与一种特殊的语言结合在一起,深深地扎根于职业的传统之中,这种语言威廉·H. 斯韦尔②已指出了它的丰富内涵。证明身体变得强壮结实的意愿是与要显示出来的态度相一致的。

当时有两种与工业化密切相关的资料根植于这种基础之上,或者更确切地说根植于这种用粗线条勾勒出的表演活动之中:损害身体的种种方式,蒸汽机的威猛所引起的暴力。关于这个问题,正如阿兰·科托罗所建议的那样,应当要考虑那些否认在工作中会有损伤的机构,例如那些在

---

① 安德烈·罗耶埃:《第二帝国时代劳动界的摄影形象》,载《社会科学研究会刊》第 54 期,1984 年 9 月。

② H. 威廉·斯韦尔:《手工业者与革命:从旧制度到 1848 年的劳动话语》,巴黎,奥比埃出版社,"历史丛书",1983 年。

19世纪各种科学院人士中间发挥作用的机构①,同时也不应忘记身体的损伤并非是劳动者所感受到的痛苦的唯一形式。然而,由不要妨碍工业化的愿望所引发的乐观主义,却在促使那种建立在纳税基础之上的王朝的专家们——帕朗-迪莎特莱医生和阿尔塞工程师乃是最好的例子——去谴责这种对怨言所作的夸大其词的做法。在他们看来,人们为之感到悲叹的不卫生的车间大部分至多只可被认为是不舒服的;工人对此类危害的适应,尤其是嗅觉对此的适应就会降低这种不适感。

对劳动的物质条件的关注方式具有自己的历史。我们不妨大加简化,将其分为三个阶段。法国的卫生学家时至1840年代初均属于拉马齐尼②于1700年开启的传统之列,拉马齐尼的那部专门研究手工业者的疾病的著作经过扩充于1822年由帕蒂西埃重新出版。当纺织工业以及尔后的矿业正处在蓬勃发展的时期,人们却把注意力聚焦在手工业的生产上。对此所作的鉴定是以新希波克拉底派医学理论的准则为基础。空气、水、供暖和车间照明的质量,加工材料的特性,不同年龄、性别的工人的数量,就足可对职业的风险和危害作出评估③。

从路易-勒内·维莱梅④的《棉花、羊毛和丝织工场里雇佣工人的身体、道德状况概述》(1840)出版至这个世纪中期这段时间里,拉马齐尼的传统则受到了责疑;关于这个问题,图维南的题为《论大制造业中心工业对居民健康的影响》这部回忆录特别对此进行了揭示⑤。从此以后调查的目标就针对生活条件,而不再仅仅是工作条件。住房、饮食和衣服的质量,可能缺乏的治疗条件,劳累和休息的时间,还有工人的习性,这一切就形成了一个对调查结果起到决定性作用的框架。

然而,视野的这一重新定位和拓展并非因此就会使对此种状况的鉴定有明显的进展,但它们却有利于使那些对社会的描述起导向作用的种

---

① 阿兰·科托罗:《劳动损耗:疑问与压抑》,为《劳动损耗》所写的导言,见《社会运动》特刊,第124期,1983年7—9月,第5页。

② [译注]拉马齐尼(Bernardino Ramazzini,1633—1714),意大利医学家,工业医学的创造人,其代表作为《工人的疾病》。

③ 贝尔纳-皮埃尔·莱居埃:《公共卫生和法医年鉴中的职业病或向劳动耗损的首次接近》,载《社会运动》第124期,1983年7—9月,第45—69页。

④ [译注]路易-勒内·维莱梅(Louis-René villermé,1782—1863),法国医生和社会学家。

⑤ 《公共卫生和法医年鉴》第36卷,1846年第1期。

种想象在精英人士中间获得解放。于是,缺乏远见、放荡和酗酒便构成了抨击的基调。但不管怎样,这种新的动向表明人们已在考虑对劳动过度进行新的探索。爱德华·P.汤姆森长期以来一直强调在规定时间内应完成的工作和节奏的加快所造成的闻所未闻的紧张程度,也就是说疲劳以及损耗——从此以后却被认为是正常现象——对身体的种种影响;这就迫使人们很早就要为工人制定一种能最好地管理他们那种艰苦劳动的人生进程的艺术。从那时起,就各种职业而言,"某一被认为对身体有损的速度"①也就被确定了下来。

从这个世纪的中期至第一次世界大战爆发,出现了工业卫生保健,也就是说"有关身体面临危险的知识②"。由忠告、建议、统计以及常常附有口头调查的病例研究并列构成的卫生学工作者的风格便崭露出来了。这就开创了那种风行一时的专题著作。这种忠实于已在巴斯德彻底改革期间经过重新改造过的拉马齐尼传统的工业卫生学,十分关注工作场地以及场地的通风、照明和取暖。尤其是它经常会涉及到中毒问题,以致把中毒看成是一种真正的毒物学。由操作或附近的铅、汞和磷所造成的危险,还有那种不容忽视的尤其便于肺结核传播的灰尘的致病特性,都同时使人们把注意力聚焦于工伤事故,这一点我们还会谈到。工业卫生学的专家们逐渐把他们的调查程序变得更加精细,因而这些调查就愈益成为一些拼凑起来的材料。所以,当埃米尔-莱翁·普安卡雷1879年试图对那些制作松脂油的工人所遇到的危险进行鉴定时,他周围就有一个情报网络。他致力于临床观察,对当事人进行询问,编制了一系列有关不同年龄死亡的统计材料,并在实验室里进行了某些复核。这一新的科学到19世纪末就与劳动生理学交错在一起了。在意大利人安热洛·莫索③的影响下④,对工人所作的种种动作之影响的估量使人们有可能对由工业生产而引起的疲劳进行实验性研究。与此同时,微生物学的发展则有助于这

---

① 阿兰·科托罗:《19世纪法国工人文化中的劳动耗损、男性命运和女性命运》,载《社会运动》第124期,1983年7—9月,第79页。

② 卡罗利娜·莫里索:《工业上的苦恼》,前揭,以下的详述均出于此书。

③ [译注]安热洛·莫索(Angelo Mosso,1846—1910),意大利著名生理学家。

④ 参照阿兰·科尔班:《疲劳、休息和赢得时间》,载《闲暇的获得(1850—1960)》,巴黎,奥比埃出版社,1995年;巴黎,弗拉马里翁出版社再版,"田野"丛书,2001年,第275—299页。

类调查离开车间而到实验室里进行。

在这种研究发生变化的同一时期,阿兰·科托罗对从1860年代起所形成的从性别来看具有明显区别的受到伤害的两种类型进行了区分[①]。对于男人来说,由于经常被迫要在劳动市场上出现,所以他们的这种伤害被认为是"持续不断的积累性的"。女工的身体是在其青春时期受到最严重的伤害。正如在英国所证实的那样,当企业主们不需要很高的专业技能时,他们特别喜欢雇用未婚女子这样的劳动力。之后,女人在其生命的某些阶段则比男人更容易获得从劳动力市场上退出的可能性;因为由于健康的缘故离开工厂或作坊,她们比男人更能得到人们的宽容。虽然这样说,法国在保护怀孕女工方面的动作迟缓仍是很明显的[②]。在普鲁士,从1869年起,女人在生产之后的4个礼拜是不能被雇用的。她们只有在这段时间之后的15天里出示健康状况证书才可能被接受重新从事劳动。在瑞士,女工只有在分娩之后6个星期并且在其离开岗位至少两个月之后才被允许重返工场。诸如此类的一些措施也使奥地利的妇女得到了保护。至于法国,在1913年6月17日的法令被通过之前,在这方面却没有作出任何规定。不过,我们不应忘记"对劳动者的身体以及对其身体的完整予以保护进行考虑或弃之不顾的历史,却与法律的相继更迭所暗示的时间顺序相背道而驰[③]"。

历史学家们大量著作所涉及的对象是两种类型的工人,这就是矿工和玻璃工。这两部分人都在承受着某些难以忍受的工作环境。从1848年起,圣艾蒂安和纪埃河的矿工就抱怨他们的身体受到了异乎寻常的损害[④]。他们很肯定地说他们的平均寿命不超过35或40岁,而且他们中间还有大量的伤残人员。因此,这个世纪末重又出现了那种凄凉悲伤的情绪。1891年,矿工代表巴斯利在议会中揭露了他先前的伙伴们身体过早受到伤害的情况。这种有关矿场对工人身体伤害的强烈意识又因公司的态度而变得更加强烈,因为那些公司已不再雇用35岁以上的人,并且力

---

① 阿兰·科托罗:《19世纪法国工人文化中的劳动耗损、男性命运和女性命运》,前揭。

② 卡罗利娜·莫里索:《工业上的苦恼》,前揭,第337页及以下。

③ 同上,第342页。

④ 罗朗德·特朗拜:《19世纪矿上的劳动和矿工的衰老》,载《社会运动》第124期,1983年7—9月,第131—153页。

图遣走那些年届 40 岁的人。罗朗德·特朗拜对工人的寿命所作的计算证实了他们的抱怨是有根据的。

呼吸瓦斯、高温、雨水、坑道渗出的潮气、尘屑、黑暗、事故以及比这一切还要严重的艰辛的采掘工作,都对他们过早的损伤作出了解释。他们因患有慢性风湿病而叫苦不迭。人们还注意到他们中间一些人的膝盖关节和坐骨关节经常会变得僵硬起来,而且肘关节部位常常会出现滑液囊的病态症状。眼睛颤抖在这种环境里则是一种祸患。与患钩虫病有关的贫血症和矽肺病——只有到 1915 年这种病才得到了确认——最终才使这种悲惨的疾病分类图表的编制工作得以完成。

玻璃工的身体也受着病痛的折磨①。根据 1911 年的一份报告,巴卡拉的玻璃工在离窑炉出料口 3 米远的地方工作时,夏天的温度就有 41℃。在离炉口 25 厘米的地方,温度则高达 80℃。那些用来抵御阳光和通风气流的木质屏风很难防止这样的高温。许多工人的手和胳膊都被烧伤。玻璃碎片会使人患蜂窝织炎。操作铅或铅的化合物会引起腰痛和贫血症,即便这不是一种致命的脑病。在这种环境里慢性支气管炎颇为流行,双手则扭曲成"钩形"。肺结核肆虐。同时也不要忽视由交换吹管而传染的性病;这种现象曾促使阿尔弗雷德·富尼埃教授在其 1885 年的一部专著《无辜者的梅毒》中把玻璃工人和奶妈、正派的夫妇放在一起。琼·W. 斯各特指出在 1866 至 1875 年期间,卡尔莫的玻璃工平均死亡年龄为 34 岁。到这个世纪末,死亡的平均年龄仍然为 35 岁 6 个月;这和在巴卡拉所看到的情况是相符的。

徒工经常会遭到某种特殊暴力的迫害。马尔丹·纳多在《莱奥纳尔的回忆录》②中曾对那个来自利穆赞的年轻瓦工所处的这种暴力境遇进行了确切的描绘。关于这一点,玻璃工的学徒身份也同样能说明问题③。

---

① 关于玻璃工人的情况,参看 J. W. 斯各特的《卡尔莫的玻璃工人》,巴黎,弗拉马里翁出版社,1982 年;以及卡罗利娜·莫里索的《工业上的苦恼》中专写巴卡拉的玻璃工人的那些章节,在这部著作中还可看到工业卫生史上大量的国际人物传记。

② 马尔丹·纳多:《年长的泥瓦工莱奥纳尔的回忆录》,巴黎,阿歇特出版社,1976 年(第 1 版为 1895 年);米歇尔·佩罗:《正如在工人传记中所描述的 19 世纪的劳动体验:诺伯特·特罗金》,见《陈述、意图、组织和实践》,伊萨卡,伦敦,康奈尔大学出版社,1986 年。

③ 同样参照米歇尔·皮热内:《谢尔的工人(18 世纪末—1914 年)——劳动、场地和社会意识》,蒙特勒伊,伊西格特斯—西西埃斯出版社,1990 年。

正如米歇尔·佩罗所指出的,所发生的一切仿佛是师父继承了父亲的惩罚权利而进行的。青年工人既受到粗暴的斥骂,同时肉体上又会遭到暴力的袭击。他的职业学徒期也是锻炼身体的耐力和忍受痛苦的时期,在这期间,他要忍受师傅和工作伙伴们的脾气。卡罗利娜·莫里索认为,他们的态度是一种强加于人的真正的秘密传授的惯例,它可以被看成是一种消除彼此间的危害及其所引起的恐惧的集体驱魔法。

现在有待解释或者至少要作出说明的,就是工人对身体的这些伤害所持的态度。在整个 19 世纪他们关于这方面的话语都不多,除非是按照人们的嘱咐而说出来的①。他们那种"既要制约身体又要克服恐惧的"意志"驱使他们对自己的痛苦和在做工时所遇到的危害保持沉默②"。我们已经看到了卫生学工作者普安卡雷在 1879 年对松脂油蒸汽的影响所作的研究。他写道,"大部分工人都具有某种应须克服的、不说出任何痛苦的虚荣心",尤其在人们当着其同伴们的面询问他们时就更是如此。"还有一些则犹豫不决,因为他们自以为这是一种可能会给他们的职业自由带来障碍的行政调查。另有一些人则害怕在对待工头或者老板的问题上自己会受到牵连③。"因此,希望自己能有一个好的评语、不能忍受同事们的玩笑以及对舆论的顾及,这些都会促使他们形成夸口说大话的习性。

自从这样的一些看法被披露起,历史学家们对这种低估工人所受到的损害及其所遭受的痛苦现象就思考得很多。愚昧无知、对"疼痛"毫不在乎、艰苦锻炼出来的耐力以及根深蒂固的不重视身体的习性,这些都是历史学家们所引证的。其他的一些情感似乎也起到了作用,尤其是被紧张而短促的人生所证实的对职业所怀的那种崇高情感④。卡罗利娜·莫里索强调了他们对危险的职业所具有的那种自豪感。许多人都认为正是个人的一些素质才使人们把如此艰巨的任务托付给工人,因为人们认为工人比其

---

① 参照阿兰·科托罗的《一些人具有先见之明,另一些人则缺乏远见——有关工人文化面对 19 世纪的互助原则所存在的问题》,载《预防》第 9 期,1984 年 5 月,第 57—69 页。关于在另一种环境即流浪者的环境里说话的困难,参看让-弗朗索瓦·瓦尼阿尔的《19 世纪末的流浪者》,巴黎,伯兰出版社,1999 年。

② 卡罗利娜·莫里索:《工业上的苦恼》,前揭,第 441 页。

③ 卡罗利娜·莫里索所引,同上书,第 97 页。

④ 伊夫·勒甘在其所有的著作中都强调了这种感情。

他人更灵巧或更强壮。从这种观点出发,检查身体被认为是令人不快的事。但不管怎样,"疾病和痛苦不可避免地伴随工业劳动而来①"这一信念似乎已被内在化了。"人们经常见到的那种使劳动变得更为轻松一些的通常观念是与由时间所造成的损伤的观念相对立的②。"抱怨很可能会打破在劳动团体中所确立的种种集体性的平衡,很可能会影响到在工人和职业之间所形成的那种关系。因为所有能证明工人的能力和保持其自豪感的"诀窍"、机灵和个性化的技术动作,多多少少都能缓解工人们的烦恼。

工人有关所有这些问题的话语,只有到1890年代才以集体的、行话的、总之不怎么激烈的方式通过工会的声音表达出来③。至于孤立的工人,他对自己的身体则谈得很少。因此很难衡量他应对这种艰苦环境的方式在其内心深处是如何形成的。借助于卡罗利娜·莫里索,我们或许可以想象到他们在不适和痛苦时的感觉,面临种种危险的表现,寻求最大利益和操作速度与付出最少力气之间所确立的某种相对的平衡。

2) 工伤事故

慈善家和社会调查人员在1839年和1840年开始把工业上的事故看成是一种工伤事故,它在19世纪中后期异常严重地伤害着工人的身体。当然,在工业化初期所特有的多工种环境里,在家庭或作坊所做的工作当时在数量上常常会超过在工场和工厂所完成的工作。尽管如此,后两者仍然是前所未闻的严重灾祸爆发的场所。第一次工业革命即煤和蒸汽机的革命产生了一些能造成严重伤势的机器。在虚构的作品领域里,这些贪婪的、消化和排泄能力特强的物体充满着勃勃生气,抖动着,喘着气,咆哮着,被突发的情绪所左右,注定要制造死亡的悲剧,它们经常出现在系列小说《卢贡-马卡尔家族》中④。然而现实却往往会超过这些噩梦般的

① 卡罗利娜·莫里索:《工业上的苦恼》,前揭,第412页及以下。
② 同上,第401页。
③ 马德莱娜·雷拜里尤:《工会运动与法国的卫生状况(1880—1914)》,载《预防》,1989年上半年,第15—30页。
④ 雅克·努瓦雷:《左拉,机器的形象与神话》,见米歇尔·萨甘主编的《左拉》,法国国家图书馆展品目录,巴黎,2002年。

景象。第二次工业革命是与内燃机以及尔后的电动机逐步取代蒸汽机的过程相对应的,正如左拉在《四福音》里所暗示的,它将会使人与机器的关系和缓下来,并可减少从前的那种被奴役的悲剧。

皮埃拉尔在其专门谈论第二帝国时期里尔城的著作中,极其精确地描述了这个纺织工业城的工场里所发生的工伤事故①。统计数字表明劳动者的肌体经常被撕裂、被扯断、被压碎。在 1847 年至 1852 年期间,有 377 人就是里尔 120 家工厂所发生的严重事故的受害者,老板为了掩盖灾难的严重程度让那些受伤在家治疗的人还不计在内。在以上的受害者中,有 22 人当即死亡,12 人在受伤之后很快去世,39 人被迫截去肢体或成为终生残疾者。

就其大部分而言,这些受害者都是年轻人;这里的问题常常是由于孩子们或年青人被指派去保养机器。27 个事故受害者的年龄还不到 10 岁,217 个受害者在 20 岁以下。这种残杀事件是由多种原因造成的:齿轮系统、轴和传动带很少得到保护,在这种情况下,某些工头为了工作方便就吩咐拆去机套。大部分事故都发生在清洗、修理或上油的过程中。为了不使生产停顿,这些工作都是在机器尚未停下来时进行。场地狭小、拥挤和嘈杂声更加剧了此类工作的危险性。

"在车间里,都是一些被职业性的震耳欲聋的响声和起动泵的颤动所摇撼的极其错综复杂的传送带和传送轴,每平方米和每秒都是至关重要的……一个动作、一个步伐、一阵掀起工作服的气流、任何一个疏忽,就会发生悲剧,而且几乎都是残酷的悲剧②。"在有楼层的车间里,当手、胳膊或腿被齿轮卡住,被缠在轴上或被皮带攫住时,就必须赶紧停机,但机器都是在一楼,甚至安在地下室的深处,而在嘈杂声中人们是听不到命令和喊叫声的。

大部分创伤都是由劳动者的肌体被扯掉或被压碎而造成的。在 1846 至 1852 年期间,被送进圣索沃尔医院的 406 名受伤者中间,有 289 人是被齿轮系统咬住,28 人被传送带逮住,13 人被齿轮卡住,21 人则是梳理机

---

① 皮埃尔·皮埃拉尔:《第二帝国时期里尔工人的生活》,巴黎,布鲁和盖依出版社,1965 年,尤其是有关"手工工场里的工伤事故"那一部分的内容,第 150—161 页。

② 皮埃尔·皮埃拉尔:《第二帝国时期里尔工人的生活》,前揭,第 153 页。

或曲柄的受害者。

最严重的灾难是由锅炉爆炸而引起的。1846 年 8 月,富尔尚博发生的这类事故造成 4 个工人死亡,另有 12 个人受伤。1856 年 11 月 24 日清晨 5 点半,里尔的维尔斯特拉特棉纺厂突然发生了锅炉爆炸。死者中间有一位司炉,他的身体是在 100 米之外的一座 5 层楼的屋顶上找到的,已被撕成了碎块。1882 年,在波尔多的一家工厂里,有一台蒸汽机发生爆炸,造成 15 位工人死亡,45 位受伤①。

皮埃尔·皮埃拉尔很善于使他的读者感受到工人们在纺织厂里身体所受到的创伤。"47 岁的普兰盖特正在给齿轮上油,突然被传送带抓住,头颅被动力轴轧碎,尸体被缠在轴上。……40 岁的旺居纳脚上穿的是一双草靴,他走到传送轴旁:草靴突然被攫住,如同纺纱杆上的卷麻那样被缠绕起来,这个不幸者被紧紧地拉住,他的腿、脚顿时分离,脚被抛到 10 步左右的地方;当传送轴停下来时,旺居纳已被草窒息而死了。……30 岁的科尼尔是波雷厂的一个抛光工,当他一靠上传送轴时,就被皮带抓住,而别人又听不到他的叫喊声。10 分钟之后,他的小腹已被剖开②。"1856 年,13 岁的绕线工阿波拉多尔·杜西因为害怕被训斥,就在工人不在时决定把一个传送带接到一个固定轮子上面,他被带走之后在墙上被砸碎。这一年的 8 月 9 日,年轻的罗沙尔爬到机器的框架上用手固定一根传送带,手被传送带攫住,手则带动了身体。而此时人们又不可能告诉司炉要他把机器停下来,因为机器安在地下室里。最后,机器停下来时,"他已成了在过道上被砸碎的支离破碎的玩偶了……衬衫紧紧地裹住了脖子,勒死了这个孩子。他的身体每分钟被抛掷 120 圈,双脚打破了天花板"③。而厂主并没有因此而感到不安。

这些身体被撕裂、被卷走、被粉碎的人名录是无穷无尽的,如同人们可以在档案室和调查清单里所看到的那样。当时人们并不指责工人因酒醉而造成这样的事故,而总是归咎于他们的疏忽大意和不谨慎。他们的

---

① 让·德吕莫和伊夫·勒甘:《各时代的灾难——法国的祸患和灾难》,巴黎,拉鲁斯出版社,1987 年,第 480 页。

② 皮埃尔·皮埃拉尔:《第二帝国时期里尔工人的生活》,前揭,第 157 页,以下的引文均出于此书。

③ 同上。

习惯、工作经验、卖弄其本领的风头主义都促使他们不遵守车间的条规，而这些条规又说得很不清楚，使人不大搞得明白。受伤者当时根本不享受任何保险。不得不等到 1898 年 4 月 9 日，有关工伤事故的法律才对职业的风险予以了认可。

对身体在 19 世纪遭到的暴力的特殊性所作的调查，或许会驱策人们去研究那种在战时大肆横行的暴力行为的特点。与那些专门研究第一次世界大战的丰富多彩的著作相较而言，专门对当时的战场上所进行的杀戮的研究则显得很贫乏，但它却促使我们把这种可怕的场面留待到本系列著作的第三卷中去探讨。

不管人们对工伤事故的担忧究竟是什么样的，不管人们对身体的伤害究竟意识到何种程度，到第一次世界大战的前夕，人们必然会看到工业卫生保健工作的失败，至少在第三共和国时期的法国是这样的。在这方面，1893 年 6 月 12 日的法令依然没有多大的效果。工人们几乎不使用浴室和洗手池。他们甚至厌恶到新式的公共厕所里去。尤其是他们拒绝穿防护服。在他们看来，最重要的依然是让工具和身体配合得当，依然是那种最好并尽可能快地施展出种种操作动作的能力，并认为这种能力是在从事职业的过程中获得的。一切似乎都使他们感到不舒服，一切"不方便"的东西都遭到了排斥，不论是戴面罩还是戴眼镜或手套，都一概排斥。归根结底，在创立某种生物政治学的时期，工人的身体仍旧继续是在自己的身上练习某种能力的场所。为职业性的动作辩护似乎完全同掌握劳动时间那样乃是一种独立自主的表现。

6

疼痛和痛苦*

探索痛苦的历史如同探索快乐的历史一样，都要回复到对人体本身的历史研究上来。这一历史性的主题出现于 18 世纪末，是由敏感心灵的

---

* 这一主题先前曾由奥里维埃·富尔从医学史的角度进行过研究。在这里，它是被作为某种感觉史的重要因素来看待的。

流露、对自身痛苦的叙述的出现以及对特异体质和一般体感的分析而引发出来的。由蒙田在 16 世纪末所揭示的有关本人身体的隐秘关系仍然是一种独特的体验。事实上,在其《随笔集》中"躯体已不再是简单的灵魂的桎梏;它的形貌并非是仿照耶稣基督的形象而改变的,也并非是因它所展示出的美而变得崇高。它是处在自身感觉的真实性之中①"。指出这一对象的历史真实性就是我的意图。而这一意图也并不新奇,正如罗泽林纳·雷依所指出的,它是从一些专门探讨产妇、垂危者、由劳动而造成的损伤、痛苦以及对战争的厌烦的著作中慢慢浮现出来的,但它仅表现出了一个概略性的特征,如同某种旨在迎合其他种种好奇心的附件那样。

难道对我们来说这就是探讨疼痛或痛苦了吗? 保罗·利科写道,"大家将会一致商定,疼痛这一术语的涵义是要由身体的某些特殊器官或整个身体所感受到的、确定下来的一些情感来决定,而痛苦这一术语也要由某些与自我反省、语言、自身的关系、他人的关系、感官的关系以及与所有一切问题相关的情感来决定②。"玛丽-让娜·拉维拉特在对浩繁的医学文献分析之后,其提出的看法同这种区分相距并不很远,她写道:"疼痛毋宁说是空间性的……它更为人的物化现象所左右",而"痛苦则是一种……可以目击到、可以凝视的疼痛③"。因此,人们可以对遭受痛苦者所表现出的耐力、忍受力和屈从程度进行评估。玛丽-让娜·拉维拉特强调突出了那种掩饰痛苦和流露痛苦的种种行为方式。无论如何,我们不可被纯属肉体性疼痛的种种狭窄的定义所制约。"人决不会仅仅在肉体上感到疼痛,他的整个身心都会有痛感。"

我们所探讨的这一对象可分解为这样的几个部分:对疼痛的确定和命名的方式、对疼痛的表述、疼痛的作用以及对疼痛的看法。这其中的每一个部分都具有自己的历史。疼痛的历史显然比快乐的历史更复杂。快乐的历史的主要作用在当时表现得如此明显,以致它并没有引起什么争论。唯有极度的纵欲才会造成一种威胁。

疼痛是对感官系统的一种动摇,但它也是一种从人生最早起就已被

---

① 罗泽林纳·雷依:《疼痛的历史》,巴黎,发现出版社,1993 年。

② 引自学术研讨会论文集《社会的痛苦》引言,里昂,1999 年 12 月。

③ 玛丽-让娜·拉维拉特:《权贵的特权:用于法国外科的麻醉术(1846—1896)》,3 卷,巴黎第一大学,1999 年(打字稿)。

形式化了的、社会和精神文化的建构。正是这一建构为人生转折的种种庆祝仪式的存在提供了理由。"种种传统通过对人体的考验而塑造了社会的人①。"人们对疼痛的看法先于感觉。人们对疼痛的种种症状的解读本身就是由"某种由一些文化价值和偏见编织起来的个人的、社会的和职业性的感受构成的"。教会、医学、医疗机构、工作环境以及个人被紧紧围在其中的共同体,都提出并且常常是强行规定了有关疼痛的一些意义,并嘱咐那些经受疼痛考验的人应持有的态度。而从所施加或所遭受到的痛苦本身来看,痛苦在当时便成了"权力和屈从"的一种标志。

疼痛的种种表现方式、有关疼痛的话语本身对病人的感受和心境都具有强烈的影响。这里就存在着这样一个问题:人们想知道这种感受是否像对快乐的感受那样可以传达,或者这种感受是否属于难以言说的范围之内。大卫·勒布雷东认为,深深地植入身体的疼痛是那般地剧烈,以致我们不可能用语言表达出来,而当有了语言时,语言也只是一种隐喻而已②。无论如何,试图将疼痛表现出来的种种示意动作——沉默、呻吟、啜泣或悲叹、打手势、现出滑稽相、做鬼脸——这一切都不可能使人们把这种疼痛的感受估量出来。疼痛的真情实况存在于忍受痛苦的人本身之中。因此,历史学家不得不依赖一些渐趋消逝的迹象,即一种几乎难以描述的残迹来对此进行探讨。这就是为什么这几页综合性概论所反映的是对有关疼痛的种种话语分析,而不是对与疼痛有关的种种证据的分析。

疼痛是一种主体的感受,是一种根植于肉体并形成肉体记忆的"心理上的事"。自身疼痛的实际情景、探测疼痛的方式以及对待和表达疼痛的做法,都会逐渐地把人的个性特征塑造出来。因此,个人性情流露的历史是通过疼痛而展示出来的。慢性疼痛甚至会对人生的建构起到作用。它能使人失去思维能力,能改变与他人的关系③。如果患者善于采用那种能引起同情的表现痛苦的惯常做法,他有时就可从所承受的疼痛中获得某种能力④。

---

① 大卫·勒布雷东:《疼痛人类学》,巴黎,梅达伊埃出版社,1995年,以下的那些论述我们借用了此书的内容。
② 大卫·勒布雷东:《疼痛人类学》,前揭,有多处涉及到这一问题。
③ 同上。
④ 让-克洛德·维莱:《担负起痛苦的现代费用》,在"说说痛苦"日里的讲话,高等师范学校,1995年,6月10日。

反之,说出痛苦有可能会使自己产生自卑感;由于个体的人心里明白别人对他的疼痛不会有什么反应,所以这就促使他不将自己的疼痛表现出来。阿尔莱特·法尔热①指出,总之,对疼痛的表达与承受构成了一整套机制。如果我们对此作出补充说别人施予他的残暴行为可能会变成一种快乐,那我们就可以判定这一历史的对象是极其复杂的。关于这个问题,我们可不要忘记扎赫尔-马泽克的《穿皮衣的维纳斯》的初版是于 1862 年出现的,给作者带来巨大损害的"马泽克主义"这个词则是由克拉夫特-埃宾于 1886 年创造的。

在对身体记忆进行仔细推敲的过程中,疼痛所具有的决定性作用就会驱使人们不得不对所观察到和所感受到的疼痛的历史进行探索,尽管这常常是在疼痛过后被描写出来的。从古代至 18 世纪末,医生们都竭力把种种不同形式的疼痛区分开来;其结果就把这种历史淹没在"一种仅仅在医生之间说说的医学话语之中②"。这种"描述上的纠缠不清"延误了对疼痛机理的探索。盖伦(公元 2 世纪)所创立的类型学一直到近代仍在使用。希腊的医生已把搏动性疼痛即炎症引起的疼痛、伴有沉重感的疼痛即内器官有沉重感的疼痛、由肌体组织的膨胀而引起的伴有紧张感的疼痛和针刺般的疼痛即能使人想起针尖插进肉体所引起的那种疼痛相区分开来。按照笛卡尔的看法,疼痛乃是灵魂的一种感觉,因此它与动物机体无关;马勒伯朗士③对用脚踢他那只怀孕母猫的肚子并不担心。17 世纪末,西德纳姆④引进了内在的人的图式。直至 19 世纪初(1805),有关体感的概念、卡巴尼斯的著作中所出现的"内感觉"的概念或比沙所使用的"器官的敏感性"的概念正在确立时,这种图式还在对医学思想产生影响。

在整个 18 世纪,对感觉的衡量和对富有活力的纤维之特性的分析取

① 阿尔莱特·法尔热:《痛苦的种种词语:对历史学家是一种挑战》,在"说说痛苦"日里的学术报告,高等师范学校,1995 年 6 月 10 日。

② 让-皮埃尔·佩太:《关于疼痛的社会和医疗史:对此的认识与尚未认识的进程》,在"说说痛苦"日里的学术报告,高等师范学校,1995 年 6 月 10 日。

③ [译注]马勒伯朗士(Nicolas Malebranche,1638—1715),法国天主教教士、笛卡尔主义哲学家。

④ [译注]西德纳姆(Thomas Sydenham,1624—1689),英国著名医生,临床医学和流行病的奠基人,被誉为"英国的希波克拉底"。

代了在命名方面所作出的探索。这乃是发现神经系统的时代。从那时起,感觉能力就处在"对生命起支配作用的种种功能的核心地位"。感觉能力是由"兴奋和反应构成的一种持久不变的体系"来确定,"这一体系在感觉方面的迫切要求便是捕捉感觉,其神经系统就是那种传送和发生效应的网络①。""(人们以为)生命就是依赖这些刺激以及对此作出回应的神经冲动来维持。……因此活着就是在感觉着。"

神经的原理从此就与肉体和精神紧密相连。这种原理对它们相互间的损害起到了支配作用。许多著作,尤其是像卡巴尼斯、梅纳·德·比朗和维雷这样的观念学者的著作对它们之间的关系进行了专题研究。神经系统从此以后就处于"一切医学分析的中心位置"。这就为赋予疼痛、对患者的提问以及对其痛苦的叙述以重要性提供了依据。文学史和医学史在这方面进展的步调是一致的。病残者在自己的治疗日记里满篇所讲的都是自己的痛苦,这一叙述方式乃是一种与忏悔和文人的发泄相一致的自我表现的写作风格。

尤其是活力论把"活生生的人体"变成了"一个生气勃勃的场所,各种各样的沟通线路和通道在其间纵横交错和相遇②"。撞击、刺激和扰乱的良好效果就是由此而来,因为在这种情况下会使生命的活力振奋起来。必要时疼痛也被列入这种治疗法之中,它能重新激发活力。把慢性痛苦变成剧烈的疼痛即使疼痛发作,从而便可治疗疼痛。不过,与此同时,敏感的心灵却感到需要通过人性的方式来减轻痛苦③。

19 世纪在这方面乃是一个伟大发现的时代。这个世纪的前几十年的那些"探测器"是用来研究接受中心和传送线路的。从颅相学家的研究活动至白洛嘉的研究工作期间,大脑区域定位已被逐步准确地探察清楚。与这一进展相伴而来的则是触觉小体的发现、对脊骨髓中诸感觉交叉点的揭示以及完成了有关神经痛疾的分类工作。1880 年底引人注目的事乃是对大脑结构的研究。此时断层 X 线摄影术正在取代从前制定的绘图

---

① 让-皮埃尔·佩太:《论疼痛——评现代之前医学对疼痛的种种态度》,巴黎,凯伏尔泰出版社,1993 年,第 32、33 页,以下的引文均出自于此书。

② 罗泽林纳·雷依:《疼痛的历史》,前揭,第 148 页,以下的详述均出自于此书。

③ 托马斯·W. 拉克尔:《人体、详情和人道主义者的叙述》,见《新文化史》,伯克利,加利福尼亚大学出版社,1989 年,第 176—204 页。

法。疼痛已不再被看成是单纯的感觉了,从此以后人们把它设想成一种感情的状态,它尤其会通过肾上腺素分泌物的增加和一系列交感神经系统的其他反应而表现出来。

这就是 1770 年至 19 世纪末疼痛的历史赖以确立的基石之一。但是当时还有另一种人们据以衡量痛苦的逻辑方法。让-皮埃尔·佩太对那种把疼痛和从古代以来的西方文化联在一起的伙伴合作关系的特征进行了细致的分析,并强调指出斯多葛主义和伊壁鸠鲁主义所表现出的那种忍耐精神已被人们所看重。基督教的启示则被强制性地纳入了这一传统之中。奥古斯丁青年时期在与摩尼①门徒的二元论经过长期的斗争之后,又被痛苦的问题所折磨,于是他便援引原罪的教义来解释尘世所存在的痛苦。但他却不可能区分出原罪的痛苦,因为上帝是公正的。上帝以其仁慈之心为了人类的福利而设想出了痛苦——首先是其子的痛苦。这种痛苦较快地把人类抛到了上帝那里。它是在为人类的赎救而做准备,它表明这会逐步获得上帝的宽恕。奥古斯丁的看法为"那种身体和灵魂的相互外在性"提供了依据。因此,"为了证明精神的胜利,就必须表现或筹划肉体的失败②"。痛苦具有某种拯救的价值,它就是惩罚和赎救。所以,苦行主义、殉道者以及损害身体的行为当然就是人们特别看重的人类的精神进展和拯救的诸种方式。《圣徒传》以及所有圣徒的生平故事"满篇都是对肉体痛苦的夸张性的描述"。不过,这些圣徒也是整个 19 世纪数量众多的虔诚文学所描写的对象。在希望死而复生的同时,对肉体的否定、使肉体屈从于灵魂的愿望、拒绝快乐以及一切会导致"已被分割成碎块的圣徒遗体遭到细小而又持续不断的损坏"的禁欲主义者的行为,"都会促使人们把所获得的某种圣化的功绩归结到圣徒的肉体及其所遭受的痛苦上"。

基督受难为世人树立了一个榜样。自中世纪以来,人们一直都在思考着救世主的肉体所受的痛苦。这种痛苦的形貌极其沉重地压在 19 世纪那些虔诚的人们的心头,因而不应当相信对痛苦的描述很快就会完全

---

① [译注]摩尼(Mani,216—274?),伊朗人,摩尼教创造人,宣扬二元论教义,认为精神为善,物质为恶,世界是由二者混合而成。

② 皮埃尔·阿尔贝:《分解的人体,切割成块的虔诚方式》,载《土地》,1992 年 3 月 18 日,第33—45 页(尤其是第 34 页),以下的引语均出自于此文。

世俗化。在西欧的某些地区,大革命刚一结束,天主教的改革运动却又反常地达到了顶点。心灵的修炼、阅读《效法耶稣基督》、按照耶稣受难路线所确立的修行活动、背诵玫瑰经、对痛苦的奥秘进行沉思默想、诸种表现形式已逐渐形成一套风格的耶稣圣心教堂的祭拜仪式,这一切都对基督教有关痛苦的种种观念的丰富内涵作出了说明。

　　教堂的钟声唤起了忠实的信徒们对耶稣种种痛苦的生活片段的回忆[1]。那种无处不在的虔诚的形象不断重述着种种痛苦的奥秘,它激励人们实行苦行主义[2]。基督教的教育劝说青年每天都要作出小小的牺牲。修道院和神学院的教规,甚至一些职业学校的校规都以忘掉肉体为宗旨[3]。那些与阿尔斯神甫相似的严守戒规的教士是多么地多呵! 他们可以把诸如此类的观念向病人或者向本堂神甫周围的人,尤其是向虔诚的姑娘们灌输。这一切都是大家非常清楚的,不过,它们常常寓于宗教故事中,但这种种表现却正在深深地影响着社会各个重要的方面,即便以一种非宗教化的方式在进行着。

　　《效法耶稣基督》能使忠实信徒们的痛苦带有某种赎救的涵义。让信徒们受圣伤即让他们"模仿救世主的痛苦"[4],在延迟基督信徒临终的整个过程中所表现出的这一涵义达到了极至。这些伤口——在垂危者的身上重现出一处或几处伤口——流着大量的血。它们是自动出现的,并不发臭,在正常的期限里也不会愈合。它们在其初始阶段似乎是与那种玄妙的如醉如痴的心态有关。它们的样子已不是一种简单的景象,而是一处标志着已被上帝选定的、被确定下来的痛苦的家园。于是那个受过圣伤的人便变成了祭献的牺牲者。

　　这种情景经常出现在 19 世纪的医学之中。受圣伤的人接连不断地出现。1894 年,安贝尔·古拜尔医生为此类现象编制了 320 个案例,这个

---

① 阿兰·科尔班:《大地的钟》,前揭。

② 关于这一问题,参看多米尼克·莱尔希的全部著作,以及克洛德·萨瓦尔的论文《天主教之书:19 世纪法国宗教意识的见证》,巴黎索邦大学,1981 年。

③ 参照奥迪尔·阿尔诺:《肉体和灵魂——19 世纪的宗教生活》,瑟伊出版社,"历史世界"丛书,1984 年。

④ 皮埃尔·阿尔贝:《分解的人体:切割成块的虔诚方式》,前揭,第 38 页。以下的详情,参看卡雷尔·博斯科的《在一个被改变用途的世界里的一个有生命的带耶稣像的十字架——使受圣伤及受伤的部位》,载《被施暴的人体》,前揭,第 295—313 页。

数字在以后的复核中有所下降。最好的一个例子依然是安娜-卡特琳娜·埃默里希①,她受痛苦的目的就是为了抵偿教会及其每一个成员在大革命爆发不久所遭受的痛苦。这个不幸的女人于1824年去世。1868年,在那个比利时女人路易丝·拉多患病的最初症状出现之后,当时那些最有名望的专家都相继来到她的病榻前。夏尔科和吉尔·德·杜雷特的那篇强使人接受的有关歇斯底里症的论文在今天看来是很不充分的,有关精神与身体之间的关系似乎谈得太少。总之,使信徒受圣伤的种种举动仍然是无法解释清楚的。

人们都清楚,反对受这种痛苦的斗争当时不可能轻而易举地快速展开。在19世纪,亚里士多德学派认为快乐和痛苦都有同一个目的即自我保护的理论仍在对世人产生影响。1823年,雅克-亚历山大·萨尔格把疼痛看成是一种有益于身心健康的考验。由于疼痛被纳入了自然本性的范围之内,因而它既是必要的也是不可避免的。从当时大受欢迎的临床医学的角度来看,疼痛如同刺激一样是一种征兆、一种警报。我们再重复一遍,这种带有刺激性的疼痛"隐含着一种能使病人有望得以治愈的能量"。它赋予肉体以冲劲和活力。这一"亲如手足的向导""被列进了医治不甚凶恶的疾病即可以治愈的疾病之理想的方案之中"②。

让-皮埃尔·佩太写道,"那种与疼痛的机制和功用、与对此进行临床诊断的重要性以及与对此进行分类有关的医学表述体系,似乎构成了一道观念的堤坝,它足以阻止某一具体的进展所必不可少的精神上的变化,但当时的道德倾向和哲学思想似乎正在期待着这种变化,或对此起着促进作用"。而此时享有盛名的迪皮特朗则在宣扬他的坚定不移的信念,那些外科医生即他的同行由于不得不采取这种态度,也在对这种变化竭力表现出无动于衷的样子。

为痛苦作辩护已越出了医生的范围和教士阶层。厄运可收到有益效果的理论当时已渗透到整个社会。只有疼痛才造就了强者,才培植了人的阳刚之气。与对懦弱和享乐的揭示相对照的是,对考验和很能忍得住

---

① ［译注］安娜-卡特琳娜·埃默里希(Anne-Catherine Emmerich,1774—1824),德国修女,据传能见到异象。

② 皮埃尔·佩太:《论疼痛》,前揭,第14、24、29页。

疼痛的看重已深入人心。米歇尔·福柯强调了一系列的实践方式,在他看来这些实践方式就构成了那种"使身心变得强健的技艺"。在学校里体罚可以锻炼刚毅的性格。让-克洛德·卡隆①曾对此进行过详细的分析:在不进行禁闭处分时,打耳光、用戒尺打、罚跪、罚站墙角已把"这些精神惩罚"铭刻"在肉体的记忆之中②"。疼痛有益而非有害、它能锻炼人这一思想在当时到处流行。

奥迪尔·鲁瓦内特指出③,在兵营里士兵通过训练和体罚来锻炼自己强健的气魄。在全社会对季节的评价是按照一些精神准则来进行的。冬天被看成是一位启示者④。从忍受严寒的方式便可估量出各个人的勇敢程度。雅克·莱奥纳尔论证了平民百姓抵御痛苦的力量⑤。从事劳动的农民和工人以极其顽强的坚忍精神承受着种种轻伤的折磨,否则就要被人看不起。正当止痛、镇痛和麻醉诸方法开始出现之际,那类专门谈论懦夫的大量医学话语就是这一评价体系的一种象征。

事实上,一些相反的逻辑正在促使疼痛的地位发生变化,并使能忍受的阈开始降低。我们亦已看到,自18世纪末起,某种慈善传统的形成以及世人同情心的产生,都逐渐使古老的杀戮和酷刑令人不可容忍。1780年,昂布鲁瓦兹·萨萨尔发表了一部与这种新的思想感情倾向相符的回忆录。他在书中把疼痛描述成一种体内的、难以忍受的、毁灭性的敌人。"它磨灭了心灵和感官的一切功能⑥。"这种否定性的意义因疼痛可使人冒必死之险的这一希波克拉底医派的传统而得到了加强。1847年,伏尔波提醒人们注意疼痛对生存可能是有害的。1850年,比松把人抵御难以忍受的痛苦的阈限确定为15分钟,超过这个限度,有75%的病人都要死亡。作为例子,他想到了由截肢而引起的那种疼痛。1853年,伊冯诺接着

---

① 让-克洛德·卡隆:《在暴力的学校里——19世纪学校里的惩罚和虐待》,巴黎,奥比埃出版社,"历史丛书"1999年。

② 让-皮埃尔·佩太:《论疼痛》,前揭,第49页。

③ 奥迪尔·鲁瓦内特:《适合于服兵役——19世纪末法国的兵营试验》,巴黎,伯兰出版社,2000年。

④ 马尔丹·德·拉苏迪埃:《冬季——寻找农闲的季节》,里昂,手工工场,1987年。

⑤ 雅克·莱奥纳尔:《人体档案——19世纪人体的健康状况》,雷恩,法国西部出版社,1986年,尤其是第282—311页。

⑥ 让-皮埃尔·佩太:《论疼痛》,前揭,第14页。

证实了疼痛本身有时会导致死亡。

活力论的退缩有利于这样一种信念的传播：疼痛无益于医治疾病，它确实不是一种生命力。除此之外，它还会在动手术过程中造成一种障碍。从那时起，人们对这一斗争的新的威力、止痛和镇痛法的进展，尤其是"麻醉法的革命"①则有了更好的认识。

为了很好地把握后者的意义，让我们来考察一下动手术时疼痛的历史②。从产妇的疼痛来看，它在当时被认为是最剧烈的。与痛风或面神经痛（在19世纪后半期人们认为这是病人所承受的最可怕的痛苦）所不同的是，这种在动手术时由人的手所产生的疼痛是有意而为的、可以预见的，它如同受酷刑时的那种疼痛。它被列入了一种悲剧性的手术场景之中。此类场景表明在19世纪上半叶某种对人施加痛楚的旧制度的顽固性，当然其目的是为了某种利益。这就对在公众舆论看来当时刽子手和屠夫把自己装扮成外科医生的隐语作出了解释。

手术场景完全是一种专门安排给少数人看的一种疼痛的景象：这是一种不时发出可怕的叫喊和号叫的大声嚷嚷的景象；甚至按照外科医生的说法，病人不可能克制住这样的叫声；这是由肢体扭曲、不断挣扎的病人的精神失常，更由流血如注所呈现出的那种直观景象；这也是一种从手术后可怕的死亡率来看令人感到极端恐怖和绝望的景象。数量可达12人左右的助手的在场、大量的绷带和捆扎带、纯粹肉体的"粗野的抗拒"，以及外科医生在操纵病人时应有的那种外表上的冷漠、坚定、寡言少语和高超的技艺，这一切都赋予这种手术场景以一种悲剧性的特征，并迫使所有的参与者非得要动作敏捷不可。

妇女生孩子也是在一种悲剧的情景下进行的。按照医生的说法——尽管他们对这方面的事谈得很少——产妇如同被动手术的人一样大声叫喊着。在她们那里哭泣更为常见，流的汗更多，由或许会在生产时死去这

---

① 塞尔日·热尔克：《从疼痛到麻醉（1800—1850）》，载《秋分》第8期，1992年秋季，并参照作者的论文《屈从或抵御疼痛——从18世纪末至乙醇麻醉术引进时疼痛医学理论的演变（1798—1849）》，日内瓦医学院，1992年。

② 有关以下的部分，参看玛丽-让娜·拉维拉特的《权贵的特权》，前揭，尤其是有关"手术疼痛的描述"和"疼痛的场面"那些章节，第20—68页。从这部著作中可看到有关产妇疼痛的大量而又细致的描述。

一感觉所产生的那种焦虑也表现得更为明显。必须要说的是,妇人分娩的速度并没有动手术的速度那么快。

玛丽-让娜·拉维拉特曾对医生们专门谈论做手术所引起的痛苦的话语进行过详细的分析。他们所谈的疼痛一词用的是复数,因而暗示着由各种各样的痛苦方式所引发的种种强烈的骚动不安。使用这个词的复数几乎总是要加上一个形容词。医生们所提及到的有"剧烈的疼痛"、"刺骨的疼痛"、"难以忍受的痛苦"、"巨大的痛苦"和"承受不了的痛苦"。对这类名词的研究还揭示出"酷刑"这个词也常用复数。酷刑也许与刑事法庭的用语有着某种极其明显的关联。"外科手术般的痛苦"或"手术般的巨大痛苦"这些说法都是老生常谈。

难道对疼痛的抗力就没有发生过变化吗?我们在这里所面临的是一个历史学家不可能真正解答的谜。有关胆怯心理上升的医学话语似乎表现出了一种新的同情心,即那种要求采用麻醉的同情心。由外科医生所提供的多种证据都表明忍耐的阈下降了;但在这方面此类证据的分量仍然是没有什么说服力的。不过,这些著作至少可以提出问题,并使人们能够大胆地对种种迹象进行研究。

莱奥波德·奥里埃于 1893 年断言,作为例子,在拿破仑时代"人们到处可以看到疼痛奈何不了某些人,他们能如此有力地压制住疼痛,以致似乎感受不到。我在自己职业生涯的初期还有机会给这坚强的一代人中的若干幸存者动过手术。他们拒绝用乙醚麻醉,把这看成是胆怯的行为,他们在手术刀下依然一动不动,在鲜血大量涌流到身上时还是那般神情镇定……我坚信在我们中间这类人并没有消失……但当人们看到我们要动手术的那些神经官能症患者和神经衰弱症患者时,人们就会情不自禁地赞美起乙醚麻醉法[1]"。事实上,麻醉使手术的场面平静了下来。

在 19 世纪,有一系列因素对推行止痛、镇痛和麻醉法起到了重要作用。大屠杀场面的消失、使用断头台、枪杀场面不让公众看到、消除一切大量流血的场景、某些神学家不赞成苦修,这一切都在营造着一种对做手术的场景无法容忍的环境。个人权利的提升、从此以后大家了解得更为清楚的由外科手术的死亡率而引起的极度不安、消费的增长、奢侈风气的

---

[1] 同本书第 281 页注③。

发展、由对舒适安逸的闻所未闻的要求所引起的习惯的变化、对身体的新的关注①，凡此种种都赋予反对痛苦的斗争以新的合法性，并刺激了对使用麻醉的要求。除此之外，还要加上在那种标志着复辟时期的赎罪气氛日趋淡薄之后，痛苦的赎救意义的相对缩小。

麻醉为外科医生提供了一种新的帮助。病人的安宁和平静使手术能得以很快地进行。因此，在动手术的场面中就没有那些会使人想起酷刑的器具，人们都将它们清除出去了。自从切口可以在更为平静的心态下计算，结扎能够更加准确地进行之后，血流得就没有那么多了。因而麻醉使手术后死亡率的下降愈来愈明显。

麻醉革命的各个阶段大家都是非常清楚的②。1800 年，汉弗莱·戴维提出用氧化亚氮进行外科手术；5 年之后，约翰·C.沃伦对此进行了最初的试验。1818 年，迈克尔·法拉第公布了他对乙醚蒸汽的研究情况，亨利·希克曼用氧化碳对动物进行了一系列的试验。1828 年，被国王查理十世控制的巴黎医学科学院拒绝对这些试验的结果给予评定，因为麻醉会使人感到恐惧。

让-皮埃尔·佩太曾力图解答这个谜，在他看来与其说是对麻醉表现出明确的反对不如说是对它回避和躲闪了半个世纪。他提到了那些能以惊人的速度施行手术的技艺高超的外科医生所感到的那种自豪。尤其是他特别留心考察了那些以马让迪为榜样的杰出医生，他们都把病人失去意识看成是有损名誉的行为，说病人有必要在清醒的状态下经受人生的种种考验。从这种观点来看，用某种麻醉的方式使病人处于死人般的状态似乎是不适当的。除这些看法之外，还要加上这样一种信念：消除病人的痛苦与其说是属于医疗科学范围的事，倒不如说是属于对病人有帮助的范围之内的事③。然而，正如帕特里克·维斯皮埃朗所指出的那样，把一种直接的影响归结为由那些信奉天主教的权威人士所造成的，这可能是不对的。在 1800 至 1870 年期间，这些权威人士从没有要求医生不去关心减轻病人的痛苦。

---

① 参照安德烈·劳赫：《对身体的关注》，法国大学出版社，1981 年。

② 参照塞尔日·热尔克：《从疼痛到麻醉（1800—1850）》，前揭；玛丽-让娜·拉维拉特：《权贵的特权》，前揭。

③ 参看在"说说痛苦"日里让-皮埃尔·佩太的讲话，高等师范学校，1995 年 6 月 10 日。

所以这方面的革新来自美国。1819年,纽约的斯特克曼对氧化亚氮进行了研究。1842年1月,在埃利查·波普医生给霍布小姐拔牙时,威廉·E.克拉克给她用了乙醚蒸汽。这是第一次在使用乙醚麻醉的情景下进行的外科手术。从此以后,此类试验就越来越多。1846年10月16日,莫顿在马萨诸塞总医院作了一次示范性讲解。尽管这个主题在讲解结束时引起了某些骚动,但这次会议仍旧获得了成功。

麻醉法从此便越过了大西洋。这一年的12月15日,若贝尔·德·朗巴尔使用了这一方法。第一次尝试遭到了失败,但接下来很快便获得了成功。不管怎样,当时的人都把在法国国土上所开展并获得成功的第一次乙醚麻醉归功于马尔盖涅。

人们用了3年的时间①才使这一方法扎下了根,但也曾使人产生犹豫和真正道德上的困惑。当时有好几位医务人员就曾想到,对某些医生来说,女人昏睡时岂不是他们奸污这些女人的一种机会。无论怎样,女人的贞洁就会因此而受到威胁。因而某些道德顾虑的重压就促使人们不得不小心谨慎。窒息、中毒和突然死亡这样的威胁则笼罩着最初的麻醉过程。弗朗斯克·布里耶也于1865年在《论快乐与痛苦》中对此进行了描述。在亚里士多德之后,某些哲学家不曾想到人生会在没有痛苦的情况下继续进行下去。从此以后,人们就在寻思着麻醉能否使这种痛苦消失,或它能否消除对这种痛苦的记忆。总之,某些以娴熟的技艺和快速的手术动作而闻名的外科医生,都失去了因某种卓越的技能而获得的威望,因为手术动作的急促已不合时宜了。

然而不管怎样,麻醉法在大西洋彼岸、在整个欧洲迅捷传播着,并由于防腐法的发现而得到了巩固,由于医疗设备的进步而得到了推进。与此同时,止痛法也在向前发展。从1806年起,鸦片和吗啡已被使用(不过用量很少)。迪歇纳·德·布洛涅竭力用感应电疗法来减轻风湿病患者的痛苦。再后来人们就采用催眠术,然而这一方法并没有很好地掌握。尤其是到了1899年(这一年本卷所研究的那个时代即将结束),阿司匹林在法国已商品化了。

———————————————

① 玛丽-让娜·拉维拉特:《麻醉,道德上的一种困惑——对麻醉之心理史的贡献(1840—1850)》,硕士论文,图尔大学,1987年。

因此,19世纪既与患者耐受阈限的下降和疼痛——从此它被看成是一种复杂的情感建构——之地位的深刻变化相一致,同时也与人们用止痛、镇痛和麻醉诸方法来消除痛苦的斗争的步调相合拍。除此之外,还要加上人们对疲劳所给予的新的关注。与此同时,正如我们已看到的,人们对肉体享乐和肉欲已不再仅仅从生殖的角度去分析,因而享乐主义就具有了某种新的合法性。总而言之,一种新的思想倾向的体系得到了世人的认可。然而,在战争、殖民地的大屠杀和工伤事故中,一些残酷的场景仍然在继续发生着。

第三部分

经过校正、整形和训练过的身体

我们在身体的种种实践活动中间，将选定把目光聚焦在以下几点上：经过整形和训练的身体、外表的修饰和身体的卫生、体操的演变、诸种体育实践之复杂的起源——尤其在英国。当然，若不以前两个部分为依托，可能也就难以对如此拟定的这一栏目的内容进行考察。

第七章　对残疾身体的新认识

亨利-雅克·斯蒂凯(Henri-Jacques Stiker)

　　所谓"残疾身体",它只具有一个明确的表层含义。难道这仅仅是指可见到的那种畸形的、受损伤的、衰弱的,因此比其他大部分人都更脆弱、更软弱的身体吗?我们这个标题的独特性就提出了这样一个问题:我们是探讨患有残疾的人的历史,还是研究"残疾身体"即残疾的种种表现的历史?我们试图尽可能地将这两种观点联系在一起,主要是因为历史研究在这里至少是不可同人类学的视角相分离的。如果说从经验主义的医生的角度来看的确是有一些畸形的或变得难看的身体的话,那么与此同时,从各个时代来看总有某种以想象或理性的方式对此进行加工改造的方法。

　　我们不可避开"社会结构"。这种看法虽然可能有些平庸,但在一个其独特性之一便是引发某些恐惧、诱惑或排斥个人现象的领域里却具有十分重要的意义。按照马塞尔·莫斯①的看法②,这种象征体系是与经验主义的医生和"社会医疗"不可分割的。

　　这个问题还在被复杂化,因为不论是从残废的个人还是从对他们的

---

① ［译注］马塞尔·莫斯(Marcel Mauss,1872—1950),法国杰出的社会学家、人类学家,曾于1925年创立了巴黎大学人种学研究所。

② 马塞尔·莫斯:《真实报导以及心理学和社会学的实践》,载《社会学和人类学》,巴黎,法国大学出版社,"四马二轮战车"丛书,第8版,1983年(例如第294、295页)。参看布吕诺·卡尔桑蒂的阐释《完全的人——马塞尔·莫斯心目中的社会学、人类学和哲学》,巴黎,法国大学出版社,1997年,第247页及以下。

种种描述方面来看,残疾同一些与体弱不同类型的身体缺陷具有密切关系,甚至与之混为一体:一方面是疯狂,另一方面则是精神脆弱。这些混乱的情景都在身体上表现出来,或者反过来,把身体上的某种表象解释成精神和肉体的某种不正常的现象。人体这个概念本身就是模糊不清的。残疾身体不单单是那种已被致残的身体,它也是那种烙有所患的各种各样的疾病和痛苦之伤痕的身体。总之,畸形或衰弱的身体与异乎寻常的身体颇为相似,以致可把它们视为同一。然而,对它们在 19 世纪已得到确认的种种区分的辨别,可促使人们对 1870 年代至 1920 年代这段时期进行考察:在这段时间里,残疾正在从种种感觉缺陷上寻找途径以获得初步的尊严,这一情景一直持续到它被看成是一种需要修复的受伤的身体状态时为止。

1

残疾身体成为可训练的身体

从老皮埃尔·勃鲁盖尔①的著名画作《盲人的寓言》,到 19 世纪末吕西安·德斯卡伏②的那些不大为人所知但却同样令人恐怖的描述,可能会使人感到盲人的面貌和命运都没有什么变化。除非人们把这些人当成是一些不露声色的象征性人物,要不然他们仍然是被嘲弄的对象,就像莫泊桑在短篇小说《盲人》中所描写的那样③。这是因为一切有残疾的身体都会引起人们的恐惧和幻觉。这些"痴愚者"的迟钝和流着口水的样子使洛克④想

---

① [译注]老皮埃尔·勃鲁盖尔(Pierre Breughel L'Ancien,1525—1596),16 世纪佛兰德斯最伟大的画家,画风粗犷,寓意丰富多彩。因两个儿子也是画家,故有老勃鲁盖尔之称。

② 吕西安·德斯卡伏:《被判终生监禁的人》,巴黎,1894 年。

③ 居依·莫泊桑:《中、短篇小说集》,巴黎,伽利玛出版社,"七星诗社"丛书,第 1 卷,第 402 页。有关失明史上的一切问题,从此以后就必须要参考齐纳·韦冈的《法国社会中的失明现象和盲人;从中世纪到 19 世纪初对此的描述和所设的机构》,由阿兰·科尔班指导的博士论文,巴黎第一大学,1998 年;《创建者的时代(1784—1844)》,青年盲人学院,1994 年;以及《什么也看不见地活着》,巴黎,克雷阿菲出版社,2003 年。

④ 约翰·洛克:《人类理解论》,见《洛克的哲学著作》,巴黎,大巴森格出版社,杜洛特先生审核的版本,1832 年,第 4 卷,第 4 篇,第 4 章第 14 节及以下,第 262 页及以下。但从另一个角度来看,洛克对盲人的态度则又迥然不同。

到人们在此种情景下就像是接触到了某种介于动物和人之间的东西,而莱布尼茨①在对这些人的"内在特质"而不是外表尚未信赖时,对断定他们是否属于人类则犹豫不决。阿韦龙的维克多使人对让-玛克-加斯巴尔·伊塔尔②的许多同时代人产生了怀疑。至于聋子,人们则说他与某种野兽相同,或者类似于"那种更为落后的、史前时代不会说话的人,因为他听不到……一切属于人类的东西对他都是陌生的③"。

残疾身体的这种不幸的漫长历史应该是有某种些微变化的。从圣奥古斯丁(尤其是涉及到聋子)到布内维尔④(有关智力发育迟缓者方面),直至 1910 年公共教育部就有关聋哑和盲人学校的归属所进行的讨论,也都存在着某种超越外表现象的抬高残疾人的倾向。这就是刚才我们为什么要提到内政部和公共教育部在 20 世纪初所进行的这场争论,然而,自大革命以来,残疾者则是那些仅仅属于主要是私人、部分是公共救助机构中的肢体不灵活的群体中的一部分人。罗贝尔·卡斯代尔⑤曾谈论过某种"残疾病学",残疾是在西方历史的整个进展过程中反复出现的那类病,它是由那些不可能以劳动为自己提供生活之需的人构成,因而他们也就失去了个人的权利,人们在他们中间经常所看到的就是那些残疾者。贫穷和残疾之间的关系在 19 世纪末依然存在着,所以后者乃属于社会问题⑥。

因此,残疾身体,不管是在街上的行人还是作家和学者的眼里,甚或

---

① 戈特弗里德·威廉·莱布尼兹:《人类理智新论》,第 3 篇,第 6 章。

② [译注]让-玛克-加斯巴尔·伊塔尔(Jean-Marc-Gaspard Itard,1775—1838),法国杰出的外科医生,主要从事对有生理缺陷的儿童的医疗和教育,《关于阿韦尤野蛮人的报告》是其代表作。

③ E. 勒尼亚尔:《对聋哑人的历史所作的贡献》,巴黎,1902 年,第 3 页,由让-勒内·普雷斯诺所引,见《18 世纪的聋人形象》,载亨利-雅克·斯蒂凯、莫尼克·维亚尔和卡特琳娜·巴哈尔主编的《不适应与缺陷——一种历史的诸片断:观念与角色》,巴黎,阿尔特出版社,1996 年。关于 19 世纪聋人和耳聋的历史,参看让-勒内·普雷斯诺的《聋人的示意动作和教育(18—19 世纪)》,巴黎,尚瓦隆-法国大学出版社,1998 年;阿尔朗·拉纳:《当心灵领会到时——聋哑人的历史》,巴黎,奥迪尔·雅各布出版社,1991 年;《示意动作的能力》,巴黎青年聋人国立学院,1990 年。

④ [译注]布内维尔(Désiré-Magloire Bourneville,1840—1909),法国神经病学家。

⑤ 罗贝尔·卡斯代尔:《社会问题的变化——受雇佣者的编年史》,巴黎,法亚尔出版社,1995 年,第 29—30 页。

⑥ 安德烈·盖斯兰:《19 世纪法国的穷人和可怜的人》,巴黎,奥比埃出版社,1998 年,第 54 页。

在那些为之操心的人看来,它一直是令人嫌恶的、可悲的、会使人产生奇想的。然而在 19 世纪末却出现了某种历史的断裂。残疾者开始受到教育,已不被人当作废物那样看待,并开始从一种仅仅是丑陋和令人惊恐的视野中走出来。

狄德罗在其《给目明者读的论盲人书简》(1749)中,断言眼睛好的人和盲人的诸种官能都是完全相同的。他运用孔狄亚克的有关知识起源的观点从理论上对此进行了论证,同时又借助于数学家索尼戴尔松和皮佐镇的那个盲人的例子从实践上作出了证明。在多年之后撰写的《书简》的增补部分(把萨利尼亚克镇的梅拉尼现场表演的情景加了进去)中,狄德罗又论证了一个感觉器官有残疾的人,在向其提供适当的工具之后,他就能掌握某些与他人一样或者胜过他人的技能。这种在智力和务实方面的无限拓展正在越出盲疾的范围。它促使人们抛开有关残疾者所谓天生低劣的种种偏见,它在人人天生平等的伟大思想和个人的独立自主要求——康德曾对启蒙运动在这方面的贡献作了总结——的支持下,就使人们有可能提出各种各样的创议,瓦朗丹·阿维①所提出的关于年轻盲人教育的创议之前,埃拜神甫就已提出了有关年轻聋子的教育创议,后来由让-马克-加斯巴尔·伊塔尔②所提出的有关智力发育迟缓者的教育创议,这些都是大家非常熟悉的。后者因维克多的缘故而遭到了失败,但它却有爱德华·塞甘③、德西雷·马格卢瓦尔·布尔内维尔④这样的有能力的继承者。

与此同时,菲利浦·皮内尔⑤发现了狂人的可治愈性。这些先驱人

---

① [译注]瓦朗丹·阿维(Valentin Haüy,1745—1822),法国书法学家,有"盲人之父及使徒"之称,曾在 1784 年创立了巴黎盲童学校。

② 我们在这里并非在重新探讨这些聋哑人教育的缔造者们及其基金会的历史,而是仅仅指出使对人体的描述发生变化的诸种区别。我们所参考的则是那些已列举过的著作和论文。从传记的角度来说,应当指出的有:皮埃尔·亨利的《瓦朗丹·阿维的一生和业绩》,巴黎,法国大学出版社,1984 年;马里兹·贝扎古-德吕依的《埃拜神甫,聋哑人的免费教育者(1712—1789)》,巴黎,塞格埃出版社,1990 年。

③ 若干年以来,人们一直在重新发掘这位特殊教育的创始人的生平和业绩。其中可参看伊夫·佩利西埃和居依·蒂利埃的《爱德华·塞甘,白痴的教育者》,巴黎,经济出版社,1980 年。也可参看他们的著作《儿童精神病学的先驱者,爱德华·塞甘(1812—1880)》,巴黎,社会安全史委员会,1996 年。

④ 雅克琳·加多-梅内西埃《布尔内维尔和疯癫的孩子》,巴黎,桑居里翁出版社,1989 年。

⑤ [译注]菲利浦·皮内尔(Philippe Pinel,1745—1826),法国医师、精神病学家,主张用心理疗法来医治精神病患者。

物力图为那些"带有征兆的残疾者①"在每一种情景下都制定一种适当的技术：在 1820 年代布莱叶盲文②替换了凸起的文字，埃拜神甫将最初形式的手势语言（与佩雷尔的聋哑教学法的技术截然相反）予以系统化，确立了精神病学及其最初的分类，玛丽亚·蒙代索利在爱德华·塞甘之后推广了一种特殊的教育法。从这一角度来看，残疾者基本上便成了可以教育的人了。当然，他们的身体从外表上看是有缺陷的，但他们对接受教育怀有巨大的热情，这种教育是由卢梭、斐斯泰洛齐③、巴泽多④等所牢牢树立起来的，在整个 19 世纪一直没有中断过。残疾人之所以受到了教育，因为他们是可教育的，残疾人的身体具有那种"被矫正过的人体"的伟大的历史特性。因此，乔治·维加埃罗指出"维尔迪埃于 1772 年创立了一个似乎是并无先例的机构，那里收留着身患某些残疾的儿童⑤"。

在 19 世纪，一种悲惨主义的观念和这种新的教育观念相互交织在一起。聋子问题便是贯穿于这个时期的两难推理的典型例子。国际米兰聋哑人教育会议于 1880 年召开，在这期间口腔法战胜了手势语言（往后已不再正式流行，但仍继续秘密存在了一个世纪）；即便在这一年，这样一种具有决定性作用的问题依然属于人类学的范畴之内。用手势来示意与文明人不相称，而人类的特性就是会说话这一古老的思想观念被重新有力地得到了肯定。肉体无需占据思想的位置；手语乃是一种倒退，它体现了人们对残疾的难以忍受的特性。如果能使聋子掌握口语表达法，那就有可能会反过来使残疾恢复到正常状态。从另一方面来说，这种正常化现象就会以时尚的方式进行下去，因为社会行为和人类行为的相互靠近从其"平均数"来看当时正处在发展之中⑥。这种情景就可使人们弄清楚这

---

① 格拉迪·斯韦纳：《与精神失常者的对话——马塞尔·戈歇在探索精神病的另一种历史》，巴黎，法国大学出版社，1994 年。尤其要参看其中的"包涵体的逻辑趋势，带有征兆的残疾者"部分，第 110 页及以下。

② ［译注］布莱叶盲文（Le braille），这是由法国盲人教育家路易·布莱叶（Louis Braille，1809—1852）发明的为盲人广泛使用的印刷和书写体系。

③ ［译注］斐斯泰洛齐（Pestalozzi，1746—1827），瑞士现代数学的开创者。

④ ［译注］巴泽多（Karl Basedow，1799—1854），德国医师。

⑤ 乔治·维加埃罗：《矫正过的人体——一种教育能力的历史》，巴黎，让-皮埃尔·德拉热出版社，1978 年，第 90 页；并参看第 87—107 页。

⑥ 参看弗朗索瓦·埃瓦尔所作的报告及其对凯特莱思想的前景展望，《福利国家》，巴黎，格拉塞出版社，1986 年，第 147—161 页。

个世纪在其中进行挣扎的诸种反常现象。埃拜神甫为教育聋子所推行的手势法,现在看来就是低级人类的行为,是在给聋子的身上打上印记。有人甚至以热心于教育的名义宣扬一种将会使耳背之人几乎不可能获得文化知识的口头主义。因此,这种种矛盾被推到了顶点:一个用身体的示意动作说话的人体的那种样子,即便在那些试图教育他的人看来也是不能容忍的。这就是在这个世纪始终存在着的一种两难现象:在强调突出残疾身体的异常性的同时,如何能使它获得正常性并使那种令人反感的外观消失呢?

如果我们察看一下将这些残疾人员聚集在一起的地点,这一分析就可得到证实。从定义上来说,此类教育机构只是为残疾者中年纪最小的人开办的,在 19 世纪其数量并不多。1851 年①,国家只建立了两处聋哑人教育机构(巴黎和波尔多),其他 37 处均为私人所开设。这 39 处机构对 1675 名学生进行教育。当时只有一处独一无二的公共机构(巴黎)是专为盲人开办的,它有 220 名学生。其他 10 处私人开办的机构聚集了307 人。而当时法国盲人的总数却有 30000 至 37000 之多,其中有 2200人是 5—15 岁的孩子。因此,显而易见大部分感觉上有残疾的人当时是四处分散的;或是在自己的家中,他们大致会受到很好的照顾;或是在收容所或医院里,他们在这里就与老人和精神失常者混在一起;或是(或同时)还有一些人则流落在街头行乞②。在所有这些悲惨的场所里,残疾人

① 对法国盲人和聋哑人所做的比较性统计,即 1851 年的统计,见《慈善年鉴》,1855 年,第 172页及以下。阿道夫·德·瓦特维尔男爵的《对慈善机构统计性评论》,第 2 版,巴黎,伽利玛出版社及其集团,1847 年。也可参看瓦特维尔男爵的《向内政部长阁下提交的关于聋哑人、盲人及其专门的教育机构的报告》,巴黎,帝国印刷局,1861 年。
我们没有掌握有关身体残疾人的统计数字。但据估计 18 世纪末受疾病和残疾折磨的人占乞丐人数的 15%,而这些可怜的乞丐则又高达人口总数的 15%(克里斯蒂安·罗蒙:《18 世纪巴黎的穷人世界》,《传统的中等教育年鉴》第 37 年度,1982 年第 4 期,第 750 页)。至于19 世纪的情况,经过对可掌握的材料进行讨论之后,安德烈·盖斯兰(见上述所引《19 世纪法国的穷人和可怜的人》,第 83—89 页)估计穷人的数量占法国总人口的 10%,即 400 万人。如若仍旧把病人和残疾者估计为占穷人总数的 10%,那他们的数量就达到了 40 万。
② 或是通过收容所的档案,或是通过文学中的故事情节,如欧仁·苏的《巴黎的秘密》(有关比塞特尔或收容所的插曲),或者通过一些证词,如在众议院教育和美术委员会会议上由某个叫拉伏罗的人于 1904 年 11 月 9 日所说出的证词,我们都可把这方面的情况搞清楚。欧仁·苏的作品中满篇皆是残疾人。《巴黎的秘密》中校长的失明是一种最严厉的惩罚;失明比死亡还要糟糕;如同在年轻的托蒂亚尔的身上一样,残疾和恶毒同时并存,而达尔维尔先生的癫痫病则是最使人厌恶的事,也是极其不幸的事。

的身体是丑陋的、可悲的。要想到教育机构里接受教育,就必须得到助学金,要不然就应由其家庭为他们交付献金;而那些最贫穷的人则没有这种可能性。

至于肉体上的残疾者,即那些身体不能走路、肢体残缺不全或畸形的人,并没有专门的教育机构①来收留他们。他们也是在家里、街头、收容所或医院之间漂泊不定。其中某些人或许可以得到矫形外科诊所的医疗,这些诊所有时会拓展为职业学校,如巴黎夏约区巴斯-圣皮埃尔街的职业学校,专治淋巴结结核患者的贝尔克或福日来班的那些最早的治疗机构,还有哥德堡、赫尔辛基或斯德哥尔摩的斯堪的纳维亚人所设立的那些最富创造性的机构②。当时这种对矫形外科学的热情劲儿四处蔓延开来③,它需要大量的矫形技术手段——床、滑轮系统等等,总之,我们对残疾者进行训练和运动治疗时所需的最原始的工具。但是,这种训练却要付出昂贵的代价,因此穷人是被排除在外的。最后要提出的一个问题便是地点问题,即人们把那些白痴、低能儿、克汀病患者和智力发育迟缓者(采用了当时人们通常使用的一个词④)聚集在一起的场所。

直到1909年4月有关完善教育类别和机构的法令投票通过时,法国还没有一处专门为那些身体患有严重残疾的群体开办的公共机构。爱德华·塞甘是所有从事这项事业的人中的先驱者,他在布尔内维尔的帮助

① P.达格在J.佩蒂的著作《不适应学校生活的孩童和青少年》中写道,"机能残疾者就是在机能教育过程中机能发育迟缓的人",巴黎,阿尔芒·科兰出版社,1966年,第224页,引自莫尼克·维亚尔的《19至20世纪有生理缺陷的孩子》,见埃格尔·贝希和多米尼克·尤莉亚主编的《西方孩童史》,第2卷,巴黎,瑟伊出版社,1998年。

② 此类委托的场所在这里并不能使这些教育机构及其相应的治疗方法展示出来。我们参考了我们的著作即亨利-雅克·斯蒂凯的《残疾身体与社会》,巴黎,奥比埃出版社,1982年;迪诺出版社1997年再版。尤其是要参看"传统时期,令人感到震惊"这一章,新版第95—126页。

③ 尽管人们对这方面没有什么特别的科学兴趣,但在这类众多的证据中仍可参看H.洛朗医生的《身体和心理方面的再教育》,巴黎,布鲁和盖依出版社,1909年;书中还回顾了种种正在通行的身体和心理方面的教育方法。

④ 参看莫尼克·维亚尔的两部研究著作:《弱智儿童:有关20世纪初这方面的专业词语札记》,载《全国生理缺陷者及低能者调查研究技术中心手册》,第50期《从残疾到障碍:一种历史的界标》,1990年4—6月;以及《"弱智"儿童:19世纪末20世纪初这方面的种种词语》,见亨利-雅克·斯蒂凯、莫尼克·维亚尔和卡特琳娜·巴拉主编的《不适应与障碍……》,前揭,第35—77页。

下工作得很出色，但顶多只是在比塞特尔诊所里，这个诊所时至 1909 年一直是智力发育迟缓者受教育的独一无二的创举；他还在巴黎成功地创办了一所独立自主的学校，在他动身赴美国时这所学校就没有再继续办下去，不过它所获得的许多成就都应归功于爱德华·塞甘。虽然如此说，但瑞士、英国以及欧洲的其他一些国家从这个世纪中叶起就已作出了一些创举①。应当补充的是，在法国，智力发育迟缓的孩子常常在一些基本上是专门性的机构里和聋哑人、盲人混在一起，他们实际上要不就是一些智力迟钝并带有某种感觉缺陷的人，要不就是人们对大部分进入这些职业性教育机构的人的要求并不是很严格，因为这些机构首先是按照慈善部门接待处的花名册来招收的。

　　总而言之，19 世纪看来乃是一个四分五裂的世纪；对残疾人的教育和训练的热情只能缓慢地喷发出来，而那些残疾者则在艰难地从某种永远把它们同那种固有的反常性连在一起的幻影中走出来。为了很好地搞清楚这种张力，在谈到那时正在使用的退化这个概念——此时残疾身体正在开始成为集体间互相联系的缘由——之前，我们就应当来回顾一下畸形人的总的历史。

2

畸形的残疾身体

　　直到 18 世纪末，有关畸形的理论上的争论都是针对一些具有异常特征的身体（我们应把身体的某些过分膨大、严重萎缩等等部分都归并在一起）。说到这个问题，我们必须着重指出在一些极其不同的实际情况之间的界线是模糊不清的，这种模糊不清的现象仍然在 19 世纪初的一部分人身上反映了出来。因此，狄德罗在其《给目明者读的论盲人书简》中传达了那种盲人属于畸形人范畴的已被认可的看法②。而且，这同狄德罗所反对的、把失明（如同耳聋）和智力低下联系在一起的另一种

---

① 参看莫尼克·维亚尔：《19—20 世纪的残疾儿童》，前揭，第 348 页。

② 德尼·狄德罗：《著作全集》，巴黎，伽利玛出版社，"七星诗社"丛书，1951 年，第 841 页。

对 残 疾 身 体 的 新 认 识

1. 老彼得·勃鲁盖尔：盲人们的寓言，1568年，那不勒斯，卡波迪蒙博物馆。

　　透过对这种不幸的描绘，甚或可能还透过把失明看成是一种惩罚的揭示，勃鲁盖尔使这6位盲人成为无可救药地注定会走向极度衰退的人类之悲惨境遇的一种总体性寓言。作者给我们描绘的所有这些人物的残疾都触及到了人类的尊严。

2. 埃拜神甫与手势语言，约1860年。

在瓦朗丹·阿维（年轻的盲人）、让-马克·伊达尔（智力发育迟缓者）和菲利浦·皮内尔（狂人）之前，埃拜神甫第一个把希望寄托在残疾人的可教育性上，《给目明者读的论盲人书简》（狄德罗，1749年）对这种可教育性已起到过促进作用。那些可怜的年轻盲人借助于埃拜神甫设计的一种特殊语言接受集体性教育。这幅画像显得过分地神秘，但这位"神甫"却得到了诸位王子和路易十六本人的宠爱，他们确保神甫的事业可获得最大的支持。

3. 英国画派：用手指说话的艺术，巴黎，国立青年聋人学院。

字母表从没有形成一种语言。手语是极其悠久的，可上溯到中世纪（圣波拿文都拉）。但是，必须要等到埃拜神甫才有了这种手势语言直观和最早的初样，因其有了词和句子的双重联接。一种语言符号体系同布莱叶盲文一样，有可能会在另一种语言符号体系中产生某种体系的文字和译写，然而，手势语同任何一种天然的语言一样属于一种完全不同的层次。

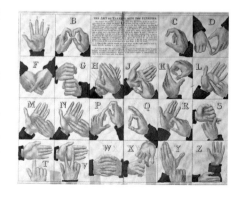

4. 巴纳姆马戏团广告，约1895年，华盛顿，国会图书馆。巴纳姆和贝利以及林林兄弟联合经营的马戏团是由菲尼斯·泰洛·巴纳姆所创立的（1810－1891年）。

　　这种民众的实践方式发展成一种产业，即一种戏剧表演的产业、一种创造怪人怪物的产业。在法国确实没有人去仿效它，尽管巴纳姆马戏团20世纪初在欧洲巡回演出过。

6. 英国画派：朱莉亚·巴斯特拉内小姐，1862年，伦敦，威斯敏斯特档案中心。

　　那个长着胡须的女人属于被世人称之为女怪的许多不正常的女人之列，她们在整个19世纪都是集市里被展出的对象。这些畸形或具有某些奇异和罕见之特征的人不仅可给人们带来金钱，而且人们对反常现象，乃至投射到种种机能严重缺失上的卑劣现象既好奇同时又感到厌恶的情绪，由此得以排遣。

5. 萨尔瓦多·特雷斯卡：瓦莱州的半女傻子，19世纪，巴黎，医学史博物馆。

　　痴呆病似乎先前在各洲和一切时代里都出现过。官方首次对甲状腺肿的调查是由第一帝国的省长朗比托在瓦莱州所作的。如同对待其他的病理状态那样，人们对这种疾病的起因提出了种种极其不同的假设。从1820年起，科安代医生指出碘乃是医治痴呆症的一种非常有效的要素。

7. 美国画派：象人约翰·梅里克，载《医学上的反常和奇特现象》，20世纪，安·罗纳图像图书馆。

约翰·梅里克乃是皮肤僵直、变形和坚硬的最著名的象人，特雷斯医生把他一生的故事记录了下来，他在伦敦的卡尔医院里度过了漫长而又平静的岁月。他起初过着一种被剥削的凄惨生活。特雷斯使他所获得的名声导致伦敦上流社会的人前去拜访他，而他却表现出了极高的智慧和高度的敏感性。

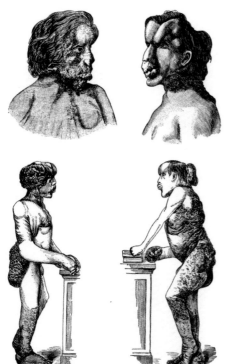

8. 加斯帕尔·约瑟夫·马尔丹－圣昂热：连体人的身体、骨骼、心脏和头颅之解剖图，约1830－1849年。

这可能是热弗鲁瓦·圣伊莱尔父子给畸形下的最好定义，是他们为人体部位的倍增或缩减而规定的概念。在只应有一个单一器官的部位上却有多个器官（如一个身体有两个头颅），或者相反，在应当有多个器官的部位上却只有一个器官（如两个身体只有一个骨盆），这时人们才可谈论畸形。在其他种种情况下，人们只能谈论反常现象。但是，那种以一些想入非非的社会性描述为基础的公众语言并不考虑在手术上有区分的种种科学论述。

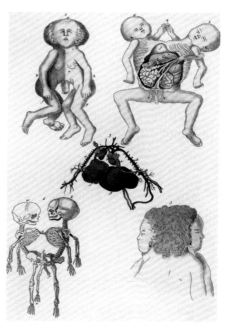

身 体 卫 生 与 外 表 修 饰

1. 梳妆室，19世纪，巴黎，法国国家图书馆。

    1840年前后有产阶级的梳妆室：没有多大区别的空间、脸盆、高大的镜子、香水、海绵、对身体进行的"部分"洗涤。

2. 广告，载《妇女文学》，1906年。

    20世纪初有产阶级的浴室：有明显区别的空间、冷水加热器、浴缸和淋浴器、坐浴盆、盥洗盆、方砖石板、浸洗。

3. 让·亨利·马尔莱：家庭沐浴，1921-1923年。

"家庭沐浴"乃是私人淋浴和公共淋浴之间的一种中间做法，它要把热水和浴盆运到家中。从1820年起，如同一种新的敏感事物的出现那样，它也暴露出了排水网方面的难度。

5. L．萨巴蒂埃：盆浴，1909年。

20世纪初，有产阶级室内盆浴的存在表明，从个人的"全身"洗浴不断增长的需求来看，浴室长期仍是稀有之物，有水的场所仍然长期处在非专业化的境地。

4. 泥浆浴，版画，1890年，按照弗里茨·格尔克的一幅画的意境所作。

这是19世纪末德国的公共浴盆，淋浴者的动作同水疗法的动作颇为相似。

6．巴黎一条街的地底下土层剖面图，按照
E．勒纳尔一幅画的意境而作的版画，1852
年。

7．弗雷德·谢佩德：弗利特街的下水道，
1845年，伦敦，市政厅图书馆。

从19世纪中叶起在各城市里就开始建造水
利装备：净水管道和污水的排放使城市的地底
下布满了"毛细管"。

8. 1899年巴黎开设的廉价淋浴室。廉价淋浴出现于19世纪末，人们从这种独一无二的公共浴室开始而对民众的卫生进行规划。

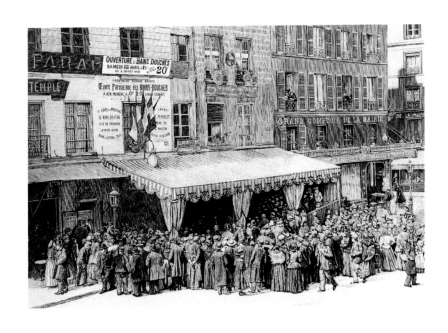

9. 香榭丽舍大街体育馆的游泳池，1850年，巴黎，卡尔纳瓦莱博物馆。

10. 巴黎朗贝尔府邸的浴池，19世纪，巴黎，装饰艺术图书馆。

游泳池在19世纪中叶将其空间从简朴到豪华划分成各种等级：它长期被设计成集卫生、锻炼和水疗于一体的一种混合体。

看法相协调一致。活了将近 100 年(1739—1837)的侏儒约瑟夫·博罗拉斯基,因《百科全书》中以其姓氏命名的那个条目广为人知而出了名,他在其《自传》①中写道:"为了我们这类人的名誉,我对这种说法感到很恼火……"绰号叫小娃娃的博罗拉斯基虽然已经脱离了他那奇特的人生境遇,但在他本人看来,侏儒仍然是属于另一类人。1705 年,解剖学医生阿历克西·利特雷解剖了一个小女孩的尸体,发现她的阴道和子宫的内壁分成两部分②。丰特勒内之类的学者曾对这种病例和 1706 年出生于塞纳河畔维特里镇的连体婴儿(由骨盆而连接在一起的两个身体)以及其他许多病例进行过讨论。能够提出来的众多例子都表明畸形身体的定义在 19 世纪初依然很不明确,其类别可以涵盖各种各样的异常现象。人们几乎没有越出昂布鲁瓦兹·帕雷③的观点:畸形人就是那种"越出了自然规则"的人,他扰乱了按等级划分的生物结构④;这种奇特的人即是一种以"反自然"的面貌而出现的人。从宗教的角度而言,畸形人和奇特的人常常被看成多少是一些不吉祥的征兆。那些稀奇古怪、异乎寻常和极其特别的人都属于这种畸形范围之内。至于把盲人和连体双胞胎都纳入其中,原因也正源自于此。

1) 学者的描述

正如雅克·罗歇所指出的⑤,一场争论由于莱默里于 1743 年去世和其论敌温斯洛抛弃了病源先在论的学说而宣告结束。畸形人的出现有可能会使人们坚持认为某个无知或凶恶的上帝是处在左右为难的困境之中,而人们却又必须要断定上帝是聪慧的、善良的。这种争论首先就是属

---

① 约瑟夫·博罗拉斯基:《著名的矮人波兰绅士约瑟夫·博罗拉斯基回忆录》,1788 年,第 38 页。这一文本展示了对侏儒症表示出巨大兴趣的一种人类学的起源。

② 《法兰西科学研究院史》,1705 年,第 48—49 页,在雅克·罗歇的《18 世纪法国人心目中的人生科学》中曾引用过,巴黎,阿尔芒·科兰出版社,1963 年;阿尔班·米歇尔出版社于 1993 年再版(序言为克莱尔·萨洛蒙—巴耶所写),第 405 页。

③ [译注]昂布鲁瓦兹·帕雷(Ambroise Paré,1510—1590),文艺复兴时期法国杰出的外科医生,被誉为近代外科医学之父。

④ 昂布鲁瓦兹·帕雷:《怪物与奇人》,巴黎、日内瓦,斯拉特基纳出版社,1996 年,第 9 页。

⑤ 雅克·罗歇:《18 世纪法国人心目中的人生科学》,前揭。我们所引用的乃是 1993 年的再版。

于神学方面的,我们即使在上帝创造论之中也能找出这两种倾向。一是,在一部分人看来,诸如此类的畸形人是由其病源而天生注定的;因此人们应谦恭地不要让种种玄奥莫测的神意渗进来(阿尔诺和温斯洛即持这一观点)。畸形人在我们看来他们天生就是如此,这仅仅是因为我们把通常的人当作合乎自然的人。蒙田早已提出过这样的看法①。二是,在另一部分人看来,畸形人是由一些意外之事而造成的,他们或是属于诸种自然规律中的笛卡尔主义机械论范围之内的事,或是属于某种对世界之复杂性予以支持的神意说范围之内的事。

这第二种倾向开启了通往理性、从而也是通往对现实事物进行观察和分析的方向。除了这一点,还要加上狄德罗以及蒙彼利埃的医生们的观点,他们反对任何笛卡尔主义的色彩,肯定了某种活力论和某种生命的丰富多彩性以及生命的某种顽固的特异性和独立自主性,尽管这不属于我们刚才所提及的争论范围之内。因此这个问题就是一个有序性的渐成说的问题,而不是原初范围内的问题。所以狄德罗"把差异放在规则之上,把病理现象放在生理现象之上②",因为那些最常见的形态无非就是众多形态中一些可能会出现的形态而已。有关形态的合理性和生命的丰富多彩性这一双重问题一直贯穿于整个 19 世纪。

当时有两位若弗鲁瓦·圣蒂莱尔③向前推进了这一思想。艾蒂安一下子就断定人的种种先天性畸形是属于人类所固有的,但他同时代的某些人都对这一说法依然表示怀疑。事实上,通过观察就可证明一个畸形人并非一切都是畸形的:他一方面有合乎规则的东西,另一方面又有不合乎规则的东西。这和皮内尔对精神病所采取的立场是相同的。由于艾蒂安·若弗鲁瓦·圣蒂莱尔的努力,人体的畸形现象才得以理清;它被一些合乎理性的规律所支配,人们在把上帝排除在外的同时应对这些规律进行研究。

---

① 蒙田:《随笔集》,第 2 卷,第 30 章。
② 阿尼·伊伯拉罕:《畸形者在狄德罗哲学中的地位》,载《18 世纪》,第 15 期,1983 年,第 318—319 页。
③ [译注]即艾蒂安·若弗鲁瓦·圣蒂莱尔(Etienne Geoffroy Saint-Hilaire,1722—1844)及其子伊西多尔(Isidore,1805—1861)。前者是杰出的博物学家、畸形学的创始人;后者对人与动物的结构异常性的研究方面作出了重要的贡献。

这种态度在艾蒂安之子伊西多尔的《畸胎学》刚开始的那些篇章里就表现得颇为明显①。他是以客观标准为主要根据给畸形下单义定义的第一人,因此这些客观标准就对畸形作出了界定。"任何特异类型的偏离,或者换句话说,一个人同他的同类、同龄和同性的绝大部分人相比所显示出的机体上的任何特殊性,都可称之为畸形。畸形这个词常常是被当作不正常的同义词来使用的⋯⋯相反,其他的一些作者仅仅把那些最严重、最明显的不正常现象纳入畸形的名下,这样,他们就赋予这个词以一种非常狭窄的含义。我在这部著作中将以最近的那些解剖学家为榜样,这不仅是因为我赞同他们对那些与正常状态略有不同的人被称作畸形的人的说法所表示的反感,而且主要是因为把不正常现象划分为几大类的做法,在我看来是由那些存在于最不严重的现象和最严重的现象或畸形之间的解剖学上种种关系的性质来决定的⋯⋯我所采取的划分法主要是以三个方面的考虑为依据:不正常现象的性质,从解剖学方面来看它们的复杂性和严重性的程度,它们对人体功能的影响②。"

畸形只有在那种其中应有对偶性的统一体缩减的情况下才开始显露出来,如只有一只眼睛而不是两只眼睛,只有局部的大脑而没有完整的大脑等等;或者相反,在统一体中具有对偶性时,它其中只能有一种范式,一切成双的东西的情况都是如此。"仅在外观上有了增加或减少时,这种反常现象并非是真正的畸形。在数量上有了明显的增加或减少时,这种反常现象往往是但又不总是畸形。总之,会有这样的一些情况:人们同时看到某种反自然的集合以及因此而出现的某一器官外观的消失,它和另一个器官的萎缩是同时发生的。如果说这两种反常的现象彼此之间有联系,尤其是如若把其中的一种反常现象看成是另一种反常现象的起因,那么这两者显然都是一种复杂的反常现象、一种真正的畸形③。"

由于伊西多尔·若弗鲁瓦·圣伊莱尔认为在正常状态和最不正常状态之间存在着一种连续性的等级区别,因此他甚至在思考着要不要保留畸形这一类别。不管怎样,总是有一些规律在支配着那些最不正常的

---

① 伊西多尔·若弗鲁瓦·圣蒂莱尔:《人类和动物的机体构造不正常之一般和个别的历史或论畸胎学》,2 卷,布鲁塞尔,比利时图书协会,奥曼·卡多瓦出版公司,1837 年。
② 同上,第 30—31 页。
③ 同上,第 68 页。

我们不可能在这里去探讨对畸形的种种看法的历史。在我们看来具有决定性作用的乃是伊西多尔·若弗鲁瓦·圣伊莱尔最终把畸形身体和通常所说的残疾相区分了开来。他对乔治·冈吉莱姆①的那句言简意赅的话——"在19世纪,狂人被送到精神病院里,他在那里是用来让人们知道什么是理智;而畸形人则被放在胚胎学家的大口瓶里,他在那里是用来让人们了解什么是正常状态②"——做了精辟的解释。因而把畸形人体和残疾身体混为一谈的历史由于伊西多尔·若弗鲁瓦·圣伊莱尔所作的区分而宣告结束。人们对这一学术思想此时取得了一致的看法。畸胎学已不再隶属于医学,但对畸形的确切界定却为对不正常部位的机能训练开辟了道路。

我们现在就以朱尔·盖兰为例证③。他的专题性回忆录④所谈论的就不是畸形——从伊西多尔赋予这个词的含义来看,而是伊西多尔所名之为"不正常形态"的种种畸形。他声称他第一个建立了一家畸形诊疗所。由于他便出现了我们亦已谈到过的一系列修复和矫正的手段。他从伊西多尔·若弗鲁瓦·圣伊莱尔的著作中所得出的逻辑是:有种种不正常的形态——他喜欢称作变形(因为他主要是医治骨骼变形的)——是与畸形不同的,即使前者可以对后者作出解释,反之亦然。对变形的治疗和研究便成了一种"专业"。与畸形相比,变形乃是由种种独特现象所构成的一个族系。"你们看,先生们,像我所理解的有关变形的那种独一无二的定义,立即就向我们提出了一种专门的解剖学、生理学、病理学和治疗学……⑤。"

这种有关"变形的医学"——朱尔·盖兰同安德烈·格鲁西奥尔的说法颇为相似,后者于1948年在加尔什开设了一门人体医学讲座——同正规的医学和科学一样被纳入了理性范围之内。然而,畸形和不正常状态

① [译注]乔治·冈吉莱姆(Georges Canguilhem,1904—1995),法国哲学家,侧重于对生命科学史和生命哲学的研究。
② 乔治·冈吉莱姆:《对生命的认识》,巴黎,伏兰出版社,1965年;1992年袖珍版,第178页。
③ 米埃特矫形外科学研究所主任,巴黎患病儿童医院畸形特科负责人,他在1838至1843年间撰写了一系列有关畸形现象的回忆录,由医学报编辑部(拉辛街14号)出版。
④ 朱尔·盖兰:《畸形现象回忆录》,医学报编辑部,1843年,第40—41页。
⑤ 同上,第21页。

之间的区分却使朱尔·盖兰的表述有可能对不正常状态进行治疗,若是除去这一重要的不同之处,他仍是圣伊西多尔的一名出色的弟子。

有关畸形的学术思想往后的那些阶段①,只有当它们把这个世纪末占统治地位的退化现象引进另一个类比之中才有意义。卡米耶·达雷斯特(1822—1899)在其多次再版的一部著作中根据物种因环境的影响而发生变化的拉马克主义的观点,对畸形和退化作了区分;不过,他的物种变化论却导致他把畸形看成是物种范围内的一种突变,这种看法就开启了另一种视角,那些试图对生命诸形式更为普遍或更为有利的特性发表看法的理论家们就可以朝着这个方向开掘下去。但当时的争论则是属于另一种类型的争论,德拉热就以社会现象和心理现象作为参照②把它看成是有关种族和个体之间关系的争论。而大众图画业当时正适逢学者们对这一问题进行种种表述之际,因而它有时也采用这些说法,③所以在19世纪发展得很快。

---

① 卡米耶·达雷斯特:《对人为引起的畸形现象的研究或实验畸胎形成论》,巴黎,1877—1891年。斯塔尼斯拉斯·瓦兰斯基和埃尔芒·福尔:《关于若干单纯的畸形现象和胚胎形成的不同进程的研究》,瑞士动物学文献汇编,1884年。伊夫·德拉热:《遗传和普通生物学的重要问题》,巴黎,施莱歇兄弟出版社,1903年。艾蒂安·拉博:《畸胎的形成》,巴黎,杜安出版社,1914年。保尔·昂塞尔和艾蒂安·沃尔夫又使这种观念和畸形现象之"功效"的历史延伸到20世纪。有关畸形现象历史上的基础性研究工作则应功于让-路易·菲希尔的《从神话的起源到畸形者形态的产生》,载《历史和科学哲学手册》,第13期,《科技史中的法国社会》,1986年。也可参看该作者的文章《畸形学》,见帕特里克·托尔主编的《达尔文主义与进化史词典》,巴黎,法国大学出版社,1996年。
② 让-路易·菲希尔:《从神话的起源到畸形者形态的产生》,前揭,第80页。
③ 19世纪中期确实出现了大量的畸胎学论著,因而畸形人风行一时,仿佛重又看到了人们对意大利文艺复兴的关注。正如让·波莱所写(《畸形者的画廊》,载《怪诞现象》第17—18期,1961年2月):"当时《自然》、《秀美杂志》、《小报》带插图的副刊以及荒诞不经的《旅游报》上都充斥着令人惊愕的版画,狗面人若若在这些报刊中炫耀着姬妾的魅力,而罗萨-约瑟法则在杂耍剧院里获得了巨大的成功。医学校大街上的橱窗里摆满了卡米耶·达雷斯特的对有关人为造成的畸形现象的研究著作、郎斯罗的《病理解剖图谱》(1871)以及朱尔·盖兰的《畸形现象研究》(1880)。L.马尔丹也在这一年出版了他的《从古至今的畸形人的历史》;夏尔科和里歇出版了《艺术中的畸形现象和患者》(1890);科尔丹发表了《传说和自然界中的畸形人》(1890);吉纳尔发表了《畸胎学概要》,白朗出版社,1893年,以及《人类与哺乳动物的畸形》,等等。此时精神病盛行一时,畸形人到处流行"(第7,8页)。
  也可参看马尔丹·莫内斯蒂埃的《畸形人——"被上帝遗忘之人"的神话世界》,畴出版社,1996年。这部著作虽然缺乏科学的精确性,但却出色地表达了19世纪人们那种渴望把人的异乎寻常的现象展示出来的心情。巴黎的专栏还报导了香榭丽舍大街上各种各样的市集场景,如1855年报导了一个被命名为"阿兹特克人"的身患佝偻病的小头畸形的人;1873年又报导了一对连体的姐妹,等等。

2) 民众的描述

在 19 世纪的集市和市集日期间到处都充斥着人们所展示的畸形人体①。当然,把"畸形人"展示出来的举动和将畸形人归属于拉丁文的怪物(monstrare)这一不正确的词源一样古老②。这种展示是和一些家庭的外出活动相配合的:人们在礼拜天要到比塞特尔去观看那些被锁住的、号叫着或衰竭无力的疯子。如若把所展示出的各种各样的畸形者和此类消遣娱乐的场所都列举出来,或许只能突出这一活动在数量方面的重要性。较为有意义的乃是罗贝尔·博格登③所作的分析,他以 1840 年这一关键时期为根据,也就是说在菲尼斯·泰勒·巴纳姆④(1810—1891)建立美国博物馆的那个时期,将这个世纪一分为二。民众的这种活动方式此时便成了一种产业,即制造节目的一种产业和生产畸形人的一种产业。尽管巴纳姆杂技团 20 世纪初在欧洲巡回演出过,但法国人确实并没有怎么效仿过它,在法国,人们总是要在某些市集期间寻找世界上最肥胖的女人、连体姐妹或骨瘦如柴的人。要不然,观众就会涌向

---

① 正如让·里希潘巧妙地所说的:"两只发臭的彩色灯笼被大风吹散,钟声伴随着鼓声取代了管弦乐队,悲痛凄惨的阵阵乐曲明如白昼,此番情景如从壁板后面看到的景象一般无二。这个发育不良者的头颅活像一只羊皮袋,那个象皮病患者的双腿形如桁架;这个半人半马怪物的鼻尖状如登山的爬绳器,那个孩子的双臂犹似龙虾的螯,总之,仿佛是某种怪物,但这里面却有真也有假;因为有人在模仿着他们,因为残疾可使人吃饱肚皮。人们从这里进进出出,命运无定数的说法便由此而生。可为了两文钱人人都来这里为自己的命运祝福。因为在这些残疾人和脑积水患者的面前,最丑的东西也就是种种辉煌胜利的外形。"见其诗歌"集市节上的怪人",载《巴黎的怪人》第 5 期,巴黎,费加罗出版社,E. 普隆、努里出版公司,J.-E. 拉法埃里配画。

② Monstrum(畸形、怪物)源自于 monere(无核原生物),这一词义"令人深思"。怪物提出警示,这种说法从宗教的角度来说就是奇迹。

③ 罗伯特·博格登:《畸形人的表演——为取乐和获利而展示人的奇特形象》,芝加哥和伦敦,芝加哥大学出版社,1988 年。"值得注意的是,一旦人体的展示隶属于某些组织机构,那么这种构想和表现畸形人的各式各样的示范举措就会成为一种惯常的做法,即成为一直持续到今日的惯例。于是这种畸形人的表演就和迅速发展的大众娱乐业相结合在一起,而那些建立起这一行业的组织机构就如同从事种种职业似的,就以一种特别的与世界相接近的方式来收容那些畸形人,并为其开辟一种独特的人生之路。因而,这种文化对大量制作畸形人之现象的理解具有关键性的作用"(第11页)。

④ [译注]菲尼斯·泰勒·巴纳姆(Phineas Taylor Barnum,1810—1891),美国举世闻名的游艺节目演出的经理,曾在自己买下的展览馆里展出过畸形人以及其他种种稀奇古怪的东西。

斯皮茨内博物馆①,这座博物馆的目录中有一些便是对许多畸形进行介绍的模型,除此之外,还介绍了一些各种各样的不正常现象和残疾,其情景同稍早时历史画展览(1776)的创始人居尔蒂于斯医生的恐怖室里的情景一模一样,这个恐怖室后来于1835年归属于伦敦图索博物馆。人们还可去医学院,并可去那个因有了迪皮特朗的遗赠而由奥尔菲拉院长建立起来的解剖蜡像博物馆。与此同时,这种病态的趣味还驱使这些节日里的游手好闲者们到陈尸所去观看。

巴纳姆建立了博物馆之后,在1884年至1890年期间,那个臃肿笨拙的巨人约翰·梅里克曾在那里被展览过,特雷夫医生专门为他所写的一篇报导②使欧洲19世纪下半叶这方面的气氛和种种活动的方式得到了很好的恢复。在这种展示畸形人的劲头未消失之前,可能必须要等到发明了电影才可使其衰退下去。对一些刺激想象、令人惊奇的景象的需求可以运用梅里埃③的最初的摄制手法去获得。但是要想从总体上对19世纪对残疾身体所给予的关注进行分析,若是仅仅回溯一下公开展出畸形人这种常有的事,那是不够的。只有转向文学这样的事才具有教育意义。

1869年,维克多·雨果④塑造了一个名叫格温普兰⑤的人物,这是一个被毁了容的孩子,始终咧着嘴强笑,现出一副滑稽相。他的这种模样是由一

---

① 皮埃尔·斯皮茨内自称是一位医生,他在鲁什博览馆(位于巴黎水塔广场,后成为共和国广场)里设立了自己的解剖博物馆,该馆以泽莱的收藏为基础(1856年),但他为收集展品而跑遍了整个欧洲。此外,在1880—1885年期间,该馆有6至8件吸引人的同类展品。1985年6月10日在德鲁奥拍卖行拍卖时,斯皮茨内的展品目录曾由拍卖估价员亨利·谢埃特师傅重新编制过。

② 特雷夫医生的著作(《象人及其他的回忆》,伦敦,凯塞尔出版社)到1923年才出版。他的经历和所记叙的事已经相隔了40年,而这段时期已使当时所发生的那些事件改变了面貌。尽管如此,他还是证实了这些畸形者(人)乃是贫穷的杂耍艺人获利的对象,他们把这些畸形人藏在地下室里。1980年大卫·林奇根据特雷夫的记叙拍摄了一部电影《象人》,这部影片更加突出了约翰·梅里克一生的戏剧性个性,但它却又蕴含着多义性,使人想起了19世纪的畸形现象。参看迈克尔·豪厄尔医生和彼得·福特的《象人——象人约翰·梅里克真实的历史》,法文版为让-皮埃尔·拉蒂格所译,法兰西休闲出版公司,1980年;巴黎,贝尔丰出版社,1981年。

③ [译注]梅里埃(Georges Méliès,1861—1938),法国早期电影实验家,第一个拍摄故事片的人,一生制作了数百部影片。

④ 维克多·雨果:《笑面人》,1869年。我们引用的版本乃是1942年弗拉马里翁出版社出的《全集》本。

⑤ [译注]格温普兰(Gwynplaine),雨果名著《笑面人》中的主要人物。

些非法买卖者即儿童贩子所为,他们买下儿童后,就按照那种深受欢迎或广为流行的样子,对其面部或身体施行外科手术,再到畸形人市场上即集市上去出卖。雨果所构思的这一情节发生在 17 世纪,但莫泊桑则举例证实了非法买卖那些被故意弄成畸形人的儿童的事在他那个时代也不少见①。畸形人的若干特征使我们把注意力又集中到维克多·雨果的这部小说上来。

格温普兰永远不能摆脱集市上那种逗乐者的角色。即使在他恢复了英国贵族院上议员的头衔之后,他在为穷人而发表慷慨激昂的演说时,仍然是一个小丑、一个滑稽可笑的人。除了双眼看不见的"女神"之外,人们永远不会把他看成是本来的他。他只是一个丑陋的东西:"一个难以描述的东西,给格温普兰戴上的面具正是用他自己的肉做成的。何等难看的面孔,但他自己却不知道。他的面孔消失了。人们在他身上安上了一个假的他。他把一种消失了的东西作为自己的面孔②。"

观众们在乌尔苏的木板棚里笑声不绝,然而,这是一种在恐怖中结束的焦虑不安的笑声;格温普兰和"爱神"构成了一面镜子。在维克多·雨果的这部小说里,权力在这种畸形中发现了它的反面。这个处在社会机体另一端的畸形人使这个世界的大人物提高了身价,但与此同时这些大人物却又与他具有某种姻亲关系。他们在自己的威严和权力的背后同样丑陋不堪。他们也是成天戴着假面具。只不过格温普兰是将自己的丑相形之于外,而那位公爵小姐(约瑟安娜)却把自己的丑相藏之于里。她心里明白自己是不光彩的,因为她是一个私生女。这个外表难看的人可以使她获得一种自我满足感。从净化自己身份的角度来说,同这个畸形人结婚就可以使她摆脱这一难堪的处境;因为格温普兰和"爱神"都是一个令人厌恶的世界中的绝对纯洁的形象。约瑟安娜从自己邪恶的心理出发并不认为格温普兰是一个真正的另一类人。因此,当她获知格温普兰是英国的爵士并被指定为自己的丈夫时,她突然感到他再也没有什么价值了。她对一个有残疾的丈夫就没有任何事要做的了。格温普兰只有在违反常规的情况下才具有启示作用。维克多·雨果在中世纪的逗乐小丑③和 19 世纪的猎奇心之

① 参看神话故事《怪物之母》,见《神话与短篇小说集》,前揭,第 1 卷,第 842 页及以下。
② 《笑面人》,前揭,第 299 页。
③ 莫里斯·勒维:《权杖与人头杖》,巴黎,法亚尔出版社,1983 年。

间架起了一座桥,对"道德上的"丑恶现象进行了思考,肉体的丑陋乃是道德丑恶的一种形象化的比喻①。他预告了人体畸形概念的含义将要向 20世纪的那些骇人听闻的悲剧(1914—1918 年的战争、纳粹主义、苏联的极权主义……)的主角们滑移,或者将会远离现实而趋向于科幻小说。

正当身体的畸形使人们对畸形现象萌发出其他一些想法时,它的一个替代物诞生了:退化的身体。

3

身体与退化

退化的概念②最初同畸形概念并不相干,因为它是在精神病医学领域而不是在生物学家那里产生和发展的。这一概念试图使自己既适用于精神病而又来自于精神病。不过,退化者的类型则是那些克汀病患者、智力发育迟缓者或白痴。对退化的基本构想应归功于贝尔迪克特-奥古斯丁·莫雷尔(1809—1873)③。他在 19 世纪后半期曾受到过评论、批评,有时则被人们遗忘了,但是让-克里斯托夫·科凡④则确切地指出了他的著作仍然是退化理论最重要的参考资料,其中有好几种论据是应当记住的。

退化者的存在是一个从未遭到过批判的基本前提。从那些被称作克汀病患者的人起,亦即从那些在甲状腺方面机能不健全的、常常是甲状腺肿大的人⑤,或患有严重精神病和智力发育不全的人起,莫雷尔就对"退

---

① 安娜-埃马纽埃尔·德马蒂尼:《拉塞奈尔,七月王朝社会中的一个怪物》,阿兰·科尔班指导的博士论文,巴黎第一大学,1998 年 1 月;《拉塞奈尔事件》,巴黎,奥比埃出版社,2000 年。

② 对这一概念的历史最精辟的表述见克洛德·贝尼舒撰写的词条"退化、蜕变",载帕特里克·托尔主编的《达尔文主义和进化史词典》,第 1151—1157 页。

③ 贝尔迪克特-奥古斯丁·莫雷尔:《论人类的体质、智力和精神之退化》,巴黎,巴伊尔出版社,1857 年。

④ 让-克利斯托夫·科凡:《受到谴责的社会群体:法国和意大利的退化主题(1850—1900)》,由米歇尔·佩罗指导的历史博士论文,巴黎第七大学,1993 年;《精神病的遗传(1850—1914)》,巴黎,拉阿尔马当出版社,2003 年。

⑤ 有关这个术语的定义和内涵,参看让-路易·高尔佩的《痴呆症》,见亨利-雅克·斯蒂凯、莫尼·维亚尔和卡特琳娜·巴哈尔主编的《不适应与障碍》,前揭,第 138—145 页。

化者"的种类作出了强制性的规定,如同人们对一般的精神病所作的分类那样。这种极不确定的类型建构只是因为它比精心构想此类临床学具有一种更为普遍的功用才有可能。我们应该注意到它同物种演变和遗传方面的种种新主题之间的默契。如果人们和莫雷尔的看法保持一致,那么人们就会承认上帝创造论者的那些理论;如果人们以某种几乎是完美无缺的"原型"作为参照,那么,人们必然就会获得物种可能会有的某种退化现象的观念:那些退化者就是物种退化的一些危险的征兆;此时,人们由于又被那种种族中心主义所左右,因而就倾向于认为完美的人种就是白人,从而便在人类的其他种族中去寻找退化的人。因此就把退化者和黑人联系在一起。如果人们不赞同上帝创造论者的观念而承认这种演变现象,那么其结论差不多就是相同的。这里所涉及的是物种内在的一种退化现象;某些个人或人类群体则表现出了这种退化现象;在某些种族和某些亲密感情中所存在的那种密谋关系也是因为同样的原因而产生的。遗传在这里起了重要的作用。物种的退化会导致人们去探索退化的根源:遗传则提供了答案。遗传并不是作为与某种生物学论据相连的东西(孟德尔的观念此时还没有真正渗进科学界,更不用说渗进思想界了),而是作为由某些生活环境所引起的缺陷会传给后代才受到了人们的重视。当然,环境有物质环境也有社会环境。酗酒就是一种典型事例:在穷苦阶层中人们嗜酒成性,就会把这种恶癖传给他们的孩子,这就导致了一些退化现象。人们以这种方式就可以相当清楚地看到在这一观念和人们从另一角度所说的"劳动阶级、危险阶级"之间的那种相互对应的关系①。因此,退化就使人们想到了犯罪行为。盗贼和犯罪就是出自于退化者之类的人之中,退化者似乎完全就是犯罪的根源。退化者乃是一切弊病的集中体现,而这些弊病会永远潜伏于人体之中。

"小头畸形者、侏儒、已被确认的酒精中毒者、白痴、隐睾症患者(无睾丸)、克汀病患者、甲状腺肿患者、疟疾患者、癫痫患者、已被确认的淋巴结核患者、结核病患者和佝偻病患者②",这一切全都属于由退化现象所引起的疾病。

---

① 雅尼纳·韦尔德-勒鲁:《社会劳动》,巴黎,子夜出版社,1978年。

② 欧仁·达利撰写的词条"蜕变",见阿梅代·德尚布尔主编的《医学科学词典》。

谁一提到疾病谁就会谈到医学的介入，而精神病医生则愈来愈经常地被称作法庭里的专家。因此，当"社会病"的概念正在广为传播的时候，医学权力对退化人体的控制则在不断地强化。这一现象人们在意大利隆布罗索①的著作中看得最清楚，他把注意力集中在癫痫症上，非同寻常者和罪犯都属于这种病症之列。按照让-克里斯托夫·科凡的看法，"退化加速了某种社会医学的建立，那些解读框架、文化观念以及共和时期占主导地位的主题都是从此中衍生出来的。酗酒虽则在这个世纪已发生了变化，但仍然是有损于道德的污点；遗传对于医学来说如同教育对于共和理想一样乃是最基本的、不可回避的②"。这位作者就有关莫雷尔所写的东西作出了证实，莫雷尔的那部著作"所表达的与其说是与心理素质相关的一系列曲折的认知过程中的一个阶段，还不如说是与精神病学有关的文化和社会学历史中的一个阶段③"。

很明显，"退化者"这一类别以及退化概念之所以能流行起来，是有其意识形态背景的。也正是这一点才对它们所遇到的阻力作出了解释，医生们当时已不再把它们看成是一种确切的说法，在有关它们的社会性表述发生了变化之后，这一类别和概念也就消失了。

然而，"退化学说并没有真正终结。除了对某一概念消失期的推定是一种比对某一政治类事件结束日期的推定无疑更为复杂的做法之外，当时并不存在人们要正式地把一种多年间对法国和意大利的精神病学具有起动作用的现象真正抛弃的愿望。事实上，人们在 20 世纪开始时就看到了一些反对者、拥护者以及其他的一些人，不过，他们宁愿佯装忘记了这一学说对他们的思想和学科通常所具有的作用和影响，至于那些力图把他们的学科以往的一切方面都囊括在一起的无批判眼光的人，那就更不用说了④"。

其实，要想让医学的目光转向其他的方向，一方面就必须要有精神分析法的影响，另一方面又要有对精神病的治疗方法——但这些治疗方法

---

① ［译注］隆布罗索（Cesare Lombroso, 1835—1909），意大利犯罪学家、精神病学和刑事人类学教授，《犯罪者论》是其代表作。
② 让-克利斯托夫·科凡：《受到谴责的社会群体》，前揭，第449页。
③ 同上，第209页。
④ 同上，第535页。

（药物、电休克疗法等等）都使患者感到不快。

退化观念是属于人类的一种观念，即人类或个体受到了衰退这一危险的威胁；不论是从一种完美的原初状态的人衰退下去，还是从一种中等类型的人衰退下去，这都无关宏旨。然而，凡是衰退的人并非没有任何的责任：如果他是因为生病而衰退，他就要保重身体，人们就要给他治疗；如果他因为有过失（近亲繁殖、酗酒等等）而衰退，人们就应通过救助的方式或对他进行惩罚，使他重新振作起来；如果他代表着人类演变的一个不可改变的等级（"黑人"），也要让他听从人类中比较幸运的那一类人（"白人"）的支配。我们透过退化概念在此类著作中所看到的这种人类学，是由某种防止一切会产生人体缺陷或异常现象的根源这一思想所统率，它重又对社会中好的和坏的成员进行了区分，把社会上的种族中心主义提升到普遍适用的程度，因而它与另一种思潮——社会达尔文主义就发生了内在的共鸣。

达尔文思想的影响乃是观念史上一个过长的篇章，以致在这里不可能对此作出确切的回述。看来有一点是明确的[1]，那就是不能用他的《物种起源》来解释社会达尔文主义[2]，即便他毫不含糊其词，尤其是在这部使其名声大振的著作之后所写的一些作品中。然而，引人注目的乃是某种种族类型的社会意识形态渗进了这一论题之中[3]。由克莱门斯·罗瓦耶为达尔文的这部著作所写的初版序言[4]对此作出了证明。她写道："这样，人们最终会为了弱者而牺牲强者……为了这些低劣的、虚弱的人而牺牲那些极具才智、体质极好的人……这种专门对弱者、残疾者和难以医治者们的不明智的保护究竟会造成什么样的后果……。"这篇40页的序言就属于这种思潮之列。不过，克莱门斯·罗瓦耶是一种真正的主张优生

[1] 安德烈·皮肖：《生命概念的历史》，巴黎，伽利玛出版社，1993年。安德烈·皮肖引用了达尔文的一些令人稍许感到不安的文本（第772页及以下）；但是帕特里克·托尔却颇为合理地指出了达尔文和被人们不恰当命名的社会达尔文主义之间的断裂。

[2] 查尔斯·达尔文：《物种起源》，巴黎，GF-弗拉马里翁出版社，1992年。

[3] 正如安德烈·皮肖所写："从19世纪起，种族主义的意识形态参考了达尔文主义，因此人们尔后所称的那种社会达尔文主义实际上一直是和对有关物种演变的达尔文主义的解释相关联的（并常常以此来进行辩解），不管生物学家们周期性地提出什么样的警告。"（《生命概念的历史》，前揭，第774页）

[4] 查尔斯·达尔文：《论基于自然选择的物种起源，或有机体的变异规律》，克莱门斯·罗瓦耶小姐的法文译本，巴黎，弗拉马里翁出版社，1918年，但译稿完成于1862年。参看该书第34—35页。

的思想潮流的代表人物,这种思潮是由于勒南①和戈宾诺②所大肆宣扬的退化主题而流传开的③。

因此,这就不难理解后来为什么当那些残疾身体只要被优生学家和种族主义者看到时,就会被送到纳粹主义的焚尸炉中。但是,19 世纪将会把它所产生出的那种修复和复原残疾者的观念这一荣誉保存下去,即便人们戴着有色眼镜来看待某种由社会致伤的身体、某种可修复的身体,我们大家都会从这一观念中获益匪浅。

4

为事故受害者承担医保费用

19 世纪末发现了种种具有破坏作用的现象,这都可以用意外事故以及职业风险和工业化之类的措辞来表示。1898 年 4 月 9 日的有关工伤事故的法令乃是这样一个社会内部当时进行争论的焦点:它正在从慈善举动向社会保险和相互依赖、从与个人和道德过失相关的责任向某种将罪恶重又纳入我们的社会契约发展过程之中的集体和社会责任的方向迈进。因此,工伤事故的问题正处在人类所具有的"对自己的鉴定,对自身行为因果关系的应对,对彼此之间的关系、冲突和合作的思考,对自身命运介入"④的种种旧的和新的方式之间摇摆不定的中心。1898 年的法令是法国社会保险起点的一种标志:"工业社会意识到自己的强大力量……有能力从自身出发并在除自己之外没有任何参照的情况下提出一些义务。于是,人们就借助于职业风险的概念为种种社会义务开辟了一切前景,半个世纪之后,人们便把这些义务统统重新纳入了社会保险这一名义之下⑤。"人们都在关注着这一

---

① [译注]勒南(Ernest Renan,1823—1892),法国哲学家、历史学家和宗教学家。具有人文主义思想,但又倾向于集权主义。

② [译注]戈宾诺(Joseph-Arthur Gobineau,1816—1882),法国外交家、作家和人种学者,其《人种不平等论》对西方的种族主义者颇有影响。

③ 朱利安·弗雷德从这一观点出发在《衰落》中描述了 19 世纪末的情景,巴黎,西雷出版社,1984 年。

④ 弗朗索瓦·埃瓦尔:《福利国家》,前揭,第 9 页。

⑤ 同上,第 362 页。

事业的进展。人生的权利将会变成一种社会的权利。

莱昂·米尔芒对这种刚刚出现并即将使那种被看成是救济对象的残疾者这一旧概念消失的断裂现象作了阐释。"当一个不管是什么年龄的男人或女人以永久残疾的明显状态出现在我们面前时,当由于其身体状况他(她)从此再也不能通过工作来获得足够满足自己基本需要的薪水而得到承认时,我们不必对他们过去的生活方式进行身份调查,就可直接询问他们目前有些什么样的财源、他们眼下的处境如何、他们现在有什么需要;而且因为他们是法兰西民族大家庭的成员,因为他们同时又是我们的兄弟,因为他们是不幸的,所以我们会把生活资料分发给他们,不是作为一种施舍,而是作为一种权利,他们可以夸耀这种权利,不必顾及我们的付出是否不具诚意,我们为他们付出,并不要求他们有任何的感激之情,我们意识到我们在简简单单地、大大方方地履行我们的职责①。"除了议会中一切华美的言辞之外,当时还出现了这样一种思想:在某一保险体系中可能要确立某种利害一致的关系,而在一国范围之内也应建立社会保险制度。因此,风险分摊的规则不仅进入了人们的思想意识之中,而且还进入了司法领域和合乎宪法的框架之中,因而这一规则便具有预防、补救和不久就会有的赔偿这样的三维性。这种新的社会分配方案一方面依靠已成为"保护人"的国家之必要的资助,不管它的建构形式是什么样的;另一方面,它又要依赖于某种以统计学和概率论之类的定义为基础的常态化的准则。这一标准在这种前景下已不再是一种理想,而是代表着一种平均值,即它所表现的既不是最高值也不是最低值,它与一种社会类型有关:"这种中间类型的人的理论预示着这样一个时代的到来:在这个时代里,最理想的人将会与正常状态的人化为一体,社会道德的伟大律令将会使人人都标准化②。"显而易见,这一错综复杂的问题改变了人们对残疾和不正常现象的看法,然而它却又从另一方面——通过职业风险的方式——成为种种社会争论的焦点。

这已不再是与有关的某一典范或某一反面典型的直接同一,而是根据某种社会准则以及种种可接受的和已被纳入这一标准的差异来判断,

---

① 《众议院年鉴》。1901 年 6 月 4 日,第 244 页。
② 同上,第 161 页。

这一部分人和那一部分人彼此之间的相对的同一,而这种标准的可接受性则又按照这些差异的负荷、威胁和危险性等等不同的程度而变化不定。此外,这并非是对有关权利平等这一法律和理论原则的肯定,而是试图实现机会均等,试图对一些带有纠正性、顺应和补偿性的歧视手段和做法,对在返回到社会正常状态的道路上所遇到的一些多少有点儿长的曲折历程,着手进行探索。

要想弄清楚残疾身体通过工伤事故这一中介在多大程度上将会改变人们的观点,我们就必须要对围绕工伤事故问题而发生的平静变革作出这样一种分析:残疾身体已不再是某种命运、某种自然"灾难"、某种过失和某种生命的异常现象所导致的结果,它已成为一种被社会的诸种机制所损坏的身体,我们大家对此都有责任。残疾身体正在进入社会化的过程之中。一种新的尊严转移到了它的身上:人们可以把在战争中失去的腿的复制品展示出来,就像人们可以挥动着被机器截下的手臂以要求获得赔偿那样。一切残疾都逐步地集结到机会均等和全社会参与的权利这面旗子之下。因工作、之后又因战争(1914—1918年的)而致伤的人体再不会是反常的、退化的、上帝有意为之因而自然也是低劣的了;身体遭际伤害常常是在个人绝对无法控制的情况的作用下造成的。这种新的判断和新的视角的一个典型例子即是结核病患者的例子①。当然,结核病属于疾病,而非残疾的范畴。然而,莱昂·布尔热瓦②却在议会中宣称这是属于"社会的祸患",因而在"大战"之后的10年间,主要是那些结核病患者采取了种种最引人注目的举动以求回到残疾者的行列③。

在20世纪最初的20年间,对残疾身体的描述和治疗正在发生着极其深刻的变化。种种排斥和说不清的迷惑从未中断过;埃尔凡·戈夫曼后来所称之为被打上烙印的那种东西将继续使残疾身体受到羞辱;后来纳粹政体对智力和心理不健全者的灭绝行动就是一个明证。由自我可能会有的某一形象而引起的恐惧、与个人有关的那种自恋所造成的创伤将

①　皮埃尔·纪尧姆:《从绝望到得救——19和20世纪的结核病患者》,巴黎,奥比埃出版社,1986年。

②　[译注]莱昂·布尔热瓦(Léon Bourgeois,1851—1925),法国政治家,1920年诺贝尔和平奖金获得者。

③　亨利-雅克·斯蒂凯主编:《不适应与障碍》,前揭,第146页及以下。

会依然存在。然而,正在彻底发生变化的乃是由公共部门直接或间接地对残疾负起了责任,残疾预示着缺陷这一概念的产生。因此,残疾身体通过因工作或战争而致伤的身体这面棱镜,也就是说它通过社会环境正在离开悲惨、被遗弃或被利用的岸边,而在尊严、重新适应和社会参与的岸边受到了人们的接待。

第八章　身体卫生与外表修饰

乔治·维加埃罗（Georges Vigarello）

卫生地使用水一直是这个古老世界里的一种艰难的实践活动：为控制水流而付出巨大的代价、对洗澡的种种不安的表现以及许许多多的障碍，都妨碍了人们有规律地用"液体"来洗身体。那时在挤得满满的城市规划中都是一些难以通行的曲折回环的道路；人们担心洗身会对易受伤害的身体产生不利的影响，而且市民的家中根本不习惯使用浴盆。不过，那时有一些其他的方法即勤换内衣、擦身和揉搓身子，可以提高人体的美观和洁净的程度。而那种大众化的与水直接接触的方式在西方历史上并非是一种常见的事。

但是随着 19 世纪的到来，一切都在发生着变化：流水被慢慢地控制，人体出现了一些新的形象，对人体的整个外表具有更富创见性、更合乎人情味的看法。现代性身体洁净的到来应以多种表现方式的转变为前提。它也以最初的尝试、传播和所使用的器具为前提。

1

洗澡是极其罕见的事

在 1826 年出版的库尔丹的那部百科词典里，"洗澡"这一词条显示出 19 世纪初沐浴的诸种方式和我们的做法之间的差异：水在这部词典里是作为一个复杂的、奇异的、能穿透的环境而被提及的①。尤其是洗澡的效果是随着温度和液体混合物的不同而发生变化：对温度的多种类型均作了区分，从最冷到最热一共有 6 种类型，并根据其治疗效果一一作了介绍；而对于洁净或舒适这一词的主旨则很少提到，甚至没有涉及到。洗澡或许依然是一种"专业性的"实践方式。它的效果可能仍然广泛地属于某种机械原理的范畴，按照所用的种种温度，它能产生刺激、平息或强化的作用。例如，冷水浴可使机体起到和谐的减速作用，它"通过增加器官的活力的方式使体质强壮起来②"，而用"最热的"水洗浴则能起到刺激性的撞击作用，可以"医疗各种慢性皮肤炎症和风湿病③"。在这个世纪初那些卫生论著中有关洗浴的篇章所认可的全都是这些几乎纯属治疗方面的看法：把身体浸入水中似乎是属于治疗学，而不是使身体洁净起来；有时对"水的重量"、它的"吸收作用"和它的"渗透性④"比对它单纯的洗涤作用所考虑得还要多。

从这一看法所得出的诸种结论，都趋向于要对具有损伤作用的温水浴作出界定：其影响所涉及的范围只能是器官和皮肤。温热可能首先就是一种能使身体软化的环境：它使纤维变硬而不会使其强化，它使人体疲惫不堪而不是洗涤人体。例如，西蒙·德·梅斯在其《青少年的卫生》中就对这些"危险"进行了探讨，他指责温水浴会"使青少年逐渐衰弱，或者更确切地说会使他们变得脆弱⑤"。因此就有必要对这种旨在使身体清洁的温水浴的次数作出限制："一个月顶多只应洗一次⑥。"巴尔扎克的那种不安的心情也是由此而产生的，他为创作《高傲的女人》而顽强工作了几个星期之后，既不洗脸也不刮胡子，而是单独一人呆在吉多波尼-维斯贡蒂街区的屋子里。如若巴尔扎克本人对自己回复到较为"正常的"生活不作如下的评论，那么这一插曲或许就不值得人们关注："我给您写完这封信之后，就去洗第一个澡，但并非没有恐惧心理，因为我害怕达到极度

---

① 词条"沐浴"，见厄斯塔什·玛丽·库尔丹主编：《现代百科全书》第 4 卷，巴黎，1824 年。

② 路易·莱昂·罗斯唐：《卫生基础课程》，巴黎，1828 年（初版），第 1 册，第 513 页。

③ 同上，第 515 页。

④ 弗朗索瓦·富瓦：《卫生指南》，巴黎，1845 年，第 517—518 页。

⑤ 西蒙（·德·梅斯）：《论卫生学在青年教育中的应用》，巴黎，1827 年，第 87 页。

⑥ 同上，第 87 页。

紧张的纤维组织会松弛下来,而到写作《赛查·皮罗托盛衰记》时又要重新振奋起来,这部作品老是耽搁着就要成为笑话了[①]。"由于《人间喜剧》的作者本人泄露了他对沐浴的较为强烈的感受,因而巴尔扎克的例子就更加地引人注目:1828 年,在其卡西尼街那套公寓里他曾让人在卧室延伸的部位建造了一处饰以白色灰泥的浴室[②]。他能让浴盆进入私人的空间,就像他同时代依然为数很少的某些人那样,但他却不能有规律地使用它,更不必说天天使用它了。

水仍然是一种很不好制服的、能对身体造成伤害的环境。它会扰乱机体,使它产生强烈的感受,甚至当热水难以察觉地侵袭身体的各个部位时,就会使身体衰弱。两个形象即身体的形象和液体的形象交汇在一起,就会使这种无以名状的不安变得更加地强烈,它使沐浴成为一件很不自然而又很少做的事。身体是由一些对环境的作用非常敏感的纤维组织构成的,它们在风、流体和气候的作用下是可以改变的;水是由某种能穿透的、隐伏性的和进攻性的力构成的,它作为能使事物发生变化的一种因素而被认为会对人体发生作用。卫生学工作者在其 19 世纪的著作中使用了这些形象化的表述:"在那些沐浴不是出于别的需要而仅仅是任意为之的人那里,这会使人体的那些部位放松下来,它们就不会是原先的那种状态,它会使这些部位的紧张状态消失[③]。"然而,身上轻微的出汗和身体的虚弱仍然是交汇在一起。这两者会引起人们的极度不安,它们甚至会蔓延到身体的核心部位,对身体造成伤害:"过多的沐浴都会使身体感到软弱无力,尤其是在用少许热的水洗浴时更是如此[④]。"

更为隐蔽的是,那些生性腼腆的人在 19 世纪的大部分时间里都在不露声色地加强他们的抵制力度。他们担心热水会引发"性欲的苏醒[⑤]",担心浴盆会使人处在孤立状态。某些医生则忧心忡忡,认为浴盆是危险的,因为它会使人产生一些"邪恶的"想法。它会使人堕落:"沐浴是一种伤风败俗的行为。一些被揭发出来的阴暗之事已使人们得知在浴盆里呆

---

① 奥诺雷·德·巴尔扎克:《致外国女人的信》,巴黎,1899 年,第 1 卷,第 407 页。

② 参看爱德华·韦尔代:《文学生涯回忆——密友肖像》,巴黎,1879 年,第 326 页。

③ 约瑟夫·莫兰:《卫生理论与实践教科书》,巴黎,1827 年,第 190 页。

④ 弗朗索瓦·富瓦:《卫生指南》,前揭,第 526 页。

⑤ 米歇尔·莱维:《论公共和个人卫生》,巴黎,1857 年(初版为 1840 年),第 2 卷,第 178 页。

上一个小时对道德风俗所造成的种种危害①。"沐浴对学校里的寄宿生来说则更加危险：过分地放松可能就会把这些浸入水中的身体引入歧途。温热和孤单会使某种"邪恶"变得更加强烈，不过，当时的那些著作本身对这种称之为"邪恶"的说法还在犹迟不决："在孤立的浴盆里，每个学生不可能有一名监督者……他在孤独的情景下就会想起邪恶的事。这种邪恶是由热水的作用而激起的。热水浴在学校里只有对病人才是合适的，但人们一刻也不要离开他们②。"相反，夏天的游泳此时便起到了全身沐浴的作用。在六七月间被带到塞纳河浴场里的中学生的图片在这个世纪的中期颇为常见。因此，《儿童报》就把这件事变成了一个富有教益的主题："每个星期四，在天气炎热的时候，老师就带领我们去洗冷水浴③。"

在塞纳河里洗浴能使一些有益于身体的活力振奋起来，因而它就完全与那种会促使人体衰弱和疲惫的隐秘场所里的沐浴形成了鲜明的对照。这种区别是如此之大，以致在某些人看来在河水里洗浴正在成为文明成败的关键。它甚至可以部分地对罗马人的失败作出解释，因为罗马人是由于其过分考究的公共浴池而衰弱下去的："罗马帝国在其奢侈逸乐和纵欲的时期，热水浴由于其具有那种使动物的纤维组织变软、使有机组织松弛的特性，因而它就是一种绝妙而又和谐的变换装置④。"换句话说，温热的作用不仅与个人及其体力有关，而且还关系到群体和他们的命运。19 世纪初的某些设想难道不正是期待着在塞纳河建立冷水浴场以全面增强"我们巴黎人的虚弱体质⑤"吗？

2

局部洗身

事实上，19 世纪初住宅里仍鲜见有洗浴的空间，在那些回忆录或叙

---

① 雅克·莱奥纳尔所报道的 1852 年在南特召开的卫生总委员会的会议情况，见《19 世纪的西方医生》，里尔，1978 年，第 3 卷，第 1142 页。
② 夏尔·帕维·德·科尔代耶：《学校和教育机构的卫生》，巴黎，1827 年，第 84 页。
③ F. 德·库西：《游泳比赛》，载《儿童报》，巴黎，1842 年，第 55 页。
④ 弗朗索瓦·富瓦：《卫生指南》，前揭，第 525 页。
⑤ 雅克-安德烈·米约：《完善和改进人类的艺术》，巴黎，1801 年，第 1 卷，第 92 页。

事作品中也很少提到这种实践活动。人们的惯常做法依然是广泛地采用局部洗身的方式。塞尔纳尔夫人1827年在其《梳妆的艺术》中用了两行文字描述了给"整个浴室"喷香水的方法，她在进行"局部洗浴"时身体伸展得比较长："用一块细麻布或毛料布在耳朵的背面①"擦洗着，漱漱口，修修脚。在她看来所有这些局部的做法都体现了她对洁净的内心想法。正是这些做法以其卫生和美的结果产生出了"清爽"和"洁净"的感受，乃至有时会转化为"美好的心灵②。"

从乔治·桑那里也可得到诸如此类的一些参考资料。她在王朝复辟时期去拜访过她从前的小学教师，她说她对这位隐居在外省修道院里的亦已年迈的修女的洁净感到惊奇。乔治·桑仔细端详着这位老妇人的面孔，注意到她那鲜艳的衣料，重又发现了一些已被遗忘的香水。毫无疑问，这是一种拒不采用沐浴的洁净，她在描写自己对童年时代的人物作突然拜访时，曾提到："我惊喜地发现她是那么优雅整洁，全身散发出茉莉花的香味，这香味从修道院的院子里一直蔓延到她房间的窗户里。这位可怜的修女还是这样的整洁：她穿着一件新的紫色哔叽绸道袍；她那些被整整齐齐地放在一张桌子上的小小的梳妆用品，表明她对自己的外貌是颇为注意的③。"就1839年出版的《儿童词典》而言，也有一些相类似的参考资料，在这部词典中杜米埃描绘了一个人物把双手放在"盥洗室"的一只脸盆里，而门槛边的一个仆人却在耸肩膀。这个穿着围裙、身边有一柄羽毛掸子的男人正在嘲笑这种有限的洗浴，在他看来这种做法乃是过分追求优雅和过分讲究干净的一种明显标志。

这个世纪初的医生们进一步肯定了这些局部洗浴的重要性几乎是无与伦比的，并且着重指出了这种洗浴的次数和对象："每天对身体某些部位的洗浴在早晨起床时只做一次；然而尤其在女人那里每天却要洗浴好几次……我们仅提醒人们注意任何越出某种有益于健康而又必要的卫生界限的做法都会令人难以觉察地导致一些有害的结果④。"人体或许是由

---

① 伊丽莎白·塞尔纳：《妇女手册或梳妆的艺术》，巴黎，1827年，第63页。

② 同上，第62页。

③ 乔治·桑：《我的生平史》，巴黎，伽利玛出版社，"七星诗社"丛书，1970年，第1卷，第969页。

④ 弗朗索瓦·富瓦：《卫生指南》，前揭，第526页。

一些阴暗的区域、隐秘的间隙构成的，它们容易出汗，容易散发出气味，是一些比其他的事物受到脏东西威胁更为严重的所在。局部洗浴首先就是针对这些所在。19世纪初资产阶级的那些配有盥洗盆和坐浴盆的盥洗室正是为局部洗浴而安置的：毫无疑问，同其他时代相较而言这是一种进步的标志，在其他时代里，似乎只有换内衣对人体的洁净来说才是首要的。

3

锻炼敏锐的感觉

然而，大家不可能不知道在临近19世纪中期时人们对卫生的种种要求已获得了某种提高。例如，1830年之后的那些学术参考资料所具有的分量就表明了这一点：它们赋予温水以净化的作用，赋予皮肤的新陈代谢以呼吸的作用。此时这样一种形象正在缓慢发生着变化：温热对纤维组织的软化作用比对皮肤"呼吸"的作用要小，身体的力量与其说取决于纤维组织的硬度，还不如说是取决于其活力的质量。人们凭借一种新的信念所强调指出的这种呼吸的重要性就是由此而来的：人体所吸进的氧气的量可能就是与身体的耐力和坚韧有关的核心问题。

然而，皮肤是能"呼吸"的，人们对它的看法也因此而发生了变化。许多试验证明了这一点：尤其是爱德华对一些被勒得半死、装在一只密封口袋里的青蛙所作的试验。这只里面装着青蛙的身子而只让其头部露出来的口袋，在青蛙存活了几个小时之后里面有没有碳气呢？1824年，爱德华以及他之后的一些卫生学工作者，几乎没有什么犹豫就把对两栖类动物的试验转到了对人的试验[1]。1816年，马让迪当机立断对皮肤的呼吸进行了试验："皮肤散发出某种油性的物质和碳酸[2]。"接着，他又对动物被窒息而死的现象进行了大量的试验，他事先可能已用一些人造涂料将这些动物的皮肤"封死"了。尤其是他后来又提出了许多有关皮肤的呼吸

---

① 威廉·弗雷德里克·爱德华：《论身体因素对人生的影响》，巴黎，1824年，第12页。
② 弗朗索瓦·马让迪：《生理学基本概要》，巴黎，1816年，第2卷，第356页。

作用以及保养皮肤之必要性的告诫。

皮肤的这种呼吸作用并没有最终得到证实,甚或皮肤的新陈代谢也没有被明晰地测定出来。此时还不是能对种种细微差别作出区分的时候。更为恰当地说,此时是人们对某种有机体之能量的看法正处在拓展的时机,这种有机体由于它能利用氧气并能使之发生变化,因而就变得更加"强健"。必须要强调的乃是这种对身体描述的巨大变化:健康必须以某种能燃烧的有益的能量为前提。这是一种新的观念,卡尔诺[①]于 1824 年发现的"热功当量[②]"赋予这一观念以一种明显的合理性:应用于火力机车上的原理也可用在有机的"机体"上。皮肤从这一角度来看仅仅是一种产生效能的补充性的工具:它在沐浴之后变得更加地润滑,因而它就会使种种健康的体能比任何时候都更加地增强。由于全身沐浴涉及到所有的皮肤,因此它就更加地有效。归根结底,它对身体机能产生的影响就更加地深。贝克雷尔在其 1851 年出版的《卫生简论》为沐浴专设的一章中,就强调指出了这一点:"不容置疑,皮肤的这种功用在人体中具有重要的作用[③]。"

除这些在理论上的确切的肯定之外,还有某种新的思想倾向,尤其是某种对皮肤伤口边缘诸种感觉的切除法以及人们对此所给予的某种闻所未闻的、强烈的关注,都在 19 世纪中期对水的使用起到了推动作用。巴尔扎克本人尽管对热水的危险性的看法犹疑不定——上面已提到过——但他仍然对使人感到愉快的水不断地进行描述。例如,当拉斯蒂涅突然看到沐浴后的雷斯多夫人时,这个美人儿则改变了模样,她"可以说已变得软绵绵的,似乎更能激起人的情欲",此时她穿着一件"白色羊绒浴衣[④]",皮肤"散发出"香味。同样地,当纽沁根男爵夫人沐浴后在她那张椭圆形双人沙发上直躺着时,她是那般地"鲜艳和神采焕发[⑤]",这种沐浴

---

① ［译注］卡尔诺(Sadi Carnot,1796—1832),法国物理学家、工程师,曾提出了著名的热力循环理论即"卡尔诺循环"。

② 萨迪·卡尔诺:《对激情驱动力的思考》,巴黎,1824 年。

③ 阿尔弗雷德·贝克雷尔:《公共和个人卫生初步探讨》,巴黎,1877 年(初版为 1851 年),第525 页。

④ 奥诺雷·德·巴尔扎克:《高老头(1834)》,见《人间喜剧》,巴黎,伽利玛出版社,"七星诗社"丛书,1951 年,第 2 卷,第 893 页。

⑤ 同上,第 1033 页。

后的情景正是在一间毗连的小客厅里等着的拉斯蒂涅所期待的。阿基琳娜从出纳员夏斯特尼埃那里会获得一间建在其公寓里的浴室,这间浴室是专门为"她感到更舒适①"而设计的,他正准备为此而花费大笔的金钱。随着这个世纪的推进,水完全成了种种新奇评说的对象:它的好处或许就是给人带来舒适和效用;它的作用可能就是比较简单有效、比较易于感受出来。

必须要说的还有那种享有特权的人的沐浴,从 1830 年代起,对它的描述就更多了。它被详细描绘,并得到了人们的重视:人们从其规律性中对它有了更深的领悟,从其场地中对它有了更确切的了解,从而认识到经常沐浴的必要性。例如欧仁·苏 1844 年对阿德里安娜·德·卡尔多维尔的豪华排场所作的细致描绘,她在进入浴盆之前就有三位浴女帮她的忙,这只浴盆是由带有雕饰的银制作的,"天然的珊瑚和天蓝色的贝壳②"在上面相互交错在一起。阿波尼依伯爵对德冯希尔公爵的为时时可使用净化的水而设计的精巧装置赞赏不已:"一只白色大理石浴盆:由同样的石块砌成的台阶一直延伸到底部,一种透明清澈的水可随心所欲地升高和降下来,水始终是热的,因为给水加热的火都必须日日夜夜维持不熄,以便能使人随时沐浴③。"当然,这是一种奢侈的水:那些最豪华的个人府邸里从 1830—1840 年代起,几乎都配备了浴室,而在这之前其情况则绝非如此④。

然而,这个世纪中期真正的独特之处乃是对水的一种新的想法:对绝大多数人来说,尤其是对水的预测。维克多·孔西德朗⑤于 1834 年对此提出了一种乌托邦式的看法,即法伦斯泰尔计划,他在其中谈到热量将从供应厨房、花房和浴室的中央暖气设备中获取⑥。因而人们就可以而且应当每天都进行洗身,此事只要通过重新发明一种供水管道即可做到。

① 奥诺雷·德·巴尔扎克:《改邪归正的梅莫特》(1835),见《人间喜剧》,前揭,第 9 卷,第 281 页。

② 欧仁·苏:《流浪的犹太人》,布鲁塞尔,1845 年(初版为 1844 年),第 119 页。

③ 罗多尔夫·阿波尼依:《在巴黎的 25 年》,巴黎,1913 年,第 2 卷,第 292 页。

④ 参看路易·诺尔芒:《现代巴黎》,2 卷,巴黎,1837—1847 年。

⑤ [译注]维克多·孔西德朗(Victor Considérant,1808—1893),法国社会主义者、傅立叶空想社会主义者的领袖人物,其代表作为《社会的命运》。

⑥ 维克多·孔西德朗:《对建筑所作的社会思考》,巴黎,1834 年。

由于这项计划当时正处在可以实现的前夕,因而就显得更加重要:一个能使流水到处传送并使之公众化的从中央到四周的庞大管道网正处在筹划之中;那种进进出出的流水将会从一户户民宅住所中穿过。维克多·孔西德朗的计划当时并没有能被具体实现。然而,一种新的想法却又开始出现了。

4
_____

水流的线路

可以说 19 世纪城市的变化是通过改变它的水流线路而发生的[1]。巴黎就是一个明显的例子,在 19 世纪下半叶,它引来了水渠,水的流通是由仪表来控制的,水的回流是通过一些慢慢连结在一起的下水道而实现的。

就巴黎而言,第一个阶段就是引来乌尔克运河的水,此事于 1837 年完成,人们从浴室数量的明显增多可看出它所产生的效果。此时虽则还没有任何的水可进入住宅的楼层之中,但街区水的供应却得到了改善。1816 年这类浴室的数量为 16 处,而到 1839 年已达到 101 处[2]。除这个数字之外,还要加上一些在安装好之后又被迁走的浴室,这一点也充分表明:同这个世纪初的情况一样,浴室已不再局限于塞纳河两岸。随着水的运送的改善,浴室正在分散开来;那些最富裕也是交通最方便的区域:1839 年在巴黎的 101 处浴室中有 83 处就是建在塞纳河右岸那些最富有、最优美的街区[3]。

因此,在这个世纪的中期资产阶级的卫生场所是可以确定的:局部洗浴的盥洗室、公共浴场,以及由一些新建立的公司给那些条件比较优越的人送到家中的浴盆。例如,保尔·德·科克在《大都市》中就对这些公司做过描写。他们把浴盆安放在某间客厅的地毯上长达几个小时,而这些

_____

[1] 参看让-皮埃尔·库贝尔:《历史上的舒适:崇拜的对象》,载该作者主编的《从奢侈到舒适》,巴黎,伯兰出版社,1988 年。

[2] 参看 H.C.埃莫利:《巴黎城供水的统计》,见《桥与路年鉴》,巴黎,1839 年。

[3] 参看伊莎贝尔·巴库什:《河流的走向——塞纳河与巴黎(1750—1850)》,巴黎,法国社会科学高等研究院,2000 年。

地毯则被"那些搬运夫的钉有钉子的鞋子[①]"弄得污迹斑斑。不过,这依然是人工运来的水。

第二个阶段即交通服务的个体化,这乃是一种独创性的举措,因为它要解决许多机械方面的问题,因为它比任何时候都更会迫使人们去想到排水的诸种程序:排水管道系统必须与进水管道系统相对应。例如,先前的下水道及其不流动的状态不可能保持不变;巴尔扎克笔下的"在庭院、街道和低矮的建筑物所散发出的腐臭味中躺着[②]"的巴黎那种坑坑洼洼的排水网,也不可能保持不变。在 1852 年对各大区新造住宅强令规定要建进、出口管道之后,只有奥斯曼计划中的巴黎才成为要进行如此大规模改变的区域,而当时水的流量正处在大幅度的增长之中:1860 年之后,挖凿了一些可把塞纳河上游的居伊斯和瓦讷河的水源引来的水渠,并在地势足够高的蒙马特尔和梅尼尔蒙当区建了蓄水池,总之,这样做的目的是为了运用简单的惯性就可以使水达到楼层之中[③]。在 1870 年之后人们所分配的水量和 1840 年的水量大不相同:贝尔格朗的供水网状系统建成之后,1873 年每人每天可用水 114 公升,而在 1840 年却只有 7.5 公升[④]。

这里有必要强调指出的是人们迫切需要对水的进出问题进行思考。水的供应势必牵涉到水的排出。不过,它也意味着还有有关对这一工程的设想、对种种描述性规划的调整这一真正的工作要做。有关一座"动物性"城市的那些新的形象和隐语便是由此而产生的,因为它要进食和排泄废物,有使毛细管系统和传送系统产生搏动的看不见的分支:"那些地下通道即这座大城市的器官,就像人体一样运作着,它们不会显露出来;干净而又新鲜的水、灯光和热量犹如不同的流体在这座城市里循环流动着,它们的运动和对它们的供养都是服务于人们的生活[⑤]。"人们再不能把这座城市想象成它从前的那种样子:由于有了地下

① 保尔·德·科克:《家庭中的沐浴》,见《大城市——巴黎的新景象》,巴黎,1842 年,第 1 卷,第 19 页。
② 奥诺雷·德·巴尔扎克:《金眼女郎》(1835),载《人间喜剧》,前揭,第 5 卷,第 266 页。
③ 参看让·德·卡尔和皮埃尔·皮隆:《巴黎—奥斯曼》,巴黎,皮卡尔出版社,1991 年。
④ 路易·菲居耶:《工业的奇迹》,巴黎,1875 年,第 4 卷,第 351 页。
⑤ 阿尔弗雷德·梅耶:《巴黎的地下水管道》,见《巴黎指南》,巴黎,1867 年,第 2 卷,第 1614 页。

排水网,地面上的水现在可以排走,流速在地下水网中就会加快,流量也会大大地增加①。这是一种隐而不露的生命,它是由一些机械化的动力和隐秘的迷宫构成的。

这种汹涌奔流的态势把流进来的水分散出去,也正是它才有助于在享有特权者的住宅里安装浴室。在达利于 1860 年所做的调查②中,有几个例子是值得注意的:就巴黎而言,那些宏大的私人府邸即鲁尔或圣日耳曼街的府邸已开始在二层楼上安装浴室,而先前在这样的浴室出现时,也只是在住宅的底层。但是,尤其在 1880 年之后,那些相同的高楼大厦由于其套房的式样一致且彼此相叠,因而在人们难以觉察的情况下就已配备了浴室。这种装置在 20 世纪初便成了"现代舒适"的一种明显标志。波尼埃在 1905 年和 1914 年间所统计的一切引人注目的高楼大厦都采取了这种做法③。1907 年,波尔歇商行说它在一年内出售了 82000 套浴水加热器④因此,正如吉埃东所暗示的那样,人们必须要有一种抑制不住的巨大热情,"才能把穿越城市的机体、到达更高的层面、分送到厨房、最后直至浴室的那种流水的线路解说清楚⑤"。

这种装置因为既具有空间的深度也有心理上的深度,所以就显得更加地重要。这种浴室是于 1880 年在几座高层大楼里出现的,它首先征服了空间。在卧室的延伸部分对其位置进行了不同的试验之后,为使它能够固定下来,便将套房"扩大"了。这使人感到一种前所未有的方便、一种前所未有的舒适。这也是一种心理上的征服,这个场所里的隐私绝对不可外露,这乃是直至那时为止一种凌驾于一切的要求:里面的一切全都是为了避免第三者的介入而设计的。还有一条禁令对他人的介入作了毫不含糊的、精确的说明:尤其当女人进入其中时,这个场所便成了"一处圣地,任何人甚至连她所爱的丈夫都不能跨入门槛⑥"。这完全是一处私人的空间,每个人只能单独地进去。切忌别人冒冒失失的闯入:某些柜子的

① 也可参看让-皮埃尔·库贝尔:《水的征服》,巴黎,罗贝尔·拉丰出版社,1986 年。
② 塞扎尔·达利:《19 世纪私人的建筑特征》,巴黎,1864 年。
③ 路易·波尼埃:《1905 至 1914 年巴黎建造的最引人注目的房屋》,巴黎,1920 年。
④ 波尔歇公司,参看 1908 年《商品目录》,巴黎。
⑤ 西格弗里·吉埃东:《力的机械化》,蓬皮杜中心,1980 年(初版于 1948 年在纽约问世),第556 页。
⑥ 巴罗纳·斯达夫:《盥洗室》,巴黎,1892 年,第 4 页。

抽屉则应安在仆人够不到的地方。要避开一切目光:"不可几人一起到里面去①。"这是一个"为自我"着想的新时代。身体洁净的历史在这时所追求的便是这种为个人而建造的浴室。大量的水就是用在这种犹如"藏身处"那样的"隐蔽所"里。

5

"大众化的"水

然而,享有特权者的水并不仅仅归他们所有。一种平均化的难以觉察的动力在 19 世纪把它变成了一种被分配得更为合理的物。民众教育愿望的增强也把它变成了一种教育学上的手段:洁净如同它对人体具有保护作用那样,对人或许也是有教益的。那些针对人民大众的一些手册和建议从 1830 年代起就开始大量地增多起来:"这涉及到把对水的卫生使用方法教给母亲和年轻的姑娘们②。"为了能把这种教育扩展到公共场所,这时各种各样的方案和计划也大量地增多起来。例如,在 1848 年革命后德莫医生同公共教育和宗教事务部的长时期通信,就拟订了一些新的部署:"直至这一天,那些专门为公共教育而开设的机构还没有浴室,因为这样的浴室是专为使用那种人们一般所称的卫生浴水或更为确切地说洁净的浴水而建造的③。"德莫医生建议在每个教育机构里建立一些淋浴室,他还对场地、费用和水量作出了估算。然而说实在的,只有包括索镇拉卡纳尔中学在内的几所教育机构享受到了这样的浴室。这个计划并没有获得什么结果。

相反,那种从英国的经验中得到启发的对公共浴室的构想却以另一种方式被具体化了。1824 年在利物浦建立了第一座价格低廉的公共浴池。1847 年英国通过的一项法令允许行政堂区借款以建立公共浴池。1851 年法国通过的一项法令规定拨出"60 万法郎的临时贷款,以鼓励人

①　路易·达尔克:《盥洗室的秘密》,巴黎,1882 年,第 1 页。
②　朱利亚·塞尔科:《自由、平等、洁净——19 世纪的卫生道德》,巴黎,阿尔班·米歇尔出版社,1988 年,第 107 页。
③　同上,朱利亚·塞尔科所引,第 112 页。

们在提出申请的那些城镇里兴建免费或优惠价格的样板性公共浴室和浴场①"。皇帝于 1852 年曾叫人大肆宣扬他会亲自参与这项举动，从"自己的金库②"里提取必要的经费以在巴黎的贫困区建立三座浴室。

当然，"平民百姓"用水问题的进展是缓慢的，对于包括 19 世纪在内的许多平民来说，所用的水仍然是很少的③。1860 年，蒙菲尔梅尔高地的居民必须先穿过村庄然后才能到森林边缘的池塘去取水④。迪梅斯尼耶或马尔丹·纳多在 1883 年所参观的巴黎的那些旅馆，都是人们以辛辣的笔法进行描述的对象："污水槽或厕所极少见"，"窗户边和楼梯平台上的粪便⑤"历历在目。圣纳泽尔镇的住宅在 1908 年也是人们认真描绘的对象："长期以来这座不幸的城市在水的供应上是那么地糟糕，以致可以说只有一部分居民敢于用水⑥。"而在大西洋彼岸的那个世界里，内尔·金贝尔的证词则和那种用水快速喷洗的情景形成了对照，洗完之后人们便用"衬衣的下摆擦干⑦"身体，密苏里州的一些农民在20 世纪就用上了资产阶级的，甚至圣路易区的某些青楼女子的"舒适的"浴室。

卫生学工作者对这些浴室的造价、所收的服务费以及使用频率所做的耐心统计，也透露出了这一事业缓慢但却又明显的进展：1816 年巴黎的公共浴盆有 500 只，而到这个世纪的中期就已超过了 5000只⑧。当然，这方面的数量在 20 世纪初更大，仅仅在威尔·达尔维莱作为样板所介绍的贡达米纳街的那一处浴室里，每小时就有 500 人次在那里洗浴⑨；或是在 144 号的供水线路上，每年洗淋浴的就有 37000

---

① 《建立典范浴场和公共洗衣场之法》，1851 年 2 月 3 日，第 1 条。

② 阿尔弗雷德·布尔热瓦·多尔瓦纳：《公共洗衣场和浴场以及优惠价》，巴黎，1854 年，第9 页。

③ 参看里翁·米拉和帕特里克·齐贝尔芒的《共和国的公共卫生——法国的公共卫生状况，或受挫的乌托邦(1870—1918)》，巴黎，法亚尔出版社，1996 年。

④ 维克多·雨果：《悲惨世界》，巴黎，加尼埃—弗拉马里翁出版社，1980 年(初版为 1862 年)，第 1 卷，第 407 页。

⑤ 奥克达夫·迪梅斯尼耶：《巴黎的卫生——穷人的住宅》，巴黎，1890 年，第 55 页。

⑥ 里翁·米拉和帕特里克·齐贝尔芒所引，见《共和国的公共卫生》，前揭，第 264 页。

⑦ 内尔·金贝尔：《回忆录》，巴黎，拉代斯出版社，1978 年(初版为 1970 年美国版)，第 50、85 页。

⑧ 参看昂布鲁瓦兹·塔迪尔：《公共卫生和健康词典》，巴黎，1862 年，见词条"沐浴"。

⑨ 威尔·达尔维莱：《城市和乡村的水》，巴黎，1910 年，第 574 页。

人次;或是小学生们每年在沙托-朗东游泳池里面每年要洗 20000 次"干净的"澡①。毫无疑问,这种情况乃是令人微感失望的,但它却反映了 20 世纪初卫生事业的一个强烈特征:除安排集体的洗浴之外,平民百姓的沐浴依旧是不可想象的,即便在对设备要求比较简单的宽阔的游泳池里②洗浴也难以做到。1820 年代的那种卫生教科书还对此作出了证实,这部书对有关沐浴的文章所加的插图是一种表现淋浴的版画,而不是描绘个人浴盆的版画③。

6

"察看不出的"洁净

必须要等到微生物的发现,才能使人们向洁净所投入的赌注如同对人体的形象所下的赌注那样,在世纪之交时更进一步地发生变化:人体的外表被某种难以察觉的侵犯者所包围着,处在威胁之中的传染病菌的带菌者变成了群体性的带菌者。有关这方面的这些强烈要求也随着种种传染的危险性而在发生着变化:"人们不可能预料有关细菌理论的运用究竟会达到什么样的程度④。"浴室和沐浴首次与一些看不见的敌人处在交战之中:"那些风姿绰约的女人之光滑如缎的皮肤⑤"也许隐藏着一些可怕的危险,尤其是大量的会聚在一起的微生物可能会在其全身的皮肤上安顿下来。某种令人惊恐不安的卫生学学说⑥对这些完全隐蔽的微生物的存在所进行的思考则被移用到别的地方:大卫"把生存于健康人口腔中的那些微生物"说成是"数不胜数的⑦",朗兰热估计一个士兵洗一次澡所留

---

① 朱尔·阿尔努:《卫生的新要素》,巴黎,1895 年,第 692 页。
② 亚历山大·拉卡萨涅:《个人和社会卫生概要》,巴黎,1885 年,第 551 页。
③ 参看《人体解剖与生理学基本知识,微生物学、卫生的基本知识——三年级课本》,巴黎,1927 年,第 361 页。
④ 约翰·廷德尔:《微生物》,巴黎,1882 年(初版为英文,1880 年)。
⑤ 维尔弗里德·德丰维尔:《看不见的世界》,巴黎,各时代的合订本,第 120 页。
⑥ 参看塞尔内拉·诺尼:《卫生思想和政治设想——布鲁塞尔、巴黎、都灵国际卫生大会,1876—1880》,载帕特里斯·布尔德莱主编:《卫生工作者——赌注、典范和实践》,巴黎,伯兰出版社,2001 年。
⑦ 泰奥菲尔·大卫:《口中的细菌》,巴黎,1890 年,第 1 页。

下的微生物为 10 亿个①。洁净正在提升它的目标，它被认为是正在变成"卫生的基础，因为它的目的就是要使一切污垢远离我们，因而也使一切微生物远离我们②"。

这种洁净完全转移了人们的目光：它使那种既看不见而又感觉不到的东西变得模糊不清。身上的黑迹、皮肤的气味和肉体上的不舒服都不再是必须要进行清洗的征兆。最清澈的水中也许隐藏着各种各样的弧菌，最白皙的皮肤可能正在供养着各种各样的细菌。感觉本身已不再能使人发现"脏东西"。事物的种种标志正在消失，人们的种种要求正在增长。卫生学工作者首次向人们所提出的某种完美的建议始终都会遭到排斥。这样的怀疑正在四处蔓延着。

尽管如此，干净的事物仍然是人们所追求的目标，它们正以不易察觉的方式改变着它们的位置、空间和运动方式：这样做是使其移动的踪迹能更精确地被确定下来，从而更能促使人们对其进行清洗。1904 年，赛纳省卫生保健委员会作出决定，"游泳池更衣室的地面（在公共浴池里）要不透水，墙壁和顶棚要光滑，并要用陶瓷或水泥材料覆盖起来。座位和家具都应涂上一层漆或某种涂料以便于清洗③"。从 1880 年起，可洗的器材、管道系统、配水器对制造者来说就是一种新的技术领域。建筑师把它称之为"水管工业④"；或者某些技术人员则以更新颖的说法把它叫作"卫生工程学⑤"。一些更加密固、更为光滑的物质材料则使装潢的面目得到了改观：在 1890 年十几家制造商尚未推广这类产品之前⑥，首先在英国就使用了这种产品，在法国也同样如此，1866 年雅各布已能给索恩河畔普依地区的黏土上釉和上珐琅。在制造和水接触的用具与水池时，陶土和陶瓷正在慢慢地取代生铁和木材。种种条例和监督确保了这些产品的一致性，它们同时也揭示出随着这个世纪的推进种种预防措施会使公共卫生的辖区扩展到何种范围⑦。

---

① 加尔蒂埃·布瓦西埃：《现代卫生学》，巴黎，1908 年，第 208 页。
② 泰奥菲尔·大卫：《看不见的怪物》，巴黎，1897 年，第 2 页。
③ 参看《卫生和法医年鉴》，巴黎，1904 年，第 1 卷，第 91 页。
④ 参看《白铁水管和卫生设备》，见艾蒂安·巴尔贝罗的《论民用建筑工程》，巴黎，1895 年，第 501 页。
⑤ 路易-奥古斯特·巴雷和保尔·巴雷：《卫生工程学——有益于健康的住宅》，巴黎，1898 年。
⑥ 欧仁·理查德：《应用卫生学概要》，巴黎，1891 年，第 140—141 页。
⑦ 参看彼得·鲍德温：《欧洲的传染病与状况（1830—1930）》，伦敦，剑桥大学出版社，1999 年。

可以说这些标志在 20 世纪初还能保持着某种十分奇特的排斥性,甚至还在维持着某些对不平等的形式不大敏感的卫生工作者的断言:"穷人住宅里的细菌数量乃是最臭的下水道环境里的 50 倍[①]。"也可以说,正如法兰西科学进步协会卫生和公共医疗分会内部在 1880—1900 年代的讨论所表明的那样[②],巴斯德的学说在包括那些最有"学识的人"在内的民众中还没有一下子就得到推广,那时的许多对话者都对微生物学上的种种新发现持反对态度。不管怎样,身体以及洁净如同被纳入新的实践方向一样,在 19 世纪末也被纳入了对其进行新的描述的方向:平民百姓的淋浴室里——在那里主要是"运作快而又便宜[③]"——更为工具化的淋浴,是和富人大楼里的个人沐浴相一致的。

如同对人体的想象有了一个彻底的转变一样,这个世纪末有关沐浴和水的种种新的实践也意味着对城市的想象要有一个彻底的转变。城市的空间也要深入地进行重新分配:人们正在探索一种能使对人体有养护作用并使人的"精神振作起来"的水流经身体的新方式,这或者是通过精英人物住宅的隐秘处来实现,或者是通过大众浴室的功能来解决。

---

① 保尔·布鲁阿德尔:《论污水排放教育》,巴黎,1882 年,第 11 页。
② 马克·雷纳维尔:《法国科学促进会的卫生政策(1872—1914)》,载帕特里斯·布尔德莱主编的《卫生工作者》,前揭,第 90 页。
③ 朱尔·库尔蒙:《卫生学概要》,巴黎,1914 年,第 76 页。

第九章　经过锻炼的身体

——19世纪的体操教练和运动员

乔治·维加埃罗(Georges vigarello)

里夏尔·奥洛特(Richard Holt)

人们在那些革命的节日里设立了一些与种种历法节日颇不相关的体育运动项目和奖项,并且还把一些成绩和进展情况记载了下来。这些节日就使某些体育项目比赛的成绩被正式确定了下来,甚至还使它们出现在《法兰西共和九年年鉴》的"速度栏目①"内,这一栏目就是从对"跑步"所作的计时中产生出来的。由于这一记载又伴随着某种政治性的评论,因此就更具有启示性:"或许应把这种最快的速度归因于这种竞争精神,而只有让法国人牢牢铭记这种竞争精神,他们才可立即奔向完美的境界。②"人体运动的一些成绩第一次出现在某些刻度表上。对某一比赛项目的要求可能第一次就是从这些结果中产生出来的,它对所要达到或所要超过的一些"数字"作出了规定。

可以说这些比赛的前景并不明确。与其说它们创立了某一项目,还不如说是对传统的运动项目作了些改变。与其说这些比赛与体育锻炼的场面相接近,还不如说是与节日的环境相类似。体育运动的项目不可能从这些比赛中产生出来,因为这些比赛是连续性的、分等级的、安排好的,

---

① 参看雅克·吉约姆:《生命原动力的自律与测量要求》,载《体育运动司的实验与研究》第6期,国立体育运动学院,1980年。

② 《就有关赛跑速度在内政部所作的报告摘要……》,载《哲学、文学和政治旬刊》,第312页,共和八年热月10日。

而且体育运动的机构是集中领导的,其参与者都是有组织的。然而,从这些年代以及尔后的那些年代起却发生了许多变化,它们以难以察觉的方式给身体的实践活动加进了一些新的规则,这表现在暴力的规范化、体操的技巧以及空间和时间的计算方面。例如,测量时必须要留下一道准确无疑的印记。归根结底,所有一切新的姿势和成绩、从劳动中所受到新的影响的动作都必须得到认可;这两方面都可以为以后几十年里所出现的运动项目提供一些已经过大量修正的规范。体育锻炼正在成为一种新型的身体活动:一种已被确切规范化了的活动,它的动作正在被几何学般地精确化,它的比赛成绩则可以计算出来。这个世纪初经过锻炼的身体并不是从事体育运动的身体,但它却又部分地把后者的形象勾画了出来。

1

更新过的传统?

当然,传统的体育运动项目并没有消失,还远未消失。赌博、节庆活动、打网球、九柱戏或投掷圆石片在长时期内仍然居于 19 世纪体育实践活动的中心地位。那些最古老的参考标准,即敏捷、力量或蛮劲在长时期内仍然构成了人体运动所期盼的资质。诸种变化首先看上去是有限的,这就是确定了暴力新的界限、对动作的技巧更加注重、在城市里配备了一些新的测试仪器、对场地和时间重新作出了规定。因此体育运动并没有一下子就发生了巨大的变化。相反,人们正以难以察觉的方式对体育动作的限度,即对它的形式的强度进行重新思考。一些规则和要求亦已发生了变化。那些曾经可以适用的规则现在已不再适用了。

1) 种种阻力

保尔-路易·库里埃 1820 年向众议院提交的请愿书,证明了 19 世纪初法国农村中对体育运动的种种传统的阻力。他说在大革命和帝国时期的人都对省长的这一法令不满,这种"强制性的命令"禁止人们"日后"在他的图赖讷地区村庄的阿柴广场上"跳舞,也不允许人们玩投掷圆石片、

滚球或九柱戏的游戏①"。保尔-路易·库里埃否定了这一决定,他认为
"我们的父辈们比你们更虔诚②",并认为"许许多多的人和欢乐"受到了
威胁,他们离开了一个很"适宜于各种各样的体育运动和锻炼③"的村中
的广场,而没有这些人到场,也使这里的集合、欢乐和集市买卖减少了。
当然,省长的动机则是迥然不同的,他把人们的种种批评归结为是由"节
日期间的混乱和道德上的放任"所造成的,怀疑其中的许多批评是在"鼓
励迷信和世俗的放荡",并怀疑这些批评是在促使"人们浪费时间,要他们
去喝酒、跳舞,而不是去工作④"。省长所要求的是社会秩序,因而要对这
类节庆活动和体育运动进行更改,而库里埃所坚持的乃是这类活动的
传统。

　　然而,这丝毫阻止不了人们在这个世纪继续坚持进行诸如网球、投掷
圆石片、九柱戏、滚球戏或槌球戏这样一些最传统的体育运动,它们都是
和赌博以及当地的社交活动结合在一起的,如阿格里科尔·佩尔迪基耶
在 1830 年代曾对蒙彼利埃地区乡村里玩槌球戏的人进行过描写,"他们
手握坚硬的小本槌,胳膊上套着柔韧的长袖⑤";又如皮埃尔·夏里埃所
提及的直到 20 世纪初还在下维瓦赖省贝尔格新城或圣昂德奥尔-贝尔格
地区所进行的网球运动⑥。这些全都是一些具有地方特色即在一些共同
体中所保存的习惯性的残存的体育项目,由于这些共同体仍然是孤立的,
所以它们的传统色彩就更浓。

　　相反地,必须再回到图尔省长有关禁止在阿柴村广场进行体育运动的
禁令上来:这个禁令文本由于是针对暴力性的体育活动而制定的,所以也
就更加不可避免地被停止执行了。但是暴力性的体育活动并非一下子就
消失了。苏维斯特尔在 1836 年乃是布列塔尼人格斗的见证人,他回述了

①　保尔-路易·库里埃:《就禁止乡民跳舞而向众议院提交的请愿书(1820 年)》,载《作品》,巴
　　黎,1866 年,第 141 页。
②　同上,第 147 页。
③　同上,第 138 页。
④　欧仁·韦贝尔:《乡土气息的终结》,巴黎,法亚尔出版社,1983 年(初版于 1976 年在美国问
　　世),第 544 页。
⑤　阿格里科尔·佩尔迪基耶:《一个同伴的回忆录》,巴黎,马斯伯乐出版社,1977 年(初版为
　　1852 年),第 147 页。
⑥　皮埃尔·夏里埃:《下维瓦赖省的民俗》,巴黎,1966 年,第 274 页。

他们对力量的崇拜、他们所发生的事故以及他们所流的血："谁觉得自己的胳膊相当结实、身上的肌肉坚硬,谁就会投入混战之中①。"克鲁瓦泽-莫瓦塞还对这个世纪中期约讷省圣弗洛朗丹地区用石块投掷鹅的活动进行过描述,在这一活动中第一个杀死那只被绊索拴住的鹅的人就是获胜者。他描述了这些与 7 月 14 日的庆祝活动相互混在一起的举动,市长身披肩带,在市议会成员的围绕下第一个投掷②。这种情景和圣东热地区夜晚还在进行的那种名叫"莫尼埃特"的体育活动完全一样,人们在互相推挤着,甚至用拳脚相打③,或者如同 1830 年前后在菲尼斯泰省所进行的那种被称之为"巴兹多斯蒂"的体育运动,这是一种用曲棍和木球进行格斗的运动形式,苏维斯特尔说这种运动"是由凯尔特人传给布列塔尼人的④"。

然而,随着 19 世纪的推进,官方的攻势则愈来愈强烈,其矛头是针对这些体育运动中最剧烈的暴力行为,即格斗、村庄之间的殴斗、仪式队伍行进过程中惯常的争斗。1851 年奥恩省西北部贝鲁昂乌尔莫地区调动了 4 个宪兵队用来制止封斋前的星期二期间的格斗,诸种最终的干预之一便导致取消了这种"年度性的运动项目(人们玩的是一种里面装满木屑的 6 公斤左右重的皮球),这种运动有好几百人参加,它以流血而著称,因而吸引的观众接近 6000 人⑤"。1850 年之后,在波旁内地区各种传统的赛马运动最终被取消:如若不禁止这些节庆活动,随之而来的就是一些长期以来一直使人感到惊恐的惯有的斗殴;不过,这些节庆活动在让位于单纯的马匹集市之前,在 19 世纪的前几十年里依然在进行着⑥。公民的权力在这个世纪的下半叶正在得到认可,此时人体暴力行为的种种表现则在发生变化;"1850 年之后与这些惯常搏斗有关的大部分影射表明,人们都为那些血腥的殴斗从此已成为过去而感到欣喜⑦"。此外,更为广泛的则是人们

① 埃米尔·苏维斯特尔:《最后的布列塔尼人》,巴黎,1843 年(初版为 1836 年),第 118 页。
② M.-C.克鲁瓦泽-莫瓦塞:《习惯、信仰、传统和迷信》,载《约讷……科学协会通报》,1888 年,第 104—106 页。
③ 雷蒙·杜西奈:《圣通日地区的劳作与岁月》,拉罗谢尔,1967 年,第 480 页。
④ 埃米尔·苏维斯特尔:《1836 年的菲尼斯泰尔》,布雷斯特,1836 年。
⑤ 欧仁·韦贝尔:《乡土气息的终结》,前揭,第 550 页。
⑥ 弗朗西斯·佩罗:《波旁内地区的民俗》,巴黎,1908 年,第 53 页;欧仁·韦贝尔:《乡土气息的终结》,前揭,第 549 页。
⑦ 欧仁·韦贝尔:《乡土气息的终结》,第 551 页。

对正在发生的暴力行为所具有的那种敏感性;1830 年左右,除了圣弗洛朗丹之外,用石块投掷被绊索拴住的鹅的活动在约讷省的大部分城镇里消失了;18 世纪还在某些城镇里进行的用石块投掷山羊的活动则彻底地消失了。还有,诸如此类的法令在一个个世纪里并不完全一样。这种或许是显得武断的假设则由莫让桑所提供的有关惩罚方面的数字而得到了证实,莫让桑揭示出 18 世纪从开始到结束在奥日地区暴力罪行减少了 4 倍[1];这一假设也被玛丽-马德莱娜·米拉西奥尔所提供的数字所证实,她从瓦讷初等法庭的案件中,揭示出 19 世纪中期在布列塔尼地区受到暴力伤害的人数在总的违法行为中由 37％降到 26％[2];并且这一假设还被贝阿蒂所提供的数字所证实,他揭示出 1740 至 1780 年间和 1780 至 1801 年间,在萨塞克斯郡和萨里郡被控告杀人的比率从 2/100000 降到了 0.9/100000[3]。这些全都是暴力行为减少的标志,它们表明保罗·约翰逊在 19 世纪初所称的"野蛮状态的终结[4]"这一说法是正确的。

2)"庸俗的快乐"[5]

显而易见,这一现象不可能意味着粗野的体育运动的消失。进行这些体育运动仅仅是受到了更为严格的监督、更合乎规则而已。殴斗的场所变换了,从露天场地转到了隐蔽的地方,离开乡村的打谷场转入咖啡馆的后厅、布置好的围墙和封闭的场地里。出击的动作应符合规则,技巧要经过系统的训练,搏斗的方法须经过教授。在这方面的教练必须要有自己的场馆、竞争者和教程才可以得到人们的承认。例如,从 1820—1825 年起,踢打或用脚踢的角斗在巴黎成了一种可以测定的技艺,这一技艺在

---

① 内尔斯·韦恩·莫让桑:《17 和 18 世纪奥热隆地区的社会景况》,巴黎,1971 年;米歇尔·福柯所引的论文,《规训与惩罚:监狱的产生》,巴黎,伽利玛出版社,1975 年,第 91 页。

② 玛丽-马德莱娜·米拉西奥尔:《对上布列塔尼地区犯罪行为的若干概观》,见《布列塔尼年鉴》,第 88 卷,《犯罪与惩罚》,1981 年,第 310 页。

③ 约翰·莫里斯·贝阿蒂:《英国的犯罪与法庭(1660—1800)》,伦敦、牛津,1986 年;并参看于格·拉格朗热的《经受考验的礼仪——犯罪与不安全感》,巴黎,法国大学出版社,1995 年,第 65 页。

④ 保罗·约翰逊:《现代人的诞生》,纽约,哈珀·柯林斯出版社,1991 年,第 165 页及以下。

⑤ 这是阿格里科尔·佩尔迪基耶为其战斗、跳跃或木棍训练所起的一个名称,见《一个同伴的回忆录》,前揭,第 364 页。

比赛的场所和从事这一运动的人那里都可以看到,在那些回忆录和叙事性作品中也都有记载,这是一种击打的搏斗技艺,在搏斗过程中拳脚相继连续出击以便更好地击中对方。欧仁·苏在《巴黎的秘密》中描写过这一场景,他在其中提到了鲁道尔夫,此人迷惑他的进攻对手,不断地出击,动作变化多端,他"使出了一个灵巧而又绝妙的腿部动作(一种使对方绊倒的勾脚动作),两次打倒了"一个对手,而这个对手是"在某种俗称踢打术中"的一个"体质强健、具有一流技巧①"的人物。马尔丹·纳多则对这一技艺进一步作了解说,并且描述了一种背景和一种环境,即 1830 年代克勒兹②移民的那种环境,这些在社会上受人支配的临时工团体,当时正在寻找一种在踢打术中胜过一些巴黎人的身体上的优势,因为他们认为这些巴黎人对人冷淡、盛气凌人、养尊处优:"我们认为必须要用自己双臂的力量去惩罚那些极其卑劣地想着吃利摩日和克勒兹的栗子的人③。"当时学习这种技艺势必会经历一番艰辛,即一些半脱离社会的人所遇到的那种艰辛,他们被迫拉帮结派地生活在一个暗中敌对的城市里。学习这种技艺尤其会使人看到某种分配时间的新方式,即休息和工作时间、流浪者的团结一致和在车间里分等级的时间,并且也可使人看出某种分配空间的新方式,因为他们住在那些拥挤不堪的按月按周出租的旅馆里,彼此间具有种种特殊的人际关系的准则,相互间都有某种亲近的方式。这种经过教授和组织的比赛的新奇之处、对他们的评论、对他们所作的无穷无尽的比较、为他们离开工作去学习而进行的这种投资,全都是由此而产生出来的。马尔丹·纳多感受到了他的那些师傅对他的器重和关怀,他在谈到其中的一位时,说道:"他发现了我的弱点,于是便费了很大的劲让我改进④"。

对于这些民众阶层来说,由此还产生了某种描述体育技巧的新方法。阿格里科尔·佩尔迪基耶极其认真地记下了格斗的种种动作,这些动作显然既是他学来的,也是他在讨论中所获得的:"他的头顶到我的胸部,我

---

① 欧仁·苏:《巴黎的秘密》,巴黎,1843 年,第 1 卷,第 3 页。

② 〔译注〕克勒兹(Creuse),法国中部利穆赞大区的一个省,主要从事畜牧业。

③ 马尔丹·纳多:《先前的泥瓦工学徒莱奥纳尔的回忆录》,巴黎,阿歇特出版社,1976 年(初版为 1895 年),第 146 页。

④ 同上。

迅捷用左臂将它托起,使左臂在我的前方形成一个直角,接着便用握紧的右手击中他的面部①。佩尔迪基耶注意身体的每一个动作,重视身体的姿势、挪动和动作的细节:"我的左膝插在他的两只大腿之间,我的左臂用力压住他的两只胳膊②。"对动作的描述要求更加地准确,并且在描述时更为经常地对发达的肌肉作出了暗示,这一切都表明对身体的描述已达到了非常自如的程度:"您很勇敢,您的肌肉像钢铁一般的结实,尽管您的身体瘦长……③"无疑,这种更具技术性的看法在这个世纪前几十年的城市社会里是富有启发性的,即便这种启发依然是有限的。

必须要说的是,这种情景并不意味着社会对这些格斗活动的完全认同。佩尔迪基耶本人就把它们看成是一种"粗俗的娱乐④"。关于这些格斗活动,纳多在回忆说这种行为即使不算是一种被社会排斥的感情,但也是被社会边缘化的一种感情:他的许多朋友都责怪他"经常到角斗场里去,不为什么事就打起来⑤";他的父亲甚至试图说服某些教练"永远不要允许他儿子进入他们的角斗场⑥"。除这种感情之外,还要加上一种在这些有可能会转变为大规模殴斗的比赛中所形成的异乎寻常的狂热情绪,如1839年在里昂附近的吉约蒂埃尔所发生的那种斗殴,在观众之间爆发过几次冲突和相互斗殴之后,那里的警官不得不关闭了"埃克斯伯拉亚先生"的角斗场⑦。此外,这种角斗技艺在传统的民众集会期间还干扰了人们的舞会、散步场所或林荫大道:"我们成群结队地外出。只要稍有一点儿挑战的动作,稍有一点儿话不投机,我们就动手打起来⑧。"因此,这些受到较好控制的体育运动、更加隐蔽的暴力行为、踢打术和角斗,仍然会在这个世纪初的城市里造成混乱和紧张气氛。

在1840年左右还存在着一种比较高雅的角斗方式,泰奥菲尔·戈蒂耶⑨

---

① 阿格里科尔·佩尔迪基耶:《一个同伴的回忆录》,前揭,第346页。
② 同上。
③ 欧仁·苏:《巴黎的秘密》,前揭,第1卷,第80页。
④ 阿格里科尔·佩尔迪基耶:《一个同伴的回忆录》,前揭,第364页。
⑤ 马尔丹·纳多:《先前的泥瓦工学徒莱奥纳多的回忆录》,前揭,第147页。
⑥ 同上。
⑦ 参看皮埃尔·阿诺:《军人、学生和体操教练——法国体育教育的诞生(1869—1889)》,里昂,普尔出版社,1991年,第75页。
⑧ 马尔丹·纳多:《先前的泥瓦工学徒莱奥纳多的回忆录》,前揭,第146页。
⑨ [译注]泰奥菲尔·戈蒂耶(Theophile Gautier,1811—1872),法国诗人、小说家和评论家。

从 19 世纪社会禁止在安静的环境中携带任何武器的角度,对此作出解释说:"现在男人们已不再佩剑;警察禁止人们随身带武器……但是你们有拳头和脚,他们不可能扣押的,训练有素的拳和脚同巴西高丘人的套索一样可怕①。"这些"无懈可击的卓越的"高手所进行的用脚踢的角斗,是一种按照规定研究出来的、发挥拳脚作用的进攻艺术:在角斗过程中,动作迅捷,准确而又环环相扣地使出一连串的出击,"以非同寻常的力量"打在"胸部或面孔上②",这些出击的动作部分地是从英国拳击师的动作中汲取的。一些由"留长头发的知名人士"或"衣着整洁的资产者"构成的顾客会经常走进这些被称作"武馆"的场所里。角斗的规则必须遵守,正如泰奥菲尔·戈蒂耶简明扼要地所提到的:同击剑相反,拳击要落在既不戴面罩也不穿胸甲的角斗者身上,当出击被判命中时,就大声叫着"击中、巧妙地击中"。这种经过严格训练出来的敏捷所获得的成功是不容置疑的,即便只有那些大城市才使此类运动方式变成了现实。当时,赛马俱乐部的成员就有自己的场馆,奥尔良公爵则授艺于巴黎最著名的拳击师米歇尔·皮塞。

3) 城市与水

浴场和游泳学校乃是这个世纪初城市体育实践翻新的另一种佐证。它们证实了城市卫生设施缓慢配备的情景以及一些将闲暇活动和工作比过去分配得更为合适的体育锻炼的缓慢的进展过程。在帝国时期为把水引进巴黎而开始挖凿的水渠最终改变了水的分配,使人们有可能建立一些新的浴场:1808 年只有 10 处浴场,而到了 1832 年就增至 22 处③。就蒂埃里·泰雷在同一时期所发现的像里昂这样的一座城市来说,它所增加的浴场数目几乎与巴黎相等④。人们还以不同的方式对河流进行了整

---

① 泰奥菲尔·戈蒂耶:《鞋匠师傅》,见《法国人的自我描述》,巴黎,1842 年,第 5 卷,第 266—267 页。

② 同上。

③ 参看吉拉尔:《16 世纪至今有关法国所建立的公共浴室》,见《公共卫生和法医年鉴》,巴黎,1852 年。

④ 蒂埃里·泰雷:《游泳的诞生和传播》,巴黎,拉尔马当出版社,1994 年,第 25 页。

治,因而也使这个时期的诸种不同之处表现得更为明显:1808 年游泳学校有 2 所,而到了 1836 年就达到了 6 所①,在这个数目上还应加上另外的 15 处游泳场所,它们虽然并未被命名为"游泳学校",但却是一些冷水浴场,民众可以在沿岸一些并非刻意安放的本板之间游泳。

　　除了这些数字之外,豪华和粗俗也使这类体育活动表现出了巨大的不同之处,如奥赛沿岸的德里尼浴场和贝居纳沿岸的佩蒂游泳学校之间就毫无共同之处,德里尼游泳池从这个世纪的前几十年起就和最美好的东西相协调一致:在并列而放的那些船只的中央有经过治理的水场,河水中有固定好的木架,在邻近的船上安放了挡板、镜子和搽脸的油。那里还出租带套间的更衣室,客厅乃是"王公贵族们专用的",首饰箱是为贵重的物品而配备的②。至于佩蒂游泳学校,它和"廉价浴场"一样,则处在社会谱系的另一个极端,"钱多钱少的人都可以进入这些宽阔的池子里③",这些浴池如同格兰维尔在 1829 年所画的"宽大的鸭笼子④",画上还有"一群滑稽可笑的巴黎的业余爱好者"这样的提词⑤,或者犹如杜米埃在 1839 年所作的那幅画,画中那些相互混杂在一起的人体形象被看成是在寻觅"水的清凉和洁净⑥"。

　　然而,并没有什么可证明人们会常去这种人数众多的浴场,相反,一切都表明人们经常出没的是那种新的游泳场所,这是一种被广泛评论和加以说明的活动,它逐渐把游泳纳入了城市活动范围之内⑦。我们还应当对这种实践活动的强烈特性进行估量,在这一活动中,对水的想象具有决定性的作用,它延续了 18 世纪末卫生工作者的观念。这种最重要的体育活动与其说是身体的活动,不如说是对水的反应,与其说是身体

---

① 参看吕多维克・安托万・库尔蒂伏隆:《游泳总论》,巴黎,1836 年(初版为 1823 年),第 288 页及以下。

② 参看欧仁・布里弗尔:《水中的巴黎》,巴黎,1844 年。

③ C.弗里埃斯:《游泳学校》,见《棱镜,19 世纪道德百科全书》,巴黎,1841 年,第 1 卷,第 308 页。

④ 阿尔方斯・卡尔:《游泳学校》,见《巴黎的新景观》,巴黎,1834 年,第 1 卷,第 245 页。

⑤ J.-J.格朗维尔:《岁月的变化》,巴黎,1849 年(初版为 1829 年),第 82 页。

⑥ 奥诺雷・杜米埃:《洗浴者》,载《喧噪》,1839 年 6 月 26 日。

⑦ 《巴黎的新景观》(1834 年);《棱镜,19 世纪道德百科全书》(1841 年);《巴黎的魔鬼、巴黎和巴黎人》(1846),19 世纪上半叶前社会学方面的那些重要著作全都辟有谈及"游泳学校"的一个专章。

运动的技巧,不如说是对寒冷的抵御:游泳就是和一种环境相交锋,与一种元素相搏击,去迎战一种敌对行为。在这种情况下,游泳池仍然是一种温泉疗养的处所,它的声望随着19世纪资产阶级社会的发展而不断增长。但是这种运动既不是一种游泳体操,也不是一种肌肉锻炼。而且在这里水对人的诱惑太大了,以至锻炼肌肉以及有关这方的想法都占据不了主导地位,人体的形象依然是这种元素之形象的俘虏。例如,为利用蒸气泵从塞纳河抽取的积水而在1820年代所建的水池的成效就显得极其有限。这个水中的世界被认为是极不自然的、不冷不热的、使人变得虚弱的:"在塞纳河左岸夏约宫的对面曾经有过一所温水游泳学校,它可能现在还存在,但老实说,我们从来就不重视这所学校,这是一只巨大的浴盆①。"人们对那些被认为经常是"只有当温度升到某种高度时才入水②"的游泳者们,表现出了一种不易察觉的轻蔑神情。事实上,洗澡仍旧是一场与温度和环境所作的搏斗,而不是为使肌肉强健而进行的一种锻炼。

4) 资产阶级的仪表

大家都明白体育锻炼为何在19世纪初并没有发生革命性的巨大变革,为什么人们还在坚持某些传统。大家也都明白为何对技术的种种新的警戒或对暴力活动的种种新的监视会使人们的行为以及对行为的监督改变了方向。更为广泛地说,由此而形成的体育锻炼的最终地位也发生了变化,尤其是有关体形锻炼的效果在那些比其他阶层对身体的展示更为关注的阶层中非常明显。当然,这类体育活动依然是很少见的,但却值得注意,尤其是它表露出了对身体姿态的一种新的看法,展示出了身体外形的动态变化以及使胸部或腹部保持一定姿态的方式:这是体育活动的影响第一次所发生的变化,即人的四肢细长的体形第一次显露了出来。1820年前后的那些纨绔子弟的模样就是这些新形式的一种极端的例子,它就像是安格尔在1823年所画的"佛罗伦萨的骑士"的那种形象,他们在

---

① 欧仁・布里弗尔:《水中的巴黎》,前揭,第78页。

② 阿尔方斯・卡尔的文章《游泳学校》,见《巴黎的新景观》第247页。

炫耀一种庄重的体形和一种引人注目的彩色背心①。由肩衬而显得更加
突出的背心的效用让人们慢慢地意识到这已使呼吸具有新的作用。胸部
维持着生命,使血的流量发生变化。人们对胸部所作的种种描绘使它成
为力量和健康的一种更为明显的标志。埃德加·坡②就在这方面花费了
不少笔墨,他大胆地描述过一个机器人即铁的文明可以创造出来的一种
空而盲的机器人的故事:"它的胸部无疑是我所能看到过的最美的胸
部③。"这种胸部是在一种长期被腹部占据主导地位的体型上显现出来
的,而这样的腹部本身又长期被老式的男式紧身短上衣映衬得更加地突
出。小莫罗④在 1770 年前后所作的雕像以及雕像上垂至腹部的下摆开着
大口的服装⑤,和 1820 年的《法兰西时装式样》中的雕像及其束着腰带的
服装⑥迥然不同。

那些纨绔子弟都有营养学方面的知识。拜伦在意大利旅游时就由一
位医生陪伴着,他对拜伦的体育锻炼和饮食作出规定。经过大量的流汗
和节食之后,拜伦的体重在 1807 年就减少了 24 公斤。他在书信中对自
己的身体因变得细长而处于"良好的状态"进行了确切的描述:"您问到了
我的健康的新状况。我现在已成了一个尚可忍受的瘦子,这是我通过体
育锻炼和节食而获得的⑦。"拜伦所使用的乃是传统的植物饮食制,即只
吃绿色的蔬菜和饼干之类的东西,喝的则是苏打水和茶;他也游泳和骑
马。他很希望自己能瘦下去:"没有什么能比听到人们说他瘦了更使他高
兴的了⑧。"饮食学和体育锻炼第一次非常明确地对养身和身体外表的设

---

① 让·奥古斯特·多米尼克·安格尔:《佛罗伦萨的骑士》,1823 年(福格艺术博物馆藏品,哈
   佛大学)。
② [译注]埃德加·坡(Edgar Allan Poe,1809—1849),美国诗人、小说家和文艺批评家,其诗
   作对法国的象征主义派诗人颇有影响。
③ 埃德加·爱伦·坡:《一个彻底改变了面目的人》(1839),见《短篇故事、随笔和诗歌集》,巴
   黎,罗贝尔·拉丰出版社,1989 年,第 398 页。
④ [译注]小莫罗(Moreau Le Jeune,1741—1814),法国画家和雕刻家,其兄大莫罗也是画家
   和雕刻家,故他在画坛上有小莫罗之称。
⑤ 参看让-米歇尔·小莫罗的《去马尔利约会》,约 1770 年,法国国家图书馆,版画陈列室。
⑥ 参看《身穿晚礼服和浅色裤子的年轻人》,载《法兰西时装》,1823 年,法国国家图书馆,版画
   陈列室。
⑦ 乔治·戈登·拜伦 1811 年 6 月 15 日的信,盖布里尔·马彻内夫所引,见《拜伦勋爵的饮食
   学》,巴黎,圆桌出版社,1984 年,第 24 页。
⑧ 布莱幸顿夫人,盖布里尔·马彻内夫所引,见上书,第 29 页。

想重新进行了切割。纨绔子弟们用一种纯属肉体的和个人的身体价值标准,取代了由传统贵族阶级所实行的等级和社会地位的价值标准。在 19 世纪初人们为抵制衰退而进行的斗争、对社会等级的混同而表现出的不安,以及由此而产生的对自我的崇拜,都倾向于通过某种投资来改变自己的仪表和健康,而这两者却又是紧密相连的。在我们看来,纨绔子弟的作风就是集中体现在这种极富现代色彩的姿态上,它把个人托付于那种能表现出个人属性即个人的外表和身体的资质之类的独一无二的要求上。

但是,硕大体形的魅力在这个世纪的前几十年里依然存在着。相反,大腹便便在资产阶级精英人士中并未失去任何的尊严。巴尔扎克一再注意到"身材细长干瘦的公证人乃是一个例外[①]",他所描绘的那种公证人总是被涂上了一层油腻腻的脂肪;布里弗尔把那个在 1831 被选为议会议员的人很不自然的体形描述成是对此类尊严的一种确证[②];维尼本人可能也感到他那"单薄的身子[③]"似乎就是他在文学上获得成功的一种障碍。一种"过分"明显的消瘦依然是贫穷困苦的某种标志。杜米埃或亨利·莫尼埃所画的那些穷苦人从他们饥饿的形貌上就可辨认出来,普律多姆先生,即那个"威严的、多虑的、自命不凡而又微不足道的[④]"资产者在 1828 年的表演,证实了这种圆鼓鼓身材的显而易见的力量。

所有这方面的迹象即使不是标志着此类变革的种种局限,但也证实了人们对这种现象所持的一种审慎态度。

2

机械的发明

然而,与传统的决裂是在 1810 和 1820 年之间开始出现的,这种决裂

① 奥诺雷·德·巴尔扎克:《公证人》,见《法国人的自我描述》,前揭,第 2 卷,第 105 页。

② 欧仁·布里弗尔:《众议员》,同上书,第 1 卷,第 185 页。

③ 阿尔弗雷德·德·维尼:《日记》(1831 年),见其《作品全集》,巴黎,伽利玛出版社,"七星诗社"丛书,1960 年,第 2 卷,第 937 页。

④ 亨利·莫尼埃:《行政风尚》(1828 年),罗纳尔·塞阿勒、克洛德·罗瓦和贝尔纳·博尔内曼所引,见《漫画——19 世纪至今的艺术和宣言》,日内瓦,斯基拉出版社,1974 年,第 145 页。

是明显的、深刻的,它开始传授一些尚未广泛传播的体育实践的方式,暗示着人们对体育锻炼的看法会出现全面的更新,就像对人体的看法所出现的全面更新那样;在伦敦、巴黎、伯尔尼或柏林的若干体育馆所提出的体育活动绝对从未见过;由于在这些体育馆里面体育动作乃是由可测量、可计算的动作效果所产生出来的,因而这种新颖之处就更加显著,即力的产生是可以预见的、能计算出来的;又因为这些数字同在赛跑和革命节日里所获得的数字没有什么关系,因而这种新颖之处就更加地重要。这种检测设备搅乱了一切范例,即便这种设备在开始时是简陋的,其传播是有限的,对它的认可是审慎的。围绕这种开端虽则并没有出现过任何特别的狂热,但它的效果却最终改变了学校和军队的训练方式。

1) 创造性的身体,用数字计算的动作

1815 年,伯尔尼中学校长克里亚斯在谈到他的一位学生所取得的成绩的那种说法,就已经简明扼要地阐明了对身体的这种新的看法。这个孩子所取得的一些体育运动的成绩在当时是经过测量和比较而得出的:"他的手的压力增加了 1 倍(在 5 个月内);他用双臂将自己的身体从地面升高了 3 法寸,并且还在空中停留了 3 秒钟;他能跳过 3 法尺宽的距离,1分钟可跑 163 步,并且在此同时肩上还可负载 35 斤的重量",1 年之后,"他纵身一跃就跳过 6 法尺宽的距离,在 2 分半钟之内可跑 500 步[1]"。这些记录显然是粗略的,但却具有决定性意义,它使人们首次可根据一些普遍可比的测量单位,不仅对体育成绩而且对人体的能量进行评判。

18 世纪末只有雷尼埃发明的测力计这一仪器可以用公斤把作用于它的力估算出来:它那带刻度的、不变形的弹簧会把肌肉的力量转换成数字。佩隆在 1806 年周游世界时就依靠这一仪器编制了一些富有启发性的图表:例如,南半球大陆上的人就没有从欧洲来的人力量大,那些野蛮人的手的压力在测力计上几乎达不到 50 公斤,而英国或法国的海员的手的压力则达到或超过 70 公斤[2]。说实在的,这种成绩是无关紧要的。

---

① 菲利浦·比什和于利斯·特雷拉:《卫生学基本概要》,巴黎,1825 年,第 306 页。
② 弗朗索瓦·佩隆:《在南极的探险旅行》,巴黎,1807 年,第 449 页。

其新颖之处在于一些可转换的单位的比较之中：由肌肉的活动所产生的计量尺度。这些尺度已不再局限于仅仅测量背扛的能力，就像在 18 世纪德扎古里埃或布封就已经能计算出的那样[1]；或者也不局限于仅仅测量赛跑的速度，如同共和国年鉴上所列出的那些速度[2]，所以它们就显得尤为突出。这些计量尺度还扩展到体育运动的那些极其不相同的种类之中。巴黎体育馆的馆长阿莫罗在一份名目不同的、驳杂的清单上所提及的那些不同的种类，就有手的压力、腰部的力量以及拉力、推力和支撑力[3]。阿莫罗增加了这些计量尺度和比较方式，甚至还可以有规律地记下每个人的"成绩"，并把每个人的力量转换成文字记载和图表，再将成绩和评语分发出去。波尔多公爵在 1830 年初经常出入于这座体育馆，在其学习期结束之后对他的结论就是由此而产生出来的："这种在力的方面的进步是巨大的：虽然因天气恶劣而终断过锻炼，且亲王殿下只听过 46 课，但他的体力在总体上已增加了 1 倍多[4]。"当然，这是一句奉承人的话，但它所使用的毕竟是数字：体力应当能被测量出来，对它的增长也应当可以进行比较。

测力计的信誉越来越高，它在 1830 年代初就已扩展到体育馆之外的地方。它进入了外省的集市、乡村的体育运动中，在市中心搭起的巡回马戏团的帐篷里也大胆地用上了测力计。杜米埃在其《法兰西人自画像》中描绘过这一景象[5]，拉贝多尼埃曾对七月王朝时期街头杂耍艺人使用它的情景作过评述："您在这种由垂直或水平线构成的缓冲器上敲击一下，再把脊柱靠它上面即可看到一个彩绘木雕的大力神像从测力计上显现出来，然后您就可将自己和他作一比较[6]。"这一现象证实了有关体力的这一观念传播得是多么地广，由于体力已被数字化，因而也就能更好地对此进行比较，这是人们对长期全凭经验估量或被搞得混乱不堪的人体的

---

[1] 参看《身体的历史》，第 1 卷"锻炼、体育活动"那一章，巴黎，瑟伊出版社，2005 年。

[2] 参看上书第 313 页。

[3] 弗朗索瓦·阿莫罗：《体育、体操和道德教育教科书》，巴黎，1834 年（初版为 1830 年），第 1 册，第 70 页及以下。

[4] 同上，第 1 册，第 327 页。

[5] 奥诺雷·杜米埃：《街头卖艺者》，见《法国人的自我描述——外省》，巴黎，1841 年，第 1 卷，第 130 页。

[6] 埃米尔·吉戈尔·德·拉贝多尼埃：《街头卖艺者》，同上，第 133 页。

力量进行测量的一种新的期望。

　　除此之外，当时还开始出现对能量的某种想象。例如，对所完成的工作量和所消耗的食物的种类作出比较，尤其是强调突出了所完成的工作量是与肉类饮食制度有关。迪潘男爵在1826年所作的计算被最早的体操教练们重新采用："一个英国工人每年吃178公斤以上的肉，而一个法国工人每年只吃61公斤的肉，因此前者所干的活儿就多①。"这里有一个新的形象化的比喻对求助于数字起到了支配作用，这就是把身体与发动机即那种能把所吸收的能量机械地释放出来的装置视为等同的形象。农村经济学正在开始研究这一形象化的比喻："在牲畜的精力和健康没有遭到损害的情况下，人们在一年期间可从一头牲畜那儿获得的工作量，主要取决于它的巨大的体型、肌肉的能量和人们给它所规定的食料制②。"但这种形象化的比喻依然是不正确的：由于食料的消耗仍然是被看出来的而不是被分析出来的，所以工作量和食料之间的关联就更加地不确切。这种形象化的比喻之所以不确切，还因为人们对呼吸作用的强调超过了对它的探索。拉瓦锡③先前所做的试验此时既没有人继续做下去，也没有人对此进行深入的研究④，因为呼吸并不直接与劳动相关。阿莫罗可能还令人想起了"呼气的练习"或"肺活量的练习"，但他却认为练习唱歌足可增加呼吸的强度："人们能否从所有这一切得出结论说，练习唱歌是使一些肺部衰弱的年轻人不发达的胸膛增添活力的一种真正的方法呢⑤？"人们在用唱颂歌的方式在这方面所做的练习就是由此而引发出来的，因而就出现了一些"圣歌⑥"集，随之而来的必然还有体操运动员所收集的一些歌曲。人们认为拍打胸部如同使胸肌被动地强健起来一样，收到某种奇异的功效这一信念也是由此而产生出来的。此时还出现了与肺部有关的隐喻，甚至人们对此还非常地执着，但这种隐喻并未涉及到肺部的功能。对有关呼吸做工的隐喻此时也出现了，并且由于已有一些有关

①　弗朗索瓦·阿莫罗：《体育、体操和道德教育教科书》，前揭，第1卷，第362页。

②　《乡村百科全书》，第4卷，第432页。

③　[译注]拉瓦锡（Antoine-Laurent Lavoisier，1743—1794），法国卓越的化学家，被称作现代化学之父。

④　参看《身体的历史》，前揭，第1卷"锻炼、体育活动"那一章。

⑤　弗朗索瓦·阿莫罗：《体育、体操和道德教育教科书》，前揭，第1卷，第108页。

⑥　弗朗索瓦·阿莫罗：《感恩歌集》，见上书。

它的能量的计量单位和一些已臻于完善的计量单位,因而这种隐喻是新颖的,但这种隐喻并未涉及到它的内在机制,所以这种能量与其说是探测出来的,还不如说是猜测出来的。

2）运动机制

可以说,这个世纪初真正的新颖之处就在于对运动的分析:我们已经了解到对运动所产生的力的计算方法,也知道了对速度和时间的计算方法。克里亚斯为了能更好地将诸种成绩区分开来,于是便提到了每分钟所跑的步数。例如,1818 年他的一个最优秀的学生"在 1 分 2 秒钟内跑了 900 步[①]"。阿莫罗仍是为了在单位时间内完成数量更多的动作,对他的训练进行了安排:"每分钟应跑 200 步或作出同样多的动作,这样,便可为在 20 分钟内跑完 4000 步作好准备,当人们在场地里按照每步 3 法尺的标准,20 分钟内就可跑 12000 法尺,即 1 法古里或 1 法古驿里,这就使人能在每小时跑 3 法古里[②]。"这时最重要的主题就是有关某一可测量出来的效力,这种效力是由肌肉的力量表现出来,或是由速度和有规律的动作表现出来。体操正在被工具化,以增加其动作的数量,人们对它的动作正在进行极其精确的设计,其目的就是要把所获得的数据转变为成绩,并可提高它的指标:身体必须生产出一些可以定出标志的成果,这些成果彼此之间是用刻度标出来的,并且可以运用绘制图表的精确方法将其标示出来。这种运用此类标度对所取得的成绩进行无穷无尽的比较的可能性就是由此而来的。

因为传授的内容总是有所变化,所以有关效力的主题也就更进一步地得到了深化:体操并不仅仅暗示着某些成效,它还创造出一些动作,并对一些训练的动作和连接进行了重新编排。尤其是它创造了动作的一些新的等级,即从最简单的到最复杂的动作,从最机械的到最具创造性的动作,它自始至终都在重新创造一些循序渐进的动作和一套套相互连接的

---

① 这里所引的乃是 1818 年的体育成绩,见佩蒂·海因里希·克里亚斯的《柔软体操或适合于少女体育运动的自然表演动作》,巴黎,1843 年,第 74 页。

② 弗朗索瓦·阿莫罗:《体育、体操和道德教育教科书》,前揭,第 1 卷,第 144 页。

动作。它增加了种种几乎是抽象的动作，即把体操动作变成较为简单的力的形式、一种杠杆移动的形式，其目的是为了从更广的范围对这些动作进行重新组合："那些最基本的动作对于体操就像一个个字母的拼读法对于朗读那样具有同样的作用①。"换句话说，19 世纪的这种新的体操对"局部性的动作"进行了开掘，其动作的变化乃是局限于单纯的骨关节上，即腿或手臂的伸展、肩膀或胯部的转动以及点头或弯腰的动作。这就是那些把局部性的训练用号码标成系列性动作的新式教材所反映出来的内容。机体的动作不再直接作用于对象，其目的首先不是为了使某些事物发生变化，它最重要的和唯一的意图就是要使身体发生变化，甚至于这种做法在还没有使动作达到完善之前就可使肌肉得到增强。这种以器官的特别效果而并非以空间效果为指向的目标，这种在使动作协调之前就让身体部分器官的玄妙的移动相协调起来的方法，就是由此而产生出来的。这在斐斯泰洛齐那里就是"单纯的动作②"，在克里亚斯那里则是"预备性动作③"，在阿莫罗那里乃是"最基本的动作④"，而这些动作同时又构成了一种按次序进行训练的无止境的教学大纲，在教育领域里是人们不得不接受的一门新的学科。并且由此还产生了一些新的训练技巧，甚至这些新的技巧还越出了体操的范围，例如已成了舞蹈者们的技巧："如果我要建立一所舞蹈学校，我将会制定一些与字母相类似的直截了当的标志线，它们将包括在跳舞时四肢所具有的一切姿势，我甚至会赋予这些标志线以及他们的组合以其所具有的几何学上的名称⑤"。

　　然而，仍有必要把这些变化同其他一些能够对此作出解释的变化进行比较。这些变化意味着身体所发生的缓慢的转变，而只有社会或经济背景才能使人们对此有更好的了解。此时尤其是对做功的形象化描绘则出现了某种难以察觉的但却是深刻的混乱局面：在 18 世纪末和下个世纪初之间，人们较为明显的愿望便是计算工作的能力，以便使其获得更好的

①　弗朗索瓦·阿莫罗：《体育、体操和道德教育教科书》，前揭，第 1 卷，第 127 页。
②　马克-安托万·朱利安：《斐斯泰洛齐教育法的精神》，米兰，1812 年，第 275 页。
③　佩蒂·海因里希·克里亚斯：《柔软体操或适合于少女体育运动的自然表演动作》，前揭，第 53 页。
④　弗朗索瓦·阿莫罗：《体育、体操和道德教育教科书》，前揭，第 127 页。
⑤　卡尔洛·布拉齐斯：《舞蹈全套教材》，巴黎，1830 年，第 103 页。

回报,亦即企图对做功的种种动作进行测定,以便更好地节省一些动作。一些最原始的工业装置已经强行对做功的动作和费用进行着严格的监视:为了完成那些"加工"制品,人们必须没完没了地重复一些专业性的准确动作,1826 年迪潘男爵在其《工艺美术的力学》[1]中已经谈到了这一点。1823 年《现代百科全书》中已提到,和从前相比,这些活儿已被简化为"很少的一些动作[2]"。诸如此类的方案显然是针对所有的工场机构而制定的。被分解的人的动作有助于使它产生的力转变为一种涉及面更广的力,所用的力被巧妙地分解开来,其目的是为了使它服从于其他许多愿望的支配:"这种好处在那些大的生产机构里可以被提升到很高的程度……在这些机构里必须极其认真地计算每一种产品所用的时间,以便使投入的工人的具体数量能够与之相适应。运用这种方法,任何人永远不可能有空闲,所有的工人都要达到最快的速度[3]。"体操对这个明确的设想起到了促进作用,它通过对"力的合理的安排[4]"使人展示出了这种"轻松自如"的姿态。这一点斐斯泰洛齐在这个世纪初就已看出来了,他建议人们要学习一些"简单的动作"以利于提高"工作能力[5]",甚至他还想到要让"手臂经受 1000 种动作的训练[6]"。人们对身体动作的效力和机械动作的效力一向较为常做的诸种比较也要求工人必须进行这样的训练。例如,对锯木板工人的效力和机械锯的效力之间所形成的等级进行比较时,就要求工人必须进行这样的训练[7]。百科全书上的那些画幅以及几十年之后对它们的重新编排,都对这种种更新作出了说明。18 世纪中期,工人或手工业者的手大量地出现在狄德罗的《百科全书》的插图上,那些灵活的手指占据了一部分画面以强调突出动作的敏捷,但这样的手指在 1823年库尔丹的《现代百科全书》上则已消失了[8]。这时机械作业开始战胜灵

---

① 夏尔·迪潘:《工艺美术和美术中的几何学与力学》,巴黎,1826 年,第 3 卷,第 125 页。

② 词条"手工制造业",见欧斯塔什·玛丽·库尔丹主编的《现代百科全书》,巴黎,1823 年,第 13 卷,第 28 页。

③ 夏尔·迪潘:《工艺美术和美术中的几何学与力学》,前揭,第 3 卷,第 128—129 页。

④ 佩蒂·海因里希·克里亚斯:《柔软体操或适合于少女体育运动的自然表演动作》,前揭,第 14 页。

⑤ 米歇尔·索埃达尔所引,见《斐斯泰洛齐》,洛桑,克凯尔贝格出版社,1987 年,第 70 页。

⑥ 多米尼克·拉蒂:《欧洲体操史》,巴黎,法国大学出版社,第 209 页。

⑦ 词条"锯、锯木厂",见《制造业、商业和农业词典》,巴黎,1843 年,第 10 卷,第 101 页。

⑧ 参看欧斯塔什·玛丽·库尔丹主编的《现代百科全书》,前揭,插图版。

巧的手工劳动。物理学正在战胜灵巧的动作;测量器正在战胜对动作的有分寸的把握。有关身体的所有记载都突然发生了巨大的变化,它们都对那些显然是相互协调的经过严格测定的、准确的、像几何学一般精确的动作的发展起到了促进作用。

此外,1820年代的体操教学大纲还包括一种"平民和工业的体操①",它与军事或医疗方面的内容是相平行的。

3) 教育学的创立

此类教育纲要还包括一种同样能说明问题的"矫形外科学体操",即一整套非常精确的动作,它们将那种已极具个性特征的肌肉活动起来,以试图纠正身躯的不正常的弯曲姿态。这一举措使人们更加相信这样一种发现:人体的空间完全被一些机械性的彼此必然相关的动作所贯穿,肌肉的动作完全是根据它们已被确定的效果而设想出来的:"显然,大部分畸形或是由于人的体质方面衰退,或是由于肌肉动作的分布不均而造成的,人们一方面肯定可以运用增强人体活力的方式来医治这类疾病,另一方面,还可以通过适当的锻炼把那些由从前的习惯所造成的不良影响消除掉②。"这些习惯动作一旦被彻底抛弃,肌肉就被完全分解开来,矫形外科学就是以此为基础而创立起来的,由此便随之而出现了一些健身房、医疗机械和机构。在1820—1830年代,在巴黎、里昂、马赛或波尔多就建立一些诸如此类的医疗保健机构,它们暗示着那些形体天生难看的人的外表是可以进行矫正的。③

普拉瓦在1827年发明的这种机械即"矫形外科学秋千"也是颇具特色的:这种器具包括一系列朝向各个不同方向的滑轮,这些滑轮由一位待在一个可倾斜的台盘上的人来拉动,当然,该装置完全是由人工来驱动的,但它是根据需要医治的脊椎弯曲的缺陷以便选择和激活每种肌肉而

---

① 弗朗索瓦·阿莫罗:《体育、体操和道德教育教科书》,前揭,第1卷,第10页。
② 弗朗索瓦·富尼埃-佩斯凯和路易·贝京:《矫形外科学》,见《医学科学词典》(庞库克出版公司),巴黎,第7卷,第121页。
③ 尤其要参看夏尔·加布里埃尔·普拉瓦的《普拉瓦医生设在巴黎的矫形外科和体操机构》,巴黎,1830年。

专门设计出来的。预先设计好的动作姿势,所确定的滑轮运作线路的方向,双脚的姿态、胯部曲线和手臂姿势所应承受的倾斜度,都应按照要求而发生变化,以便更好地把种种有效的锻炼确定下来并将之区分开来。因此矫形外科学也就突如其来地产生了一些理论:它成了一门学科。无疑,它还很粗浅,但它表明它在人体锻炼和动作的筹划设计中比其他一些学科能更好地对此进行全面的修正。

更为宽泛地说,这种新的体操暗示着学校的体育锻炼有可能会被搅乱,这种体操虽则在操场和课堂上都从未采用过,它对团体的体育设施和集体的体育锻炼也不曾有过促进作用,但它的那些分割的原则却对某种教学法起到了定向和支配的作用:"必须要设立一门学科,制定一些军事性的指令,以使人们都能在同时进行大部分最基本的体育锻炼活动①。"由于各种动作是有限的、精确的,所以对学生所发出的指令就能更好得到执行,由于这些逐步展开的动作都要转变成一套套的系列性动作,所以诸种教学大纲就能更好地被制定出来。教室则成了一种已被几何化的装置,这个世纪中叶的教育学家们对它的这一新的使用进行了估量:"同时进行的体育锻炼并不仅仅具有要求学生应保持极度的宁静这一优点,而且它还具有能使学生养成一种长久集中注意力和迅速听从指挥的习惯这样一种能力,他们在教室里在很短的时间内就可养成这种习惯②。"但学校并没有立即采用这种实践方法,尽管它至少在 1830 年代对此种好处是非常清楚的。马埃德的 1830 年的教材以及热朗多的 1832 年的《通用教科书》,都着重提到了这种做法③,这类教材都避免忽视"那些正规的行走步伐"或"全体协调一致的锻炼以及不同队形变换的完美的配合④"。

4）缓慢的传播

毫无疑问,这种最初的体操所产生的社会影响已经超越了学校的

---

① 佩蒂·海因里希·克里亚斯:《基本体操或由克里亚斯编写的适宜于促使人体结构发达和强健之分析性的逐步进展的锻炼教程……完成于巴依先生在巴黎医学协会所作的报告……以及德·巴依奥先生所作的总体论述之后》,第 44 页。
② 纪尧姆·多克:《男孩子体操教育指南》,巴黎,1875 年,第 177 页。
③ 亚当·马埃德:《小学教师手册》,巴黎,1833 年,第 117 页。
④ 约瑟夫-玛丽·德·热朗多:《小学教师规范课程》,巴黎,1832 年,第 43 页。

教学计划或其与部队和工业的某些联系。伴随阿莫罗最早的种种试验而来的便是一些带有恭维的鉴定意见,一些医学、军事或政治界的权威人士的签名则确保了此类试验的合法性:"按照阿莫罗先生的看法和计划,一切意愿汇集在一起就是要展示出体操正在趋向于完美的境地,在政府为这样一种给它的保卫者和创建者带来荣誉的机构作出最早的筹划之际,所有人都给以热烈赞许①。"若干知名人士则经常出没于阿莫罗的体育馆,其中就有巴尔扎克,他曾提到过"阿莫罗体育馆的门上所描绘的那种敏捷的姿态和气势②……"或是在《男孩子之家》中他曾描写过一些力量大得惊人的人物以及若干伊苏丹③的年轻人,这些年轻人"如同阿莫罗的学生那样地矫健,犹似鸢一般地勇猛,擅长各种各样的体育运动④",他们能翻过难以逾越的障碍,或以人们难以逮住的方式消失在城市的街头。此外,阿莫罗 1831 年被任命为"体育馆总监"之后,终于在 1834 年又在让一古戎街 16 号让人建立了第二座体育馆,他到外省的视察证实了 1830 年代在蒙彼利埃、梅斯、拉弗莱什或圣西尔都存在着若干军事体育馆⑤。体操的主题渗进了常用的课本、词典、百科全书、卫生书籍之中,体操还成了某种军事条例的来源,这一条例在 1836 年就使体操成为一种必修科目,体操在那些消遣娱乐性作品中也获得了成功。它引发了人们的种种阐述和评论。它颇有吸引力,因此 1827 年西蒙在其《论适用于青年教育的卫生保健学》中提出了这样的要求:"在所有的寄宿学校里应该备有一台测力计,以使学生能够锻炼各种不同的肌力⑥。"

---

① 《1820 年 12 月 29 日在师范和军民体育馆召开的全会纪要摘录》(弗朗索瓦·阿莫罗:《师范、军事和民用体育馆,1821 年初的想法以及这种机构的状况》,巴黎,1821 年,第 88 页)。在这份文件上签名的其中就有将级军官德·约里、军事教育医院外科军医助理贝京、大路易街学校校长莫兰、医生隆德和军队卫生委员会秘书富尼埃-佩斯凯。

② 雅克·德弗朗斯:《形体的优美——现代人体和体育活动的形成(1770—1914)》,雷恩大学出版社,1987 年,第 67 页。

③ [译注]伊苏丹(Issoudun),法国安德尔省的一个城镇。

④ 奥诺雷·德·巴尔扎克:《男孩子之家》(1841),见《全集》,巴黎,1867 年,第 1 卷,第 25—26 页。

⑤ 马塞尔·斯比瓦克:《一个非凡的人,法国体育教育的创始人弗朗西斯科·阿莫罗·伊翁达诺》,博士论文,巴黎第一大学,1974 年,第 19—20 页。

⑥ 西蒙(德·梅斯):《论适用于青年教育的卫生学》,巴黎,1827 年,第 219 页。

比较困难的乃是在实践中如何具体地配置这样的设备。从 1838 年 1 月 24 日起,那座军、民两用的体育馆就失去了国家的任何补贴。这座体育馆的馆长则处在"停职①"的状态,当时一些犹豫不决的表现和报导便是由此而形成的:"人们不可能期望从这样一种体育馆中得到任何好处,因为馆长正被如此混乱的思想所左右②。"权威们的争论则对迪普莱克斯广场的体育馆的存在起到了美化作用;这家体育馆的馆长是一位从西班牙来到法国的军官,他和拿破仑的部队所进行的一些不合时宜的交涉会使人感到很厌烦。某种误会还妨碍了人们对此类最初的体育锻炼的理解,这是由于它要使用大量昂贵的器械,即爬竿、吊挂器械的横架、障碍物、各种杠杆、弹力桥和斜面板③,这一切都是用来提高体育锻炼的特别效果或增加体操场地的器具装备,并且也是用来使人感到惊奇而不是用来使人信服,而真正的发现则是在别的方面,即在对诸种动作的分析和将其"区分开来的"体操实践。这些大量昂贵的体育器械、这些复杂仪器的装配、这种"由器械和脚手架所构成的铺张奢华的场面"就是由此而来的,"其主要目的似乎就是要把人们搞得眼花缭乱④"。

更深一层地说,在广泛的体育实践尚未开展之前,便由此而产生了某种信念。在这个世纪的前几十年间,人们的习惯和行为尚未开始发生真正的变化时,体育馆就已征服了人心,给人以强烈的印象。国家建造一系列体操设施的计划还遇到了有关资金的保障和行政管理的确立方面的困难。尤其是 19 世纪上半叶的一些军事或学校的规章条例显示出人们的观念正在发生变化,即便不是实践方面的:人们正在酝酿一种发动群众的新方法,构想出一种能产生广泛影响的总体性的体育工作,正如 1848 年卡尔诺所说的,这种方法能够"确保劳动阶级的体育得到发展⑤"。在

---

① 参看军事部历史和行政档案,弗朗索瓦·阿莫罗上校的个人卷宗。

② 这是第 1 军区司令普约尔伯爵于 1837 年 10 月 1 日所谈的看法,参看军事部历史和行政档案,弗朗索瓦·阿莫罗上校的个人卷宗。

③ 参看弗朗索瓦·阿莫罗:《体育、体操和道德教育教科书》,前揭,图集。

④ 夏尔·隆德:《卫生学新的基本概念》,巴黎,1847 年,第 1 卷,第 431 页(初版为 1835 年)。由于隆德在 1820 年时乃是阿莫罗的支持者,所以他的这些暗示就更加地重要。

⑤ 勒内·梅尼埃:《有关体育教育制度史的材料》,载《体育运动司的实验与研究》,国立体育运动学院,1980 年 3 月,第 128 页。

1850—1860 年之后，教育学则更加加强了对体育锻炼的开发：自 1852 年起，就开始建造一座"军事体操师范学校①"，各个"师部"和"团部"的体育馆都有一些体操教练，1856 年部队从年届 20 岁的 20 万至 30 万的年轻人中吸收了 4 万名②；1850 年的法卢法使人们有可能在小学里教授"歌唱和体操"，但这不是强制性的。人们都在直接"支持"第二帝国时期的小学建立自己的体育馆。伊莱尔 1868 年以皇帝的名义巡视了这些体育馆，并为若干引人注目的创举而感到高兴。他提到在 1867 至 1868 年"埃纳省的小学"用了 18 个月的时间"建立了 242 座体育馆"乃是一件成功之举③。说实在的，这些体育馆既小而又简陋，常常只是设在带顶棚的操场上，只配备了一些铅球、杠杆或铁杆，但在里面却在教授这一种新的课目。简陋的设备胜似笨重的器械，有序的体育锻炼强于冒险的锻炼。

体操在 19 世纪创造了一种运动的艺术，它引进了一些有关计算和效力方面的起决定性作用的原理。然而，这种体操并非是那种竞争性的、合乎规则的对抗性的体育运动。

3

最初的体育运动

18 世纪那些著名的体育运动员都倾向于表演一些极端的动作，如那些肌肉强健有力的拳击运动员，或者相反，那些次轻量级的职业赛马骑师也是如此。他们很少能成为其他人效法的榜样。一般地说来，人们不会认为从事一种形式优美的体育运动对于自己或他人乃是一件必须要做的事。而当体育运动成为新一类人即业余爱好者们的特权时，这种看问题的方式在 19 世纪下半叶就发生了彻底的变化。那些担当起现代体育运

---

① 马塞尔·斯比瓦克：《弗朗西斯科·阿莫罗·伊翁达诺，法国体育教育的先驱者和创始人》，见皮埃尔·阿尔诺主编的《运动中的人体》，图卢兹，普里瓦出版社，1981 年。

② 雅克·德弗朗斯：《形体的优美》，前揭，第 61 页。拉乌尔·吉拉尔代：《现代法国的军人团体(1815—1839)》，巴黎，普隆出版社，1953 年。

③ 让-巴蒂斯特·伊莱尔：《有关中学、师范学校和小学里的体操教育向公共教育部长所提交的报告》，巴黎，1869 年，第 29 页。

动之捍卫者的社会精英们在颂扬一种新型的人体,即人们根据由身材、体重、肌肉的发达程度和灵活性之间的某种关系而构成的一些新古典主义的标准所称的田径运动员的那种身体。其核心概念从此以后便是在体型的各种要素和内在的自我、身体和精神之间确立平衡的那种概念,这正如那则谚语所概括的"身体好则精神好"(Mens sana in corpore sana)。

体育运动不再是仅仅为了娱乐而进行的一种锻炼,它与某些精神、社会和意识形态方面的目标相一致。某个身体健康的人已不再单纯是一个不生病的人。健康状况从此即牵涉到体力和智力的效率。那些需要经常坐着工作的新的劳动方式对中产阶级中一些身心受到压抑的、至此尚不为人所了解的人起到了决定性作用。进行体育运动的目的就是要使中产阶级人士能够得到消遣娱乐,缓解一下紧张的心情,消除由学习和工作所产生的压力,提高综合性的竞争能力。除了新教的工作伦理所获得的成功之外,在维多利亚时代的英国,贵族文化和中产阶级的文化正在互相接近起来。如果说现代体育运动的基本原则乃是能者至上论,那么,就业余性的体育运动的风格和标准而言,它们则是从贵族阶级那里吸取的。强调突出人的优雅、尊严和荣誉这一做法本身属于对贵族或人生艺术进行较为广泛改革的一种运动。古老的土地贵族的子孙和暴发户的子孙在公共学校里相互混在一起,他们形成了一个更为宽泛的精英团体,这个团体中的小贵族的后代在法律或商业界、军队或教会中任职。这个团体中的种种不同的成员作为绅士—业余爱好者在体育运动中重又相逢在一起①。

如果说业余体育运动所涉及的首先是 19 世纪的资产阶级,那么,应给予工人的那种必要条件,即维多利亚时代所称的一些"合理的消遣娱乐"也在体育运动的传播中起到了重要的作用。19 世纪末,在法国和德国,这种娱乐的需要通过体操而得到了充分的满足。至于现代的诸种体育运动,它们要求以极其不同的方式来使用身体,它们是在对另一种社会目标作出回应。体操具有某种规范性的外观:它提出一些经过细心递增的、必须正确进行的训练招式。尤其在德国,体操以创立一门锻炼身体的

---

① 理查德·霍尔特:《体育与英国人:现代史》,牛津,克拉伦登出版社,1989 年,尤其要参看第 74—116 页的论述。

集体性学科为宗旨,军事目的颇为明显。这种体操与人们的首创精神和竞争心则不相容。个人主义与之不相干,它完全属于集体性的体育运动。球类活动对体育运动受到公众的好评作出了巨大的贡献,这类活动能使人们展示出个人的才能,同时又可鼓励人们齐心协力共同拼搏,增强人们的团队精神。例如,足球和橄榄球要求人们应具有极其不同的才能,从极其灵敏的动作到预测对手的反应和团队组织方面的才能,并且还要有速度和耐力方面的资质。

不同的体育运动要求不同的才能。业余体育爱好者们喜欢各种各样的运动,新一代的大部分业余爱好者从事于多种体育运动:冬季打橄榄球或踢足球;夏季打板球、网球或从事田径运动,有时还和骑自行车或游泳结合在一起。团体性的体育运动和个人的体育运动之间可能存在着许多联系。所有这些体育运动都是为了能使身体得到适合新的城市社会之需的各种各样的锻炼;但是,从种族、民族和帝国的角度来说,体育运动很快就具有了其他方面的一些意义。它充分体现了工业时代男性的种种新的品德:崇拜奋斗和功绩;注重竞争本身的价值;对一切纯属智力性东西的怀疑;绝对相信种族之间的差异,认为这种看法是很自然的、正确的,而且还十分赞同白人胜过所有其他种族的人这样一种思想。从各个阶级和民族所从事的体育运动的情况看来,因锻炼而受到的不同程度的影响都在19世纪末运动员的身体上留下了深刻的印记。

1)"古英国式"的体育运动与身体

在维多利亚时代之前,就存在着许多有待研究和解释的名目极其不同的体育运动①。显然,各阶级混杂在一起的很大一部分民众都间或参加一些体育运动。在举办一些地方性的游行或庆典时每年则进行一两次体育运动,各种年龄(以及各种身材)的男男女女都参加。各地形式极不相同的赛跑、跳跃和投掷向所有的人开放,不论有没有天赋,年轻还是年

---

① 有关现代体育初期情况的总体介绍,参看德里克·伯尔莱的《体育与英国的发展过程》,曼彻斯特大学出版社,1993年;也可参看丹尼斯·伯莱斯福特的《体育、时代与社会》,伦敦,鲁特勒治出版社,1991年。

老。比赛根据人的具体情况而定,以满足所有参与者的需要。例如,1790年人们组织了一次 100 码的赛跑,接着便进行了一次 35—70 岁之间的男子跳远比赛。体重轻的人必须要负载一些重量以便能和身体较重的人进行赛跑;有时第一个运动员向一个方向跑,第二个运动员则奔向另一个方向,他俩所跑的距离可能是不同的。人们之所以构想出这些活动,不仅仅是为了考验人的体能,而且也是为了测试人的机灵和战略意识①。

18 世纪人们还不懂得现代体育运动的专业化和规律性。大部分民众都全身心地从事艰苦的田间劳作,他们呼吸着新鲜空气,根本不需要进行频繁的、有规律的、会白白消耗能量的体育运动。那些不需要在田间劳动的人一向都可以骑马在野外走动,其目的是为了锻炼身体和享受田园风光。再说,善于骑马完全属于绅士的教育之列。那些乡绅都是出色的骑士,是体育精英中最受人称颂的典范人物。这些精英人物的成员很少与我们今日对运动员所形成的看法相类似。乡绅奥斯贝尔德斯唐或约翰·米唐是 19 世纪初两位最著名的猎手,但他俩的身材却又矮又胖。这些人都表现出了超人的耐力和卓越的骑士才能;他们整个白天都能在马鞍上度过,继而又能吃吃喝喝度过整个夜晚。这种极度放纵的生活乃是猎人式贵族形象的写照,但也是由业余体育运动所展示出的诸种改革的理由之一。一个猎人必然是勇敢而又坚韧不拔的;他应当敢于冒险,毫不迟疑地跳过各种障碍;他必须具备跑或跳的能力。

远在 19 世纪之前,学校里的社会精英们就已进行体育运动。伊顿学院的院长威廉·赫尔曼 1519 年出版了一部用拉丁文写的教科书,书中对学校生活进行了生动的描述,并特别谈到了"在露天打球②"的情景。伊顿学院在 17 世纪从事两种形式的球类运动:"在围墙内踢球"和"在场地上踢球"。由 11 个人组成的一些球队相互间较量着,但在对抗中禁止用手。威斯敏斯特公学和卡尔特豪斯公学,同哈罗公学、什鲁斯伯里公学以及温彻斯特公学一样,都有自己的"足球"运动场地;这在现代体育运动远未创立之前就已经存在了。这些体育运动也许显得凶猛无比;当它们确

---

① 我衷心地感谢佩太·拉德福尔教授慷慨地和我一道分享他对 18 世纪体育研究的成果。

② 约翰·阿尔洛主编:《牛津校友所进行的体育和娱乐活动》,牛津大学出版社,1976 年,第 25 页。

立了自己的规则（这些规则曾从街头或乡村中的体育运动得到过启发）时，它们就成了男孩子们进行这类体育运动可效仿的典型范式。

在乡村中，常常有很多球队在堂区之间进行足球比赛运动。这些比赛场面混乱不堪，也很危险，没有什么可供人发挥技巧和战略的余地。但是，我们应注意到某些最原始的足球比赛是按照数量有限的运动员所制定的一些规则来进行的。在 19 世纪中期的英国，这类体育运动主要是在市集和节日期间进行的，首先是对乡村劳动者起到了鼓动作用，因为它们的生活由于田间的艰苦劳作而变得颇为刻板。体力和耐力在乡村是最主要的，速度和敏捷则并不怎么重要；那些中产阶级的改革者们不论是对法国的板球还是对英国的足球，都施加了压力，以期消除此类与公众的混乱和纵酒作乐的聚会相连的体育运动。人们必须要控制住自己的身体，此时已不再是任凭人们的暴力本能恣意妄为的时候了。

从这个意义上来说，足球以板球为自己效法的对象，因为板球已成为夏季体育运动的首要项目；他从贵族的乡间宅院发展到英国南方的乡村，之后在 19 世纪中期又扩展到北方。板球更需要灵巧和敏捷，而不是力量。这是一种牵涉到战略的复杂的体育运动，从球的坚硬程度来看，他要求运动员应具有某种勇气；但它并不属于那种体力、能力或斗志诸种资质在其中起决定性作用的体育运动。位于伦敦的马里洛博纳板球俱乐部，后来成为这项体育运动的指导机构，它早在 1787 年是由一些贵族创立的。一般地说，某些职业运动员通常就是一些仆人或手工业者，他们和绅士们进行对决；人们在此类比赛过程中则以大笔的金钱为赌注①。

必须要等到 19 世纪末，板球运动员的身体才开始与新古典主义的观念相符；从前的那些优秀运动员不如说是一些体形极其高大粗壮的乡巴佬。他们中的一员阿尔弗雷德·马恩身材高大，体重达 117 公斤左右。当时的一位诗人赞扬说："巨人阿尔弗雷德，犹如雄狮一般地勇猛，身材魁梧，像昔日的歌利亚②那般高大……"当时英国所有运动员中最著名的就是板球运动员 W. G. 格雷斯，他的身材像马恩那般高大，体型如同梨一

---

① 克里斯托弗·布鲁克斯：《英国的板球：板球运动及其选手》，伦敦，魏登弗尔德出版社，1978 年，第 5 章。

② ［译注］歌利亚（Goliath），《圣经·旧约》中的勇士、巨人，后被大卫所杀。

样。他所具有的魅力,部分是源出于他那身体的超常比例。他体现了正在消失的那一类人即"强健有力的人*"。格雷斯是在 1865 年 16 岁时首次出现,最后一次现身则在 1908 年(此时已是 59 岁!)。他成了时至当时为止所有时代的最有名的英国体育运动员,然而,他的身体却同新的标准是不相符的。他那浓密的胡须、凸起的大肚子以及勉强过得去的不加修饰的外表,同这个世纪末的板球运动员的瘦长体形和胡须剃得光光的面孔形成了强烈的对照①。

在 19 世纪中期之前,"体育"这个字眼通常是和凶猛竞争的观念紧密相连的。人们常常把赌注押在战胜者身上。让某些动物尤其是公鸡、狗和公牛的本能充分发挥出来的做法在 18 世纪依然广为流行。但到 19 世纪上半叶,尤其是 1835 年和 1849 年的法令被表决通过并由新的警察部队来执行之后,这类动物的搏斗就被逐步取消了。这些活动之所以被禁止,那是由一些新成立的协会,如"抵制暴力保护动物协会",所施加的压力而促成的。这些协会得到了最近在工业上发了财的那个阶级中的一些激进主义者的支持,自从"改革法"在 1832 年被表决通过之后,这个阶级所享有的权力在不断地增大。旧式地主精英们或许会捍卫先前的那些体育运动,会阻止这些法令在议院通过,但却丝毫起不了什么作用。一些激进的工团主义者也在谴责这种与动物的搏斗紧密相连的暴力和混乱的文化。诺伯特·埃利亚斯称之为"耐受阈"的那种东西就是由若干槽口装配起来的。那种粗野的行为——身体失去控制、出于取乐而使人遭受痛苦和受伤的做法——越来越不可接受了②。

对动物的搏斗所产生的质疑使人们对人与人之间搏斗的态度也发生了变化。1743 年,一个名叫杰克·勃朗特的伦敦人在其对手死亡之后,便发布了一些旨在改革传统拳击的行为准则。当对手受到异常猛烈的袭击时,"勃朗特准则"允许他利用若干瞬间进行恢复;因此这类搏击就有可

---

* 在 1950 年代的法语魁北克地区,人们在一些被称作震断锁链的人、举起铁块的人等之中还可找到这种类型的人。

① 西蒙·雷:《W. G. 的优美姿态》,伦敦,费伯出版社,1998 年。该著乃是有关这位运动员的最新、最全面的传记。

② 罗伯特·W. 马尔科姆森:《英国社会中的大众娱乐(1700—1850)》,剑桥大学出版社,1973 年。

能会长达几个小时。再说,它们仍然是非常危险的。但是那些最凶狠的进攻招式,尤其是脚踢和嘴咬从此以后就被禁止了,只有某些动作是允许的。此外,搏击者还应注意不要让自己受到伤害,不要因此而使自己失去战斗力;因而这类比赛虽然更加地复杂,但却并不怎么激烈,他所展示出来的情景乍看上去也许就是这样的。

许多英国人都把拳击看成是一种凶猛的、令人尊敬的爱国体育运动,因为英国人不像外国人那样用剑和匕首进行搏击,而是用自己的拳头。拳击运动员的好斗精神最终便成了作为英国人标志的约翰牛的力量和耐力的象征。在大革命和拿破仑的时代里,英国运动员的形象即是一个肩宽、结实、身材不高但力大无穷的男子汉的形象。拳击运动在 1790 年代达到了鼎盛时期,而此时英国正在和法国交战。勃朗特于 1789 年去世,但他有一些继承者,如丹尼尔·门多萨、杰姆·贝尔彻和"绅士"约翰·杰克逊。杰克逊曾给拜伦勋爵教授过拳击,在乔治四世于 1821 年登基加冕时,他还当过这位国王卫队的卫士。拳击的捍卫者通常就是一些保守党人,他们看出了在乡绅—猎人和那些为金钱而在某种非法社团中所进行的拳斗之间存在着某种联系。地主精英们的体育文化因其与拳击爱好者们即拳击和赌博社团的结合而得到了强化,而这样的社团便成为一种急需动员起来进行自卫抗击雅各宾主义进攻的岛国民族的体育象征①。

一般地说,英国民众的各个阶层都被力量所吸引,但也被由身体的耐力所成就的丰功伟绩所吸引。最近对英国 18 世纪的田径运动员的壮举所作的研究也充分证明了那些盛大的长距离赛跑②深受大众所欢迎。当时那些"跑步者"中最有名的一位名叫福斯特·鲍威尔,他为了赢得赌注,于是便从伦敦到约克来回(约 700 公里)跑了几次。1792 年,他在 58 岁时用了 5 天 13 个小时 15 分钟最后一次跑完了这段路程。大部分挑战都伴有对这样那样的运动员在既定的时间内跑完某段距离的能力所下的赌注。从这个角度来看,巴克利上尉便是 19 世纪初最著名的人物之一;他

---

① 丹尼斯·伯莱斯福特:《道德与拳击手:早期拳击的道德》,载《体育史杂志》,1985 年夏;有关英国民族主义的显现,尤其是它与法国相对立的东西,参看琳达·科莱的《英国人:民族的锻造(1710—1837)》,耶鲁大学出版社,1992 年。

② 佩太·拉德福尔:《18 世纪英国有关体育比赛和危险运动的科学观》,第 7 次米科斯丁会议,1997 年 12 月。克尤·卢万,比利时(未出版)。

身材高大魁梧,天生力大无穷,出身也很好。1809 年,他在纽马基特连续用了 1000 小时跑完了 1000 英里;这一成绩使他获得了 16000 英镑,而在那时一个农业工人的工资每月只有 2 英镑左右。

先前的那些体育运动并未形成一个系统。它们属于传统的乡村文化的一部分,不妨说人们是在特殊的情况下才举办这样的体育运动。与此同时,这样的体育运动也允许人们进行各种各样的公众娱乐活动、赌博和赢利活动。人们并没有感到非得要定期组织一些体育竞赛不可。那时并不存在一个事先经过体育培训并必须能保持其竞技状态的特殊阶层。既没有什么全国性或地方性的交通运输网络,也没有真正的体育报刊。人们虽然普遍对那些非凡的体育成绩非常感兴趣,但对于理想的强健身体究竟应当是个什么样子并未取得任何一致性的意见。在业余体育运动员尚未出现之前,也没有在这方面制定出任何的标准。那些最著名的运动员不是一些巨人,就是一些肌肉发达的人。而那些职业赛马骑师的体重则常常和孩童的体重相当,但却被列入了那些最具象征性的人物之中;由于他们不断地服用泻药、节食、洗蒸气浴,因而使其体重减到最低限度,因此他们的健康状况常常是不佳的。维多利亚时代那个最著名的职业赛马骑师弗雷德·阿彻,在连续 13 个季度里都保持了冠军的地位。尽管他的胳膊受伤非常严重(人们把他的一只胳膊绑在身上),但他还是在 1880 年的大型赛马会上获胜。他非常勇敢,极孚众望,但被日趋衰弱的身体所折磨,于是就在其荣誉达到顶点时自杀身亡。如果说阿彻是一个伟大的职业运动员的话,那他与业余体育运动的体育理想——身体好则精神好——则是截然相反的[①]。

2) 业余运动员的身体

由悠闲和文化所构成的那种人生理想,自文艺复兴以来一直对欧洲的贵族们产生着影响,但在整个 19 世纪就被渐渐地抛弃了,维多利亚时

[①] 此事瑞依·凡莫普留正在研究之中,蒙特福特大学体育历史和文化国际研究中心,莱斯特;有关赛马通史,参看瑞依·凡莫普留的《赛马:赛马之社会与经济史》,伦敦,企鹅出版社,1976 年。

代所看中的是这种体育活动本身。现代体育运动要求人们在规定的时间内无偿地消耗能量。于是，人们便渐渐地把自己的空闲时间用在体育活动上。体育活动是一种游戏方式，它要求人们既应经常也要一丝不苟地尽力进行这样的活动。人体被看成是一种机器，必须要让它有规律地运转起来，以使它的潜力能达到最高点。但在乡间所组织的那些临时性的体育运动可能与这个目标是不相符的。业余性体育运动的目的是为了鼓励人们参与这样的活动。观看别人进行体育锻炼只有当这种情景能促使观众也去参与这样的活动时才有价值。医学由于根本不能促使人们对这些体力消耗很大的体育活动保持警惕，于是就开始对此提出建议。维多利亚时代则把我们所援引的那句"身体好则精神好"的谚语作为自己时代的格言。它成为"几百万人的一种活的信条……人们在报刊上对此进行宣扬，并在说教过程中大肆鼓吹，在医生的诊疗室里和全国各地竭力推荐①"。乔治四世和纪尧姆四世的医生、皇家学会会长本杰明·布罗迪认为，"一般地说，精神错乱是由身体某个有缺陷的功能所引起的②。"

　　劳动分工和关闭艰苦的劳动场所在 19 世纪渐渐地取得了胜利。人们在做工时除了身体不断地重复某种动作之外，还缺乏新鲜空气。中产阶级所选择的都是一些坐着工作的职业，为此他们就非得要越来越频繁地参加一些考试和会考不可。维多利亚时代中产阶级的人数增长得很快。因此，行政公务人员和从事自由职业的人员的数量，1851 年为 183000 人，到 1891 年就增加到 289000 人；在这同一个时期，办公室职员的人数由 121000 人增加到 514000 人③。这类群体在创立现代体育运动的过程中起到了核心作用，他们首先是作为参与者，而后便成为俱乐部的干部和领导者。

　　办公室的诸种职务，从我们所赋予这个词的含义来看，它们出现于 19 世纪中期；人们需要有规律地、愉快地锻炼身体的心情也就随之而高涨起来。英国在 19 世纪末有近千处高尔夫球场，其中大部分是在最后的 25

---

① 布鲁斯·哈雷:《维多利亚时代文化中的健康身体》，剑桥（马萨诸塞），哈佛大学出版社，1978 年，第 24 页。

② 同上，第 39 页。

③ K. 西奥多·霍普恩:《维多利亚时代中期的那代人（1846—1886）》，牛津大学出版社，1998 年，第 33 页。

年里建立的。在这里,正如伦敦北部的斯坦莫尔高尔夫球俱乐部主任所说的,"工作艰辛的商贾可以把他的焦虑和烦恼搁在一边,朋友们能够在诚挚的竞赛气氛中相聚……①"波士顿的伦理学家奥利维·温德尔·霍姆斯对新生的中产阶级经常坐着的习惯进行了批评,他先前曾为"美洲人枯燥无味的生活",以及我们大西洋沿岸城市里那些"穿着黑色服装、关节僵硬、肌肉松软、面色灰白的青少年②"而深感遗憾。在办公室工作的人既没有强壮的体质,也没有农民或外省绅士的那种刚强有力的气概。我们可以从这个观点对现代体育运动的蓬勃发展作出解释,因为它是我们今日所称的为那种"高级管理人员的紧张情绪"所开的第一剂医治的药方。

针对这种"用脑过度*"的现象,在巴黎人们于 1880 年代就提出了一些相类似的警告,因为用脑过度会使未来的社会精英们体质衰退,从而有可能会使在 1870 年的不幸战争结束后受到削弱的法兰西的国力难以恢复③。此时达尔文的思想正在广为传播,它使人们对人类种族体质的退化产生了恐惧心理,而且这种恐惧所波及的范围越来越广。西方众多民族中的一流人物都坚信各种族之间的冲突乃是为了获得政治和经济上的统治地位。因此,具有一个健康的、经过很好锻炼过的身体就显得愈来愈重要。赫伯特·斯宾塞④当时说出了他的一句名言:"成为一个出色的动物般的民族乃是民族繁荣的首要条件。"例如,如果英国想保住它的财富和统治权,就必须造就出一代代体质上经过锻炼的年轻人,以便获得"生存斗争"的胜利。当时学校的刊物上充满了对集体的体育运动——为参与帝国征服的战斗的人生而作的最好准备——进行大肆颂扬的故事。体育运动能使青年人适宜于在非洲或亚洲居住,使他们有能力和他人合作,并能支配他人⑤。

---

* 文中所用的这一词语为法语。

① 理查德·霍尔特:《高尔夫球与英国的市郊:伦敦俱乐部中的等级和性别(1890—1960)》,载《体育史家》第 18 卷,1998 年第 1 期,第 80 页。

② 史蒂文·A.里斯:《美国产业工人的体育运动》,哈勒·戴维森出版社,第 3 卷,第 16 页。

③ 理查德·霍尔特:《现代法国的体育与社会》,麦克米兰出版社,1981 年,第 64—65 页。

④ [译注]赫伯特·斯宾塞(Herbert Spencer,1820—1903),英国哲学家、社会学家和进化论者。

⑤ 詹姆斯·A.曼根:《维多利亚时代和爱德华时代公立学校的体育活动》,剑桥大学出版社,1981 年。

经 过 锻 炼 的 身 体 —— 1 9 世 纪 的 体 操 教 练 和 运 动 员

1. 奥诺雷·杜米埃：对辉煌教育的一种补充，巴黎，法国国家图书馆。

对于19世纪初城市里的一些男人来说，"踢打"和"棍棒"术（用拳脚击打）正在取代从前贵族们的剑术所具有的地位。

2. 游泳池，1851年，巴黎，法国国家图书馆。

　　由于对19世纪初城市的用水实行了不同于以往的管理，游泳池正在发展起来：与其说它是比赛的场所，还不如说是锻炼和抗寒的场所。

3.《游泳》一书卷首插图，19世纪末。

　　游泳术在这个世纪里曾长期既用来锻炼身体也是一种水疗法。

4. 女子公共浴场，约1890年，柏林。

　　在19世纪末的游泳池里女子是比较多的，她们穿着"露得"较多的紧身内衣。

5. 时装式样版画，19世纪，贡比涅，车辆博物馆。

19世纪男子的新体型：上半身突起，腰部束紧，以这一方式表现出有产者的意志。

Journal des Tailleurs.
Au bureau du Petit Courrier des Dames.
Boulevard des Italiens N° 2, près le passage de l'Opéra
Modes de Longchamps.
Habit droit. Pantalon large de chez Mr. Blanc.

6. 体操锻炼，19世纪初。

　　最初的体育馆，1820－1830年代阿莫罗的体育馆：露天里的体操器械，把危险、力量和准确的动作置于首要的地位。

7. 体操运动场景，1858年。

　　宽带子被认为可以使一些非常确定的肌肉活动起来。人的举止行为，尤其是女人的举止行为在1858年仍然是一座城市及其日报的一种格调。

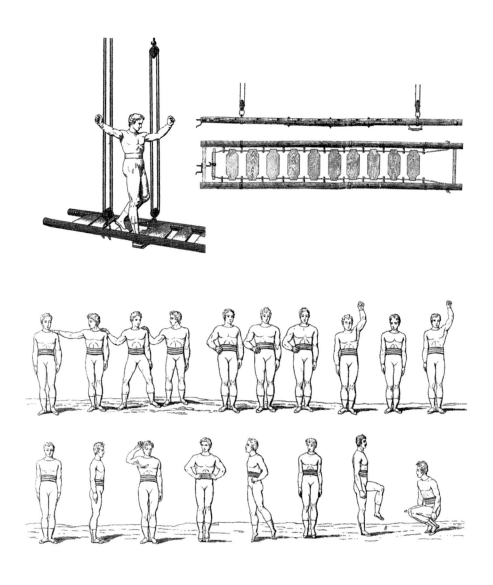

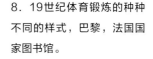

8．19世纪体育锻炼的种种不同的样式，巴黎，法国国家图书馆。

体操活动在19世纪开创了对一些基本动作的一种分解法以及对运动机能的一种纯属机械性的看法。力量在男子那里占上风，而激情和优美则在女子那里占优势。

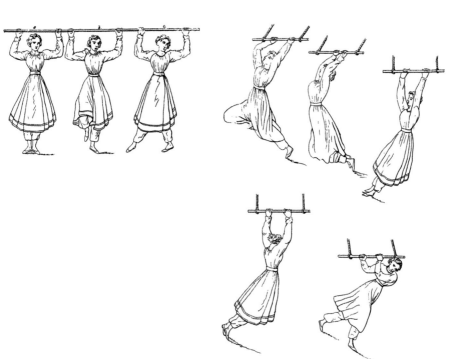

9. 英国画派：板球比赛，18世纪，耶鲁大学英国艺术中心，保罗·梅隆收藏馆。

10. 按照 J．F．威多的描述所作：板球运动员，1887年，伦敦，玛丽勒本板球俱乐部。

18至19世纪，板球运动创立了一些更为精确严格的组合法、一些更具有技术性和更为精确的动作。

11. 乔治·谢佩德：板球运动员，19世纪，伦敦，玛丽勒本板球俱乐部。

19世纪初，仍然是从纯粹直观的角度而非用数字记录的方式对板球的动作所作的分析。

12. 根据罗伯特·克鲁克森克的描述而作：足球运动，乔治·亨特的版画，1827年，个人收藏品。

1827年的足球运动容许用手进行对抗，并容许运动员的身体相互挤在一起。

13. 1873年在杜伊勒利宫台地老式网球场。

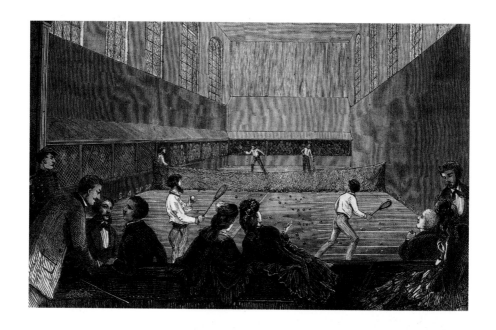

14. 霍勒斯·亨利·高蒂：网球运动员，1885年，伦敦，克里斯托弗·伍德美术馆。

从老式网球到现代网球，其规则已被简化，并更具有普遍适用性，打球的动作放得开，围起来的场地开阔宽敞。

15. 赛跑运动员俱乐部，1875年。

　　与先前的种种体育运动协会相反，赛跑运动员俱乐部乃是一种民主的组织；时间和成绩均被用数字记录下来；强调突出运动员的成绩与进步。

16．泰奥多尔·热里科：
1810年12月18日Ｊ．克利伯
和Ｔ．莫利诺之间的搏击，
石版画，巴黎，法国国家图
书馆。

1810年克利伯和莫利诺
进行了赤手空拳的搏击，对
场地并未进行标定，对动作
也没有什么规定，而观众则
是分散的。

17．Ｔ．布莱克：兰德尔和图内之间的搏击，1805年。

在19世纪前30多年的时段里，对搏击的场所已作出了规定，可能还出现了手套，拳击动作由
裁判员监督，但不一定有围栏，密集的观众挤在一起。

18. 拳击，载《小报》，1899年11月。

　　在19世纪末围栏已成为特定的东西，穿着也是如此。一种明确的规则对持续的时间和拳击动作作出了规定。

19. "爱国者联盟"下属的"勒阿弗尔儿童协会"，勒阿弗尔，1886年6月10日，巴黎，法国国家图书馆。

　　1870年之后在法国建立的那些体操协会由于这种单一的爱国设想，使其所开展的体育实践和社交活动变得合法化了。

20. 骑自行车兜风，版画，1870年。

　　1855年发明的自行车是个人外出最初的"机械"。直接作用于前轮上的力使这个轮子的圆周增大，这就造成了这个机械整体的不稳定。

21. 伊德威德·迈布里奇：对体育动作进行解析的一套照片，1872－1885年，巴黎，奥赛博物馆。

　　在1870年代，对体育动作连续照像可向人们展示出一种对动作所作的整个变化过程的分析，在这一分析中开始用数字来标出时间和空间。

22. 巴黎－布雷斯特自行车赛出发地点，1891年9月，载《小报》。

    1880年代末发明的自行车由于链条的转动而使所接受的诸种力的关系发生了变化。人们从此以后就可以设想一些"长距离"的赛车活动。这使那些报导这类活动的报纸有可能去筹划新的市场。

23. 1900年世界博览会的广告。

　　1900年的世界博览会就是巴黎奥林匹克运动会举办之际。一些运动项目仍然处在发端的阶段，但它们与工业的交织已表明体育、技术和进步显然是会聚在一起了。

业余体育活动展示出了与迅速增长的城市人口需要相适应的人体的某种新用途。颇能说明问题的是,现代那些最早的体育协会和那些最早的俱乐部都设在伦敦,它是当时世界上人口最稠密的一座城市(1850年的居民为230万)。在英国的首都,商人、公务员、办公室职员、律师和会计的数量特别多;这些人都要穿过伦敦,从郊区的各个车站来到市区,"成千上万的人向前倾着身子,迈开大步往前赶路……他们跑得很快,一批接着一批地络绎不绝,犹如梦幻般的静悄悄的人流①"。维多利亚时代的小说家乔治·吉辛对伦敦的办公室生活写的很多。"今天中午,阳光照耀着萨里山岗;田野和小径弥散着春日最初的气息……但克拉维尔对这一切却丝毫没有顾及到;此时这一天仍和往常一样,它有许多个小时,而每个小时则代表着他每周工资的一部分②。"城市种种新的工作条件促使那些在就学期间就已从事新的体育运动的伦敦富裕的年轻人,在1863年成立了足球协会,1871年又建立了橄榄球联合会。他们的这一示范性做法在1870年代被哈佛大学和耶鲁大学所采纳,之后到1880年代又被巴黎体育竞赛俱乐部和法兰西体育场的中学生们所效仿。

19世纪末的显著特征乃是欧洲大城市的数量不断地增长。煤铁的开采、冶金业和纺织业驱使人们建立了一些人口密度很大的工业区,如鲁尔河盆地在1900年就有200万人口,又如围绕曼彻斯特、伯明翰和格拉斯哥建立了一些大的城市群。铁路改变了城市生活,并使人们有可能开辟一些郊区,它们拥有一些可供人们进行体育锻炼的公园和场地。新型运动员们的身体此时既不按照乡间也不按照市中心的样式来塑造,而是在诸如布莱克希恩、特威克纳姆和温布尔登这样一些地区,按照他们同绿色相接触的地点来塑造。大规模的城市化运动必然会使城市发生变化。城市必须从肮脏、人口拥挤不堪和危险的环境变成一个文明的空间,人们的身体和精神在其间都可得到和谐的发展③。中产阶级人士乘坐火车去上班,再也不需要具备昔日一代代骑士们的那些才能。当然,某些人出于社会名誉的缘故还在打猎,但中产阶级的大部分代表人物更喜欢参与年轻人中间的团队

---

① 基斯·托马斯主编:《牛津劳动情景记闻》,牛津大学出版社,1999年,第239页。

② 同上,第508页。

③ 保罗·M.霍亨贝格和林恩·霍伦·里兹:《城市化欧洲的发展过程(1000—1994)》,剑桥(马萨诸塞),哈佛大学出版社,1995年,第8章。

体育运动,更喜欢加入这样那样的网球或高尔夫球俱乐部,这类俱乐部于
19 世纪末几乎在所有英国城市的郊区都开始盛行起来。

在英国维多利亚时代中期,人们在学校里为运动员们设想出了一种
新的体型以及公平比赛和体育道德的诸种准则。这些新的体育准则中最
著名的就是由威廉·韦布·埃利斯于 1823 年设想出的。"由于他以高超
的手法表现了对他那个时代人们所施行的足球规则的蔑视,因而他是第
一个用手臂接球和带球跑的人,这样,他就为即将成为橄榄球运动的诸种
技法奠定了基础。"这段文字是为纪念可能在橄榄球学校里所发生的某件
大事而写的,其真实性是非常可疑的。这一有关新规则起因的古典式神
话尤其能使各名牌学校把这种新的运动规则据为己有;至于工人阶级的
成员,他们也在 1895 年秋季建立了一个橄榄球联盟。但橄榄球学校在传
播这项体育运动时仍然具有重要的作用,纵然这座学校的著名校长托马
斯·阿诺德对此并不关心:因为他认为他的职责首先是培养"信奉基督教
的绅士",所以他更为关注的乃是智力而不是身体。然而,一些较为年轻
的教师已开始认识到那些集体性的体育运动为使勇敢和荣誉这类古老的
道德准则同竞争和拼搏这些新的思想观念的结合提供了可能。

之后,有好几位橄榄球教师就成了一些著名学校的重要人物。其中
的马尔伯勒地区的 G. E. L. 科顿成了《汤姆·布朗的学生时代》中诸人物
之一的原型,该书是托马斯·休斯专门描写当时各著名学校生活的一部
经典著作。爱德华·思林是剑桥的一位完美无缺的体育运动员,1853 年
他担任了默默无闻的阿平厄姆中学的校长。由于他在这所学校里推行种
种集体性的体育运动,因而就把它变成了英国最有名的学校之一①。至
于海利布里学校的校长 A. G. 巴特莱,他则毫不犹豫地参加足球比赛:"他
身穿洁白的衬衫,系着红色的背带……迅速扑向混战之中,接着又高高地
举起球从中现出了身形,之后过了一会儿,他就像最蹩脚的前锋那样被撞
倒在污泥里②"。这一正在迅速扩展的学校体制把古典式的教育与道德
和纪律教育的新方法结合在一起:体育运动尤其被看成是能"培养人之刚
毅的个性"。信奉基督教的小说家查尔斯·金斯莱指出,多亏了这些体育

---

① 詹姆斯·A.曼根:《维多利亚时代和爱德华时代公立学校的体育活动》,前揭,第 22—25 页。
② 布鲁斯·哈雷:《维多利亚时代文化中的健康身体》,前揭,第 164 页。

运动,才使"男孩子们获得一些任何书本都不可能教给他们的品质;它们不仅具有勇气和耐力,而且更具有刚强的性格,能够自我控制,并具有光明磊落和荣誉的意识……①"。

　　这一切都属于一项旨在重新改变绅士之理想的规模宏大的举措之列。那些与竞争和效率相连的新生的上层阶级的价值标准,即为公众服务和廉正的意识正是在英国的维多利亚时代才得以传播开来的。古老的体育文化仅限于若干体育活动,如打猎和骑马。赛船、赛跑、拳击、板球和种种新的足球运动形式,都受到了资产阶级那些可尊敬和诚实的竞争准则的深刻影响。从大学出来的精英人物抛弃了古老的体育文化,吸取了一种从道德上说更为纯洁的文化,他们把它称之为"业余性的体育活动"。这种业余性 * 把荣誉和拼搏这样的观念结合在一起。金钱的诱惑从此以后则是古老的体育运动的象征;赌博的泛滥已导致人们陷进了日益恶化的腐败之中,摧毁了体育性竞争的存在理由。体育运动从其新的含义来说,已不再仅仅是获得一些比赛成绩、输或赢的问题,而且还要对竞争的原则本身起到激励作用。竞争是必要的,是人们的精神得到满足的源泉,不过,他也是社会分崩离析的苗头的载体,就像现代的某些批评家——卡莱尔②、马克思和罗斯金③——所强调指出的那样。

　　业余性所称赞的乃是竞争的原则,他强调突出了参与体育活动所具有的道德和社会方面的价值。团队比个人更重要。在经过了比赛过程中的激烈搏斗之后,两个团队的成员在比赛结束时互相握手告别。运动员在场上要表现出文雅的举止,其行为应像绅士一样;也就是说,他应当要善于进行自我控制,给人一种优雅和沉着的印象。泰纳于 1871 年访问过牛津,根据他的看法,"自我控制"乃是英国人最高的美德④。

---

* 业余性(Amateurisme),这个词应取其最初的含义,而不是从某种草率做事的举动中引申出的贬义。

① 布鲁斯·哈雷:《维多利亚时代文化中的健康身体》,前揭,119 页。

② 〔译注〕卡莱尔(Thomas Carlyle,1795—1881),苏格兰著名散文家和历史学家,其代表作《法国革命》受到了广泛的赞扬。

③ 〔译注〕罗斯金(John Roskin,1819—1900),英国著名作家、评论家和艺术家,其思想和艺术观对当时及后世都产生了深远的影响。

④ 泰纳引自伊恩·布鲁梅的《伏尔泰的思想或欧洲的英国狂》,伦敦,魏登菲尔德出版社,1999年,第 159 页。

男孩子们在寄宿学校里有许多时间可以用来锻炼身体。学校把学生的精力引向日常的体育活动中去——它被认为具有能使学生忘却性欲这样一种额外的好处。人们把同性恋者看成是一个体质虚弱、缺乏阳刚之气的人,他与运动员的端正外表相距甚远,他的手不像运动员的手那么有力,肌肉也没有那般结实。英国的教会对那种能吸引年轻人并能通过体育运动对其身体起净化作用的"强劲有力的基督教"观念越来越有好感。这种通过勇猛的体育锻炼,特别是通过诸如足球和橄榄球之类的体育活动而起的净化作用,变成了一种牢牢地扎根于英国教育制度的信条。在英国,维多利亚时代末期的许多名牌学校都是按照火焰般的哥特式风格建筑得像大教堂似的。它们拥有好几公顷的运动场地。这些名校之间彼此竞相为各自的学生提供最好的设施。宽阔的体育场地是为在同一所学校里或为两所学校的学生之间组织竞赛而设计的。为自己的学校而拼搏乃是最大的荣誉。在19世纪末的各名牌学校里人们赋予体育以这样的重要地位,对待它是如此的严肃认真,这就对那些最优秀的运动员之所以能取得很好的成绩作出了解释。

那些在伦敦工作,居住在诸如巴恩斯、里什蒙或布莱克希思这些绿色郊区的人,就是这些名牌学校先前的学生,他们成立了最早的体育协会。从1840年起,在剑桥大学人们就很想制定一套足球运动规则,但是在赞成用手打的人和赞成用脚踢的人之间却很难取得一致的意见。那些出之于像伊顿和哈罗这些最悠久、最著名的大学校里的人,则拒绝像橄榄球学校之类较新的学校所制定的规则。经过一系列的会谈之后,终于在1863年末成立了足球协会(FA),然而,某些赞同用手打的俱乐部,如布莱克希思俱乐部(诞生于1858年),则拒绝加入这个协会。这些俱乐部成员不仅坚持这种要用手控制球的打法,而且还主张采用那种可接受的身体相接触的打法:这主要是指是否有权用脚踢对手膝盖以下的部位以获得对方的球。在足球协会看来,显然必须要把这些初学者的习惯做法从成年人的体育运动中清除出去。不过,另有一些人则指出这样一来也就把"在体育运动中必须要有的勇敢和胆量统统"去除了[1]。

提出这种看法的人也就是那些拥护旧的体育文化的人;但他们并不

---

[1] 引自理查德·霍尔特:《体育与英国人》,第86页。

能使那些最早组建球队的年轻人，即医生、记者、商人和公务员对其产生强烈的印象。这些年轻人丝毫不想冒太多的危险而牵累到自己的职业生涯。体育活动应当是对强壮体质的一种磨炼，而不是一种危险的暴力行为。虽则不可避免有越来越多的人受伤，但人们必须既能保护身体，又能使身体得到锻炼。因此，必须在某种有利于培养刚强个性的、合理的肢体碰撞与某种不合理的暴力行为之间，确立一道非常明显的界限。速度、战略、自我控制和技巧从此以后就比承受暴力或施加暴力的能力更加重要。

由于引进了装有垫料的护腰、建造了更为平坦的场地，以及对精心剪平的草地的维护以使特别坚硬的球能以可预见的方式弹跳起来，因而也就为在打板球过程中使受伤的危险减少到最低程度而作出了极为明显的努力。打球的人应该表现出自己的勇气，因为他必须迎击强有力的投掷者。正是如此才使打板球成为一种对精神有益的体育活动。但是，如同对足球和橄榄球所做的有关规定那样，必须要限制运动员所冒的种种危险；这意味着抛球不应像扔石子那样用手臂猛烈地砸去，而应将手臂伸直然后再投出去。板球的技术设计得非常细致，各大学的学生从此以后就拥有了自己的职业教练。在英国的所有体育项目中，板球成了各大学的精英人士最为赏识的项目。它以一套复杂的规则为依据，这套规则特别要求运动员宁可进攻，而永远不要对裁判员的决定提出质疑。在外国人看来，这项体育运动成了英国的精髓；而且它又是英国人共同分享的一份感情。当时板球已传到了澳大利亚。从 1880 年代起，两国间所进行的比赛引起了英、澳公众的巨大兴趣。此时渐渐地形成了某种新的业余性的体育道德规范；职业运动员必须服从这一规范；此外，有一些绅士委员会领导的郡一级的体育团队也建立了一套制度。这一组织机构由玛丽勒本贵族板球俱乐部领导，该俱乐部由设在伦敦的贵族体育场为这项体育运动制定了规则，并为他的全面展开作出了筹划。

业余体育爱好者中新的优秀人物正在抛弃那种为炼成一种特殊的身体而做准备的观念。他们所进行的体育运动乃是对身体天生素质的一种赞美。先前的冠军，尤其是那些拳击运动员都是有目的地进行复杂的训练，遵循特殊的饮食制度，以便让自己足以获胜的一切手段都能发挥作用，其目的不仅是为了打赢，而且也是为了随之而来的金钱。业余体育爱好者们则对此类与绅士不相称的盘算嗤之以鼻。第一代足球运动员中那位最有名的球员、卡尔特豪斯公立学校和牛津大学的 G. O. 史密斯回忆起他那个时代没有人"从不锻炼身体"时,又补充说,"我敢肯定这种需要却又从未被人们所感觉到①"。业余性的观念是建立在身体的自然平衡即各种不同的运动和饮食制度之间平衡的基础之上的。人们认为喝啤酒和抽烟乃是正常的事。新的业余爱好者并不借助于特殊的体育活动来锻炼自己的身体,其目的是为了避免受伤,为了改善自身的反应和体力恢复的节拍;他只限于通过极其不同的方式来提升自己的技能。只有板球才能使人们去掌握击打和投掷的那些最基本的规则,但是人们不可因此而谈论什么科学训练的事儿。

业余体育运动员对穿着的式样很重视。其运动服从上等阶级的成员每天穿的服装式样中得到了启发。从前的骑士制度的象征体系被移植到运动员的服装上,即将十字徽章、部分纹章盾面、斜条纹带和带扣的图案印在一些可能含有饰以拉丁文箴言的足球衫上。正如马克·吉罗阿在《回到卡米洛特》中所宣称的,我们可以从这里看到这是向传统和中世纪的一种复归②。中产阶级的板球运动员抛弃了他们从前的那种宽松的服装而采用了白色的运动服。白色的靴子、运动裤、运动衫和毛线衫从 1880年代起就成了第一流运动员的制服。那些最卓越的运动员以不再弄脏他们的服装、保持服装的洁白而感到自豪,因为这是象征性地强调突出他们的体育运动的纯洁和美、将其与这一运动的比较陈旧的形式相区别开来的一种方式。业余田径运动员和网球运动员也都采用了白色的服装。

牛津大学和剑桥大学以各自采用深蓝和浅蓝色的服装而与上述这类群体的人相区别开来。获得"一套蓝色的服装"对一个大学生来说乃是一种最高的奖赏,是日后获取最高等职务的一种潜在保证。人们当时把那个由"穿蓝色服装的人统治黑人"的国家叫作苏丹,因为在这个国家里从牛津大学毕业的运动员非常多,他们都在殖民部门里供职。在法国,体育协会里的成员最初并没有从业余体育爱好者的某种服装式样中看出什么利益。他们在田径运动比赛时穿着职业赛马骑师的服装,拿赛跑运动员

① 爱德华·格雷森:《酷爱体育活动的非正式运动员和板球运动员》,哈文特,帕伦特出版社,1983 年,第 31 页。

② 马克·吉罗阿:《返回到卡米洛特:骑士制度与英国的绅士》,纽黑文,耶鲁大学出版社,1981 年。

打赌。然而,这种态度很快就发生了变化,法国的运动员不久就采用了一种新的优美的服装式样即英国精英人物所穿的那种式样。

1883 年,当伊顿学院老校友队和布莱克本奥林匹克队——由北方半职业性工人组成的一支球队——进行决赛几乎失败时,一位编年史作者强调指出了"这个先前经过系统训练过的球队的优越条件……这一点使他在半小时的补充赛中获得短暂的胜利①"。从那时起,职业足球队就采用了由跑步和运球构成的轻巧的训练原则,但又并非因此而对它予以过分的重视。最重要的乃是进行预备性的友谊赛。甚至在田径运动中,业余体育爱好者的理想也依然是注重体育锻炼的令人愉快的种种场景;体育运动应当是一种娱乐,而不是一种不快。例如,英国的体育爱好者对美国人于 1908 年伦敦奥运会期间对体育训练的那股严肃认真的劲儿就大加非议。19 世纪英国的体育爱好者都倾向于认为英国人是天生的强者,体育运动无非是这种"天生的优越性"的展示而已,因而它并不要求在事先训练时付出多大的努力。必须要等到同布尔人②作战时英国人才意识到他们并非如自己所想象的那样是一个对环境颇具适应能力的种族。因此,他们就赋予在国际体育比赛,尤其在奥林匹克体育比赛中所获得的胜利以越来越重要的地位,把这些胜利也同样看成是一个刚强有力的民族的象征。

强健的身体也是社会信誉的一种象征。牛津大学的三位学生在 1880 年建立了业余体育协会(AAA)。1882 年建立的业余划船协会主要是由牛津大学和剑桥大学的划桨手组成,他们来自于一些著名的"划船学校",伊顿学院的情况也莫不如此。划船运动所呈现出的特征就是它形成了一道社会性的壁垒。这个协会拒绝体力劳动者(机械工、手工业者或农民)参加。其他的体育组织,其中包括从事网球、曲棍球、游泳和拳击运动的组织,都没有对入选资格提出诸如此类的社会条件。任何人都可以成为业余体育协会的一员,但是按照各个组织的具体要求,其所吸收的新成员显然是不同的。从大学出来的老校友加入了某些俱乐部,而铁路或银行

---

① 查尔斯·W.奥尔科克:《足球年鉴》,1883 年,第 67 页。

② [译注]布尔人(Boer),非洲南部主要由荷兰殖民者的后裔构成的一个民族。此次布尔人和英国人的战争发生在 1899—1902 年期间。

职员则参加了另外一些俱乐部。这样一来,业余体育运动就与一种较为公开地向某种排斥性行为移动的趋势相结合在一起。体育运动乃是自由时代的产儿,这个时代目睹了 1867 和 1884 年的改革法赋予男性劳动者以选举的权利,不过,权力依然是在精英人物的手中①。

3) 英国的榜样:欧洲与业余体育爱好者的理想

英国体育文化的这种变化使它博得了外国参观者的普遍赞赏。年轻的男爵皮埃尔·德 ·顾拜旦②就怀有这样的赞美之情,他于 1880 年代在英国各名牌学校和优秀的大学里逗留过。回国后他毅然决定要"使法兰西重新强健起来"。除了他所发起的通过竞争使民族获得新生的社会改革之外,人们还在顾拜旦那里发现了贵族阶级对英国的体育传统以及英国人使之与其帝国相适应的方式所表现出的钦佩之情。这种看法因奥林匹克运动会的复兴而得到了具体的体现,他以自己在维多利亚时代各著名学府里所看到的田径运动为基础而创立了这一运动会。

显而易见,顾拜旦并不是孤立的。在 1880 年代的法国到处都弥漫着人们对"英国体育"运动的真正迷恋之情。在巴黎的一些享有盛名的学校如罗兰、孔多塞和卡诺中学的学生,于 1882 年创立法兰西体育协会时,他们就把英国的新、旧体育文化搅在一起。他们戴着赛马骑师的帽子,彼此打赌,为金钱而相争③。但这种现象持续的时间并不长。巴黎青年中的佼佼者很快就通过他们中间诸如乔治·德·圣克莱尔那样在英国逗留过的人,了解到那里的情况。他们很快就知道英国的业余体育爱好者按照那种把体育设计为一种道德教育形式的观念而抛弃了任何赌博和追逐金钱的想法。这种业余爱好者的精神使顾拜旦受到了启发,况且,他还有机

---

① 理查德·霍尔特:《业余体育运动及对其的解释:英国体育运动的社会起源》,《创新》,第 5 卷,1992 年第 4 期。

② [译注]皮埃尔·德·顾拜旦(Pierre de Coubertin,1863—1937),法国教育家,1892 年他提出了举办现代奥运会的倡议,得到了世人的响应,于是 1896 年就在雅典举办了这样一届奥运会。他在 1896—1925 年期间担任奥运会主席。

③ 欧仁·韦贝尔:《法国世纪末的体操与体育》,见《美国历史评论》,第 76 卷,1971 年 2 月第 1 期,第 82—84 页;乔治·布尔东的《法国田径运动的复兴和体育协会》(巴黎,1906)乃是有关体育运动起源的经典性研究著作。

会同格莱斯顿＊讨论一些有关体育道德方面的问题①。

　　"体育复兴"的愿望成为法国报刊大量文章所谈论的对象，这就导致由新闻记者帕斯夏尔·格罗塞牵头于1888年创立了全国体育教育联盟，这个联盟得到了许多议员和一些法兰西学院院士的支持。其意图就是要赋予从英国引进的体育项目以法国的身份。另一方面，人们又在诸如"庙会"之类的大学生联欢会期间恢复一些已陷入衰退的法国传统的体育项目。但是这个联盟却容忍一些成年人做他的领头人，因而它很快就失去了活力②。唯一具有决定性的进展是在西南地区取得的。1888年10月，这个地区的年轻医生菲利浦·蒂西埃创立了吉伦特体育教育联盟。几个月之后，顾拜旦、圣克莱尔和其他一些人成立了一个面向所有从事英国体育运动项目的人的领导机构。业余性体育运动的新信息由法国田径体育协会联合会提供，该组织在1890年代结束时拥有200多个俱乐部，几乎所有的俱乐部都设在巴黎地区和西南地区。所以人们在1889年便建造了波尔多体育场，许多中学和大学俱乐部使这个地区的人熟悉了橄榄球运动。蒂西埃那时几乎是唯一的一个企图把体操提升到体育运动、把体育文化种种不同的形式结合在一起的人③。

　　英国的体育于1900年在法国构建了一座坚固的桥头堡，他大大地越出了英国侨民的社群。在一些俱乐部里，人们从事英国的体育运动，经常有橄榄球、田径、足球和网球这样的一些项目；只有板球未能被引进来，不过，英国人对它是特别重视的。网球、田径以及即将出现的一种新的项目——自行车赛（法国人很快为自己创立的一种体育项目）为夏季体育实践活动提供了广阔的天地。但不管怎样，法国还尚未创立属于自己的球类运动项目。

　　在法国人这般狂热地采用英国的体育项目后面究竟隐藏着什么呢？

＊　此人曾几度出任英国的首相，尤其在1880—1885年期间。

①　有关顾拜旦之作用的详细讨论，参看约翰·麦卡伦的《伟大的象征：皮埃尔·德·顾拜旦与现代奥林匹克运动会的发端》，芝加哥大学出版社，1981年。

②　皮埃尔-阿尔班·勒贝克：《帕斯夏尔·格罗塞与体育教育全国联盟》，巴黎，拉马尔当出版社，1997年。

③　雅克·蒂博：《体育与体育教育（1870—1970）》，巴黎，伏兰出版社，1972年，第125—139页；也可参看让-保尔·卡莱德的《世纪转折时的青年体育教育》，见皮埃尔·阿尔诺和蒂埃里·泰雷的《体育、教育和艺术》，巴黎，CTHS出版社，1996年，第158—159页。

当时人们对英国在语言、文化方面扩张的抵制依然是极其强烈的,这两个国家间的不信任和猜疑在几个世纪里一直是常有的事("背信弃义的阿尔比恩"①)。从第二帝国起,特别是从 1870 年起,在普鲁士的推动下,当新建立的德意志帝国成为最令人不安的外部威胁时,这种事就开始发生变化。敌视德国的情绪使人忘记了对英国的敌视。泰纳的《英国札记》对英国提出了一种全新的看法。在他看来,这个国家的经济和威望以一种非凡的速度增长着,在政治方面也同样获得了成功。英国的精英人士甚至优先采用了种种"起自上层的改革"方式而维护了自己对权力的控制。他们被看成是头脑灵活、富有活力的人,善于发现传统和竞争诸原则之间的平衡。此时法国的第三共和国及其民主原则才刚刚建立,业余体育运动在这一更为壮阔的进程中起到了意味深长的作用,似乎为法国的贵族提供了一个前景美妙的样板②。

在德国,不论是贵族抑或是工人阶级都没有采用英国的体育项目。工人阶级把踢足球看成是一种极端精英主义者的体育运动。贵族仍然坚持封建社会的观念,不愿抛弃自己的传统以及决斗和骑术。普鲁士的精英人物就是在 1871 年获得胜利的中坚力量。他们认为没有任何理由去采用英国的体育运动项目,因为这些项目对男性的身体提出了某种比普鲁士军国主义的典范标准更自由、更个性化的看法。事实上,被英国的体育运动所吸引的乃是德国的中产阶级;因为他们被大学生社团的体育礼规和工人阶级的体操表演活动所排斥,工人阶级把踢足球看成是一种外国的、资产阶级的体育运动。而正是这些特质在吸引着医生、商人、新闻记者、工程师、建筑师和高级职员,他们构成了德国足球联盟的主要成员。这个体育联盟在 1910 年就有 83000 名会员(其中 1/4 的人乃是在校的学生)。他们穿戴优雅,效仿英国人的做法,给他们的组织起了一个常常是被拉丁化的名称,如 Alemania(阿勒曼尼亚)、Germania(日尔曼尼亚)或 Teutonia(条顿尼亚),因而使人想起这是一些大学生团体里的人。此时人们正在盘算着建立一种新型的协会,在这里面公平比赛和竞争的理想或

① [译注]阿尔比恩(Albion),凯尔特语一名词,意为白色,用来指英国,因为该国海边的悬崖为白色,但有时会有贬义和讽刺意味。

② 理查德·霍尔特:《体育与现代法国社会》,前揭,第 63—64 页;有关皮埃尔·德·顾拜旦的观点,参看《法国的英国式教育》,巴黎,1889 年,以及《牛津和剑桥回忆录》,巴黎,1887 年。

许会通过某种民族的认同感而得以完善①。

在美国,创立一些典型的本民族的体育运动项目则有利于吸收英国新的体育哲学。作为先前的殖民地居民,美国人对一切能使人想起文化帝国主义的东西颇为敏感。他们抛弃了板球,而在南北战争爆发前这项球类运动非常盛行,尤其在费城地区。这个新生的共和国试图通过一些本国的而不是源自于先前的殖民宗主国的体育运动以使这一联盟得到巩固。换句话说,即使美国的体育文化部分地来自于英国的传统,但它最终被确立起来仍然是对这种传统的一种反动。因此,英国的一种古老的球类——圆场棒球——经过完全重新改造之后就变成了棒球;根据阿布内·道布尔戴②最初对此种球类的神奇说法,它是1839年在库珀斯顿最终被确定下来的。南北战争结束后,因北方的胜利而得以强化的民族主义使棒球变成了一种纯属美国的球类运动。像耶鲁、哈佛和普林斯顿这样的名牌大学也在1870年代创立了自己的足球和橄榄球运动的变种,这一变种今日以美式足球运动而著称。因而美国就把自己关在一种民族体育运动的体系之中,排斥世界上其他的体育运动,但同时却又保留了英国业余性体育运动的许多典型的文化价值③。在所有采用英国新的体育运动的地方,人们都可看到某种相似的增强体质的理想;他在强调男性身体的瘦长、灵活的同时,又表达了一种竞争和建功立业的新的伦理道德以及一种美学理想。

4) 有关男性身体的使用:体育运动的繁多

现代体育运动的产生绝非是一种简单的、毫无二致的现象,它呈现出了极其不同的差异。球类或有胆的球类运动在体育竞赛或竞赛性体育运动中的情况是极其不同的。那些次要的角色并不懂得一个圆圆的(或椭

---

① 克里斯蒂安娜·艾森贝格:《英国的体育与德国的汉堡包》,帕德博恩、舍恩林格出版社,1999年;此书乃是一部改变我们对德国体育运动看法的极为深刻的研究著作。
② [译注]阿布内·道布尔戴(Abner Doubleday,1819—1893),美国陆军军官、军事学校教员。传说他是棒球的发明者。但经人考证,棒球同英国的圆场棒球有明显的联系。
③ 至于对美国在这方面所做工作的最近研究情况,参看史蒂文·W.波普主编的《美国体育新史》,伊利诺斯大学出版社,1997年。

圆形的）东西的运动非得要整个球队团结一致密切配合不可。然而，从球类或有胆的球类运动所要求的种种不同的技能来看，这些运动本身乃是极不相同的。例如，如何对高尔夫球赛和橄榄球赛作比较呢？在英国，橄榄球和高尔夫球是中产阶级的体育运动项目，毫无疑问，橄榄球运动员上了年纪时常常就去打高尔夫球。然而，作为一种身体的锻炼形式，这没有什么多大的不同。橄榄球是一种在团队间进行的猛烈的体育运动，它要求手和脚的灵敏、体力、勇气和战略意识。高尔夫球是一种个人的体育运动，参赛者除了在开局和结束时相互握握手之外，没有任何的身体接触。高尔夫球赛要求运动员应具有能把一种复杂的技术与一种对远距离、地面和气候条件的敏锐感觉相结合在一起的驾驭能力；它牵涉到对身体和心理的高度控制；而橄榄球赛则是一种赤裸裸的进攻性的体育活动。然而，人们可以在这同样的精神指导下，对足球和网球或者田径和拳击、板球和游泳、划船和骑自行车等等运动进行分析。这个世纪之交的大部分体育运动员都根据季节的变化从事多种体育运动，有时甚至进行五六种体育运动。从秋季到春季他们从事足球和橄榄球运动，夏季则打板球，但这也是开展田径运动的季节。打高尔夫球和网球乃是上等阶级和中产阶级上层人士夏季的一种消遣娱乐活动。人们从事这类体育活动常常是在友谊甚于竞争的一种精神的指引下进行。

以团体进行的那些球类运动都是最为大众所喜爱的。这涉及到那些要求人们以极其变化多端和极其复杂的方式去运用身体技能的体育项目。这些项目的引进是与探索一种在冬季可进行的体育锻炼一事密切相连的。经常从事体育活动的思想在 19 世纪得到了人们的认可，这一点对于体育锻炼来说是非常重要的，因为新的城市世界里的人对季节的不同并不敏感。城市里的人成年累月地都在工作着，因此他们也希望能同样如此地进行消遣娱乐。这就必须要有一些人们在寒冷的季节和雨天能够进行的体育运动，以锻炼出能经得住痛苦和在最恶劣的环境下都能很好地完成自身任务的强壮结实的身体。

在进行橄榄球比赛时，势必会有跑、踢、射门、跳、抱腿摔倒这样的动作。足球则要求各种技能的协调一致性，但不可用手打球。看来要想善于控制一个笨重的皮球，成功地运球、传球和射门，乃是一件颇为困难的事，它必须要经过几年的训练。在人们最初从事这些球类运动时，并不存在什么分工。运动员们全都在追逐着球,力图射门得分或在对方球门线内带球触地以求得分和获得射门权。他们反对给自己分配什么明确的角色,都倾向于以个人的方式从事球类运动。当人们责备最早的足球运动员之一金内尔勋爵不把球传给他的队员时,他回答说他首先是为了自己的兴致而踢球,别人不应告诉他如何去做。然而,人们很快就明白要想获胜,某种分工乃是不可或缺的。在我们所提到的伊顿学院老校友队和布莱克本奥林匹克队在 1883 年的奖杯决赛中那次精彩的比赛之后,人们要想取胜,显然就非得要运用某种比平时更为复杂的战略不可。一个其内部的每个队员能把球传给别人的球队,通常是能战胜一个人人都只为自己而踢球的球队。足球和其他种种团体性的体育运动很快就从中引出了自身的内在逻辑;人们以一种与运动项目的创立者们所鼓吹的不同的方式来运用身体的技能;这一进程一直延续到今天。足球运动员就是一些经过某种培养和特殊训练的职业运动员①。

团体性的体育运动形成了一种"集体性的身体"。一个出色的球队是由一种其身体和战术能力彼此极其平衡的群体所构成的。为集体而比拼,这就给整个团队的体育活动加进了一种心理和社会方面的内涵。不要让"自己的人倒下"这一说法具有极其重要的意义,以致它已成了日常用语。这意味着每个人必须要全力拼到底,在整个比赛过程中要战斗到最后一刻,即便明知要落败。避免丢脸的意念起着重要的作用。如果一个球队的全体成员在比拼时达到了他们力所能及的程度,那么其失败是可以接受的。使人感到羞耻的则是放弃拼搏,或者简单地说不想获胜。那些才华出众但不愿拼到底或把失败原因推给他人的运动员会被人瞧不起。团体性体育比赛要求队员应为某一明确的任务在特定的时段里付出最大的努力。如若大家配合得很好,那整个球队就会比它所参加的比赛场次的总和还要被人看重。

团队体育运动在各个个人之间建立一种心理和身体方面的相互依赖关系。这对于诸如橄榄球、足球或美式足球这样的各成员相互有联系的体育运动则更是如此,板球和棒球运动也不例外。若是某一单个

---

① 托尼·马森:《英式足球与英国社会(1863—1915)》,布赖顿,收获者出版社,1979 年,尤其是第 207—221 页中对此所作的论述。

的运动员想要为自己的那一方获得胜利而做出贡献,他就必须要应对由对方球队所有成员联合而形成的强大力量。就团体性体育运动而言,身体语言是最主要的,这类运动在比赛开局之前要求各成员要想一想双方队员的外貌特征、受伤的种种危险以及应使用的战术。人们在观看运动员比拼时都很激动,时而穿上衣服,时而脱下衣服;他们留心察看着运动员在比赛过程中的行为举止,为精湛的球技而喝彩;每当进球或在对方球门线内带球触地获得成功时,他们就按捺不住狂喜的心情;裁判员的哨声一响,他们则互相握握手或者互相拥抱一下。最重要的乃是运动员们都领悟出了他们是如何运用自己的身体将自己融入这个更大的团体的个性之中。人们只要根据一个运动员在比赛时的行为方式,就可以对他的勇气、诚实、谦逊和耐力提出评判。只要人们遵守规则,团体性体育运动就可为人们提供一个运动员在其中能自由发挥自己的体育才能的舞台。

然而,运动员们并非在使用各种各样的运动技巧时都能同样地获得成功。某些人是用坚强的意志来弥补其动作灵敏性的不足。只要有某种较为适度的才华,大部分足球运动员和橄榄球运动员都可达到比赛的水平。各个体育团体的体制也允许每个人去寻找自己确当的位置。那些个儿比较矮、动作比较敏捷的人担任边锋较为有效;那些跑得最快的人打中锋则更为合适;那些身体健壮魁梧的人担当防卫则较能发挥作用。某些运动员具备卓越的击球技能,这就使他们成为分发球的优秀运动员,因此他们就占据了前锋或前卫的位子。1890年代的威尔士各球队在橄榄球比赛时,都表明拥有一些能够迅速分发球的前卫是何等地重要。那些擅长巧妙地施展声东击西的假动作、跑得飞快的运动员,如同1890年代威尔士橄榄球队的明星亚瑟·古尔德所善于做的那样,则博得了人们高度的赞赏。报界对他的"灵活矫健的优雅姿态"赞不绝口。一位专栏作家断言,他的"姿态极其优雅,动作敏捷,变化莫测,时而转向左方,时而又向右方躲闪,没有任何一只手能够触到他的身体①"。

从前,某些并非所有的人都能从事的体育活动,如击剑、打猎和骑马,

① 大卫·史密斯和加勒思·威廉:《值得赞美的运动场:威尔士橄榄球联盟正式认可的历史》,威尔士大学出版社,1980年,第70页。

都是一些非常复杂的技艺。那些精美的体育技巧并非起始于 19 世纪。
人们长期所从事的老式网球运动和现代网球运动同样复杂,同样地令人
疲惫不堪。科学家罗伯特·玻意耳①指出,"我们的风流雅士们赖以消遣
娱乐的网球运动,比许多其他的人为了谋生所从事的体育运动更能弄得
人疲惫不堪②"。人们都知道尤其是田径运动员和拳击运动员从 18 世纪
末起所进行的一丝不苟的体育训练。然而一般地说,体育运动在临近下
个世纪末时就变得更加地复杂、技术性更加地浓厚了。当然,对那种与现
代体育形式的体系化紧密相连的(尤其是涉及到英国的足球、橄榄球和美
国的棒球)教育所作的宣传,则为教科书的作者们提供了市场。这类著作
的出版业从 1890 年代起就持续不断地兴旺发达起来。

　　这种新的体育专著的宗旨首先就是能使未来的运动员参加一种愉
快的社会活动。那些献身于体育运动并希望成为一名出类拔萃的运动
员的人乃是少见的。例如,那些记载着种种不利条件的高尔夫球俱乐部
的档案,就为我们提供了有关早期运动员们的一个很好而又全面的看
法。其中大部分俱乐部(其情况同往常一样)都面临着严重的障碍,而且
所具有的体育技能水平较低。拥有高尔夫训练场的俱乐部颇为罕见。
在某一俱乐部登记注册的大部分人其目的不是要成为出众的运动员,而
只是希望成为某个社会团体的成员,这样,他们就可以在里面从事某种
愉快的体育活动,并且能够同某些在社会中大体上具有同等地位的人建
立联系。

　　体育团体被社会属性深深地打下了烙印。精英人士的体育运动倾向
于把优雅的动作和精细的技巧放在优先地位,而对蛮力和耐力则置之不
顾。当然,也有一些例外。像橄榄球这样一种典型的激烈的体育运动项
目既在精英人士中也在大众阶级中招收一些最具有活力的高手。不过,
在一般情况下,资产阶级的体育运动首先所看重的乃是体育运动的风格,
这不论是在取胜的方式抑或贯穿于比赛过程中的那种优雅的风采上,都
能体现出来。高尔夫球和网球运动所表现出的那种方式明显地证明了这
一点。当比赛的场景在远处展开时,一些轻松自如、穿得漂漂亮亮的年轻

----

① ［译注］罗伯特·玻意耳(Robert Boyle,1627—1691),英国化学家和自然科学家。

② 基斯·托马斯:《牛津劳动情景纪闻》,前揭,第 13 页。

人则围着酒杯坐在一起闲聊,这就是人们所熟悉的 19 世纪末这些体育运动员的形象写照①。

鉴于此,高尔夫球就特别引人注目。把一个静止不动的小球非常准确地打落到很远的地方,比人们能够想象的要困难得多。打高尔夫球要求人们必须紧紧地依赖自己的直觉。把一个球送到远处,运动员必须要转身,而同时在作出这一动作时又要保持一种有节制的、均匀的节奏;这是一种艰难的技术性动作。不管怎样,这类早期的运动员都开办了一个俱乐部,但他们只满足于打出一个漂亮的球。19 世纪末的职业运动员们拓展了一些运动技巧,它们已为人们普遍仿效。这些新的高尔夫球运动员中最著名的一位就是哈里·瓦登,1896 年他第一次获得了英国公开赛冠军,1912 年又最后一次获得这项比赛的冠军。他制定了一种开办俱乐部和保持身体直立抽球的新方法,同时又对一种轻捷优美的大弧形抽球姿态进行了描述。这种姿态对 20 世纪高尔夫球运动的发展具有十分重要的影响②。

人体的这种既有效而又姿态优美的能力在高尔夫球运动中表现得格外明显,但在其他的一些体育运动中,尤其在网球运动中,也颇为引人注目。正手球、反手球和发球的技巧从 19 世纪末就开始完善起来。高球(从对方头顶上过去)和近网短球(轻轻地正好落在网的另一边)这样一些十分成熟的技巧,已属于运动员们的美学之列,他们中的大部分人至少在某些时刻会因觉得自己的身体能完成如此难的动作而感到欣喜。一个身躯瘦弱的人——不论是男是女——凭借轻轻地一击,就能取得高尔夫球的一场胜利。

同一类型的体育运动员此时正在由最不够格的人向最有天赋的人转化。那些原本天赋不高但对运动情有独钟的人常常是经过艰苦的努力来取得进步。中产阶级则开始把种种教育原理用在体育实践上。他们发现一个人若是受过很好的教育,他就可以教导别人如何进行体育运动,而且也发现了天生的才能并非是唯一的标准。高尔夫球俱乐部的领导者们并

---

① 海伦·沃克:《草地网球》,见托尼·马森主编:《英国的体育运动》,剑桥大学出版社,1989年,第 245—275 页。

② 约翰·洛尔森:《体育与英国的中产阶级》,曼彻斯特大学出版社,1993 年,第 127—150 页,该书附有对高尔夫球的一次精彩的讨论纪录。

不满足于提供设备以及对设备的维修,他们还雇用了一些职业教练员。那些名牌学校在教授使用球拍和掷球的方法上还得到了已退休的板球运动员的帮助。虽然这样说,但如果一涉及到设备和培训这一当时令人烦恼的问题时,人们对技巧的兴趣仍然是处在初始阶段。因此,实际上并不存在任何的足球教授。男孩子们是在街头和公园里学习踢球。人们还常常相信才能乃是天生的。那些最优秀的运动员的情况即是如此,如板球运动员 C. B. 弗雷,他也是一名田径运动员,曾一连好几年保持了世界跳远的纪录,但他却从未认真地锻炼过。

除了足球和橄榄球之外,拳击也是 19 世纪末在英国和美国最受重视的体育项目;它在"美好时期①"蔓延到法国,直至乔治·卡尔庞蒂埃成为法国第一个大名鼎鼎的冠军②。拳击是由古老的暴力动作和过分复杂的技术所构成的一种特殊的混合运动形式。在拳击过程中,运动员相互赤手空拳地对打,直至对方放弃为止,从 1860 年代起,在遵守昆斯伯里侯爵所制定的规则的前提下,这种拳击方式就让位于一种新的对决方式。在比赛时拳击手用上了手套,在整个过程中只有某些拳击动作是允许的,但这种形式的拳击比赛持续的时间很有限,因为所有这一切做法都是为了减少这项运动的暴力行为,改善它的斗技形象。然而,拳击运动仍然是一种暴力性的体育项目,它对大众阶层中的人特别具有吸引力,对这些人来说,在街头打架斗殴绝非是少见的现象。

拳击既是原始的又是新创的,既是血腥的又是技巧性的,它把人们对待人体的种种新、旧态度结合在一起。那些最卓越的拳击手就是一些掌握了一套快速挪动、用左手直击、闪挡以及人们称之为"拳击艺术"的其他种种因素之技巧的人。他们还必须具有"杀手的本能③"。但是许多动作比较迟缓的拳击手仅只具有粗蛮人的勇气,即那种击倒对方和给予重击的勇气。相反地,新的拳击术则使观众对那种构成运动员阳刚之气的东西产生了种种模棱两可的看法。他们非常赞赏运动员的速度和技巧,但也同样惊叹他的耐力和蛮力这些传统意义上的资质。再说,拳

---

① [译注]美好时期(Belle Époque),即 20 世纪初叶。

② 安德烈·劳赫:《登姆普西-卡尔庞蒂埃》,见理查德·霍尔特、皮埃尔·兰弗朗奇和詹姆斯·A. 曼根的《欧洲的英雄》,伦敦,卡斯出版社,1996 年。

③ 斯坦·希普莱:《拳击》,见托尼·马森主编的《英国的体育运动》,前揭,第 78—115 页。

击在美国被一种深刻的种族对立和根深蒂固的偏见气氛败坏了。约翰·沙利文绰号为好斗的爱尔兰人,他是在 1889 年按照昆斯伯里的规则第一个获得冠军称号的拳击手,此人以性情粗暴而著称。在 1908 至 1915 年间,第一个世界重量级冠军杰克·约翰逊仅仅因为他是黑人而受到了人们的憎恶,尽管他具有不可否认的才能。如果说一个技巧高超的拳击手能在积分上获胜,也就是说不必打倒对手,那么,这种拳击仍然是一种原始的体育运动,在这种过程中,男性的进攻性冲动以这样一种极其强烈的本能反应的方式而表现出来:痛击其对手,打他的身体和头部①。

5) 女性的体育运动

19 世纪的体育运动几乎完全是男性的。它能使人们对男子的体力进行探测、确定和赞美。总的来说,妇女即使不是被排斥在外,那也是被社会边缘化了。但这种情况并非总是如此。最近对女性运动员所进行的研究显示,人们在 18 和 19 世纪经常组织一些女子赛跑活动,一般是在某种较为广泛的集会尤其是在某种节日期间举行②。这些女衣衫赛(以服装作为奖励的赛跑)对大众阶级的妇女颇有吸引力,她们有时也参加其他的一些带有赌博性的比赛。有人还注意到妇女在 1820 年代就已参加体育活动,但是由于传统庆典活动的衰落和对女性的敬重更为明显的关注,妇女的体育活动似乎在这个世纪的下半叶消失了。

维多利亚时代的医学解放了中产阶级男性的身体,但却束缚了女性的身体。它强调了两性之间的差异,认为体育活动必须要有体力,这对女人来说会有危险。资产阶级的女性当时总是被描写成一种弱不禁风、过分敏感的女人。人们认为体育运动要有体力和好斗心,因而这不适合那以足够富裕的家庭主妇为代表的新的有闲阶级,她们可以自由地进行一些锻炼身体的活动。其他阶级的大部分妇女则太

① 安德·劳赫:《拳击,20 世纪的暴力》,巴黎,奥比埃出版社,1992 年。
② 彼得·拉德福尔:《18 和 19 世纪的女子竞走》,见安德烈·古诺、托尼·尼韦特和格特鲁德·普菲斯特主编的《娱乐界:政治、社会和教育面面观》,2 卷,柏林,学术出版社,1996 年。

过忙碌，又要做家务，又要养育孩子，甚或还要做份工，以致再也没有什么精力花在体育运动上了。种种科学知识都是由男性的某种意识形态所操纵的，它使性别的差异变成了世俗的偏见和女性从事体育运动的障碍①。

但是，在19世纪末却出现了一些颇有意义的变化。中产阶级的妇女，尤其是女教师愈来愈坚决地抛弃了女性身体虚弱和被动的观念②。在这个世纪下半叶所建立的女子学校的校长已试图制定自己学校的体育运动的版本，同时又采用了某些适合于女性的男性体育活动。在尚未专注于网球以及一些诸如曲棍球之类的团体性体育运动之前，一切都以瑞典式的体操而开始；不过，也不要忘掉一种新的体育项目即少女玩的一种篮球（net-ball），这是美国式篮球在英国的一个变种。这种少女在草坪上玩的篮球很快就获得了巨大的成功，从而促使全英女子篮球协会成立；它建立了一些学校和地方性的组织，并从1901年起出版自己的报纸。作为一种团体性的体育运动，曲棍球与足球颇为相似；但由于使用曲棍，因而在运动过程中身体的接触大大地减少了。

然而，由于早婚和生育的缘故，大众阶级的妇女则被排除在这些活动之外，因为她们没有机会在学校里从事此类运动。当然，在国立学校里，人们会以若干体操运动的形式向少女们提供某种最基本的体育教育，但她们在学校里并不从事任何的体育运动。当时还开办了一些体育教育方面的专业学校，它们为私立学校培养了一些女教师。其中最著名的就是给人以深刻印象的贝格曼-奥斯托贝格夫人所掌管的那些学校，即1885年时的达特福德私立中学，以及尔后从1895年起创办的汉普斯特德私立中学。这位从斯德哥尔摩中央体操学院培养出来的女校长，是一个精力充沛、具有非凡决断能力的女人。他在自己的学校里制定了一套体育教育规划。她的两个学生罗娜·安斯泰和玛格丽特·斯坦斯菲尔德则以她为榜样，都各自建立了一所学校。1880年代从巴伐利亚来的多蕾特·维尔克，于1898年开办了一所"彻西体育培训学校"。她宣称："我希望，总

---

① 詹姆斯·A.曼根和罗伯塔·J.帕克主编：《从女性到争取女权运动：工业和后工业时代的体育与女性社会化》，伦敦，卡斯出版社，1987年。

② 理查德·霍尔特：《女人、男人与法国的体育运动（1870—1914）》，载《体育史杂志》，第18卷，1991年春第1期，第125页。

之,我的姑娘们永远都不是迫不得已去教学;但愿她们能够结婚,并尽可能地获得幸福①。"

事实上,结婚乃是大部分在学校从事过体育运动的中产阶级的姑娘们的"职业"。这些女人都把自己的家安置在大城市翠绿色的郊区。她们有能力雇用仆人、女佣、女厨师和奶妈。他们的丈夫坐火车到市中心工作,因而就任其自由地进行一些消遣娱乐活动,其中网球和高尔夫球占据了主导地位。高尔夫球俱乐部成了郊区社会网络不可分割的一部分,故而在19世纪末就迅速地增多起来。例如,伦敦北部的斯坦莫尔高尔夫球俱乐部从创办伊始就有一个专给妇女用的区域,它有自己的通道。从这些年的情况来看,此类妇女的数量在该俱乐部成员中占据了1/4至1/3。他们虽然占据着次要的地位,但却是独立自主的②。1893年建立的女子高尔夫球协会举办了女子锦标赛,玛格丽特·司各特小姐连续3年获得了此项比赛的冠军;她是一位非凡的女运动员,先前她是和自己的兄弟们一道学习打高尔夫球的,后来为了结婚而放弃了比赛。打高尔夫球要求动作灵活优美,这种动作既要准确而又要富有节奏,但并不需要多大的力量。

网球在妇女那里获得了更大的成功。网球俱乐部比较小,管理费用不高,所处的位置比高尔夫球俱乐部的位置更为优越。人们在私立女子学校里教授网球的技法;混合打法是一种能使有待结婚的男女青年彼此相见的最好方法。女子网球赛很快就在温布尔顿找到了自己的场地,"小奇才"洛蒂·多德在1887年15岁时第一个获得了这一比赛的5次单打冠军。洛蒂·多德也是曲棍球、高尔夫球和滑冰运动员以及非凡的弓箭手,她是现代第一个体育界的女英雄。然而,她虽然具有某种极其不同凡响的一面,但她并不被人看成是中产阶级少女所效法的榜样。在英、法、德和美国,自由职业者和商人中的优秀人物都把网球场变成了一个真正的婚姻市场。况且,对于一个年轻的姑娘来说,她在网球场上的优雅姿态和魅力比球打得出色更为重要。人们在1903年英国体育运动

① 凯瑟琳·E.麦克罗纳:《体育与英国的妇女解放(1870—1914)》,伦敦,鲁特勒治出版社,1988年,第104—120页。

② 理查德·霍尔特:《高尔夫球与英国的市郊:伦敦俱乐部中的阶级与性别》,见《体育史家》,第18卷,1998年第1期,第83—84页。

指南里看到,"许多法国女人都从事网球运动,但其中优秀的运动员却颇为少见①"。妇女们还穿着连衣裙和长袖紧腰宽下摆女衫,戴着帽子。她们的穿戴更多地是由其他一些目的所决定的,而不是出于运动的需要。女子网球运动获得了如此巨大的成功,以致男人们有时会感到他们从事这种运动颇有些令人尴尬。人们在 1878 年哈佛大学的一份大学生报纸上看到,"这种运动很适合懒汉或弱者,而一些从事划船或其他一些更为高尚的体育运动的男子汉们则为在草坪上打网球而感到脸红②"。然而,打网球也需要有相当的力气和变幻不定的动作,这样才可以显示出一个女人所具有的活力和健康的身体,但这不会对女性的生殖和优美的形体之特征造成危害。

女性的体育运动可上溯到这个世纪之交;不过,除了体育运动仍然是某一社会阶级的特权之外,它所提供的可能性也很有限。田径运动是不准妇女参加的,顾拜旦声称他反对女子参加奥林匹克运动会。她们的作用是给优胜者戴上桂冠,而不是去竞争。女人们自己也常常认为她们的身体和个性都不适合激烈的体育活动。只有到了 20 世纪女运动员们才成功地战胜了这种认为女子低劣的传统观念。

在美国,女子的体育教育是在那种和英国同样的思想指引下发展起来的。瓦萨学校在一位女性医生的监督下,从 1865 年起就有了自己的体育训练大纲。其他的一些诸如韦尔斯利、蒙特·霍利奥克和布利恩·莫尔这样的优秀学校的领导人都专门为女子身体的成长发育制定了教学大纲,但并未取得什么成就。同英国一样,当时在男性体育运动和那些纯属女性的组织之间也存在着某种密不相通的分离状态③。那些像斯塔腾岛俱乐部(只向纽约的富人开放)之类的地方性精英俱乐部,则为那些已离开学校但又想从体育活动中得到乐趣的年轻女人们提供了一个单独的隐蔽环境。

在欧洲大陆,女子参加体育运动的障碍比在英、美两国更加地根深蒂固。女子体育运动为那些能从事骑马和打猎的足够富裕和强壮有力的贵族女人所专有。剧院或小酒馆的某些艺人有时也骑自行车或举行赛跑以逗男

---

① 亚瑟·沃利斯·迈耶:《宅内和户外的草地网球》,伦敦,1903 年,第 263 页。

② 史蒂文·A. 里斯:《美国产业工人的体育运动》,前揭,第 56 页。

③ 罗伯塔·J. 帕克:《生理学和解剖学是决定性的:18 世纪美国人思想中的智慧、身体和体育锻炼》,载《体育史杂志》第 18 卷,1991 年夏第 1 期,第 61—62 页。

性观众们开心。除此之外,女性体育运动直至 1900 年几乎是不存在的;只有等到 1914 年,若干女子游泳和田径俱乐部才建立起来①。正是在两次世界大战之间女子体育运动在阿莉斯·米利亚的推动下才取得了进展,她先前和一位英国人结了婚。但这并不意味着对女性的体育教育不存在。人们对民众体质衰退的担忧曾促使右翼政党对女性体育活动进行大肆宣扬,他们把体育运动看成是生产出健康母亲的一种手段;但是这种关怀依然只限于某种与女性特别相适应的体操。乔治·维加埃罗指出,对于少女和年轻的妇女从事专门的体育锻炼的必要性只存在着某种有限的一致看法,其目的是为了使她们具有一个非常健康的身体,以使她们显示出具有很强的生殖能力。至于体育运动本身,从身体方面来看,则被认为对她们是太过艰巨了。医学则警告说这有可能会使女人累得筋疲力尽②。在德国,女性体育运动直至 19 世纪末也只限于网球场和某种特殊的体操范围之内。

体育运动在 20 世纪初仍然被看成是英国人的一种创造、一种极具英国式的奇特现象。随着时间的推移,人们也许会倾向于说现代体育运动的胜利很快就可取得,而且是不可避免的。然而,这种说法可能是不正确的。像板球之类的某些英国的体育项目从没有越过拉芒什海峡。其他的一些项目在两次世界大战之间所获得的成绩比较大一些,但从未达到像在英国的那种水平。19 世纪,在大部分欧洲国家里,通过体操有步骤地锻炼出军人的身体这样的举动,在由体育实践所允许的用身体进行娱乐活动这一做法之前就已经在进行了。后者之所以能取得胜利,主要是由城市资产阶级的年轻代表们所为。

维多利亚时代的中产阶级成员为何同时抛弃了从前的体育文化和众所周知的体操活动呢?那是因为那些较为古老的体育运动的形式经常是暴力性的、腐败的和被动的。而拼搏和竞争则处于现代体育运动的核心地位。先前的一代代人是从搏斗中取得快乐,而新的一代代人为了有利于竞争活动而取消了斗鸡、斗狗的活动,这些新的竞争活动既要求男人们大量地参与,同时它们也是对男人身体潜能的一种颂扬。艰巨而又持之

---

① 有关最近的研究情况,参看皮埃尔·阿尔诺和蒂埃里·泰雷的《女子体育史》,2 卷,巴黎,拉尔马当出版社,1996 年。

② 乔治·维加埃罗:《体育文化史:过去和今日的技巧》,巴黎,罗贝尔·拉丰出版社、体育运动司(教育部),1988 年,第 166—175 页。

以恒的体育上的拼搏,竞争的欢乐,这一切都对维多利亚时代的改革者们起到了激励作用。现代体育项目乃是一些经过精心系统化的体育活动。一些确切的规则能使参与者在平等的基础上进行竞争。种种竞争性的体育运动的规则一旦确立,它们就显示出了具有自身特性的逻辑趋势;这就会促使那些参与者们必须要付出更大的努力,而同时又要让他们能自由地表现出自己的个性。

体育运动原则上是才能决定一切;为了确保机会均等,因而就非得要进行公正的比赛不可。体育运动新的目标不单单是产生出胜者和败者,而且还要对某种更加雄心勃勃的体育进程起到推动作用。因此,业余体育运动的爱好者们就强调突出了"做一个高尚的失败者"的必要性。这丝毫不是强使人们要在比赛中甘于失败,而是应接受胜或败这样的事实,把这看成是某种含义更广的事物即竞争的两面。倘若一个参赛者不能接受失败,那他必定会放弃搏击。

竞争是体育运动不可分割的一部分,但并非和体操密不可分。支持体操的人对个人主义持怀疑态度,他们试图鼓励大众参与体育运动。不过,英国既没有常备陆军也没有培养军事团体的传统,而这一情况只有欧洲大陆才有。在1806年拿破仑取得胜利后不久,雅恩①便创造了一套普鲁士式的体操以作为一种泛军事训练的手段。同样地,林格②的体操也是在瑞典被俄罗斯打败的影响下才产生出来的。与体操相反,体育运动并非被规定得很死板。尤其是球类或有胆的球类运动在遵守规则的范围内对人的创造性和自由颇为有利。但是这些规则并不是以这样那样的方式用来束缚人的身体,要求人们作出这样那样的动作。即将要成为现代体育运动中最受欢迎的足球最初只有14条规则——它是体育运动项目中规则最少的——而且这些规则主要是用来避免过分的暴力行为,维护比赛的顺畅。一般地说,赢一场足球赛比跑和踢球的动作所要求的更多。在比赛过程中个人和集体两方面都必须要有创造性和随机应变性。与体操墨守成规的做法相反,足球比赛展开的情景是不可预料的。和其他的体育运动相反,

---

① [译注]雅恩(Friedrich Ludwig Jahn,1778—1852),德国体育家,有德国体育之父之称。拿破仑在1806年战胜普鲁士之后,他投笔从戎。曾为德国的体操发展作出了不可磨灭的贡献。

② [译注]林格(Per Henrik Ling,1776—1839),瑞典诗人和瑞典式体操的创始人。

每一场足球比赛既相似而又不相同;持续的时间、场地的大小和运动的规则都是一样的,但运动员的配合、气候条件和机会却常常变幻不定。

体操是在缩小个人的种种差异,而体育运动却要使个人的差异发挥其作用。团体性的体育运动本身就含有非常浓厚的个人主义的一面;跑步和骑自行车一样,可能都要求运动员对一些突发的挑战本能地做出反应。体育运动,这就是精神和躯体共同努力以打败对手,而不是在重复一些确定的动作。体育运动乃是考验人体的一种方式,在这过程中一个人或一个团队与另一个人或另一个团队进行对决。体育运动的复杂性、个人和团体之间、合作和竞争之间必不可少的平衡,以及与必须要有的极其不同的才能相互融合在一起的一切,都使人们在运用身体的方式上比体操所要求的更富有变化、更机敏、更无拘无束。这就是体育运动获得成功的保证。在资产阶级看来,体育运动表现了理想的男人所应当有的那种形象:一般地说,他在家庭里、工作场所和社会上都是强有力的、果断的、具有竞争力的、训练有素的,并且既能自我克制而又能驾驭他人。

4

体操教练与武装的民族

说实在的,尤其在法国要想使体育运动在体操长期占主导地位的情况下得到人们的认可,必须要有几十年的时间才能实现。

体操在 19 世纪也是以私人行为的方式得以传播的:1850 年巴黎有 3 处体育馆,1860 年有 14 处,1880 年有 32 处。人们从事体操活动已成为显而易见的事,即便从今日的标准来看它仍然是很简单的。这种体操活动也是很专门化的:1860 年,在所有这些机构中有 4 处宣称它们有卫生保健方面的目的,而到 1880 年时,这样的机构就增加到了 14 处[①]。帕斯体育馆(朱尔·西蒙说过他在 55 岁之前曾到那里听过课[②])是那些最具特征

[①] 《商业年鉴》,巴黎,1860 和 1880 年;并参看雅克·德弗朗斯:《形体的优美》,前揭,第 106—107 页。

[②] 朱尔·西蒙:《中等教育改革》,巴黎,阿歇特出版社,1874 年,第 148 页。

的体育馆之一：1867 年，一则把它称之为"大型医疗馆"的广告，说每年有 600 名学生经常去那里①，并强调它能提供按摩或水疗方面的辅助性治疗。这就使得为学校、团体和集体性机构而设计的一种体操与那种为精英人士而设计的体操之间的差别显得更为突出。前者的体操活动是集体性的，动作准确；后者则更具有个人的特点，并且它还要配备由束身带、弹簧拉力器和活动支架所构成的一些昂贵的器材，以便使人的体形轮廓得到更好的发育。其中最重要的变化之一便是一种以群体为目标的体操的急剧发展，这就是格雷阿尔所说的，在 1870 年之后"从我们的灾难的冲击中②"诞生出来的体操，其他一些人则把它称之为"由书籍、报纸和议会等所支持的增强法国年轻人体质的一种伟大运动③"。这无非是一种由数量较多的贵族所表达过的"把体操引进到法国习俗之中④"的意愿而已。

1）体操协会

这一运动已不再仅仅是属于权力机关的事。它是效仿德国的体操于 1860 年提出来的，因而其意义更加深刻，它表达出了一种期待、一种旨在强身健体而对民众所进行的重组心愿。这难道是由于工作时间变得更富有节奏因而才有了从未有过的空闲时间吗？难道是由于城市变得更加陌生因而才需要有新的社会交往吗？体操协会是人们相会的场所和活力的写照，它无疑就是对集体进行动员的一种新形式。最早的那些协会是在 1860 年之后出现于法国的东部地区，它们采用了法国资产阶级的俱乐部模式⑤，那类俱乐部民主作风的缓慢进展使其有可能具有自己的"章程、规则和管理委员会⑥"。它们还在其中加进了与爱国主义有关的内容，号

① "欧仁·帕斯主持建造的大型体育馆"，见《纳税人年鉴汇编》，巴黎，1867 年，封 2。
② 欧仁·韦贝尔引自奥克达夫·格雷阿尔的《法国世纪末的体操和体育运动》，前揭，第 189 页。
③ 菲利浦·蒂西埃：《体育教育》，见该作者主编的《体育教育》，巴黎，1901 年，第 23 页。
④ 《体操运动员》，1873 年，第 96 页。
⑤ 参看莫里斯·阿古龙：《资产阶级法国的俱乐部（1810—1848）》，巴黎，A. 科兰出版社，1977 年。
⑥ 约瑟夫·桑斯伯夫：《法国体操运动员协会》，见菲利浦·蒂西埃的《体育教育》，前揭，第 63 页。

召人们保卫国土,激发出民众的活力。例如,于 1860 年 1 月 5 日第一个建立的盖布维莱尔体操协会,就声称其"目的旨在锻炼人的体力、陶冶人的心灵、为祖国培养出无愧于她的孩子①"。

随着 1871 年战败不久再次出现的这种体操运动的规模和信心的进展,人们重又提出了这一理由:"我们的灾难刚一结束,就立即建立体操协会,它们的生命力正在不断地成长壮大起来②。"它们的数量与一种真正的创举是相符的:1873 年只有 9 个,而到 1899 年就达到了 809 个③。这些俱乐部的章程则进一步证实了它们的爱国主义的意图:1873 年建立的法兰西体操协会联盟,其"目的就是要通过合理地运用体操、学习射击以及游泳诸方式来提高国家的防卫力量,增强人们的体力和道德力量……④"。地方上的体操协会的名称还含有某种启示性,如哨兵、尚武、爱国者、传令兵、先锋等等⑤,它们有时还运用有韵律的音乐节奏,即对种种编排好的变化多端的节目进行集体演唱的宏大场面,来推动总的体育活动的进展;它们同时也拓展了由 19 世纪末的体操所核准的一些器具(双杠、单杠、吊环、鞍马等等)的用途。尤其是这些俱乐部的联欢会的规章则更具有特点:它与同一时期所创立的体育运动项目的规章相接近,如同那些以民主的方式所建立起来的俱乐部一样,它提倡各个地方性协会之间彼此应进行比赛较量。

相反地,这些协会的活动内容却具有其独特性,与体育运动的活动内容不同,它们所有的行为举措都要服从一个"理由",即都要为"民族"服务,它们力求达到的与其说是简单的竞争目的,倒不如说是军事目的。由此在 1880 年代便突然出现了它们的活动与共和国的节日融合在一起的情景,出现了那种体操活动同皇家的小军旗和国旗相互混杂在一起的情景:"在全民庆祝共和国庄严的周年纪念日之际,从今以后若是没有体操和射击协会参加,那么这种庆祝活动或许就是不完全的⑥。"此类军事目的

---

① 约瑟夫·桑斯伯夫:《法国体操运动员协会》,见菲利浦·蒂西埃的《体育教育》,前揭,第 63 页。

② 菲利浦·蒂西埃:《体育教育》,前揭,第 24 页。

③ 约瑟夫·桑斯伯夫:《法国体操运动员协会》,前揭,第 64 页。

④ 同上。

⑤ 参看皮埃尔·阿尔诺主编:《共和国的运动员——共和国的体操、体育和思想意识(1870—1914)》,巴黎,拉乌马当出版社,1998 年,第 106 页。

⑥ 阿尔弗雷德·科利诺:《体操、生理学概念和教育学——卫生和医疗实施》,巴黎,1884 年,第 796 页。

在部队和有节奏的步伐训练中都显示了出来；与祖国有关的举动在受到抑制的竞赛的狂热中表现了出来。在 1882 年的一次体操联欢会期间，人们甚至还决定建立一个爱国者联盟，它被认为是"运用书籍、体操和射击方式来从事军事和爱国主义教育的宣传和组织①"活动的一种机构。尤其是共和国总统在体操协会联盟年度庆祝会期间，非得要以有义务的担保人的身份参与不可②，而那些被邀请的外国代表团也必须以其爱国主义信誉的名义参与这样的活动。例如，索科尔③就是"几乎是以军事的方式为反对泛日尔曼主义的入侵而组织起来的一种体操团体④"，它在南锡参加由萨迪·卡尔诺主持的 1892 年的庆祝会时简直受到了战友般的敬重："英勇的索科尔们，亲爱的朋友们，接待你们，向你们的战旗致以兄弟般的敬礼，对我们来说乃是一种巨大的荣誉和莫大的快乐，因为你们曾以这样的方式向我们的国旗表达过同样的敬意……⑤"此外，南锡的这种体操庆祝会乃是那些最典型的节庆会之一，古蒂埃尔-维尔诺尔的那部卷数众多的见证录曾详细地回述过这一庆祝会的情景：共和国总统自巴黎之后的各段路程、各种讲话、到达南锡的仪式、从洛林的凯旋门经过、体操运动员和军事人员的游行队伍、体操活动、人们的态度以及种种好战的豪言壮语。所有这些富有爱国主义特征的举动在有关比赛结果的文字记载中都占据了主导地位："南锡的庆祝会向欧洲展示了一个新的法兰西⑥。"共和国的这一隆重盛大场面把体操变成了一种合法化的爱国主义的实践活动。戴鲁莱德⑦声称他以最佳的方式表达了他那种被"大家一致"所接受的使命："在你们的成绩被称作胜利的那一天，在你们的奖品就是梅斯和斯特拉斯堡的那一天，我将为你们干杯⑧。"

---

① 拉乌尔·吉拉尔代引自《现代法国军人协会(1815—1839)》，前揭；并由皮埃尔·尚巴引自《玛利亚娜的肌肉——1880 年代法国的体操和学校军营》，见阿兰·埃朗贝尔主编的《你们爱体育场吗？法国体育政治的起源(1870—1930)》，巴黎，载《探索》第 43 期，1980 年 4 月，第 155 页。

② 参看埃米尔·古蒂埃尔-维尔诺尔的《南锡的节日》，南锡，1892 年。

③ [译注]索科尔(Sokol)，其意为鹰，捷克斯洛伐克一体育组织的名称。

④ 参看埃米尔·古蒂埃尔-维尔诺尔的《南锡的节日》，第 63 页。

⑤ 同上，第 69 页。

⑥ 埃米尔·古蒂埃尔-维尔诺尔：《南锡的节日》，第 7 页。

⑦ [译注]戴鲁莱德(Paul Déroulède，1846—1914)，法国诗人、政治家和爱国主义者，其代表作为《士兵之歌》。

⑧ 保尔·戴鲁莱德：《军旗》，1883 年，第 542 页。

2) 体操,学校的学科

  当然,体操仍旧被认为是学校独一无二的体育实践活动,1869 年的一项法令已使它在各级教育机构里成为一种正式的实践活动①。但在中、小学的那种体育实践活动,即持枪操练和排成军人的队伍进行集训活动中,以军事训练作为参照也同样占据了主导地位:"人们不应鄙视这一能赋予身体以最好的姿态、赋予灵魂以更大信心的手段②。"人们当时只有通过这种有秩序的操练才能对群体的培训进行构想。当时只有通过提高全民的作用才能对如何增强集体的力量进行思考。军事训练或许被认为能使体操注重形式的动作变得更富有活力:"只要让他们手中有一支枪,一切就会改变面貌③。"这一名言在学校对身体进行此类训练即严格的军事训练的过程中仍然长期占据了统治地位:"我们认为中学的这一学科能够从这些锻炼中获得某种东西④。"当时学生营的种种插曲证实了这些做法在相互接近起来。阿里斯蒂德·雷耶 1881 年提出的"把城市学校里的孩子们组建成有武器装备的军营⑤"这一建议,被巴黎市议会所采纳,尔后便扩展到外省,并得到新闻界的认可,使舆论界为之信服:"应用于学校的这种军事体制在当今是非此不可的。巴黎已作出了榜样。法国所有的中、小学很快就会在军事上取得进展⑥。"学生营由于 1882 年的一道法令⑦就被正式地建立了起来:其主题便是"公民-士兵⑧","大革命时代人的精神⑨"即是其参照系,每个人都应该在学校里得到"初步的专门训练",受到"军事和公民的教育⑩"。

---

① 1869 年 2 月 3 日的法令,参看雅克·蒂博的《体育和体育教育(1870—1970)》,巴黎,伏兰出版社,1972 年,第 44 页。

② 雅克·蒂博所引 1869 年 5 月 9 日的通报,见上书,第 45 页。

③ 泰奥菲利·加拉尔:《中学里的体操和身体锻炼》,巴黎,1869 年,第 9 页。

④ 皮埃尔·奥诺雷·贝哈尔:《关于在中学里进行体操教育的报告》,巴黎,1854 年;此文转载在昂布鲁瓦兹·塔迪尔的《公共卫生与健康词典》里,1862 年,第 2 卷,第 581 页。

⑤ 参看阿尔贝·布尔扎克:《法国学校里的军营——它的产生、发展和消失》,见皮埃尔·阿尔诺主编:《共和国的运动员》,第 57 页。

⑥ "引起轰动的那件事",1881 年 7 月 8 日。

⑦ 参看阿尔贝·布尔扎克的《法国学校里的军营……》,前揭,第 59 页。

⑧ 《军旗》,1882 年 3 月 9 日(皮埃尔·尚巴尔引自《玛利亚娜的肌肉……》,前揭,第 146 页)。

⑨ 阿尔弗雷德·科利诺:《体操……》,前揭,第 797 页。

⑩ A. N. F¹⁷6918,作战部长法尔 1881 年 6 月 14 日在国民议会上的讲话。

然而,这一举措却又不可避免地遭到了失败,甚至这种失败比布朗热主义和 1890 年后的军国主义右翼政党的垮台还要严重。从这些学生营提升上来的一些无能士兵的那种模仿性行为,那种对"幼儿般装腔作势的作法①"的确信,那种对"持续得太久的滑稽模仿行为②"的确信,当时都不可避免地得到了人们的认可。但学生营随着 1890 年代的到来而日趋消失了,而学校里的体操却在长时期内仍旧带有军事队列和以军事为参照的特征。1892 年的《学校体操活动和体育运动教材》依然谈到了这一点,它建议要为"部队提供一些机敏、强壮和勇敢的年轻人③"。应当说,当时对体育运动所作的这种动员在很大程度上仍然是属于集体性的、军事性的。

3) 新型的体操教练

现在仍有必要就有关人们按照某种独特的方式对这种体操实践的构想究竟达到何等的程度作出估量,也仍有必要对体操实践在当时与体育实践究竟有多大的不同作出估量,即使前者与后者并不是完全相分离的。体操本身希望趋向于综合,它不希望自己置身于其他的体育实践之中而又与众不同,像跳、跑或击剑那样;为了更好地培养一种"全面的"人,它力图使自己能具有包容性和综合性:"体操是对人体的一种合乎规律的训练,它对人体来说就如同是学习对于智力开发那样④。"体操被认为是涵盖了身体、卫生或教育的全部活动,它使那些应该要做的和要教授的东西都具体化了:它不是那些已经存在的东西的附加物,不是某种与舞蹈、跑步或游泳相邻的体育活动,而是一种总体性的全面活动,因为它是唯一"合理的"。那些重新创造出体操的人曾说他们发现了一种科学:它是"以推理为基础的我们从事体育运动的一种科学⑤"。其他的一些人则比较谦虚地提到了它是属于这样的一种艺术:"以推理为基础的我们从事体育运动的艺术⑥。"

---

① 路易·帕朗:《学校军营及其向体操协会的转变》,载《安省信使报》,1891 年,第 25 页。
② 《时代》,1891 年 4 月 21 日。
③ 《体操训练和学校体育运动手册》,巴黎,1892 年,第 5 页。
④ 巴泰勒米·圣伊莱尔为拿破仑·莱斯奈的《体操实践》所写的序言,巴黎,1852 年,第 8 页。
⑤ 弗朗索瓦·阿莫罗:《体育、体操和道德教育教科书》,前揭,第 1 册,第 1 页。
⑥ 拿破仑·莱斯奈:《体操词典》,巴黎,皮卡尔-伯恩海姆出版社,1882 年,第 5 页。

大部分人,不管是贵族、医生还是体操协会的负责人,都对一种独特的总体性的体育运动,即唯一有根据的、被证明为合理的体育实践进行了这样的表述:"体操动作就其按照从生理学和经验中推导出的某些规则而进行的方式而言,它们与那些惯常的动作是不同的①。"其重点是放在"某些有条不紊的、以科学方式而设计出的变化上②"。它坚信"能为一切集体和私人教育"提供"一种基础③"。它的意图就是要把人们的种种体育实践方式打乱:"把体操引进法国的风俗之中④"。

纵然各个体操协会把先前的许多体育活动合并到一起,即使他们的比赛把跳跃、摔跤、射击和跳马与成套的体操动作相结合在一起,但这样做却丝毫不影响体操活动的目标。这种设想把自古以来一些被命名为"体操"的体育活动都包括了进去⑤,同时又赋予那些富有节奏的动作以核心的地位。但是,它除了使"体操"这个词最终合法化之外,正如人们所看到的,又在其中加进了一种全新的机械论的观念,即在训练时要循序前进和成套进行;它还在其中加进了一种培养新人的信念,这种人的灵巧是为所有的人服务,他是用复仇的观念教育出来的,在身体和精神方面都发生了转变。因而这种设想"向国家证明体操运动员的勇气和力量或许在实际生活中的多种场合下是有用的⑥"。"体操运动员"这个几乎是闻所未闻的词儿就是来源于此,他所进行的体育实践证明了他自身体格的强壮和献身精神,他所进行的训练同这个世纪末的爱国主义环境是相适应的:"我们的体操运动员证明法兰西并不像某些多愁善感的人士所说的是一个女性化的民族,她有一批身体强健的男儿,当钟声敲响时,他们就会立即去保卫她⑦。"体操协会的杂志象征性地题名为《体操运动员》,它证实了体操实践在多大程度上会驱使人们以一种不同的方式去获得演员的资格。各种节目也使一些"体操运动员"出了名,他们在共和主义者的华

---

① 阿德里安·普鲁斯特:《论公共和个人卫生》,巴黎,马松出版社,1877年,第494页。

② 让-巴蒂斯特·伊莱尔:《向公共教育部长阁下提交的报告……》,前揭,第33页。

③ 阿德里安·普鲁斯特:《论公共和个人卫生》,前揭,第494页。

④ 《体操运动员》,1873年,第96页。

⑤ 关于这方面的问题,参看伊埃鲁尼缪斯·梅尔居利亚里斯(吉鲁拉姆·梅尔居利亚尔)的《论体操艺术》,威尼斯,1573年;非凡的医学出版社重新出版,斯图加特,1990年。

⑥ 《体操运动员》,1873年,第76页。

⑦ 《体操运动员》,1888年,第55页。

美言辞里成了具有典范作用的实体:"各地应该把体操运动员和军人同小学教师放在一起,以使我们的孩子、我们的士兵、我们的公民个个都能握剑,都能持枪射击,都能长途跋涉①。"爱国者联盟则向这个词里注入了一种表态性的判定:"我们大家在法国有点长的时间里都不是体操运动员,那该是多么地遗憾啊②!"于是人们就开始建造体育馆,它就成了法国体育实践活动更新的一种保证:它不是一个游戏的地方,而是一个有顶的场所;它不是体育场,而是工作室,它的墙壁和地板上布满了仪器和器具。这是身体锻炼活动和共和主义复兴相互会聚的场所:"如今各个市镇都拥有由道德和卫生保健通过频繁而艰苦的体操活动而能获取的一切东西③。"

这一与先前的体育活动相决裂的意愿一直是比较明显的,这些体操的动作被认为是自然的、自发的,这种类型的体育活动可通过比赛成为某种示范性的体育运动。换言之,就是把体操作为一种唯一符合人们心愿的包罗一切的体育实践而提出来的。

4) 杰出人物及其行为举止

体操运动员对那些众所周知的参照物并非都有同样强烈的体悟。他们的快乐更为直接、更具有个人色彩。例如,首先在少数几部描述这个世纪末此类体育实践活动的自传之一中,克洛迪丝·法维耶就回忆了这样一些比赛和排名次的情景:"由于我只比冠军差 10 分,因而被排在第 10 位[……]我们这几个人的名次是:拉孔布为第 110 位,我是第 112 位,泰利耶排名第 121 位[……]④";体操节还使旅游成为可能,由于广大民众仍有排斥这种体育运动的倾向,所以这种流动性也就更加地珍贵:"这是一件非同寻常的事……到日内瓦去,参观这座城市,登上福西伊山口的一部分⑤。"克洛迪

---

① 皮埃尔·尚巴引自冈贝塔的《玛利亚娜的肌肉……》,前揭,第 151 页。
② 保尔·戴鲁莱德,引自皮埃尔·阿尔诺主编的《共和国的体育运动》,第 263 页。
③ 《体操运动员》,1873 年,第 158—159 页。
④ 克洛迪斯·法维耶:《我的高卢云雀式的体育生涯》,见皮埃尔·阿尔诺主编的《共和国的体育运动员》,前揭,第 404 页。
⑤ 同上,第 402 页。

斯·法维耶坚持用小学里的那种朴实的语言来回忆他的体操运动员的生涯,把它描述成是由一系列的成就、比赛和明信片组成的。这表明由于这时人们对比赛和战绩的强调,因而体育界和体操界之间的差异并非很大。

但是,还应再次谈到体操协会负责人的种种期望,才能对人们赋予身体的磨练和人体规范,尤其是对人体外表和行为举止规范的学习以极其重要的意义作出估量。当时没有什么别的,只有精英人士对大众阶级的影响被公认为对人体具有节制和约束作用:"体操不应仅仅是为了增强体力,它还应当使人们的行为举止和严守纪律的原则得到强化,因为没有这一切,任何一个公民都不可能真正地为祖国效力①。"由此,体操运动员便对人体姿态的端正、对胸脯的关注和对脊背的护理方面做了大量的工作:"姿势乃是体操的首要因素②。"所以在那些描述这一工作的著作中也出现了一些社会参照物:"农民的儿子也进行体育运动,确实如此……但他们并没有变得灵活;他们的体形并不匀称,他们的样子笨重而又粗俗③。"体操首先是要全力以赴的一项庞大的文化适应工程,就是要对人体的外观施加影响,它要为"使人能获得那种从中可看出一个有教养的人的体形④"而作出贡献。这就赋予了皮埃尔·阿尔诺的那部著作《共和国的体育运动员》这一书名以充分的含义⑤,那些身体经过"磨练"的人是为所有人服务的,那些身体维护得很好的人是为建立秩序井然的政治而效力的。它也赋予了皮埃尔·尚巴的那篇文章《玛丽亚娜⑥的肌肉》这一标题以充分的含义⑦。

其实,那些加入协会的体操运动员们的身体都被进行了重新塑造,就连他们的形象也是如此,在版画和照片上都同样地一再反复将他们的某种令人敬重的姿态再现出来,他们的腰部紧束,上半身向前挺着,双肩缩进。19 世纪末众所周知的体操运动员团体的照片上所展示出的那种固

---

① 《军旗》,皮埃尔·尚巴引自《玛利亚娜的肌肉……》,前揭,第 163 页。
② 阿德里安·普鲁斯特:《论公共和个人卫生》,前揭,第 495 页。
③ 朱尔·西蒙的《中等教育的改革》有关体操的那一章,前揭,第 135—136 页。
④ 拿破仑·莱斯奈:《体操词典》,前揭,第 7 页。
⑤ 皮埃尔·阿尔诺主编:《共和国的体育运动员》,前揭。
⑥ [译注]玛丽亚娜(Marianne),法国的别称,借用了西班牙作家玛丽亚娜(1536—1624)之名,因其在自己的漫画中常用一位戴三色帽的女人来象征法国。
⑦ 皮埃尔·尚巴:《玛利亚娜的肌肉……》,前揭,第 139 页。

定不变的形象,就是他们的胸前饰以一条其所属协会的颜色的绶带。这
也是那些根据一个队的行为举止来衡量其技能的论著作者们所评论的内
容。例如,对 19 世纪末一家体操杂志具有导向作用的蒂西埃,他在 1901
年曾长期把瑞典体操团体的照片同法国体操团体的照片进行比较,以便
对各自所赋予"胸腔幅度①"的大小做出评判。那些站在照相机镜头前固
定不动的体操运动员甚至应当在他们的姿态中把某些潜在的动势和活力
都显露出来。法兰西共和国或许是通过他们将人体的力量展示了出来。

5

是体操教练还是体操运动员?

这个世纪末有关体操的争论从其观念几近于政治的角度来看,它的
确必然会集中在这一门学科上。体操乃是创立于军事领域的一种体育实
践,它无视这个世纪中期所产生的种种体育活动,因而它的合法性也就难
免更加地不牢靠。但由于这种体育实践非常适合于学校的时间和场地,
所以它能使自身的那种强制性的、一成不变的形象变得更加突出。由体
育运动员所引发的争论,对过分刻板的体操进行了责难,这有助于对这个
世纪末身体活动的种种范式进行重组。它展示了为突出种种创造性举动
和体育活动而作出努力的更加自由的图景。它也描绘出了身体活力的一
种更加完整的真实画面,并强调了呼吸的消耗和呼吸的作用,即使这种作
用不是由自由的行为所使然。

1) 是一门学科还是诸种体育运动?

种种体育实践活动是在对体操进行评判的过程中而得到公认的:"这
种让孩子们在其兵营式生活的年代里进行的危险活动今日开始出
现了②。"

---

① 菲利浦·蒂西埃:《法国的体操》,见该作者主编的《体育教育》,前揭,第 71 页。
② 乔治·德·圣克莱尔:《田径体育运动》,巴黎,1883 年,第 11 页。

　　说实在的,对体育运动及其"不受约束的"动作的争论,自从这个世纪中期以来就一直干扰着人们对体操的看法。维尔努瓦在 1869 年对中学里的体育实践进行了调查,他已试图提醒人们注意体育运动的那种丰富多彩的生理学方面的内涵:"在一切对青年人来说稀松平常的体育活动中,某一孤立的肌肉,是否或单独地或与其相邻的肌肉一道被发动起来进入激烈而又和谐的活动之中,我对此一无所知,因而对于这类事我就不给你们一一列举了①。"从其所带来的快乐和精神放松这一主旋律来看,体育运动随着这个世纪末的到来渐渐地变得更加重要了。由于体育运动或许有助于反专制主义意识的觉醒,所以它就更被人们所强调,从 1880 年起,这种意识对学者所称的"劳累过度"和对"卫生法的遗忘②"这样的话语颇为敏感。由于运动员中的许多人正在组织新的机构,所以他们也就同样变得更引人注目。

　　当时"体育运动员"和"体操运动员"之间的论战也许还要发展下去,它首先是与权力之争的激化有关。最早的"体育运动员"都声称自己管理自己,绝对不依赖任何的等级制。例如,"赛跑运动员俱乐部"(1870 年代末巴黎最早的俱乐部之一)中的年轻人就从事一些在法国尚没有名称的体育活动:"田径运动③"。虽则没有"领头人",他们还是自己组织了起来,自己管理自己,并且委托自己的代表建立一些更为广泛的组织。他们吸引了一些见证人和观众,有时还测量自己赛跑的速度。这种模式或许就是以竞赛为目的的自我管理的模式④。这一主题就是 1880 年《时代》报组织的体育比赛运动的核心内容。乔治·罗泽一连几个月在这家报纸上所发表的专栏文章中强调说:"让我们打开笼子……到露天,到广阔的地方去!⑤"此外,1890 年代的《体操活动教材》也首次成了"学校体育活动⑥"的一种教材。需要重提一下的是,这些体育项目从 1880 年代起尤其在法国一种新的组织机构里就成了种种"运动项目"。此类新的组织机构是由一些推动和管理体育比赛的"平等者"协会所构成的,它是一种与体

---

① 马克西姆·维尔努瓦:《关于帝国中学里体操的报告》,巴黎,1869 年,第 15 页。

② 皮埃尔·德·顾拜旦:《英国的教育,中学和大学》,巴黎,1888 年,第 35 页。

③ 参看埃奥勒、弗朗茨·雷谢尔和 L. 马楚舍利的《田径体育运动》,巴黎,1895 年。

④ 皮埃尔·德·顾拜旦:《法国的英国式教育》(1889 年),见《著作选集》,苏黎世,魏德曼出版社,1986 年,第 2 卷,第 111 页。

⑤ 皮埃尔·达里勒:《学校里的体育运动》,见《时代》,1888 年 10 月 3 日。

⑥ 《学校里的体操训练和体育运动教科书》,巴黎,1892 年。

操协会迥然不同的组织,体操协会里具有先定的等级,总是强调突出管理人员和从事体操活动的人之间的差别。1880 年代的体操运动员在若干年之后,极其简明扼要地回述了这些早期机构的独特之处:"1. 运动员在基层组织成协会或俱乐部,主持人由他们自己选出。2. 各地区委员会或地区联盟均由各俱乐部选出的成员组成……3. 由一管理委员会或一由各俱乐部委员会代表所组成的理事会来代表最高权力机构①。"换句话说,这类新的组织机构所遵循的是民主社会的原则。

2) 富有活力的身体

体育运动还能使人们联想到对身体的一种新的描述,即人们对身体的描述已让位于对"能量"原理的阐述,并按照从解剖学的角度对体操运动员所持的种种固定不变的看法,赋予生理学上的能量交换以特殊的地位。长期以来,人们强调能量方面的依据这一做法,就可以使人体从一些较为自由的运动中所获得的好处显露出来。例如,对呼吸的分析,即对氧气交换的强调,可阐明全身的肌肉活动对局部和特殊的肌肉活动所产生的好处。再说,18 世纪末拉瓦锡有关其炼金房的种种记录及其对呼吸的气所作的分析,已让人们隐隐约约地看到了这一现象②。

然而,19 世纪初种种最初的体操动作还没有对人体这一"发热器"的真实面目和呼吸活动的能源进行发掘;所以肺在呼吸过程中所做的功一直没有得到详细的说明③。因此科学和文化方面的一些基准必须要发生变化,这样才能用不同的方式对肺所做的功进行分析,并将其作用着重指出来。例如,有关能量的科学公式,即卡路里转化为功的公式必须要加以阐明:热功当量的计算已在 1824 年被卡尔诺理论化了④。在呼吸过程中积累的氧气转入了另一种方向,这一方向会使其发生意想不到的"能量

---

① 弗朗茨·雷谢尔:《法国的体育组织》,见《体育百科全书》,巴黎,1924 年,第 1 卷,第 162—163 页。
② 安托万-洛朗·德·拉瓦锡:《有关动物呼吸的论文集》,巴黎,1787 年。
③ 其中尤其要参看佩蒂·海里因希·克里亚斯的《柔软体操……》有关"疾走"的那一段,第 74 页。
④ 萨迪·卡尔诺:《论热的驱动力以及种种适宜于增强这种力的方法》,巴黎,1824 年。参看 R. 瓦亚尔和莫里斯·迪马的《气体的动力理论》,见莫里斯·迪马主编的《科学史》,巴黎,伽利玛出版社,"七星诗社"丛书,1963 年,第 905 页。

化"现象,并能将其所做的功之结果计算出来:肺部发达能够大大提高它的工作效率。因此,在19世纪中期尤其必须要使这种"热量"与"功能"相等的理论传播开来,使之扩展到技术和工业领域,从而使这一公式对种种实践活动产生某种影响。体育锻炼在当时则能使人们获得这样一种独特的看法。人体并不仅仅是一种"封闭的"形态,即一种由杠杆装配而成的有限的简单结构,这一结构的解密要到机械学和功能解剖中去寻找(19世纪的体操或许可以对此做出解释),而且它还是能量转换的一种场所,这种转换的解密要到热力学和某种同化学家的研究工作密切相关的生物科学中去寻找(体育锻炼或许可对此做出解释)。那时,种种游戏和体育运动的合理性可能与其至此为止的合理性是不一样的,因为此时种种四处扩散而又令人兴奋的锻炼身体的活动(即体育运动)其重要性正在胜过一成不变而又循规蹈矩的体育活动(即体操)。人们这种好动爱闹和比赛时甩开别人的举动甚至可以压倒那种精确而又死板僵化的动作。这一理由在体育运动员对体操运动员所提出的指责中占据了核心地位。

例如,人们对跑步的作用作出了不同的解释:它不仅对腿部肌肉而且还对肺腔有影响。由此便出现了这样一种对跑步之作用绝对是闻所未闻的表述:只有腿部做功、持续不断地跑步和反复进行这样的运动(不单纯涉及到胸部的一成不变的伸展),才能使胸廓的形状和体形发生变化。正是这些运动才会使肺部独自伸展,正是这些运动在改变内在呼吸机制的同时,也在改变着它的外部解剖学上的位置。生理学家拉格朗热十分肯定地说:"在胸廓里,内盛物的体积决定着容器的体积①",他把人们引向了一些新的期望之中,并使人们产生了一些新的描述方式。这就打乱了体育锻炼的准则及其所预想的效果:肺部通常所做的全部的功或许会比人所需要的体育活动的形式和动作的准确更为重要。"体育运动的"消耗或许会比"体操的"外表形式更为重要。此外,在1900年奥运会期间成立的第一个医学委员会首先就倾向于把肺部说成是一种机体"发动机"的看法,亦即对胸腔的容积以及它的形状和图解所作出的看法②。

---

① 费尔南·拉格朗热:《身体锻炼的生理学》,巴黎,1888年,第273页。
② 参看达尼尔·梅尼隆:《1900年国际博览会——有关国际体育锻炼和体育竞赛的报导》,2卷,巴黎,1901年,第7页。

换句话说,"体育运动员"在人们对"体操运动员"的较为机械的看法中加进了某种有关体能的观念。

3) 体育运动与健康的极限

更为宽泛地说,体育运动员们构建了一种由工业社会将自身意识注入其中的活动环境。这个环境逐步创造了一个具有自己的空间、自己的不确定的前景和自己的英雄人物的新的神话世界。这个世界几乎被认为是一种与社会相对抗的东西,它是从我们这个社会提炼出来的一种范式,它在培育着平等、功绩和诚实。正是这一示范性的神话吸引着世人,以难以觉察的方式引导着许许多多的人,甚至逐渐使它部分地取代了正在衰落的宗教虔诚的地位。也正是这一种神话为构建一个新的表象和物的世界而作出了贡献,这个世界新兴的经济、体育场和比赛活动都使人们产生了某些尚未公开表露的认同。再说,它并非有什么别的意蕴,而仅仅是一种与体操相抗衡的额外举措,即便这种抗衡是出于好意,是装模作样的:"体育运动更胜一筹;它是一座培养勇敢、毅力和坚强意志的学校。从其实质来看,它以超越为其前进的目标;因此它必须要有锦标赛,必须要创造纪录……①。"

归根结底,这个创造成绩的世界导致出现了一种对身体状况的新颖看法:人们对自己身体的状况不可能不知道。当然,这种自信是朦胧模糊的,完全是由人的信心所引发出的,但它却表达出了一种新的变化不定的情感,即由这个世纪末的精英人士所表现出的那种征服时间和空间的情感:用数字来表示的体育运动的成绩很快就被解释成有关健康状况的某种改善,而这种成绩却又在玩弄着自我超越和突破自身界限的把戏②。1888 年,《时代》报在每次比赛之后都对成绩提高的范例做过这样的评论:"学生们不仅比前几年游得更好,更快,时间更长,而且他们还表现出了一种人们从未在其身上看到过的抵抗疲劳的耐力,他们的身体状况与两年半之前迥然不同③。"这

---

① 皮埃尔·德·顾拜旦:《冬季运动会闭幕式上的讲话》(夏蒙尼,1924 年),见《著作选》,前揭,第 2 卷,第 320 页。

② 关于这一点,参看伊莎贝尔·凯瓦尔的那篇极其出色的论文《阿斯泰里克斯情结——从体育运动和兴奋剂来看超越自我的系谱》,巴黎第五大学,2002 年。

③ 《时代》,1891 年 5 月 16 日。

是在保护人体的过程中可能会出现的某种进展的具体表现。因此,体育运动就成了此类进展的一种佐证、一种现代性的征兆、一种飞速发展的保证,以致 1900 年的国际博览会的倡导者们把它看成是人体复苏的一种标志。而此次巴黎的国际博览会就充分挖掘了这一象征的意蕴。这个博览会首次运用体育运动的场景对人体作了全面的展示:如同展出各种机械那样,也展示了种种比赛的场景,把比赛和机械结合在一起,仿佛它也和机械那样可以不断地趋向完善。分散在各个展览馆周围或巴黎周边森林里的跑、跳、射击和草地网球比赛,则是人们对群体的健康状况及其可能会有的进展或衰退进行评说的良机。例如,围绕巴黎旧城墙遗址而进行的马拉松赛跑就是许多象征中的一种:"悲观主义者们肯定是错了,这个种族丝毫没有退化,因为我们同时代的人不必冒什么危险就可完成这一曾经使那个雅典士兵为之付出生命代价的功绩[1]。"

况且,体育运动的这一新颖之处并非是使身体从不健康状态恢复到健康状态,而是使人体得到进一步的增强,并使人们想到人体的增强是没有一定限度的。体育运动就是一种"健康人的疗养院[2]",亦即顾拜旦在其一部具有纲领性意义的虚构作品中所设想的那种机构。它的形象是俭朴的,并以"增强体质[3]"为指向:特定的饮食制度、体育活动、7 点钟起床、晚上 9 点钟睡觉以及持续不断的锻炼,都能使身体状况发生变化,甚至会使它超越自身的极限。公共卫生的正常状态似乎从未对身体的调节和改善并使之趋向未来和进步发挥过如此大的作用。

然而,20 世纪初却没有任何群众性的体育活动。1920 年从法兰西游泳协会被遣散出来的游泳运动员不到 1000 人,同年从法兰西田径协会被遣散出来的田径运动员不足 15000 人[4]。相反,体育实践却是非常新颖的,因而增强了人们的信念。柏格森 1912 年在回答《文学高卢人》的提问

---

① 《野外生活》,1900 年,第 570 页。
② 皮埃尔·德·顾拜旦:《论体育心理学》,格勒诺布尔,米隆出版社,1992 年(初版为 1913 年),第 44 页。
③ 同上。
④ 参看乔治·德尼:《法国体育运动和体育团体通用百科全书》,巴黎,1946 年,第 33 和 548 页。

时就表达了这样一种信心:"我在体育运动中尤其看重的东西,就是体育运动使人们获得了自信心。我相信法兰西精神会复兴的①。"

体育运动不仅仅体现了对人体描述的更新,而且还体现了更为广泛的文化的更新、某种永远更可被技术化的空间观念、某种永远更可被计算的时间观念、某种永远更可被民主化的社会交流和交际的观念。它使这种人体甚至以最隐秘的投入方式进入到某种似乎在 20 世纪初就已出现的未来幻象之中。

① 《文学高卢人》,1912 年 6 月 15 日。

人名译名对照表

Abe，Yoshio 安部吉雄

Abélès，Luce 阿贝莱斯，吕斯

About，Edmond 阿布，埃德蒙

Ackerknecht，Erwin 阿克内克特，欧文

Adler，Laure 阿德勒，洛尔

Agulhon，Maurice 阿古龙，莫里斯

Albert，Pierre 阿尔贝，皮埃尔

Albeti，Leon Battista 阿尔贝蒂，莱昂·巴蒂斯达

Alcock，Charles W. 奥尔科克，查尔斯·W.

Aldini，Jean 奥尔迪尼，让

Alloula，Malek 阿罗拉，马勒克

Alq，Louise d' 达尔克，路易

Amalvi Christian 阿马勒维，克里斯蒂安

Ambroise（saint）昂布鲁瓦兹（圣徒）

Amiel，Henri-Frédéric 阿米尔，亨利－弗雷德里克

Amoros，Francisco 阿莫罗，弗朗西斯科

Ancel，Paul 昂塞尔，保尔

Andlauer，Jeanne 昂德洛埃·让娜

Andral，Gabriel 昂德拉尔，加布里埃尔

Angotti，Heliana 昂古蒂，埃利亚纳

Anne（sainte）安娜（圣女）

Anstey，Rhona 安斯泰，罗娜

Antier，Benjamin 昂蒂耶，邦雅曼

Appert，Benjamin 阿贝特，邦雅曼

Apponyi，Rodolphe 阿波尼依，罗多尔夫

Apter，Emily 阿普特，埃米莉

Arasse，Daniel 阿拉斯，达尼尔

Arcet，J.-P. d' 阿尔塞，J.-P·德

Archer，Fred 阿彻，弗雷德

Ariès，Philippe 阿里埃，菲利浦

Aristote 亚里士多德

Arlott，John 阿尔洛，约翰

Arnaud，Antoine 阿尔诺，安托万

Arnaud，Pierre 阿尔诺，皮埃尔

Arnold，Odile 阿尔诺，奥迪尔

Arnold，Thomas 阿诺德，托马斯

Arnould，Jules 阿尔怒，朱尔

Aron，Jean-Paul 阿隆，让-保尔

Artières，Philippe 阿尔蒂埃尔，菲利浦

Astorg，Bertrand d' 达斯托尔，贝尔特朗

Atkin，Nicholas 阿特金，尼古拉

Aubenas，Sylvie 奥贝纳，西尔韦

Aubert（éditeur）奥贝尔（出版家）

Audoin-Rouzeau，Stéphane 奥多安-鲁佐，斯泰法纳

Auenbrugger 奥恩布鲁格

Augustin（saint）奥古斯丁（圣徒）

Azouvi，François 阿佐维，弗朗索瓦

Backouche，Isabelle 巴库什，伊莎贝尔

Bacon，Francis 培根，弗朗西斯

Baecque，Antoine de 巴埃克，安托万·德

Baer, Karl Ernst von 贝尔，卡尔·恩斯特·冯

Baillette, Frédéric 巴依埃特，弗雷德里克

Baldin, Damien 巴尔丹，达米安

Baldwin, Peter 鲍德温，彼得

Balzac, Honoré de 巴尔扎克，奥诺雷·德

Banville, Théodore de 邦维尔，泰奥多尔

Bara, Joseph 巴拉，约瑟夫

Barberot, Étienne 巴尔贝罗，艾蒂安

Barbey d'Aurevilly, Jules 巴尔贝·多尔维利，朱尔

Barclay (Captain) 巴克利（上尉）

Barnes, David 巴尔纳，大卫

Barnum, Phineas Taylor 巴纳姆，菲尼斯·泰勒

Barral, Catherine 巴哈尔，卡特琳娜

Barras, Vincent 巴拉，樊尚

Barré, Louis-Auguste 巴雷，路易-奥古斯特

Barré, Paul 巴雷，保尔

Barthez, Paul-Joseph 巴代，保尔-约瑟夫

Basedow, Johann Bernhard 巴泽多，约纳·贝尔纳

Bashkirtseff, Marie 巴歇基尔策夫，玛丽

Basly, Émile-Josph (député mineur) 巴斯利，埃米尔-约瑟夫（矿工议员）

Baudelaire, Charles 波德莱尔，夏尔

Baudrillard, Jean 波德利拉尔，让

Baudry, Paul 博德里，保尔

Baylac-Choulet, Jean-Pierre 贝拉克-舒莱，让-皮埃尔

Bazin [Anaïs de Raucou, dit] 巴赞（又叫阿纳依·德·罗库）

Beattie, John Maurice 贝阿蒂，约翰·莫里斯

Beaubatie, Yannick 博巴蒂，雅尼克

Beccaria, Cesare Bonesana, marquis de 贝卡里亚侯爵，塞扎尔·博内萨那

Becchi, Egle 贝希，埃格尔

Becquerel, Alfred 贝克雷尔，阿尔弗雷德

Beddoes, Thomas 贝多斯，托马斯

Beethoven, Ludwig von 贝多芬，路德维希·冯

Begin, Louis Jacques 贝京，路易·雅克

Béjin, André 贝金，安德烈

Belcher, Jem 贝尔彻，杰姆

Belloc, Auguste 贝洛克，奥古斯特

Bendz, Wilhelm 本茨，威廉

Bénichou, Paul 贝尼舒，保尔

Benkert, Joseph 本克特，约瑟夫

Béraldi, Henri 贝哈尔迪，亨利

Bérard, Pierre Honoré 贝哈尔，皮埃尔·奥诺雷

Bercé, Yves-Marie 贝尔塞，伊夫-玛丽

Bérenger, René 贝朗热，勒内

Bergeret, L. F. (docteur) 贝尔热雷，L. F.

Bergman-Osterberg (Mme) 贝格曼-奥斯特贝格（夫人）

Bergson, Henri 柏格森，亨利

Berlière, Jean-Marc 贝里埃尔，让-马克

Bernard, Claude 贝尔纳，克洛德

Bernheimer, Charles 伯恩海姆，查尔斯

Berry, Charles-Ferdinand, duc de 贝里公爵，夏尔-费迪南

Bert, Paul 贝尔，保尔

Bertherat, Bruno 贝特拉，布鲁诺

Berthier, J.-M. F. (docteur) 贝尔蒂埃，J.-M. F.

Bertholet, Claude-Louis 贝尔特莱，克洛德-路易

Bertrand, Alexandre (docteur) 贝特朗，亚历山大

Bertrand, Régis 贝特朗，雷吉

Bettazzi, Rudolfo 鲁道夫，贝达齐

Bézagu-Deluy, Maryse 贝扎古-德吕依·马里兹

Bichat, Marie-François-Xavier 比沙，玛丽-弗朗索瓦-格扎维

Bidan (gendarme) 比当（宪兵）

Binet, Alfred 比奈，阿尔弗雷德

Bionnier，Yvon 比奥尼埃，伊冯

Birley，Derek 伯尔莱，德里克

Bischoff，Theodor L. W. 比斯霍夫，狄奥多尔·L. W.

Blake，William 布莱克，威廉

Blanchard，Pascal 布朗夏尔，帕斯卡尔

Blasis，Carlo 布拉齐斯，卡尔洛

Bloy，Léon 伯罗瓦，莱昂

Boerhaave，Hermann 布尔哈弗，赫尔曼

Boëtsch，Gilles 伯奇，吉尔斯

Bogdan，Robert 博格登，罗伯特

Bollet，Jean 波莱，让

Bologne，Jean-Claude 波洛涅，让-克洛德

Bonduelle，Michel 博居埃尔，米歇尔

Bonello，Christian 波内洛，克里斯蒂安

Bonnet，Jean-Claude 博耐，让-克洛德

Bonnet，Marie-Jo 伯耐，玛丽-诺

Bonnier，Louis 波尼埃，路易

Boone，Chantal 博纳，尚塔尔

Bordeu，Théophile de 博尔德，泰奥菲尔·德

Borel，France 博雷尔，弗朗斯

Borie，Jean 博里，让

Boruwlaski，Joseph 博罗拉斯基，约瑟夫

Bosko，Karel 博斯科，卡雷尔

Bossuet，Jacques Bénigen 博絮埃，雅克·贝尼涅

Bottex，Alexandre 博代克斯，亚历山大

Bouguereau 布格罗

Bouihet，Louis 布耶，路易

Bouillaud，Jean-Baptiste 布依奥，让-巴蒂斯特

Boulard，Fernand（chanoine）布拉尔，费迪南（司铎）

Boullier，Francisque 布里耶，弗朗斯克

Bouquet 布凯

Bourcier，Marie-Hélène 布尔西埃，玛丽-埃莱娜

Bourdelais，Patrice 布尔德莱，帕特里斯

Bourdon，Georges 布尔东，乔治

Bourgeois d'Orvanne，Alfred 布尔热瓦·多尔瓦纳，阿尔弗雷德

Bourgeois，Léon 布尔热瓦，莱昂

Bourget，Paul 布尔热，保尔

Bourneville，Désiré Magloire 布尔内维尔，德西雷·马格卢瓦尔

Bourzac，Albert 布尔扎克，阿尔贝

Bousquet，J.（docteur）布斯盖，J.

Boutry，Philippe 布特里，菲利浦

Bouvier，Jean-Baptiste（Mgr）布维埃，让-巴蒂斯特（主教）

Boyer d'Argens，Jean-Baptiste de 布瓦耶·达尔让，让-巴蒂斯特·德

Boyle，Robert 玻意耳，罗伯特

Brachet，Jean-Louis（docteur）布拉歇，让-路易

Brailsford，Dennis 伯莱斯福特，丹尼斯

Breughel，Pierre 勃鲁盖尔，皮埃尔

Brierre，de Boismont，Alexandre 布里尔，德·布瓦西蒙·亚历山大

Brieux，Eugène 白里欧，欧仁

Briffault，Eugène 布里弗尔，欧仁

Briquet，Pierre 布里凯，皮埃尔

Broca，Paul 白洛嘉，保尔

Brodie，Benjamin 布罗迪，本杰明

Brohm，Jean-Marie 布罗姆，让-玛丽

Brookes，Christopher 布鲁克斯，克里斯托弗

Brouardel，Paul Camille Hippolyte 布鲁阿德尔，保尔·加米尔·伊波利特

Broughton，Jack 伯朗特，杰克

Broussais，François Joseph Victor 布罗塞，弗朗索瓦·约瑟夫·维克多

Brown，Ford Maddox 布朗，福德·马多克斯

Brown-Séquard，Édouard 布朗-塞加尔，爱德华

Bruit，Louise 布吕特，路易丝

Brune，Guillaume（maréchal）布吕纳，纪尧姆（元帅）

Buchan，A. P. 布尚，A. P.

Clément, Charles 克莱芒,夏尔

Clésinger, Auguste 克莱森热,奥古斯特

Clias, Peter Heinrich 克里亚斯,佩蒂·海因里希

Clydsdale, Matthew 克莱兹代尔,马修

Coffin, Jean-Christophe 科凡,让-克利斯托夫

Cohen, Margaret 科恩,玛格丽特

Colet, Louise 科莱,路易丝

Colley, Linda 科莱,琳达

Collineau, Alfred 科利诺,阿尔弗雷德

Collingham, E. M. 科林哈姆,E. M.

Comte, Auguste 孔德,奥古斯特

Condillac, Étienne, Bonnot de 孔狄亚克,埃蒂安纳·博纳·德

Considérant, Victor 孔西德朗,维克多

Constable, John 康斯太布尔,约翰

Corbin, Alain 科尔班,阿兰

Corday, Charlotte 科黛,夏洛特

Cordier, Alexandra 科尔迪埃,亚历山德拉

Corvisart, Jean-Nicolas 科维萨尔,让-尼古拉

Corvol, Pierre 科尔伏尔,皮埃尔

Cottereau, Alain 科托罗,阿兰

Cotton, George Edward Lynch 科顿,乔治·爱德华·林奇

Coubertin, Pierre de 顾拜旦,皮埃尔·德

Coucy, F. de 库西,F. 德

Coudray, Marguerite du 库德埃,玛格丽特·迪

Courbet, Gustave 库尔贝,居斯塔夫

Courier, Paul Louis 库里埃,保尔·路易

Courmont, Jules 库尔蒙,朱尔

Courtin, Eustache Marie 库尔丹,厄斯塔什·玛丽

Courtivron, Ludovic Antoine François Marie Le Compasseur, vicomte de 库尔蒂伏隆子爵,吕多维克·安托万·弗朗索瓦·玛丽·勒孔帕塞

Couture, Thomas 科迪尔,托马斯

Couty de la Pommerais, Louis（docteur）科蒂·德·拉波梅雷

Crary, Jonathan 克拉里,乔纳森

Croiset-Moiset, M.-C. 克鲁瓦泽-莫瓦塞,M.-C.

Crouzet, Denis 克罗泽,德尼

Crow, Thomas 格罗,托马斯

Csergo, Julia 塞尔科,朱利亚

Cullen, William 卡伦,威廉

Cuno, James B. 居诺,詹姆斯·B.

Curtius［Philippe-Guillaume Kreutz, dit］居尔蒂于斯（又叫菲利浦-纪尧姆·克鲁茨）

Dague, P. 达格,P.

Dakhlia, Jocelyne 达克里亚,若斯琳纳

Dally, Eugène 达利,欧仁

Daly, César 达利,塞扎尔

Damiens, Robert François 达米安,罗贝尔·弗朗索瓦

Dante 但丁

Dareste, Camille 达雷斯特,卡米耶

Darmon, Pierre 达尔蒙,皮埃尔

Darvillé, Will 达尔维莱,威尔

Darwin, Charles 达尔文,查尔斯

Daudet, Alphonse 都德,阿尔方斯

Daumas, Maurice 迪马,莫里斯

Daumier, Honoré 杜米埃,奥诺雷

David, Jacques Louis 大卫,雅克·路易

David, Théophile 大卫,泰奥菲尔

Davidson, Arnold I. 戴维松,阿诺德·I.

Davy, Humphry 戴维,汉弗莱

Debreyne, Pierre J. C. 德布雷纳,皮埃尔·J. C.

Defrance, Jacques 德弗朗斯,雅克

Degas, Edgar 德加,埃德加

Déjazet, Virginie 德雅泽,维吉妮

Delacroix, Eugène 德拉克鲁瓦,欧仁

Dleage, Yves 德拉热,伊夫

Delaporte（lithographe）德拉博德（石版画家）

Delasiauve, Louis 德拉齐约伏，路易

Delattre, Simone 德拉特尔，西蒙娜

Delille, Jacques（abbé）德利尔，雅克（神父）

Delon, Michel 德隆，米歇尔

Delteil, Loys（abrégé L. D.）德尔泰耶，卢瓦（缩写：L. D.）

Delumeau, Jean 德吕莫，让

Delveau, Alfred 德尔沃，阿尔弗雷德

Delville, Jean 德尔维尔，让

Demartini, Anne-Emmanuelle 德马蒂尼，安娜-埃马纽埃尔

Demeaux, Jacques Begouen 德莫，雅克·贝古昂

Denis, Geogres 德尼，乔治

Déroulède, Paul 戴鲁莱德，保尔

Désaguliers, Jean Théophile 德扎吉里埃，让·泰奥菲尔

Descartes, René 笛卡尔，勒内

Descaves, Lucien 德斯卡伏，吕西安

Desforges, Pierre（chanoine）德斯弗热，皮埃尔（司铎）

Desnoyers, Louis 德斯诺埃，路易

Désormeaux, Antonin-Jean 德泽尔姆，安托南-让

Dessertine, Dominique 德塞丁纳，多米尼克

Dias, Nélia 迪阿斯，内里阿

Diderot, Denis 狄德罗，德尼

Didi-Huberman, Georges 迪迪-于贝尔曼，乔治

Disjkstra, Bram 迪克斯特拉，伯拉姆

Disney, Walt 迪斯尼，瓦尔特

Docx, Guillaume 多克，纪尧姆

Dod, Lottie 多德，洛蒂

Doré, Gustave 多雷，居斯塔夫

Doubleday, Abner 道布尔戴，阿布内

Doussinet, Raymond 杜西奈，雷蒙

Drouais, Jean-Germain 德罗埃，让-热尔曼

Du Camp, Maxime 迪冈，马克西莫

Duché, Didier-Jacques 杜歇，迪迪埃-雅克

Duchenne de Boulogne, Guillaume Benjamin 迪歇纳·德·布洛涅，纪尧姆·邦雅曼

Duffin, Jacalyn 达菲，杰克林

Dufieux, Jean Ennemond 迪菲尔，让-埃内蒙

Dufour, Léon 迪弗尔，莱昂

Dujardin-Beaumetz, Georges（docteur）迪雅丹-波梅兹，乔治（医生）

Dumas, Alexandre 仲马，亚历山大

Dumontier, Ludovic 迪蒙蒂埃，吕道维克

Dupin, Charles 迪潘，夏尔

Duprat, Annie 迪普拉，安妮

Dupront, Alphonse 迪普隆，阿尔方斯

Dupuytren, Guillaume 迪皮特朗，纪尧姆

Dürer, Albrecht 丢勒，阿尔布雷斯特

Durieu, Eugène 迪里尔，欧仁

Edelman, Nicole 埃德曼，尼科尔

Edwards, William Frederic 爱德华，威廉·弗雷德里克

Ehrard, Jean 埃拉尔，让

Ehrenberg, Alain 埃朗贝尔，阿兰

Eisenberg, Christiane 艾森贝格，克里斯蒂安娜

Elias, Norbert 埃利亚斯，诺伯特

Ellis, Havelock 埃利斯，哈夫洛克

Emmely, H. C. 埃莫利，H. C.

Emmerich, Anne-Catherine 埃默里希，安娜-卡特琳纳

Épée, Charles, abbé de l'埃拜神甫，夏尔

Éribon, Didier 艾里篷，迪迪埃

Esquirol, Jean Étienne Dominique 埃斯基罗尔，让·艾蒂安·多米尼克

Ewald, François 埃瓦尔，弗朗索瓦

Ewing，William A.埃温，威廉·A.

Fabisch，Joseph 法比希，约瑟夫

Fabre，François-Xavier 法布尔，弗朗索瓦-格扎维埃

Falret，Jean-Pierre 法尔雷，让-皮埃尔

Faraday，Michael 法拉第，迈克尔

Farge，Arlette 法尔热，阿尔莱特

Farre（général）法尔（将军）

Fauchery 福什里

Faure，Olivier 富尔，奥里维埃

Faury，Jean 福里，让

Favier，Claudius 法维耶，克洛迪斯

Favre，Robert 法弗尔，罗贝尔

Fechter，Charles 费施特，夏尔

Fénéon，Félix 费内翁，费利克斯

Féré，Charles-Samson 费雷，夏尔-桑松

Ferrer，Jean-Marc 弗雷，让-马克

Ferron，Laurent 费隆，洛朗

Fieschi，Giuseppe 菲埃希，吉于·塞普

Figuier，Louis 菲居耶，路易

Fine，Agnès 菲内，阿涅丝

Finnegan，Frances 菲内甘，弗朗西丝

Fischer，Jean-Louis 菲希尔，让-路易

Flandrin，Jean-Louis 弗朗德兰，让-路易

Flaubert，Gustave 福楼拜，居斯塔夫

Flaxman John 弗拉克斯曼，约翰

Fodéré，François-Emmanuel 福德雷，弗朗索瓦-埃马纽埃尔

Fol，Herman 福尔，埃尔芒

Fontenelle，Bernard Le Bovier de 丰特内勒，贝尔纳·勒布维埃·德

Fonvielle，Wilfrid de 丰维尔，维尔弗里德·德

Ford，Caroline 福特，卡罗兰

Ford，Peter 福特，彼得

Forel，Auguste 弗雷尔，奥古斯特

Foucault，Michel 福柯，米歇尔

Fouquet，Catherine 富凯，卡特琳娜

Fournier，Alfred 富尼埃，阿尔弗雷德

Fournier-Pescay，François 富尼埃-佩斯凯，弗朗索瓦

Foville，Achille 福维尔，阿希尔

Foy，François 富瓦，弗朗索瓦

Foy，Maximilien Sébastien（général）富瓦，马克西米利安·塞巴斯蒂安（将军）

Fraenkel，Béatrice 弗拉昂盖尔，贝阿特里斯

Franchet，Antoine 弗朗歇，安托万

Fremigacci，Isabelle 弗雷米加西，伊莎贝尔

Freud，Sigmund 弗洛伊德，西格蒙德

Freund，Julien 弗雷德，朱利安

Friès，C. 弗里埃斯，C.

Fromentin，Eugène 弗罗芒坦，欧仁

Fry，Charles Burgess 弗雷，查尔斯·伯吉斯

Fureix，Emmanuel 菲艾，埃马纽埃尔

Füssli，Heinrich 菲斯利，海因里希

Gagneux，Yves 加内，伊夫

Gagnon，Gemma 加隆，热马

Galien，Claude 盖伦，克洛德

Gall，Franz-Joseph 加尔，弗朗兹-约瑟夫

Gallard，Théophile 加拉尔，泰奥菲尔

Galliffet，Gaston Alexandre Auguste，marquis de（général）加里费，加斯东·亚力山大·奥古斯特侯爵（将军）

Galtier-Boissière，Émile 加尔蒂埃-布瓦西埃尔，埃米尔

Galton，Francis 高尔顿，弗朗西斯

Galvani，Luigi 伽伐尼，吕吉

Gambetta，Paul 冈贝塔，保尔

Garb，Tamar 加尔伯，塔马尔

Garniche-Merritt，Marie-José 加尔尼什-梅里，玛丽-约瑟

Garnier，Charles 加尔尼埃，夏尔

Garnot，Benoît 加尔诺，伯努瓦

Gasser，Jacques 加塞尔，雅克

Gateaux-Mennecier，Jacqueline 加多-梅

内西埃·雅克琳

Gauchet，Marcel 戈歇，马塞尔

Gaudin，Jacques（abbé）戈丹，雅克（神甫）

Gauguin，Paul 高更，保尔

Gautier，Théophile 戈蒂耶，泰奥菲尔

Gavarni ［Sulpice-Guillaume Chevalier，dit]加瓦尔尼（又叫叙尔皮斯-纪尧姆·谢瓦里埃）

Gay，Peter 盖依，彼得

Gelfand，Toby 热尔方，托比

Geoffroy de Chaume 若弗鲁瓦·德，肖莫

Geoffroy Saint-Hilaire，Étienne 若弗鲁瓦，圣蒂莱尔·艾蒂安

Geoffroy Saint-Hilaire，Isidore 若弗鲁瓦，圣蒂莱尔·伊西多尔

Georgel，Pierre 乔治，皮埃尔

Georget，Étienne 乔治，艾蒂安

Gérando，Joseph Marie de 热朗多，约瑟夫·玛丽·德

Géricault，Théodore 热里科，泰奥多尔

Gérôme，Jean-Léon 热罗姆，让-莱昂

Getty，Clive 热蒂，克里伏

Giedon，Sigfried 吉埃东，西格弗里

Gigault de la Bédollière，Émile 吉戈尔·德·拉贝多尼埃，埃米尔

Gillray，James 吉尔雷，詹姆斯

Giorgione 乔尔乔涅

Girard 吉拉尔

Girardet，Raoul 吉拉尔代，拉乌尔

Girardin，Eugène de 吉拉尔丹，欧仁·德

Girodet，Anne Louis 吉罗代，安娜·路易

Girouard，Mark 吉罗阿，马克

Gissing，George 吉辛，乔治

Gladstone，William Ewart 格莱斯顿，威廉·尤尔特

Gobineau，Joseph Arthur，comte de 戈宾诺，约瑟夫·阿尔蒂尔（伯爵）

Goethe，Johann Wolfgang 歌德，约翰·沃尔夫冈

Goetz，Christopher G. 科埃茨，克里斯托夫

Goffman，Erving 戈夫曼，埃尔凡

Goldischeider，Cécile 戈德沙伊德，塞西尔

Goldstein，Jan 戈尔德斯坦，让

Goncourt，Jules et Edmond de 龚古尔，朱尔和埃德蒙·德

Goubert，Jean-Pierre 库贝尔，让-皮埃尔

Gould，Arthur 吉尔德，亚瑟

Goulemot，Jean-Marie 古勒莫，让-玛丽

Gounot，André 古诺，安德烈

Gourarier，Zeev 古拉里埃，泽夫

Gousset，Thomas 古塞，托马斯

Goutière Vernolle，Émile 古蒂埃尔，维尔诺尔·埃米尔

Grace，William Gilbert 格雷斯，威廉·吉尔伯特

Graglia，Désiré 格拉利亚，德西雷

Grand-Carrteret，John 格朗-卡尔特尔，约翰

Grandcoing，Philippe 格朗戈安，菲利浦

Grandville，J.-J. ［Jean Ignace Isidore Gérard，dit]格朗维尔，J.-J.（也叫让·伊尼亚斯·伊西多尔·热拉尔）

Grayson，Edward 格雷森，爱德华

Gréard，Octave 格雷阿尔，奥克达夫

Grmek，Mirko D. 格迈克，米尔科·D.

Groningue，J. de 格鲁南克，J·德

Gros，Frédéric 格罗，弗雷德里克

Grossiord，André 格鲁西奥，安德烈

Grou，Jean-Nicolas，S. J. 格罗，让-尼古拉

Grousset，Paschal 格罗塞，帕斯夏尔

Guérin（photographe）盖兰（摄影师）

Guérin，Jules 盖兰，朱尔

Gueslin，André 盖斯兰，安德烈

Guignard，Laurence 吉尼亚尔，洛朗斯

Guilhaumou，Jacques 吉洛姆，雅克

Guillaume，Pierre 纪尧姆，皮埃尔

Guillerme，Jacques 吉约姆，雅克

Guinard，Louis 吉纳尔，路易

Gury，Jean-Pierre，S. J. 古里，让－皮埃尔·S. J.

Gwynn，Lewis 格维恩，刘易斯

Hadjinicolau，Nikos 哈德齐尼科洛，尼科斯

Hahn，Hazel 哈恩，黑兹尔

Hahn，P. 哈恩 P.

Hales，Stiphen 黑尔斯，斯蒂芬

Haley，Bruce 哈雷，布鲁斯

Haller，Albrecht von 哈勒，阿尔布雷斯特·冯

Hamon，Philippe 阿蒙，菲利浦

Hanoum，Leïla 阿努姆，莱伊拉

Harris，Ruth 阿里，吕特

Harsin，Jill 阿尔森，吉尔

Haüy，Valentin 阿维，瓦朗丹

Helmholtz，Hermann von 黑尔姆霍尔茨，赫尔曼·冯

Henri，Pierre 亨利，皮埃尔

Henry Michel 亨利，米歇尔

Héran，Emmanuelle 埃朗，埃马纽埃尔

Hickman，Henry Hill 希克曼，亨利·希尔

Hilaire，Yves-Marie 伊莱尔，伊夫-玛丽

Hillairet，Jean-Baptiste 伊莱尔，让－巴蒂斯特

Hintermeyer，Pascal 因特梅耶，帕斯卡尔

Hippocrate 希波克拉底

Hirschfeld，Magnus 希施费尔德，马格努斯

Hodler，Ferdinand 奥德莱，费尔迪南

Hoffmann，Friedrich 赫夫曼，弗里德里希

Hogarth，William 贺加斯，威廉

Hohenberg，Paul M. 霍亨贝格，保罗·M.

Hollander，Anne 赫伦德，安娜

Holmes，Frederic L. 奥尔姆，弗雷德里克·L.

Holmes，Oliver Wendell 霍姆斯，奥利维·温德尔

Holt，Richard 霍尔特，理查德

Homo，Hippolyte（docteur）奥姆，伊波利特（医生）

Hoppen，K. Theodore 霍普恩，西奥多

Horman，William 赫尔曼，威廉

Houbre，Gabrielle 胡布尔，加伯里埃尔

Houssaye，Henry 鲁塞，亨利

Howel，Michael 豪厄尔，迈克尔

Hughes，Thomas 休斯，托马斯

Hugo，Victor 雨果，维克多

Humerose，Alan 于梅罗兹，阿兰

Hunt，Lynn 亨特，林恩

Hunt，William Holman 亨特，威廉·欧勒梅

Hunter，William 亨特，威廉

Hutchinson，John 哈钦森，约翰

Huysmans，Joris-Karl 于斯曼，约里-卡尔

Ibrahim，Annié 伊伯拉罕，阿尼

Imbert Gourbeyre，Antoine 安贝尔·古尔拜尔，安托万

Ingres，Jean Auguste Dominique 安格尔，让·奥古斯特·多米尼克

Isabey，Jean-Baptiste 伊萨贝，让－巴蒂斯特

Itard，Jean-Marc-Gaspard 伊达尔，让-马克-加斯巴尔

Jack l'éventreur 剖腹杀人者雅克

Jackson，John 杰克逊，约翰

Jacques，Jean-Pierre 雅克，让-皮埃尔

Jahn，Friedrich Ludwig 雅恩，弗里德里希·路德维希

James，Henry 詹姆斯，亨利

Janet，Pierre 雅奈，皮埃尔

Jean de la Croix（saint）让·德·拉克鲁瓦（圣徒）

Jeanron 让隆

Langlois，Claude 朗格鲁瓦,克洛德

Lannes，Jean（maréchal）拉纳,让(元帅)

Lantéri-Laura，Georges 朗泰利-洛拉·乔治

Lapalus，Sylvie 拉巴吕,西尔维

Laplace，Pierre-Simon 拉普拉斯,皮埃尔-西蒙

Lapray，Xavier 拉普雷,格扎维埃

Laqueur，Thomas 拉克尔,托马斯

Larousse，Pierre 拉罗斯,皮埃尔

Lateau，Louise 拉多,路易丝

Laty，Dominique 拉蒂,多米尼克

Laurand，H.（docteur）洛朗,H.(医生)

Laurentin，René 洛朗丹,勒内

Lautman，Françoise 洛特曼,弗朗索瓦兹

Lavater，Johann Kaspar 拉瓦特尔,约翰·卡斯帕

Lavilatte，Marie-Jeanne 拉维拉特,玛丽-让娜

Lavoisier，Antoine Laurent 拉瓦锡,安托万·洛朗

Le Bras，Gabriel 勒布拉,加布里埃尔

Le Breton，David 勒伯雷东,大卫

Le Goff，Jacques 勒高夫,雅克

Le Goff，T. J. A. 勒高夫,T. J. A.

Le Men，Ségolène 勒芒,塞古莱纳

Lebecq，Pierre-Alban 勒贝克,皮埃尔-阿尔班

Lebrun，François 勒布伦,弗朗索瓦

Lécuyer，Bernard-Pierre 莱居埃,贝尔纳-皮埃尔

Lees，Lynn Hollen 里兹,林恩·霍伦

Leibniz，Gottfried Wilhelm 莱布尼兹,戈特弗里德·威廉

Lejeune，Philippe 勒热纳,菲利浦

Lemaître，Frédérick 勒梅特尔,弗雷德里克

Lémery，Nicolas 莱默里,居古拉

Léon XIII，pape［Vincenzo Pecci］利奥十三世,教皇(樊尚索·佩奇)

Léonard，Jacques 莱奥纳尔,雅克

Léonard de Vinci 列奥纳多·达·芬奇

Leproux，Paul 勒普鲁,保尔

Lequin，Yves 勒甘,伊夫

Lessing，Gotthold Ephraim 莱辛,戈特霍尔德·埃弗兰

Lever，Maurice 勒维,莫里斯

Lévy，Michel 莱维,米歇尔

Liberato，Isabel 里贝拉托,伊莎贝尔

Liguori，Alphonse de 利古里,阿尔方斯·德

Ling，Per Henrik 林格,佩尔·亨利克

Liotard，Philippe 里奥达尔,菲利浦

Littré，Alexis 利特雷,阿历克西

Locke，John 洛克,约翰

Lombroso，Cesare 隆布罗索,塞扎尔

Londe，Charles 隆德,夏尔

Loti，Pierre 洛蒂,皮埃尔

Louis，Pierre 路易斯,皮埃尔

Louis-Philippe 路易-菲力浦

Loux，Françoise 鲁,弗朗索瓦兹

Louyer-Villermay，Jean-Baptiste de 卢耶埃-维勒梅,让-巴蒂斯特·德

Lowerson，John 洛尔森,约翰

Lucas，Colin 吕卡斯,科兰

Lucas，Prosper 吕卡斯,普罗斯佩

Lynch，David 林奇,大卫

Lyon-Caen，Judith 里翁-卡昂,朱迪托

Lyonnet，Henry 里约奈,亨利

M'sili，Marine 穆西里,马里纳

Mac Aloon，John 麦卡伦,约翰

Mac Laren，Angus 麦克·拉瑞,安格斯

Macé，G. 马塞,G.

Maeder，Adam 马埃德,亚当

Magendie，François 马让迪,弗朗索瓦

Magnan，Valentin 马尼昂,瓦朗丹

Maine de Biran［Marie-François-Pierre Gontier de Biran，dit］梅纳·德·比朗(玛丽-弗朗索瓦-皮埃尔·贡蒂埃·德·比朗)

Maistre，Joseph de 梅斯特尔,约瑟

加布里埃尔

Preiss，Nathalie 普莱斯，纳塔利

Prendergast，Christopher 普伦德加斯特，克里斯托弗

Presneau，Jean-René 普雷斯诺，让-勒内

Prévost，Marcel 普雷沃斯特，马塞尔

Prévost，Marie-Laure 普雷沃斯特，玛丽-洛尔

Proust，Adrien 普鲁斯特，阿德里安

Proust，Antonin 普鲁斯特，安托南

Pussin，Jean-Bapteste 布森，让-帕蒂斯特

Puvis de Chavannes，Pierre 皮维斯·德·夏瓦纳，皮埃尔

Py，Christiane 皮，克里斯蒂娜

《Quatre-taillons》"卡特-达依翁"

Queensbury，marquis de 昆斯伯里侯爵

Quesnel，F. C.（docteur）凯斯内尔，F. C.（医生）

Quetelet 凯特莱

Queval，Isabelle 凯瓦尔，伊莎贝尔

Rabaud，Étienne 拉博，艾蒂安

Rachel 拉歇尔

Raciborski，M. A.（docteur）拉西波克斯基，M. A.

Radford，Peter 拉德福尔，彼得

Rae，Simon 雷，西蒙

Ramazzini，Bernardino 拉马齐尼，贝尔纳迪诺

Ramel，Jean-Pierre（général）拉梅尔，让-皮埃尔（将军）

Rancé，Armand Jean Le Bouthillier de 朗塞，阿尔芒·让·勒布蒂耶·德

Rauch，André 劳赫，安德烈

Raulot，Jean-Yves 罗洛，让-伊夫

Rayer，Pierre-François 雷耶，皮埃尔-弗朗索瓦

Rebérioux，Madeleine 雷拜里尤，马德莱娜

Récamier，Anthelme 雷卡米耶，昂泰尔姆

Reclus，Élisée 勒克鲁，埃利塞

Redon，Odilon 雷东，奥迪隆

Regnard，E. 勒尼亚尔，E.

Réngier，Edme 雷尼埃，埃德姆

Reichel，Frantz 雷谢尔，弗朗茨

Remlinger 朗兰热

Rémond，René 雷蒙，勒内

Renan，Ernest 勒南，欧内斯特

Reni，Guido 雷尼，基多

Renneville，Marc 雷纳维尔，马克

Resnick，Daniel 雷斯尼克·丹尼尔

Restif dit de la Bretonne，Nicolas-Edme 雷斯蒂夫，也叫德·拉布雷托纳，居古拉-埃德莫

Rey，Aristide 雷耶，阿里斯蒂德

Rey，Laurence 雷依，洛朗斯

Rey，Roselyne 雷依，罗泽林纳

Richard，Eugène 里查德，欧仁

Richard，Philippe 里查德，菲利浦

Richardot，Anne 里夏多，安娜

Richardson，Ruth 里查森，露丝

Richepin，Jean 里希潘，让

Richer，Paul 里歇，保尔

Richet，Charles 里歇，夏尔

Ricœur，Paul 利科，保罗

Rieder，Philip 里埃德，菲利浦

Riess，Steven A. 里斯，史蒂文·A.

Rilke，Rainer Maria 里尔克，赖纳·玛利亚

Rimann，Jean-Philippe 里曼，让-非利浦

Riolan（docteur）里奥朗（医生）

Rival，Bertrand 里瓦尔，贝特朗

Robillard，Hippolyte 罗比拉尔，伊波利特

Rodin，Auguste 罗丹，奥古斯特

Roentgen，Wilhelm-Conrad 伦琴，威廉-康拉德

Roger，Jacques 罗歇，雅克

Roland de la Platière，Jean-Marie 罗兰·德·拉普拉蒂埃·让-玛丽

Wittig，Monica 维丁，莫尼卡

Wolff，Étienne 沃尔夫，艾蒂安

Wolff，L. 沃尔夫，L.

Wunderlich，Carl-August 温德利希，卡尔-奥古斯特

Yvonneau，Charles-Alfred 伊冯诺，夏尔-阿尔弗雷德

Yvorel，Jean-Jacques 伊伏雷尔，让-雅克

Zerner，Henri 泽内尔，亨利

Zeuxis 宙克西斯

Zola，Émile 左拉，埃米尔

Zylberman，Patrick 齐贝尔芒，帕特里克

图书在版编目(CIP)数据

　　身体的历史.卷二/阿兰·科尔班 主编;杨剑译.-修订本.
--上海:华东师范大学出版社,2019
　　ISBN 978-7-5675-8823-3

　　Ⅰ.①身…　Ⅱ.①阿…②杨…　Ⅲ.①人体—研究　Ⅳ.①Q983

　　中国版本图书馆 CIP 数据核字(2019)第 022219 号

华东师范大学出版社六点分社

企划人　倪为国

身体的历史(卷二)
从法国大革命到第一次世界大战

主　　编　(法)阿兰·科尔班
译　　者　杨　剑
责任编辑　倪为国　高建红
装帧设计　卢晓红
出版发行　华东师范大学出版社
社　　址　上海市中山北路 3663 号　邮编　200062
网　　址　www.ecnupress.com.cn
电　　话　021-60821666　行政传真　021-62572105
客服电话　021-62865537
门市(邮购)电话　021-62869887
地　　址　上海市中山北路 3663 号华东师范大学校内先锋路口
网　　店　http://hdsdcbs.tmall.com
印　刷　者　上海盛隆印务有限公司
开　　本　700×1000　1/16
插　　页　4
印　　张　32.75
字　　数　400 千字
版　　次　2019 年 9 月第 1 版
印　　次　2019 年 9 月第 1 次
书　　号　ISBN 978-7-5675-8823-3/K·529
定　　价　158.00 元

出　版　人　王　焰